D1573417

# Heinz R. Pagels
# Cosmic Code

Heinz R. Pagels

# Cosmic Code

Quantenphysik
als Sprache der Natur

Übersetzt von
Ralf Friese

Ullstein

Verlag Ullstein GmbH · Berlin · Frankfurt/M · Wien
© 1982 by Heinz R. Pagels. Titel der Originalausgabe
*The Cosmic Code.* Quantum Physics as the Language of Nature,
erschienen bei Simon and Schuster, New York
© 1983 der deutschen Ausgabe by Verlag Ullstein GmbH,
Berlin · Frankfurt/M · Wien.
Übersetzung Ralf Friese.
Alle Rechte vorbehalten.
Satz: Fa. Hagedorn, Berlin
Druck und Binden: Ebner Ulm
Printed in Germany 1984
ISBN 3 550 07723 8

1. Auflage September 1983
2. Auflage September 1984

CIP-Kurztitelaufnahme der Deutschen Bibliothek

*Pagels, Heinz R:*
Der kosmische Code : Quantenphysik als Sprache der
Natur / Heinz R. Pagels. Übers. von Ralf Friese. –
Frankfurt/M ; Berlin ; Wien : Ullstein, 1983. –
Einheitssacht.: The cosmic code <dt.>
ISBN 3-550-07723-8

*Für meine Eltern*

Illustrationen von Matthew Zimet.

Zitate:
S. 18 f.: »Albert Einstein als Philosoph und Naturforscher«, Braunschweig und Wiesbaden, 1979
S. 143: »Alice im Wunderland«, deutsch von Christian Enzensberger, Frankfurt, 1963
S. 270: »Alice hinter den Spiegeln«, deutsch von Christian Enzensberger, Frankfurt, 1963
S. 313: »Die göttliche Komödie«, deutsch von Wilhelm G. Hertz, München, o. J.

# Danksagung

Im November 1977 nahm ich in der Columbia-Universität an einem Symposium zu Ehren von Professor Isidor Isaac Rabi teil, einem Experimentalphysiker aus der Los-Alamos-Generation, Nobelpreisträger und Nestor der Naturwissenschaften. Er war einer der Mitbegründer des Brookhaven National Laboratory und der Europäischen Organisation für Kernforschung (CERN). Nachdem seine Kollegen einen ganzen Tag lang Reden gehalten hatten, ergriff auch Rabi kurz das Wort. Er ging mit den Physikern ins Gericht, weil sie es nicht fertiggebracht hatten, der breiten Öffentlichkeit das Aufregende an der Physik nahezubringen und meinte, sie hätten noch weniger als die Verfasser von Science-Fiction-Romanen dazu beigetragen, den Geist der Wissenschaft zu verbreiten. Als ich ihn so reden hörte, beschloß ich, dieses Buch zu schreiben; in diesem Entschluß hat mich das Gespür meines Freundes John Brockman für anregende Themen bestärkt. Unter Johns sanftem Drängen verfaßte ich erst einmal eine ausführliche Gliederung.

Viele Freunde und Bekannte haben Vorschläge zum Stil und Inhalt gemacht, die sich alle im Endergebnis niedergeschlagen haben: Kathryn Burkhart, Ashton Carter, Sidney Coleman, Rodney Cool, Gerald Feinberg, Daniel Greenberger, Mark Kac, Tony King, Linda Hess, Emily McCully, Richard Ogust, Hilary Putnam und ganz besonders Eugene Schwartz und Arthur Miller, deren Kritik mir sehr geholfen hat. Meine Ansichten über die Quantenrealität sind zum großen Teil aus humorvollen und informativen Gesprächen mit Nicholas Herbert hervorgegangen. Ich hatte ferner das Glück, daß die Abfassung meines Buches mit Einsteins hundertstem Geburtstag zusammenfiel. In jenem Jahr nahm ich an drei Symposien zur Feier seines Geburtstags teil, einem am Institute for Advanced Study in Princeton, einem weiteren in Jerusalem, das von der Israelischen Akademie der Wissenschaften und der van-Leer-Stiftung veranstaltet worden war, und einem dritten in New York, für das die New Yorker Akademie der Wissenschaften verantwortlich zeichnete. Die Vorträge auf diesen Veranstaltungen, besonders die von Daniel Bell, Jeremy Bernstein, Erik Erikson, Loren Graham, Gerald Holton, Martin Klein, Arthur Miller, Abraham Pais, Wolfgang Panofsky, Dennis Sciama, Irwin Shapiro, Steven Weinberg und John Wheeler, haben mir sehr viel gegeben. Artikel von A. Pais und G. Holton über die frühen Arbeiten von Einstein waren ganz besonders nützlich. Den zweiten Teil des Buches haben der CERN-Artikel von U. Amaldi über Beschleuniger und wissenschaftliche Kultur und der Artikel von Steven Weinberg in »Daedalus« aus dem Jahr 1977 beeinflußt. Der dritte Teil des Buchs verdankt sein Enstehen Gesprächen mit meinem Freund Joseph H. Hazen.

Ich habe das Glück gehabt, Matthew Zimet für die Illustrationen dieses Buches zu gewinnen. Seine neuartigen, humorvollen Zeichnungen mindern erheblich der Worte Wucht und erfreuen Geist und Auge.

Der größte Vorzug eines Wissenschaftlers, seine Fähigkeit, sich produktiv auf bestimmte Fragestellungen zu konzentrieren, bis dabei etwas herauskommt, kann zur Last werden, wenn er seine Gedanken einem Nichtwissenschaftler übermitteln will. Deshalb gebührt mein größter Dank meinen Lektorinnen Alice Mayhew und Catherine Shaw, die mir gezeigt haben, wie solche Vermittlung ohne Einbußen an Klarheit oder Vollständigkeit der Gedanken möglich ist. Wenn der Leser einen besseren Überblick über den ganzen Wald der Physik und nicht nur über nur einzelne Bäume bekommt, dann verdankt er das ihnen.

Ich möchte dem Aspen Center for Physics für seine Gastfreundlichkeit in der Entstehungszeit dieses Buches danken.

Schließlich danke ich meiner Frau Elaine und meinem Sohn Mark, deren liebevolle Unterstützung das Schreiben weniger zur Mühe und mehr zu einer kreativen Herausforderung gemacht hat.

# Inhalt

Vorwort ................................................. 11

## Teil I – Der Weg zur Quantenrealität

1. Der letzte klassische Physiker ......................... 15
2. Die Erfindung der allgemeinen Relativität .............. 38
3. Die ersten Quantenphysiker ............................. 61
4. Heisenberg auf Helgoland ............................... 71
5. Unschärfe und Komplementarität ......................... 82
6. Zufälligkeit ........................................... 98
7. Die unsichtbare Hand .................................. 107
8. Statistische Mechanik ................................. 116
9. Wellen machen ......................................... 131
10. Schrödingers Katze ................................... 143
11. Ein quantenmechanisches Märchen ...................... 150
12. Bells Ungleichung .................................... 155
13. Der Realitätenmarkt .................................. 172

## Teil II – Die Reise in die Materie

1. Mikroskope für Materie ................................ 187
2. Der Anfang der Reise: Moleküle, Atome und Kerne ....... 202
3. Das Rätsel der Hadronen ............................... 212
4. Quarks ................................................ 218
5. Leptonen .............................................. 232
7. Felder, Teilchen und Realität ......................... 257
8. Das Sein und das Nichts ............................... 265
9. Identität und Verschiedenheit ......................... 270
10. Die Revolution der Eichfeldtheorie ................... 279
11. Protonenzerfall ...................................... 295
12. Quant und Kosmos ..................................... 302

## Teil III – Der kosmische Code

1. Die Entdeckung der Gesetze ............................... 314
2. Der kosmische Code ........................................ 332

Bibliographie ................................................... 339
Stichwortverzeichnis ............................................ 343

# Vorwort

Ich bin Physiker und möchte auch andere an den aufregenden jüngsten Entdeckungen in der Physik teilhaben lassen, die uns Einblicke in den Feinbau der Materie, den Anfang und das Ende des Universums und die neue Quantenrealität vermitteln. In den letzten zehn Jahren hat die Physik mehr über das Universum herausgebracht als zuvor in Jahrhunderten. Sie hat ein neues Bild von der Realität geschaffen, das unsere Vorstellungen von Grund auf umstößt. Die sichtbare Welt ist weder Materie noch Geist, sondern die unsichtbare Organisation von Energie.

Dies Buch gliedert sich in drei Teile. Der erste Teil, »Der Weg zur Quantenrealität«, beschreibt die Entwicklung der Quantentheorie des Atoms. Wenn man die Quantenrealität erfassen will, muß man von einer Realität abgehen, die zu sehen und zu fühlen ist und zu einer mit Instrumenten nachgewiesenen Realität gelangen, die nur mit dem Verstand wahrgenommen werden kann. Die von der Quantentheorie beschriebene Welt spricht unsere unmittelbare Intuition nicht so an wie die alte klassische Physik. Die Quantenrealität ist rational, aber nicht vorstellbar.

Die alte Physik unterscheidet sich von der Quantenphysik so wie sich der Determinismus einer Uhr von der Zufälligkeit eines Spielautomaten unterscheidet. Albert Einstein, der die Zufälligkeit als Grundlage der Realität, wie sie die Quantentheorie bedingt, nie akzeptiert hat, faßte seine Einwände in der Feststellung zusammen: »Ich kann mir nicht vorstellen, daß Gott würfelt.« Dabei glauben heute fast alle Physiker, daß Gott genau das tut. Wir werden uns die Zufälligkeit in der Hand eines würfelnden Gottes ansehen und feststellen, was sie für die Realität bedeutet.

Im zweiten Teil des Buchs wird die »Reise in die Materie« beschrieben. Die Physiker dehnen das menschliche Wahrnehmungsvermögen bis in die fernsten Bereiche von Raum und Zeit, tief in die Struktur der Materie aus und stoßen dabei auf ein neues Reich jenseits der Moleküle und Atome. Das Zentrum der Atome ist der Kern. Dieselben Kräfte, die die Atomkerne zusammenhalten, erzeugen auch neue Teilchen, bisher ungesehene Materieformen, die sogenannten Hadronen, und diese wiederum bestehen aus noch elementareren Teilchen, den sogenannten Quarks. Die Physiker sind bis in das Reich der Quarks und anderer Quantenteilchen vorgedrungen, aus denen sich alles im Universum herstellen läßt. Hier, auf den kürzesten Entfernungen, die unsere Instrumente je erreicht haben, haben sie die Grundgesetze entdeckt, die die Kräfte der Natur zusammenfassen.

Um diese Welt der Elementarteilchen zu verstehen, bedarf es der Kombination von Quantentheorie und Einsteins spezieller Relativitätstheorie von Raum und Zeit. Das Ergebnis dieser Kombination, eine Beschreibung vom Werden und Vergehen der Quantenteilchen, ist die sogenannte relativistische Quantentheorie. Sie ist eine der großen geistigen Leistungen dieses Jahrhunderts und schafft ein von Grund auf neues Bild der materiellen Welt. Die Physiker haben die einheitlichen Feldtheorien gefunden, nach denen sie schon Jahrzehnte gesucht hatten und die komplizierte und schöne mathematische Symmetrien enthalten. Die Sprache dieser physikalischen Theorien ist streng mathematisch, und das hat viele davon abgehalten, sich ebenfalls für diese jüngsten Entdeckungen zu begeistern. Hier soll jedoch keine Mathematik getrieben werden.

Mit Hilfe der neuen einheitlichen Feldtheorien rekonstruieren die Physiker die ersten Sekunden des Urknalls am Anfang aller Zeiten, als das Universum ein wirbelnder Feuerball aus Quarks und anderen Quanten war. Alles, was wir kennen, stammt aus diesem Feuerball. Wie unser Universum in einer Folge von gebrochenen Symmetrien entstanden ist und wie es vielleicht endet, wird hier geschildert.

Schließlich handelt ein kurzer dritter Teil vom »kosmischen Code«, der Natur der physikalischen Gesetze und davon, wie Physiker diesen Gesetzen auf die Spur kommen. In diesem Teil werden auch einige persönliche Gedanken über die Bedeutung wissenschaftlicher Arbeit geäußert: Das Wirken von Wissenschaft und Technik macht die entdeckte Ordnung des Universums, die ich den kosmischen Code nenne, zum Programm für den historischen Wechsel. Die moderne Welt ist eine Reaktion auf die herausfordernden Entdeckungen des Quants und des Kosmos, die unsere Zukunft weiter formen und unsere Vorstellungen von der Realität verändern werden.

New York/Aspen, 1981

# Teil I

# Der Weg zur Quantenrealität

*Der Herr ist subtil,
aber er ist nicht bösartig.*
Albert Einstein

# 1. Der letzte klassische Physiker

> Es gibt aber auch Augenblicke, in denen man sich von der eigenen Identifikation mit den Grenzen und Unzulänglichkeiten des Menschen frei fühlt. In solchen Momenten stellt man sich vor, daß man irgendwo auf einem kleinen Planeten steht und voll Staunen die kalte und doch zutiefst bewegende Schönheit des Ewigen, des Unermeßlichen erblickt: Leben und Tod fließen in eins zusammen, und es gibt weder Evolution noch Bestimmung, nur das Sein.
> Albert Einstein

Als Kind – ich bin in einem Vorort von Philadelphia aufgewachsen – hatte ich wenige Vorbilder. Albert Einstein war eines von ihnen. In den Zeitungen und Sonntagsbeilagen stand, daß er an einer einheitlichen Feldtheorie arbeitete; darunter konnte ich mir wenig vorstellen. Vor Einstein glaubten die Wissenschaftler, der Raum dehne sich unendlich aus, das Universum sei unendlich groß. Aber was Einstein vorschlug, und was mich in große Aufregung versetzte, war der Gedanke einer Krümmung des dreidimensionalen Raums, denn er bedeutete, daß das Universum endlich sein konnte.

Stellen Sie sich vor, Sie fliegen in einem Flugzeug über der Erde dahin. Wenn Sie lange genug in eine Richtung immer geradeaus fliegen, kommen Sie an Ihren Ausgangspunkt zurück und haben die Welt in einem Kreis umrundet. Man kann sich die Oberfläche unserer Erde als zweidimensionalen gekrümmten Raum vorstellen, als endliche Oberfläche, die ohne Rand oder Grenze in sich selbst mündet. Viel schwerer ist die Vorstellung von einem dreidimensionalen gekrümmten Raum, der genauso in sich geschlossen ist, aber wir können uns durchaus denken, daß wir in irgendeiner Richtung in das Universum fliegen, dabei einen geraden Kurs halten und schließlich wieder an unseren Ausgangspunkt zurückkehren. Wie in unserem Flug um die Erde träfen wir auch hier nie auf eine physikalische Grenze, ein Halteschild, auf dem stünde: Achtung! Ende des Universums. Einstein hat in seiner allgemeinen Relativitätstheorie bewiesen, daß sich der dreidimensionale Raum unseres Universums um sich selbst krümmen und so endlich sein kann wie die gekrümmte Erdoberfläche.

Meine Freunde und Baseballkameraden hielten mich für verrückt, wenn ich ihnen das erklärte, aber ich war meiner Sache ganz sicher, denn ich konnte mich auf Einstein berufen. Später erfuhr ich, daß Einstein in Vorahnung solcher Rückgriffe auf seine Autorität einmal ironisch gesagt hat: »Weil ich immer gegen Autorität in jeder Form rebelliert habe, hat mich das Schicksal gestraft und selbst zur Autorität gemacht.«

Ich habe Einstein nie persönlich kennengelernt. Als ich an der Princeton-Universität Physik im Hauptfach belegte, war er schon tot. Aber ich habe mich mit seinen Freunden und Mitarbeitern unterhalten, unter denen viele gleich ihm Flüchtlinge waren. Einstein war dabei, als die Physik des 20. Jahrhunderts geboren wurde. Man könnte fast sagen, er war ihr Vater.

Die Physik des 20. Jahrhunderts ist aus der vorausgehenden »klassischen« Physik entstanden, die mit den Arbeiten von Isaac Newton Ende des 17. Jahrhundert ihren Anfang nahm. Newton entdeckte die Bewegungs- und die Schwerkraftgesetze und wandte sie mit Erfolg bei der Beschreibung der einzelnen Bewegungen der Planeten und des Mondes an. In dem Jahrhundert nach Newtons Entdeckungen kam eine neue Interpretation des Universums auf: der Determinismus. Dem Determinismus zufolge kann man sich das Universum als großes Uhrwerk vorstellen, das von göttlicher Hand am Anfang aller Zeiten in Gang gesetzt wurde und dann ungestört sich selbst überlassen blieb. Von den größten bis zu den kleinsten Bewegungen läßt sich jeder Vorgang in der materiellen Schöpfung mit absoluter Genauigkeit durch die Newtonschen Gesetze vorhersagen. Nichts bleibt dem Zufall überlassen. Die Zukunft ist durch die Vergangenheit so genau bestimmt wie die Vorwärtsbewegung einer Uhr. Obwohl unser Menschengeist die Bewegungen aller Teile des großen Uhrwerks praktisch niemals nachvollziehen und damit auch nie die Zukunft kennen wird, können wir uns doch vorstellen, daß der allwissende Geist Gottes das vermag und Vergangenheit und Zukunft wie ein Gebirgspanorama vor sich sieht.

Dieser in den Newtonschen Gesetzen verkörperte starre Determinismus verschafft uns ein Gefühl der Sicherheit über die Stellung der Menschheit im Universum. Alles, was geschieht, die Tragödien und die Freuden im menschlichen Leben, ist vorbestimmt. Das objektive Universum existiert unabhängig von Menschenwillen und Zweck. Nichts, was wir tun, kann es ändern. Die Räder der großen Weltenuhr drehen sich genau so gleichgültig gegenüber dem menschlichen Leben wie die Gestirne auf ihrer schweigenden Bahn. In gewisser Hinsicht ist die Ewigkeit schon angebrochen.

So merkwürdig es heute klingt: Der absolute Determinismus war die einzige vernünftige Schlußfolgerung, die sich aus der klassischen Newtonschen Physik ableiten ließ. Selbst die großen wissenschaftlichen Leistungen im 19. Jahrhundert, die als Thermodynamik bezeichnete Wärmelehre und die Theorie des schottischen Physikers James Clerk Maxwell vom Licht als elektromagnetische Welle, entstanden im Rahmen der deterministischen Physik. Diese Theorien gehören zu den letzten Höhepunkten der klassischen Physik. Sie gelten noch heute als große Errungenschaften, aber das deterministische Weltbild, das sie mitgetragen haben, existiert nicht mehr. Es ist nicht von einer neuen Philosophie oder Ideologie abgelöst worden, sondern deshalb untergangen, weil gegen Ende des 19. Jahrhunderts die Experimentalphysiker etwas vom Aufbau der Materie aus Atomen erfuhren. Dabei stellten sie fest, daß sich die atomaren Materieeinheiten zufallsbestimmt unkontrollierbar verhielten und die deterministische Newtonsche Physik dafür keine Beschreibung bot. Die theoretischen Physiker reagierten auf diese neuen experimentellen Entdeckungen zwischen 1900 und 1926 mit der Erfindung einer neuen physikalischen Theorie, der Quantentheorie.

Als 1900 die erste Fassung der Quantentheorie formuliert wurde, war noch nicht abzusehen, daß der klare Bruch mit der Newtonschen Physik unvermeidlich war. Immer wieder versuchte man zwischen 1900 und 1926, die Quantentheorie der Atome mit der deterministischen Physik in Einklang zu bringen. Die Physiker hofften, daß sich auch die kleinsten Rädchen im großen Uhrwerk, die Atome, nach Newtons deterministischen Gesetzen verhielten. Nach 1926 wurde aber klar, daß ein radikaler Bruch mit der Newtonschen Physik vollzogen werden mußte, und der Determinismus wurde zu Grabe getragen.

Wie Isaac Newton zwei Jahrhunderte zuvor, so ist Albert Einstein die größte Gestalt in dieser Übergangszeit in der Geschichte der Physik. Newton vollzog den von Galilei begonnenen Übergang von der scholastischen Physik des Mittelalters zur klassischen Physik. Einstein war der Protagonist des Übergangs von der Newtonschen Physik zur Quantentheorie der Atome und der Strahlung, einer neuen, nicht-Newtonschen Physik. Ausgerechnet Einstein, der Wegbereiter der neuen Quantentheorie, die das deterministische Weltbild zerschmetterte, lehnte jedoch die neue Quantentheorie ab. Er konnte es nicht hinnehmen, daß die Realität auf Zufall und Zufälligkeit gegründet war. Und doch hatte Einstein den Stamm der Physiker über eine Zeit der Krisen hinweg in das gelobte Land der Quantentheorie geführt, einer Theorie, die nach seiner Meinung kein vollständiges Bild von der physikalischen Realität liefern konnte. Einstein war der letzte klassische Physiker.

Warum verwarf Einstein die Interpretation der neuen Quantenphysik, die letztendliche Zufälligkeit der Realität, wenn sie die meisten seiner Kollegen akzeptierten? Die Frage ist nicht einfach zu beantworten. Einsteins Ablehnung ist nicht nur Ausdruck seiner Verstandesentscheidung, sondern geht bis an die Wurzeln seiner Persönlichkeit und seines Charakters, wie sie während seiner Kindheit in Deutschland herangebildet wurden. Wenn wir uns mit seiner Jugend vertraut machen, finden wir Hinweise auf sein späteres starres Festhalten am klassischen Weltbild.

Einstein wurde am 14. März 1879 in Ulm in eine Familie der schwäbisch-jüdischen Mittelschicht geboren. Bald nach seiner Geburt zogen seine Eltern nach München, wo Einsteins Vater ein kleines elektrochemisches Geschäft aufmachte. Einstein war kein außergewöhnliches Kind; er konnte sich Worte schlecht merken und wiederholte oft still für sich, was andere gesagt hatten. Sein Geist spielte eher mit räumlichen als mit sprachlichen Assoziationen; das Kind baute sich riesige Kartenhäuser und mochte Puzzlespiele. Als er vier Jahre alt war, schenkte ihm sein Vater einen Magnetkompaß. Sieben Jahrzehnte später erinnert er sich in seinen »Autobiographischen Notizen« an das Erstaunen, das dieser Kompaß ihm verursachte; er »paßte so gar nicht in die Art des Geschehens hinein, die in der unbewußten Begriffswelt Platz finden konnte…«

Einsteins Eltern förderten die Wißbegierde des Jungen. In einer psychoanalytischen Studie über Einsteins Kindheit nennt ihn Erik Erikson »Albert, das siegreiche Kind«. Irgend etwas in Einsteins Charakter und Erziehung schuf in ihm ein tiefes Vertrauen in das Universum und das Leben. Dieses Vertrauen und die daraus entstehende Geborgenheit sind die Grundlagen eines unabhängigen Geistes an der Grenze menschlichen Wissens.

Seine Familie war liberal und weltoffen, nicht besonders intellektuell geprägt, aber voll Achtung vor dem Wissen und musikliebend. Die Eltern waren nicht religiös und schickten den Jungen auf eine katholische Schule, wo ihn das Ritual und die Symbolkraft der Religion beeinflußten. Dieser Einfluß sollte allerdings nicht lange vorhalten. Im Alter von 67 Jahren schrieb Einstein über seine frühe seelische und geistige Odyssee von der Religion zur Naturwissenschaft. Diese »Autobiographischen Notizen« zeigen die für seinen Prosastil charakteristische Einfachheit und Stärke:

»Als ziemlich frühreifem jungem Menschen kam mir die Nichtigkeit des Hoffens und Strebens lebhaft zum Bewußtsein, das die meisten Menschen rastlos durchs Leben jagt. Auch sah ich bald die

Grausamkeit dieses Treibens, die in jenen Jahren sorgsamer als jetzt durch Hypokrisie und glänzende Worte verdeckt war. Jeder war durch die Existenz seines Magens dazu verurteilt, an diesem Treiben sich zu beteiligen. Der Magen konnte durch solche Teilnahme wohl befriedigt werden, aber nicht der Mensch als denkendes und fühlendes Wesen. Da gab es als ersten Ausweg die Religion, die ja jedem Kinde durch die traditionelle Erziehungsmaschine eingepflanzt wird. So kam ich – obwohl ein Kind ganz irreligiöser (jüdischer) Eltern – zu einer tiefen Religiosität, die aber im Alter von 12 Jahren bereits ein jähes Ende fand. Durch Lesen populär-wissenschaftlicher Bücher kam ich bald zu der Überzeugung, daß vieles in den Erzählungen der Bibel nicht wahr sein konnte. Die Folge war eine geradezu fanatische Freigeisterei, verbunden mit dem Eindruck, daß die Jugend vom Staate mit Vorbedacht belogen wird; es war ein niederschmetternder Eindruck. Das Mißtrauen gegen jede Art Autorität erwuchs aus diesem Erlebnis, eine skeptische Einstellung gegen die Überzeugungen, welche in der jeweiligen sozialen Umwelt lebendig waren – eine Einstellung, die mich nicht wieder verlassen hat, wenn sie auch später durch bessere Einsicht in die kausalen Zusammenhänge ihre ursprüngliche Schärfe verloren hat.

Es ist mir klar, daß das so verlorene religiöse Paradies der Jugend ein erster Versuch war, mich aus den Fesseln des ›Nur-Persönlichen‹ zu befreien, aus einem Dasein, das durch Wünsche, Hoffnungen und primitive Gefühle beherrscht ist. Da gab es draußen diese große Welt, die unabhängig von uns Menschen da ist und vor uns steht wie ein großes, ewiges Rätsel, wenigstens teilweise zugänglich unserem Schauen und Denken. Ihre Betrachtung wirkte als eine Befreiung, und ich merkte bald, daß so mancher, den ich schätzen und bewundern gelernt hatte, in der hingebenden Beschäftigung mit ihr innere Freiheit und Sicherheit gefunden hatte. Das gedankliche Erfassen dieser außerpersönlichen Welt im Rahmen der uns gebotenen Möglichkeiten schwebte mir halb bewußt, halb unbewußt als höchstes Ziel vor. Ähnlich eingestellte Menschen der Gegenwart und Vergangenheit sowie die von ihnen erlangten Einsichten waren die unverlierbaren Freunde. Der Weg zu diesem Paradies war nicht bequem und lockend wie der Weg zum religiösen Paradies; aber er hat sich als zuverlässig erwiesen, und ich habe es nie bedauert, ihn gewählt zu haben.«

Diese Stelle enthüllt die Bekehrung von einer persönlichen Religion zu einer »kosmischen Religion« der Wissenschaft, ein Erlebnis, das Einstein fürs Leben verändert hat. Einstein erfuhr, daß das

Universum von Gesetzen beherrscht wird, die wir zwar erkennen können, die aber von unseren Gedanken und Gefühlen unabhängig sind. Die Existenz dieses kosmischen Codes, also der Gesetze der materiellen Wirklichkeit, wie sie durch die Erfahrung bestätigt werden, ist der unerschütterliche Glaube, der den Naturwissenschaftler antreibt. Der Wissenschaftler sieht in diesem Code die ewige Struktur der Realität, nicht wie sie der Mensch oder die Tradition bestimmen, sondern wie sie der Beschaffenheit des Universums innewohnt. Diese Erkenntnis von der Natur des Universums kann für den jungen Menschen eine tiefgehende, bewegende Erfahrung sein.

In vielen Biographien von Gelehrten um die Jahrhundertwende sind ähnliche Bekehrungen nachzulesen. Die Symbole aus Religion und Familie werden ersetzt durch Symbole aus der literarischen, politischen oder wissenschaftlichen Kultur. Auslösendes Ereignis ist jedesmal die Selbstbehauptung des einzelnen gegenüber der Autorität der Eltern, der Gesellschaft oder der Religion. Bei Einstein nahm dieses Ereignis die Form einer Befreiung von einer zufälligen Existenz an, die »von Wünschen, Hoffnungen und primitiven Gefühlen beherrscht« war. Er wandte sich der Betrachtung des Universums zu, eines großartigen, geordneten Systems, das nach seiner Ansicht vollständig determiniert und vom menschlichen Willen unabhängig war. Das klassische Weltbild von der Realität erfüllte die Bedürfnisse des jungen Einstein. Die Vorstellung, daß die Realität davon unabhängig ist, wie wir sie befragen, ist ihm vielleicht damals gekommen. Diese frühzeitige Hinwendung zum klassischen Determinismus war auch bestimmend für seine spätere Opposition gegen die Quantentheorie, in der ja behauptet wird, daß fundamentale Vorgänge in den Atomen zufällig ablaufen und die Absicht des Menschen das Ergebnis von Experimenten beeinflußt.

Mit zwölf Jahren bekam Einstein von seinem Onkel Jakob die euklidische Geometrie geschenkt, »das heilige Geometriebüchlein«, und Euklid wurde seine Bibel. Die euklidische Geometrie spricht den Verstand an, nicht die Autorität oder die Tradition. Diese neue Denkweise lag Einstein, und er wurde sehr antireligiös und stellte auch Autorität und Disziplin in der Schule in Frage. Zweifellos war der Junge ein schwieriger Schüler. Er verabscheute den militärischen Drill in den deutschen Schulen. Nur selten fand man ihn in Gesellschaft Gleichaltriger, und einmal wurde er sogar von einem Lehrer der Schule verwiesen, der sagte, schon seine Anwesenheit im Klassenzimmer reiche, den Unterricht zu stören.

Als Einstein vierzehn Jahre alt war, machte sein Vater Konkurs, und die Familie zog nach Italien. Albert ging nicht gleich mit, sondern blieb 1894 noch in München und versuchte, das Gymnasium abzuschließen. Ende des Jahres mußte er jedoch von der Schule abgehen, fuhr zu seiner Familie nach Italien und brachte den größten Teil des folgenden Jahres mit Wanderungen in Italien zu. Er dachte, die Empfehlung seines Gymnasiallehrers werde ihm Zugang zu einer Universität verschaffen. Das war jedoch nicht der Fall; er mußte eine Aufnahmeprüfung an der Eidgenössischen Polytechnischen Hochschule in Zürich ablegen und fiel durch. Im Herbst 1895 ging er an die Kantonsschule in Aarau, eine Schweizer Vorbereitungsschule in der liberalen Tradition von Pestalozzi, und dort fühlte er sich sehr wohl. Hier erwarb er auch sein Diplom, und 1896 schrieb er sich am Polytechnikum in Zürich ein, um sein Studium der Physik zu beginnen.

In diesem Jahr stellte er sich zum ersten Mal die Frage, was passierte, wenn er hinter einem Lichtstrahl hereilen und ihn schließlich einholen, sich also wirklich mit Lichtgeschwindigkeit bewegen könnte. Die bis heute gültige Theorie vom Licht war die Maxwellsche Theorie, wonach das Licht eine Kombination aus elektrischen und magnetischen Feldern ist, die sich wie eine Wasserwelle durch den Raum bewegen. Einstein kannte die Maxwellsche Lichttheorie und wußte auch, daß sie mit den meisten experimentellen Befunden in Einklang stand. Aber wenn man eine der Maxwellschen Lichtwellen so einholen könnte, wie ein Surfer eine Ozeanwelle einholt, um darauf zu reiten, würde sich die Lichtwelle gegenüber einem selbst nicht bewegen, sondern stillstehen. Die Lichtwelle wäre dann eine stehende Welle aus elektrischen und magnetischen Feldern; das wäre aber nicht zulässig, wenn die Maxwellsche Theorie stimmte. Folglich, so schloß er, muß irgend etwas an der Annahme falsch sein, daß man eine Lichtwelle so einfangen kann wie eine Wasserwelle. Diese Vorstellung war das Samenkorn, aus dem neun Jahre später die spezielle Relativitätstheorie hervorging. Nach dieser Theorie kann kein materieller Gegenstand Lichtgeschwindigkeit erreichen. Sie ist für das Universum die Höchstgeschwindigkeit.

1900 machte Einstein seinen Hochschulabschluß, schaffte die Examina aber nur mit Nachhilfe. Er verabscheute diese Prüfungen so sehr, daß er sich später beklagte, sie hätten ihm die Freude an wissenschaftlicher Arbeit auf mindestens ein Jahr vergällt. Er arbeitete dann in verschiedenen Stellen als Lehrer und gab zwei jungen Gymnasiasten Privatunterricht. Einstein ging damals so weit, ihrem

Vater, der selbst Gymnasiallehrer war, zu raten, die Jungen von der Schule zu nehmen, weil dort ihre natürliche Wißbegierde zerstört werde. Das war das Ende seiner Tätigkeit als Privatlehrer.

Über einen Bekannten bekam er 1902 eine Stelle im Patentamt in Bern; in dieser Zeit schrieb er an seiner Doktorarbeit. Er verdiente sich seinen Lebensunterhalt durch die Prüfung von Patentanmeldungen und betrieb in seiner Freizeit Physik. Diese Einteilung sagte ihm sehr zu, denn er meinte nie, daß er für Forschungsarbeiten in der theoretischen Physik auch noch Geld bekommen müßte. Ganz bescheiden begann so seine Laufbahn in der Physik.

Die theoretische Physik war zu seiner Zeit vom klassischen deterministischen Weltbild beherrscht, dem die großen Errungenschaften der Physik im 19. Jahrhundert zu verdanken waren: die Wärmelehre und Maxwells elektromagnetische Theorie. Alles sprach dafür, daß es so weiterging. Eine wichtige theoretische Frage war die Ableitung der Gesetze über die mechanische Bewegung elektrisch geladener Teilchen aus der Theorie des Elektromagnetismus.

Die Experimentalphysiker waren allerdings auf einige Rätsel gestoßen, für die es in den geltenden Theorien keine Erklärung gab. Die Radioaktivität, die spontane Emission von Teilchen und Strahlen aus ganz bestimmten Stoffen, war beobachtet worden. Vielleicht die merkwürdigste Entdeckung waren aber die scharfen Linien im von verschiedenen Stoffen ausgesandten farbigen Lichtspektrum. Niemand konnte sie erklären. Diese Beobachtungen waren wie die ersten Regentropfen in einem Gewitterregen, und ganz schnell wurde daraus eine Springflut, die die klassische Physik hinwegspülte.

Diese unerklärlichen Experimente enthüllten indirekt die Eigenschaften und den Aufbau der Materie bis hinunter zu den kürzesten Entfernungen, auf die noch etwas direkt wahrzunehmen war. Heute wissen wir, daß die Materie in diesen Bereichen aus Atomen aufgebaut ist, aber zu Einsteins Zeiten bestritten manche Physiker die Existenz von Atomen immer noch. Über zwei Jahrtausende hatten die Menschen vermutet, daß es Atome gibt, sie jedoch nie nachweisen können. Trotz aller Anzeichen, besonders in der Chemie, die für die Atomhypothese sprachen, wonach alle Materie aus Atomen bestand, hatte noch niemand einen direkten Versuch erdacht, mit dem sich nachweisen ließ, daß es wirklich Atome gab. Einige führende Wissenschaftler glaubten nicht an Atome, unter ihnen auch der Philosoph und Physiker Ernst Mach. Er war Positivist und behauptete, eine physikalische Theorie dürfe nur aus direkten experimentellen Wahrnehmungen abgeleitet werden, und alle nicht im Versuch nachzuprüfenden Vorstellungen seien abzulehnen – der mit dem Schlagwort »Sehen heißt Glauben« bezeichnete Ansatz der Physik. Mach glaubte nicht an die Atome, weil er nie welche gesehen hatte, und seine Unbeugsamkeit und sein geradliniges Denken hatten nachhaltige Auswirkungen auf die Physik im allgemeinen und Einstein im besonderen.

Max Planck entwickelte als Physiker 1900 die erste entscheidende Idee zur Quantentheorie, also in dem Jahr, in dem Einstein sein Studium abschloß. Vor Planck stellten sich die meisten Physiker die klassische Welt der Natur als Kontinuum vor; sie meinten, die Materieformen gingen glatt und stetig ineinander über. Verschiedene physikalische Größen wie Energie, Impuls und Spin waren stetig und konnten jeden beliebigen Wert annehmen.

Der Planckschen Quantenhypothese liegt der Gedanke zugrunde, daß dieses kontinuierliche Weltbild durch ein diskretes ersetzt werden muß. Weil die Diskretheit der physikalischen Größen so gering ist, ist sie mit unseren Sinnen nicht wahrnehmbar. Wenn wir z. B. aus der Ferne einen Berg Weizenkörner betrachten, sieht er aus wie ein völlig glatter Hügel. Gehen wir jedoch dichter heran, dann erkennen wir die Illusion und sehen, daß er sich in Wirklichkeit aus vielen kleinen Körnern zusammensetzt. Diese diskreten Körner sind die Quanten des Weizenberges.

Ein anderes Beispiel für diese »Quantelung« kontinuierlicher Objekte ist die Wiedergabe von Photographien in Tageszeitungen. Wenn man genau hinsieht, merkt man, daß ein Zeitungsphoto aus vielen kleinen Punkten besteht; das Bild ist »gequantelt« worden, aber das fällt einem nicht auf, wenn man es von weitem ansieht.

Planck arbeitete über die Schwarzkörperstrahlung. Was versteht man darunter? Nehmen wir einen materiellen Gegenstand, ein Metallstab reicht dazu, und legen ihn in einen völlig abgedunkelten Raum. Der Metallstab ist der schwarze Körper, d. h. man kann ihn nicht sehen. Wenn man den Stab über einem Feuer bis auf hohe Temperatur erhitzt und dann wieder in den dunklen Raum legt, ist er nicht mehr schwarz, sondern glüht dunkelrot wie eine brennende Kohle in einem Lagerfeuer. Bringt man ihn auf noch höhere Temperatur, fängt das Metall an, weiß zu glühen. Das von dem heißen Metall in einem dunklen Raum ausgehende Licht hat eine Farbverteilung, die man messen kann, und sie führt zu der sogenannten Schwarzkörperstrahlungskurve.

Zwei Gruppen von Experimentalphysikern an der Physikalisch-Technischen Reichsanstalt in Berlin führten genaue Messungen der Schwarzkörperstrahlungskurve durch. Nachdem er ihre empirische Kurve mit Vorstellungen aus der Wärmelehre in Einklang zu bringen versucht hatte, wollte Planck die physikalische Grundlage für das neue Strahlungsgesetz verstehen. In einem unglaublichen intuitiven Gedankensprung entwickelte er die Quantenhypothese, die er selbst als »Akt schierer Verzweiflung« bezeichnete. Er ging davon aus, daß das Material des schwarzen Körpers aus »schwingenden Oszillatoren« bestand (in Wirklichkeit waren das die Atome, die den Schwarzkörper bilden), deren Energieaustausch mit der Schwarzkörperstrahlung gequantelt war. Der Energieaustausch verlief nicht kontinuierlich, sondern diskret. Diese beispiellose Vorstellung war einer der großen Sprünge in der rationalen Phantasie, und Planck verbrachte den Rest seinen langen Lebens mit dem Versuch, sein Strahlungsgesetz mit dem stetigen Naturbild zur Deckung zu bringen.

Planck bezeichnete die Größenordnung der Diskretheit mit der Zahl h, die später als Plancksche Konstante bekannt wurde. Sie gab sozusagen die Größe eines einzelnen Korns im Weizenberg an. Wenn man die Plancksche Konstante gleich Null setzen könnte, schrumpfte das Korn auf die Größe Null, und die stetige Beschaffenheit der Welt kehrte zurück. Die experimentell bewiesene Tatsache, daß die Plancksche Konstante h nicht gleich Null ist, bedeutet, daß die Welt in Wirklichkeit diskret ist. Planck konnte mit Hilfe seiner Quantenhypothese und einiger Vermutungen das im Versuch beobachtete Gesetz von der Schwarzkörperstrahlung ableiten. Die Berliner Experimentalphysiker erklärten in ihrem Bericht vom 25. Oktober 1900 an die Preußische Akademie: »Die von Herrn M. Planck nach bereits erfolgtem Abschluß unserer Versuche angeführte Formel ... gibt unsere Beobachtungen innerhalb der Fehlergrenzen wieder.« Das war der Anfang der Quantentheorie. Einstein war 21 Jahre alt.

Die Welt der theoretischen Physik, in die Einstein eintrat, war beherrscht von der durch die Newtonsche Mechanik geprägten deterministischen Welt. Plancks Arbeit über das Quant machte mit der Vorstellung vom Kontinuum in der Natur Schluß, und das war auch einer der Hauptgründe, weshalb die Physiker sie nicht zur Kenntnis nahmen. Es gab zwar einige merkwürdige Experimente, aber die meisten Physiker wollten die Newtonschen Gesetze nicht opfern, um diese Versuche zu erklären. In der Frage der Existenz der Atome waren die Wissenschaftler geteilter Meinung.

1905 wurde Einstein in Zürich zum Doktor promoviert und veröffentlichte drei Arbeiten in Band 17 der »Annalen der Physik«, die den Lauf der Wissenschaftsgeschichte verändert haben. Der Band ist heute ein Sammlerstück. Jede der drei Arbeiten ist ein wissenschaftliches Meisterwerk und behandelt eines von Einsteins drei Hauptinteressengebieten: die statistische Mechanik, die Quantentheorie und die Relativität. Mit diesen Aufsätzen begann die physikalische Revolution des 20. Jahrhunderts. Es dauerte Jahrzehnte, bis ein neuer Konsens über die Natur der physikalischen Realität erzielt werden konnte.

Die erste Arbeit handelte von der statistischen Mechanik, einer Theorie der Gase, die James Clerk Maxwell, der österreichische Physiker Ludwig Boltzmann und der Amerikaner J. Willard Gibbs entwickelt hatten. Der statistischen Mechanik zufolge besteht ein Gas, z.B. Luft, aus vielen Molekülen oder Atomen, die in einer schnellen Zufallsbewegung gegeneinanderprallen, etwa wie ein mit fliegenden Tennisbällen gefüllter Raum. Die Tennisbälle stoßen gegen die Wände, gegeneinander und gegen alles im Raum. In diesem Modell werden die Eigenschaften eines Gases imitiert. Die atomare Hypothese, wonach ein Gas aus winzigen Atomen und aus Molekülen besteht, die so klein sind, daß man sie nicht alle herumfliegen sehen kann, scheint jedoch einer direkten Prüfung unzugänglich zu sein.

Die atomare Hypothese ist nur schwer zu würdigen, weil die Atome so klein sind und weil es so viele davon gibt. In Ihrem letzten Atemzug haben Sie z.B. fast sicher mindestens ein Atom des letzten Atemzuges von Julius Caesar miteingeatmet, als er klagte: »Et tu, Brute.« Das ist wissenschaftlich trivial, aber die Tatsache bleibt bestehen, daß ein menschlicher Atemzug etwa eine Million Milliarden Milliarden ($10^{24}$) Atome enthält. Selbst wenn diese sich mit der ganzen Erdatmosphäre vermischen, ist die Chance doch sehr groß, daß Sie eines davon einatmen.

Wir können Atome weder sehen noch anfassen; sie sind kein wahrnehmbarer Teil unserer Welt. Und doch gründet sich ein großer Teil der Physik auf die Existenz der Atome. Richard Feynman, einer der Erfinder der Quantenelektrodynamik, hat einmal geschrieben, falls alle wissenschaftlichen Kenntnisse in einer großen Katastrophe untergingen und nur ein Satz an die Nachwelt überliefert werden könnte, dann sollte dies der Satz sein: »...alle Dinge bestehen aus Atomen, kleinen Teilchen, die sich in ständiger Bewegung befinden, einander anziehen, wenn sie etwas voneinander entfernt sind, aber einander abstoßen, wenn man sie gegeneinanderpreßt.«

Einstein behandelte die Frage, wie man die Existenz von Atomen nachweisen konnte. Wie sollte man zu Werke gehen, wenn die

Atome doch so klein waren, daß man sie nicht wahrnehmen konnte? Stellen wir uns vor, Sie legen einen Fußball in ein Zimmer voll fliegender Tennisbälle. Der große Fußball wird von allen Seiten mit Tennisbällen bombardiert und fängt an, sich zufallsbestimmt zu bewegen. Wenn man die Zufälligkeit des Bombardements durch die Tennisbälle voraussetzt, kann man die Merkmale der Bewegungen des Fußballs bestimmen. Er springt und hüpft herum, weil ihn die Bälle treffen.

In Einsteins Arbeit wurde ein ähnlicher Gedanke für den ersten überzeugenden Beweis von der Existenz der Atome verwandt. Einstein erkannte, daß verhältnismäßig große Pollenkörner in einem Gas oder einer Flüssigkeit, die man unter einem starken Mikroskop wahrnehmen konnte, in Bewegung zu sehen waren. Der schottische Botaniker Robert Brown hatte diese Bewegungen der Pollenkörner schon erkannt, lange bevor Einstein seine Arbeit schrieb, seine Beobachtung aber nicht erklären können. Einstein erläuterte, die Brownsche Bewegung der Pollenkörner sei darauf zurückzuführen, daß Atome gegen die Körner stoßen. Die Pollenkörner sind so klein, daß sie durch die aufprallenden Atome gestoßen und geschoben werden, gerade so, wie es bei einem Fußball der Fall wäre, den Tennisbälle treffen. Der französische Experimentalphysiker Perrin führte einige bemerkenswerte Versuche durch, die Einsteins quantitative Voraussagen der Pollenkörnerbewegung bestätigten. Viele Physiker akzeptierten daraufhin die Atomhypothese. Der Chemiker Ostwald, der aus ganz persönlichen Gründen nicht an Atome glaubte, wurde durch Einsteins Analyse und Perrins Versuche für den Atomismus gewonnen. Dagegen ließ sich Ernst Mach, der strenge Positivist, niemals von der Existenz der Atome überzeugen und blieb bis zu seinem Tod der »unbestechliche Skeptiker«. Heute gilt bei Physikern die erste Arbeit des Patentprüfers Einstein als frühester überzeugender Versuch zum Nachweis von Atomen. Schon diese eine Arbeit hätte seinen wissenschaftlichen Ruf begründet.

Einsteins zweite Arbeit erschien 1905 und schlug wie eine Bombe ein. Sie handelte vom Photoeffekt. Wenn ein Lichtstrahl auf eine Metallfläche scheint, werden vom Metall elektrisch geladene Teilchen, Elektronen, ausgesandt, die einen elektrischen Strom zum Fließen bringen. Das ist der Photoeffekt: Licht erzeugt einen elektrischen Strom. Der Photoeffekt wird z. B. in automatischen Fahrstuhltüren benutzt. Ein Lichtstrahl verläuft quer über die Fahrstuhltür, trifft eine Metallfläche und läßt einen elektrischen Strom fließen. Wenn der Strom fließt, schließt sich die Tür. Wird der Lichtstrahl jedoch dadurch unterbrochen, daß jemand in die Tür tritt, hört der Strom zu fließen auf, und die Tür bleibt offen.

1905 wußte man wenig über den Photoeffekt. Es ist bezeichnend für Einsteins Genie, daß er in diesem obskuren physikalischen Effekt einen bedeutenden Hinweis auf die Natur des Lichts und die physikalische Realität zu erkennen vermochte. Die kreative Bewegung in der Wissenschaft verläuft vom Besonderen, wie dem Photoeffekt, zum Allgemeinen, der Natur des Lichts. In einem Sandkorn kann man das Universum erkennen.

Einstein verwandte in seiner Arbeit über den Photoeffekt die Plancksche Quantenhypothese. Er ging über Planck hinaus und äußerte die radikale Annahme, das Licht selbst sei in Partikeln gequantelt. Die meisten Physiker, darunter auch Planck, hielten das Licht für ein wellenartiges Phänomen; das entsprach der Vorstellung von der Natur als einem Kontinuum. Einsteins Hypothese bedeutete aber, daß das Licht in Wirklichkeit ein Schauer von Teilchen war, die sich aus den später so genannten Photonen, also Lichtquanten, kleinen Paketen von bestimmter Energie, zusammensetzten. Auf der Grundlage seiner Vorstellung von den Lichtquanten leitete Einstein eine Gleichung ab, mit der er den Photoeffekt beschrieb.

Von seinen drei Arbeiten aus dem Jahr 1905 bezeichnete Einstein nur diejenige über den Photoeffekt als »wahrhaft umwälzend«, und das war sie auch. Wenn die Physiker geglaubt hatten, eines gründlich zu verstehen, dann war es das Licht; sie betrachteten es als stetige elektromagnetische Welle. Einsteins Arbeit schien dem zu widersprechen und zu behaupten, das Licht sei in Wirklichkeit ein Teilchen. Das ist ein Grund, weshalb andere Physiker gegen diese umwälzende Vorstellung opponierten. Ein anderer Grund bestand darin, daß Einsteins photoelektrische Gleichung experimentell einfach nicht zu beweisen war, ganz im Gegensatz zur Planckschen Formel für die Schwarzkörperstrahlung, die unverzüglich im Versuch nachgeprüft wurde. Einen experimentellen Beweis für Einsteins Gleichung gab es erst 1915. Damit schien seine Einführung des Lichtquants überflüssig zu sein.

Einstein stand in der Frage der Energiequantelung des Lichts über ein Jahrzehnt allein. Als er 1913 zum Mitglied der Preußischen Akademie der Wissenschaften vorgeschlagen wurde, hieß es in dem Schreiben: »In summa läßt sich unter den großen Problemen, an denen die moderne Physik so reich ist, kaum eines finden, zu dem Einstein nicht einen bemerkenswerten Beitrag geleistet hat. Daß er bei seinen Spekulationen gelegentlich über das Ziel hinausgeschossen sein mag, wie z. B. in seiner Hypothese über die Lichtquanten, ist ihm eigentlich nicht zu verargen, denn selbst in die exakten Naturwissenschaften läßt sich ein wirklich neuer Gedanke nicht ohne Risiko einführen.« Der amerikanische Experimentalphysiker Millikan arbeitete jahrelang über den Photoeffekt und erfand genaue Messungen, um Einsteins photoelektrische Gleichung zu überprüfen. 1915 erklärte er: »Trotz... des scheinbar vollständigen Erfolgs der Einsteinschen Gleichung erweist sich die physikalische Theorie, deren symbolischen Ausdruck sie darstellen soll, als so unhaltbar, daß Einstein selbst sie wohl nicht länger aufrechterhält.« Einstein erhielt sie sehr wohl aufrecht. Es war jedoch klar, daß selbst nach der experimentellen Bestätigung seiner photoelektrischen Gleichung andere Physiker immer noch etwas gegen die Vorstellung hatten, das Licht sei ein Teilchen. Die »wahrhaft umwälzende« Vorstellung vom Photon, dem Lichtteilchen, bedurfte noch weiterer Bestätigung im Versuch, ehe sie akzeptiert werden konnte.

Endgültig wurde das Photon 1923–24 bestätigt. Unter der Annahme, daß das Licht wirklich aus Teilchen bestand, die eine definierte Energie und einen gerichteten Impuls aufwiesen wie kleine Projektile, machten Compton, einer der ersten amerikanischen Atomphysiker und Debye, ein holländischer Physiker, unabhängig voneinander theoretische Voraussagen über die Streuung der Photonen an einem anderen Teilchen, dem Elektron. Compton führte die Streuungsversuche durch, und die auf der Grundlage des angenommenen Lichtpartikels getroffenen Voraussagen wurden bestätigt. Danach brach die Opposition gegen das Konzept vom Photon schnell zusammen. Einstein wurde der Nobelpreis für seine Hypothese über das Lichtquant verliehen, nicht für seine größte Arbeit, die Relativitätstheorie.

Einsteins dritter Artikel aus dem Jahr 1905 befaßte sich mit der speziellen Relativitätstheorie. Diese Arbeit hat für immer unsere Vorstellungen von Raum und Zeit verändert. Planck schrieb 1910 über diesen Aufsatz »Wenn [es] ... sich als richtig erweisen sollte, und ich rechne damit, wird er als Kopernikus des 20. Jahrhunderts betrachtet werden.« Planck hatte recht.

Die spezielle Relativitätstheorie, wie der Gegenstand seiner Arbeit von 1905 später genannt wurde, handelte von Raum- und Zeitbegriffen, über die Philosophen und Naturwissenschaftler jahrhundertelang nachgedacht hatten. Manche hielten den Raum für eine Substanz, den Äther, der alles durchfloß. Andere beschrieben den Fluß der Zeiten wie einen Wasserstrom oder wie Sand in einem Stundenglas. Solche Bilder sprechen zwar unser Gemüt an, haben aber mit dem Zeitbegriff in der Physik wenig zu tun. Um Raum und Zeit in der Physik zu verstehen, müssen wir unsere subjektiven Erfahrungen von Raum und Zeit von dem loslösen, was wir an diesen beiden Erscheinungen wirklich messen können. Einstein hat es sehr simpel ausgedrückt. »Der Raum ist das, was wir mit einem Maßstab messen; die Zeit ist das, was wir mit einer Uhr messen.« Die Klarheit dieser Definitionen spricht für einen Geist, der Großes vorhatte.

Mit diesen beiden Definitionen bewaffnet, fragte Einstein, wie sich die Messungen von Raum und Zeit zwischen zwei Beobachtern verändern, die sich mit konstanter Geschwindigkeit relativ zueinander bewegen. Nehmen wir an, ein Beobachter befinde sich mit Maßstab und Uhr in einem fahrenden Zug, und sein Kollege stehe mit Maßstab und Uhr auf dem Bahnsteig. Die Person im Zug messe die Länge des Seitenfensters in ihrem Wagen. Die Person auf dem Bahnsteig messe die Länge desselben Fensters, während der Zug vorbeifährt. Wie lassen sich die Messungen dieser beiden Beobachter miteinander vergleichen? Wenn wir naiv sind, müßten wir sagen, daß sie gleich sein müssen, denn schließlich wird ja dasselbe Fenster gemessen. Das stimmt jedoch nicht, wie Einstein in einer umfassenden Analyse des Meßvorgangs nachgewiesen hatte. Die Person, die mit dem Maßstab auf dem Bahnsteig steht, muß das Fenster an sich vorbeifahren »sehen«. Mit anderen Worten: Das Licht, das Informationen über die Länge des sich bewegenden Fensters enthält, muß an die auf dem Bahnsteig stehende Person weitergeleitet werden, weil sonst eine Messung überhaupt nicht möglich ist. Damit sind die Eigenschaften des Lichts in unseren Vergleich der beiden Messungen eingeführt worden, und wir müssen als erstes untersuchen, was das Licht überhaupt tut.

Schon vor Einstein wußten die Physiker, daß die Lichtgeschwindigkeit endlich, aber sehr hoch ist und bei rund 300 000 Kilometer pro Sekunde liegt. Aber Einstein glaubte, mit der Lichtgeschwindigkeit habe es eine besondere Bewandtnis; sie sei eine absolute Konstante. Gleichgültig, wie schnell man sich bewegt: die Lichtgeschwindigkeit ist immer dieselbe, einen Lichtstrahl kann man nie einholen. Um ganz zu verstehen, wie merkwürdig das eigentlich ist, stelle man sich einmal vor, daß eine Kugel mit hoher Geschwindigkeit aus einem Gewehr abgefeuert wird. Die Geschwindigkeit einer Kugel ist aber keine absolute Konstante; wenn wir in einer Rakete der Kugel nachsausen, können wir sie erreichen, und sie scheint sich dann für uns in einem Ruhezustand zu befinden. Die Geschwindigkeit der Kugel hat keine absolute Bedeutung, weil sie ja immer relativ zu unserer Geschwindigkeit ausgedrückt wird. Beim Licht ist das anders; seine Geschwindigkeit ist absolut und immer dieselbe, völlig unabhängig von unserer eigenen Geschwindigkeit. Das ist die seltsame Eigenschaft des Lichts, die seine Geschwindigkeit qualitativ von der Geschwindigkeit aller anderen Dinge unterscheidet.

Die Annahme der absoluten Konstanz der Lichtgeschwindigkeit war das zweite Postulat in dieser speziellen Relativitätstheorie. Einsteins erstes Postulat war die Feststellung, daß es unmöglich ist, eine absolut gleichförmige Bewegung zu bestimmen. Eine gleichförmige Bewegung erfolgt in einer festgelegten Richtung mit konstanter Geschwindigkeit – im Grunde genommen nur unter dem Einfluß der Trägheit. Einstein postuliert nun, daß man selbst nur feststellen kann, ob man sich unter dem Einfluß der Trägheit bewegt, wenn man seine eigene Bewegung im Vergleich zu einem anderen Objekt bestimmt. Die beiden Beobachter, einer im Zug und der andere auf dem Bahnsteig, illustrieren dieses Postulat. Für die Person auf dem Bahnsteig bewegt sich der Zug. Aber die Person im Zug kann ebensogut annehmen, daß sie stillsteht und der Bahnsteig und damit die ganze Erde an ihr vorbeifahren. Eine gleichförmige Bewegung ist nur relativ; man kann nur sagen, daß man sich relativ zu irgend etwas anderem bewegt.

Aus diesen beiden Postulaten, der Konstanz der Lichtgeschwindigkeit und der Relativität der Bewegung, folgte der ganze logische Aufbau der speziellen Relativität. Aber wie Paul Ehrenfest, ein Physiker und Freund Einsteins, betonte, ist darin ein drittes Postulat eingeschlossen, das besagt, daß die beiden ersten Postulate einander nicht widersprechen. Auf den ersten Blick scheinen sie das zu tun. Alle gleichförmigen Bewegungen verlaufen relativ zueinander, besagt das eine Postulat. Ausgenommen davon ist die Lichtgeschwindigkeit, denn die ist absolut, besagt das andere Postulat. Es ist das Wechselspiel zwischen der Relativität der Bewegung für alle materiellen Objekte und der Absolutheit der Lichtgeschwindigkeit, die der speziellen Relativität zufolge allen unbekannten Erscheinungen auf der Welt zugrunde liegt.

Unter Verwendung dieser Postulate leitete Einstein mathematisch die Gesetze ab, die die von einem Beobachter durchgeführten Messungen von Raum und Zeit zu denselben, von einem anderen Beobachter, der sich relativ zum ersten Beobachter gleichförmig bewegt, durchgeführten Messungen in Beziehung setzen. Er wies nach, daß die Person auf dem Bahnsteig die Länge des Fensters im fahrenden Zug kürzer finden würde als die Person im Zug. Je schneller der Zug fährt, um so kürzer ist die gemessene

Fensterlänge, wie sie die Person auf dem Bahnsteig bestimmt, bis schließlich, wenn sich der imaginäre Zug der Lichtgeschwindigkeit nähert, die Fensterlänge auf Null schrumpft. Weil in unserer vertrauten Welt die Geschwindigkeit der meisten Objekte, darunter auch die der wirklichen Züge, im Vergleich zur Lichtgeschwindigkeit sehr niedrig ist, sehen wir derartige Längenkontraktionen nie, denn sie werden erst bei Geschwindigkeiten in der Nähe der Lichtgeschwindigkeit erheblich.

Einsteins Relativitätstheorie verknüpfte Raum und Zeit. Einstein wies nach, daß eine sich bewegende Uhr die Zeit langsamer anzeigt als eine in Ruhe befindliche Uhr. Für die Person auf dem Bahnsteig geht die Uhr am Arm eines Fahrgastes im Zug tatsächlich langsamer: die Zeit vergeht langsamer. Wenn sich der Zug nahezu mit Lichtgeschwindigkeit bewegte, würde die Zeit allmählich mit einem Wert von fast Null verstreichen. Ähnlich sieht der Beobachter im Zug, daß die Uhr der Person auf dem Bahnsteig langsamer geht. Die absolute Zeit ist abgeschafft. Die Zeit wird für Personen, die sich relativ zueinander bewegen, verschieden gemessen.

Die Relativität der Zeit scheint aber ein Paradoxon zu enthalten, denn wie können beide, sowohl der Fahrgast im Zug als auch die Person auf dem Bahnsteig, sehen, wie die Uhr des anderen langsamer geht? Was passiert, wenn sich die beiden treffen und die Zeit vergleichen; wessen Uhr ist wirklich langsamer gegangen? Um dieses Paradoxon noch zu verstärken, (das oft als Zwillingsparadoxon bezeichnet wird), stelle man sich Zwillinge vor, die ihre Uhren gestellt haben, ehe einer von ihnen in den Zug steigt. Der Zug beschleunigt bis fast auf Lichtgeschwindigkeit, an dieser Stelle sieht jeder Zwilling die Uhr des anderen langsamer gehen, dann fährt der Zug wieder langsamer und kehrt in den Bahnhof zurück. Welcher Zwilling ist älter? Für den Zwilling auf dem Bahnsteig hat der Zwilling im Zug eine Rundreise gemacht, während für den Zwilling im Zug der Zwilling auf dem Bahnsteig die Rundreise gemacht hat. Es sieht so aus, als ob die Bewegung jedes Zwillings einfach nur relativ zur Bewegung des anderen erfolgt ist. Aber in Wirklichkeit besteht eine Asymmetrie in der Bewegung der Zwillinge, und das ist auch der Schlüssel zur Auflösung des Paradoxons. Während der Zug beschleunigt, befindet er sich nicht mehr in gleichförmiger Bewegung, sondern wird immer schneller, und gegen Ende der Fahrt bremst er wieder ab und wird langsamer. Der Zwilling auf dem Bahnsteig erfährt solche Beschleunigung und Verlangsamung nicht, so daß ein absoluter Unterschied zwischen den Bewegungen der Zwillinge besteht. An Hand dieses entscheidenden Unter-

*[handwritten margin note: weil er ungebremst, durch Beschleunigen und abbremsen, weniger Geschwindigkeit erfuhr als der Zwilling auf dem Bahnhof der mit absoluter Intzgeschwindigkeit fährt]*

schieds und unter Zuhilfenahme von Einsteins spezieller Relativitätstheorie zum Vergleich der im ungleichförmig bewegten Zug verstrichenen mit der auf dem Bahnsteig gemessenen Zeit kann man nachweisen, daß der Zwilling im Zug tatsächlich weniger gealtert ist.

Die Relativität von Raum und Zeit stört uns, denn sie läuft unserem Gefühl zuwider. In unserer täglichen Erfahrung scheinen Raum und Zeit nicht zu schrumpfen. Wir wollen uns gern weismachen, daß diese seltsamen Effekte von Raum und Zeit nur mathematische Vorstellungen sind. Der französische Mathematiker Poincaré hat 1905 dieselben Raum-Zeit-Umwandlungsgesetze auch entdeckt, sie jedoch als Postulate ohne physikalische Bedeutung angesehen. Einstein hat als erster die physikalischen Folgen dieser Gesetze erkannt; aus diesem Grund gilt er auch als Erfinder der Relativität. Er nahm die Physik ernst. Uhren gehen wirklich langsamer, wenn sie sich bewegen.

Die Raum-Zeit der speziellen Relativität kann man nicht begrifflich, sondern physisch erleben, wenn man sich vorstellt, man sei knapp siebzehn Millionen Kilometer groß. Das Licht braucht etwa eine Minute, um 17 Millionen Kilometer zurückzulegen. Wenn man dann mit den Zehen wackeln wollte, vorausgesetzt daß Nervenimpulse bis auf Lichtgeschwindigkeit beschleunigt werden können, dauerte es eine Minute, bis das Signal die Zehen erreichte und eine weitere Minute, bis es zum Gehirn zurückkäme und meldete, daß die Zehen tatsächlich gewackelt haben. Man käme sich vor wie in einem Zeitlupenfilm und hätte einen Körper aus elastischem Kautschuk. Beim Laufen höbe sich der Oberschenkel lange vor dem Fuß, denn die Nervenimpulse kämen zuerst im Oberschenkel und erst eine halbe Minute später im Fuß an. Da die Lichtgeschwindigkeit endlich ist, könnte man das Bein nicht koordiniert auf einmal heben; man wäre nicht in der Lage, dem Fuß, dem Knie und dem Oberschenkel das Signal zu übermitteln, daß sie sich gleichzeitig bewegen sollen. Es gibt kein Signal, das sich schneller als das Licht fortbewegen kann; nichts bewegt sich augenblicklich.

Wir können uns auch zwei Menschen von normaler Größe vorstellen, einen auf der Erde und den anderen in einem Raumschiff, das sich fast mit Lichtgeschwindigkeit fortbewegt. Beide haben Sitze in der ersten Reihe und sehen der Vorstellung einer 17 Millionen Kilometer großen Tänzerin zu, die sich durch das Sonnensystem bewegt wie auf einer Bühne. Es ist eine hervorragende Darbietung, und später unterhalten sich die beiden darüber, aber sie können sich nicht einigen, was sie gesehen haben. Der Zuschauer im Raumschiff sagt, die Tänzerin habe zuerst den Arm und dann den

Fuß bewegt, aber der Zuschauer auf der Erde hat es genau in der umgekehrten Reihenfolge gesehen. Selbst wenn sie versuchen, die Bewegungen der Tänzerin zu analysieren und dabei die endliche Lichtgeschwindigkeit und die Bewegung des Raumschiffs und der Erde zu berücksichtigen, können sie sich nicht einig werden. Der Grund liegt darin, daß das zweite Postulat der speziellen Relativität, wonach die Lichtgeschwindigkeit eine absolute Konstante darstellt, die Existenz einer Universalzeit für alle Beobachter ausschließt. Selbst die zeitliche Reihenfolge von Ereignissen kann für Beobachter verschieden sein, die sich relativ zueinander bewegen; solche zeitlichen Ordnungen haben keine absolute Bedeutung. Die Folgen der speziellen Relativität scheinen im Vergleich zu unseren täglichen Erlebnissen paradox zu sein. Die unbekannte Welt der speziellen Relativität wird nur dann erkennbar, wenn Geschwindigkeiten bis in die Nähe der Lichtgeschwindigkeit vordringen; die Geschwindigkeiten, mit denen wir im Alltagsleben zu tun haben, sind nicht entfernt so hoch. Aber die spezielle Relativität ist eine logisch in sich schlüssige und kohärente Theorie; es gibt hier keine Paradoxa.

Einstein schrieb 1905 noch eine vierte, kurze Arbeit, die in ihren letzten Konsequenzen erst 1907 voll entwickelt war. Durch die Analyse der Bewegungsenergie E eines relativistischen Teilchens von der Masse m begründete er, daß das Teilchen eine Energie aufwies, die durch die Formel $E = mc^2$ gegeben war. Die Konstante c ist die Lichtgeschwindigkeit.

Vor Einstein hatten sich die Physiker Energie und Masse immer als verschiedene Begriffe vorgestellt. Das scheint sich auch aus unseren Erfahrungen abzuleiten. Was hat die Energie, die wir beim Hochheben eines Steins aufwenden, mit der Masse des Steins zu tun? Die Masse vermittelt den Eindruck einer materiellen Präsenz, die Energie nicht.

Masse und Energie waren auch Größen, deren Erhaltung voneinander getrennt zu sein schien. Im 19. Jahrhundert entdeckten die Physiker das Gesetz von der Erhaltung der Energie: Energie kann weder geschaffen noch zerstört werden. Wenn man einen Stein hebt, ist dabei Energie aufgewandt worden, aber nicht verlorengegangen. Der Stein verfügt jetzt über potentielle Energie, die wieder freigesetzt wird, wenn man ihn fallen läßt. Es gab auch ein eigenes Erhaltungsgesetz für die Masse: Masse konnte weder geschaffen noch zerstört werden. Wenn ein Stein zerbricht, haben alle Bruchstücke zusammen dieselbe Masse wie der ursprüngliche Stein. Die Unterscheidung zwischen Energie und Masse und ihre getrennte Erhaltung waren 1905 im Denken der Physiker fest verankert, denn für beides lagen umfangreiche experimentelle Begründungen vor.

Vor diesem gedanklichen Hintergrund erkennt man erst, wie neu Einsteins Vorstellung gewesen ist.

Einstein entdeckte die Folgerung aus den Postulaten der Relativitätstheorie, daß die Unterscheidung zwischen Energie und Masse und die Vorstellung von ihrer getrennten Erhaltung aufgegeben werden mußten. Diese umwälzende Entdeckung ist in seiner Gleichung $E = mc^2$ zusammengefaßt. Masse und Energie sind einfach verschiedene Darstellungsformen derselben Sache. Alle Masse um uns herum ist eine Form von gebundener Energie. Wenn auch nur ein kleiner Teil dieser gebundenen Energie je freigesetzt würde, wäre das Ergebnis eine katastrophale Explosion wie die einer Atombombe. Natürlich ist die Materie rings um uns nicht im Begriff, sich selbst in Energie umzuwandeln; dazu bedarf es schon ganz besonderer physikalischer Bedingungen. Aber zu Beginn der Zeiten, beim Urknall, der das Universum entstehen ließ, wandelten sich Masse und Energie frei ineinander um. Heute kommen uns Energie und Masse nur verschieden vor, und irgendwann in ferner Zukunft wandelt sich vielleicht die Materie, die wir heute um uns sehen, wieder ungehindert in Energie um.

Wie gut ist die spezielle Relativitätstheorie bewiesen? Heute gibt es eine ganze Technik, die von ihrer Richtigkeit abhängt – praktische Geräte, die überhaupt nicht funktionierten, wenn die spezielle Relativität falsch wäre. Das Elektronenmikroskop ist ein solches Gerät. Bei der Fokussierung des Elektronenmikroskops werden Effekte der Relativitätstheorie benutzt. Die Grundsätze der Relativitätstheorie finden auch Eingang in die Konstruktion von Klystrons, das sind Elektronenröhren, die Radaranlagen mit Mikrowellenenergie versorgen. Vielleicht der beste Beweis für das Funktionieren der speziellen Relativitätstheorie ist aber der Betrieb der riesigen Teilchenbeschleuniger, die subatomare Teilchen, wie Elektronen und Protonen, nahezu auf Lichtgeschwindigkeit bringen. Der dreieinhalb Kilometer lange Elektronenbeschleuniger in der Nähe der Stanford-Universität in Kalifornien beschleunigt Elektronen, bis ihre Masse nach den Vorhersagen der Relativitätstheorie am Ende ihrer dreieinhalb Kilometer langen Reise um den Faktor 40 000 angewachsen ist.

Eine der seltsamsten Prognosen der Relativitätstheorie ist die Verlangsamung sich bewegender Uhren. Interessanterweise ist das eine der am genauesten nachgeprüften Vorhersagen der

Theorie. Wir können zwar wirkliche Uhren nicht bis auf Lichtgeschwindigkeit beschleunigen, aber es gibt ein winziges subatomares Teilchen, das Müon, das sich genau wie eine winzige Uhr verhält. Nach einem Bruchteil einer Sekunde zerfällt ein Müon in andere Teilchen. Die Zeit, die es zum Zerfall braucht, kann man sich als ein einziges Ticken dieser winzigen Uhr vorstellen. Vergleicht man die Lebensdauer eines Müons im Ruhezustand mit der eines Müons in schneller Bewegung, so kann man feststellen, um wieviel die winzige Uhr langsamer geworden ist. Das hat man bei CERN, einem Kernforschungszentrum in der Nähe von Genf in der Schweiz, erreicht, indem man die in schneller Bewegung befindlichen Müonen in einen Speicherring einführte und ihre Lebensdauer genau nachmaß. Die beobachtete Verlängerung ihrer Lebensdauer bestätigte die nach der speziellen Relativität vorhergesagte Verlangsamung sich bewegender Uhren genau.

Diese und viele andere Versuche haben die Richtigkeit der frühen Arbeiten Einsteins bestätigt. Der junge Einstein war ein Bohemien, ein Rebell, der sich mit dem Erhabensten und Besten im menschlichen Denken identifizierte. In seiner Periode intensiver Schaffenskraft von 1905 bis 1925 schien er einen direkten Draht zum »Alten« zu haben, seinem Ausdruck für den Schöpfer oder die Intelligenz in der Natur. Er hatte die Gabe, mit einfachen und zwingenden Argumenten direkt zum Kern einer Sache zu kommen. Von allen übrigen Physikern getrennt, aber in Berührung mit den ewigen Problemen seiner Wissenschaft, schuf Einstein ein neues Bild vom Universum.

Einsteins Arbeiten aus dem Jahr 1905 und Plancks Aufsatz aus dem Jahr 1900 leiteten die Physik des 20. Jahrhunderts ein. Sie verwandelten die bis dahin betriebene Physik. Plancks Vorstellung vom Quant, von Einstein als Photon, Lichtteilchen, weiterentwickelt, brachte es mit sich, daß das Bild von der stetigen Natur nicht mehr aufrechtzuerhalten war. Die Materie bestand nachweislich aus diskreten Atomen. Die Vorstellungen von Raum und Zeit, die seit Newtons Zeit gegolten hatten, wurden über den Haufen geworfen.

Und trotz aller dieser Fortschritte blieb die Vorstellung vom Determinismus, wonach jedes Detail des Universums einem physikalischen Gesetz unterliegt, in Einstein und seiner ganzen Physikergeneration fest verankert. Nichts an diesen Entdeckungen konnte den Determinismus ins Wanken bringen.

Einsteins Stärke lag nicht im mathematischen Verfahren, sondern in der Tiefe seiner Einsichten und seinem unerschütterlichen

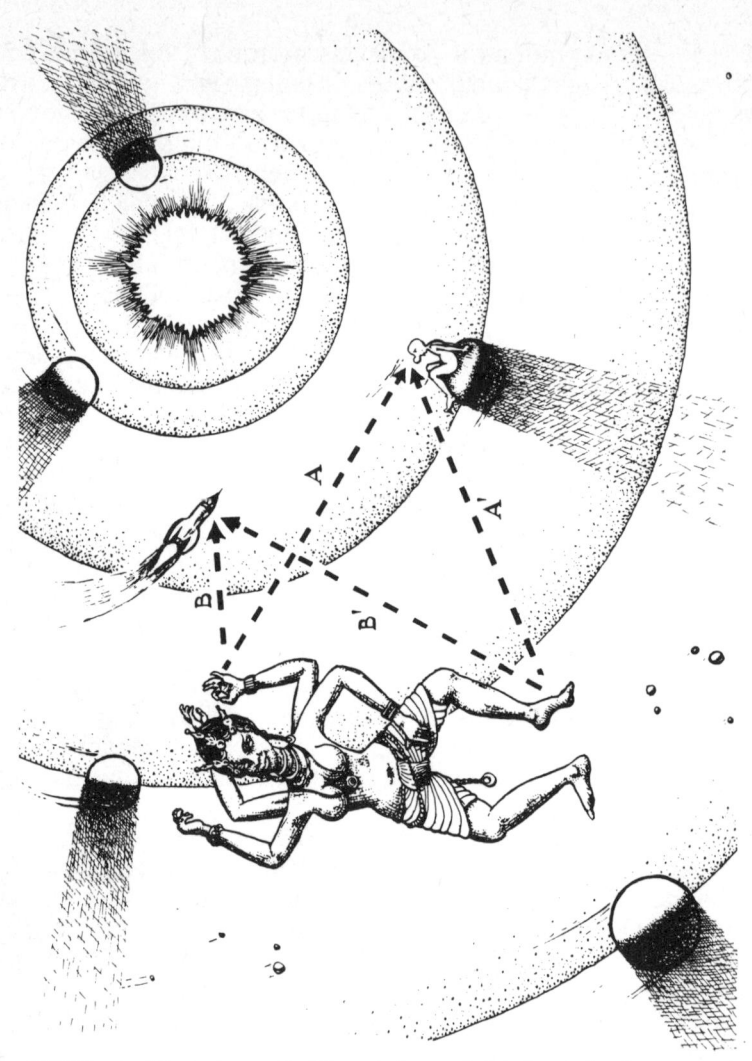

Eine 17 Millionen Kilometer große Tänzerin bewegt sich durch das Sonnensystem und wird von der Erde und von einem Raumschiff aus betrachtet, das sich nahezu mit Lichtgeschwindigkeit relativ zur Erde bewegt. Die Beobachter auf der Erde und im Raumschiff können sich nicht darüber einig werden, ob die Tänzerin zuerst die Hand oder den Fuß bewegt hat. Selbst nach Berücksichtigung ihrer relativen Bewegung und der endlichen Lichtgeschwindigkeit können sie sich nicht darauf einigen, welches Ereignis »wirklich« zuerst stattgefunden hat. Im Gegensatz zum Newtonschen Zeitbegriff gibt es nach der speziellen Relativitätstheorie keine Universalzeit.

Festhalten an Prinzipien. Diese Verpflichtung gegenüber den Grundsätzen der klassischen Physik und dem Determinismus führte ihn jetzt von seiner Arbeit an der speziellen Relativität zu seinem größten Werk, der allgemeinen Relativitätstheorie.

## 2. Die Erfindung der allgemeinen Relativität

> *Das schöpferische Prinzip liegt jedoch in der Mathematik. In gewisser Hinsicht halte ich es deshalb für wahr, daß reines Denken die Wirklichkeit erfassen kann, wie es die Alten geträumt haben.*
>
> Albert Einstein

Einsteins Anerkennung begann mit den Aufsätzen aus dem Jahr 1905 – dem Prüfstein für die Existenz der Atome, der Einführung des Photons als Lichtteilchen und der speziellen Relativitätstheorie. Im Herbst 1909 gab er seine Stelle im Patentamt auf und nahm eine Position in der Fakultät der Universität Zürich an, ging dann an die deutsche Universität in Prag und schließlich an das Polytechnikum in Zürich. 1913 besuchte Max Planck Einstein in Zürich und bot ihm die beste Stelle für einen theoretischen Physiker in Europa an: die Leitung des Kaiser-Wilhelm-Instituts für Physik in Berlin. Einstein nahm an. Gleichzeitig wurden ihm ein Sitz in der Preußischen Akademie und eine Professur an der Berliner Universität angetragen. Obwohl er nur ungern nach Deutschland und in die ungeliebte akademische Welt zurückging, bot ihm diese Stelle doch die Möglichkeit, mit den größten Physikern seiner Zeit, darunter Planck, zusammenzuarbeiten.

Die Gemeinschaft mit diesen Physikern hat sein ganzes Leben nachhaltig geprägt. In Berlin trug Einstein zur Theorie der spezifischen Wärmen bei und erarbeitete eine neue Ableitung des Planckschen Schwarzkörperstrahlungsgesetzes. In dieser Arbeit machte er sich seine neue Vorstellung von den Lichtteilchen, den Photonen, zunutze und führte das Konzept von der angeregten Lichtemission ein, auf dessen Grundlage der moderne Laser funktioniert.

Einstein schloß seine größte Arbeit, die allgemeine Relativitätstheorie, 1915–1916 in Berlin ab. Sie erweiterte die schon in seinem früheren Werk eingeführten Begriffe von Raum und Zeit. In der speziellen Relativitätstheorie hatte Einstein zuvor die Gesetze entdeckt, die die Messungen von Raum und Zeit zwischen zwei gleichförmig bewegten Beobachtern zueinander in Beziehung setzten (wie etwa der Person im Zug und der Person auf dem Bahnsteig). Eine gleichförmige Bewegung verläuft mit konstanter Geschwindigkeit und in einer festen Richtung. Im Gegensatz dazu ist eine ungleichförmige Bewegung eine solche, in der sich die Geschwindigkeit (der Zug beschleunigt oder bremst ab) oder die Richtung (der Zug fährt um eine Kurve) verändert. Um solche ungleichförmigen Bewegungen behandeln zu können, mußte Einstein über die Postulate der speziellen Relativität hinausgehen.

Nehmen wir an, wir befänden uns nicht mehr in dem Zug, mit dem wir die spezielle Relativität illustriert haben, sondern in einem Raumschiff weit ab von der Erde. Wenn die Raketentriebwerke eingeschaltet werden, setzt sich das Raumschiff zunächst langsam, dann immer schneller in Bewegung. Da die Geschwindigkeit zunimmt, ist dies eine Beschleunigung, eine ungleichförmige Bewegung des Raumschiffs. Innerhalb des Raumschiffs erleben wir sie als Kraft, die uns zu Boden drückt. Wir spüren sie, solange die Raketentriebwerke das Raumschiff beschleunigen.

Erstaunlicherweise ist diese Kraft, von der wir wissen, daß sie auf die Beschleunigung des Raumschiffs zurückzuführen ist, von der Schwerkraft nicht zu unterscheiden. Wenn wir Steine von verschiedener Masse innerhalb eines sich beschleunigenden Raumschiffs fallen lassen, fallen sie mit derselben Geschwindigkeit zu Boden, gerade so, als ob wir sie hier auf der Erde fallen ließen. In dem Augenblick, in dem wir die Steine loslassen, werden sie vom Raumschiff nicht mehr beschleunigt, befinden sich im freien Fall, und wir können uns vorstellen, daß der Boden des Raumschiffs ihnen entgegenstürzt.

Das illustriert den ersten Hauptgedanken der allgemeinen Relativität: Es ist unmöglich, die Auswirkung der Schwerkraft von einer ungleichförmigen Bewegung zu unterscheiden (wie z.B. derjenigen eines in Beschleunigung befindlichen Raumschiffs). Innerhalb des Raumschiffs spüren wir die wirkliche Schwerkraft. Wenn wir nicht wüßten, daß wir in einem Raumschiff durch den Weltraum reisen, könnten wir nicht feststellen, daß die Wirkung der »Schwerkraft«, die wir verspüren, durch die Beschleunigungsbewegung des ganzen Raumschiffs hervorgerufen wird. Daß wir eine ungleichförmige Bewegung, z.B. eine Beschleunigung, physikalisch nicht von der Schwerkraft unterscheiden können, ist das sogenannte Äquivalenzprinzip, das Prinzip der Äquivalenz von ungleichförmiger Bewegung und Schwerkraft.

Einstein hielt den schöpferischen Augenblick, »den glücklichsten Einfall meines Lebens«, fest, als er sah, wie alles zusammenpaßte: »Als ich mich 1907 mit einer zusammenfassenden Arbeit über die spezielle Theorie der Relativität für das Jahrbuch für Radioaktivität und Elektronik beschäftigte, wollte ich Newtons Gravitationstheorie so abändern, daß sie in diese Theorie hineinpaßte. Versuche in dieser Richtung zeigten, daß das möglich war, befriedigten mich jedoch nicht, weil sie durch Hypothesen ohne physikalische Grundlage gestützt werden mußten. In diesem Augenblick kam mir der glücklichste Einfall meines Lebens in folgender Form:

Genau wie in dem Fall, in dem ein elektrisches Feld durch elektromagnetische Induktion erzeugt wird, hat auch das Schwerefeld eine relative Existenz. *Für einen Beobachter im freien Fall vom Dach eines Hauses besteht während des Falls kein Schwerefeld* [Kursivdruck von Einstein], zumindest nicht in seiner unmittelbaren Umgebung. Wenn der Beobachter irgendwelche Gegenstände fallen läßt, bleiben sie im Verhältnis zu ihm in einem Zustand der Ruhe oder der gleichförmigen Bewegung, unabhängig von ihrer chemischen und physikalischen Beschaffenheit. (Bei dieser Überlegung muß man natürlich den Luftwiderstand außer acht lassen.) Der Beobachter hält deshalb zu recht seinen Zustand für einen Zustand der»Ruhe«.

Dieses außerordentlich merkwürdige empirische Gesetz, wonach alle Körper im selben Schwerefeld mit derselben Beschleunigung fallen, bekam durch diese Überlegung sofort große physikalische Bedeutung. Denn wenn es auch nur etwas gibt, das in einem Schwerefeld anders fällt als alles andere, könnte der Beobachter daran merken, daß er fällt. Aber wenn es so etwas nicht gibt, und die Erfahrung hat das mit höchster Genauigkeit bestätigt, hat der Beobachter keinen objektiven Grund zu dem Schluß, daß er in einem Schwerefeld fällt. Er darf vielmehr seinen Zustand mit Recht für einen Zustand der Ruhe und seine Umgebung (in Bezug auf die Schwerkraft) als feldfrei betrachten.

Die bekannte Erfahrungstatsache, daß die Beschleunigung im freien Fall unabhängig vom Material ist, spricht deshalb sehr dafür, daß das Postulat der Relativität auf Koordinatensysteme auszudehnen ist, die sich ungleichförmig relativ zueinander bewegen.«

Einstein erkannte, daß die Wirkung der Schwerkraft gleichbedeutend mit einer ungleichförmigen Bewegung ist. Wenn wir auf der Erde stehen, merken wir, wie uns die Schwerkraft zu Boden zieht. Lassen wir einen Stein fallen, so fällt er hinunter. Aber wenn wir vom Dach eines Hauses fallen, gibt es keine Schwerkraft. Wenn wir bei unserem Fall vom Dach einen Stein fallen lassen, schwebt er vor uns. Das ist so, als befände man sich in einem Raumschiff, das nicht beschleunigt: wir bewegen uns im freien Fall, und es gibt keine Schwerkraft. Die Astronauten erleben eine schwerefreie Umwelt,

T = 0　　　　　T = 1　　　　　T = 2

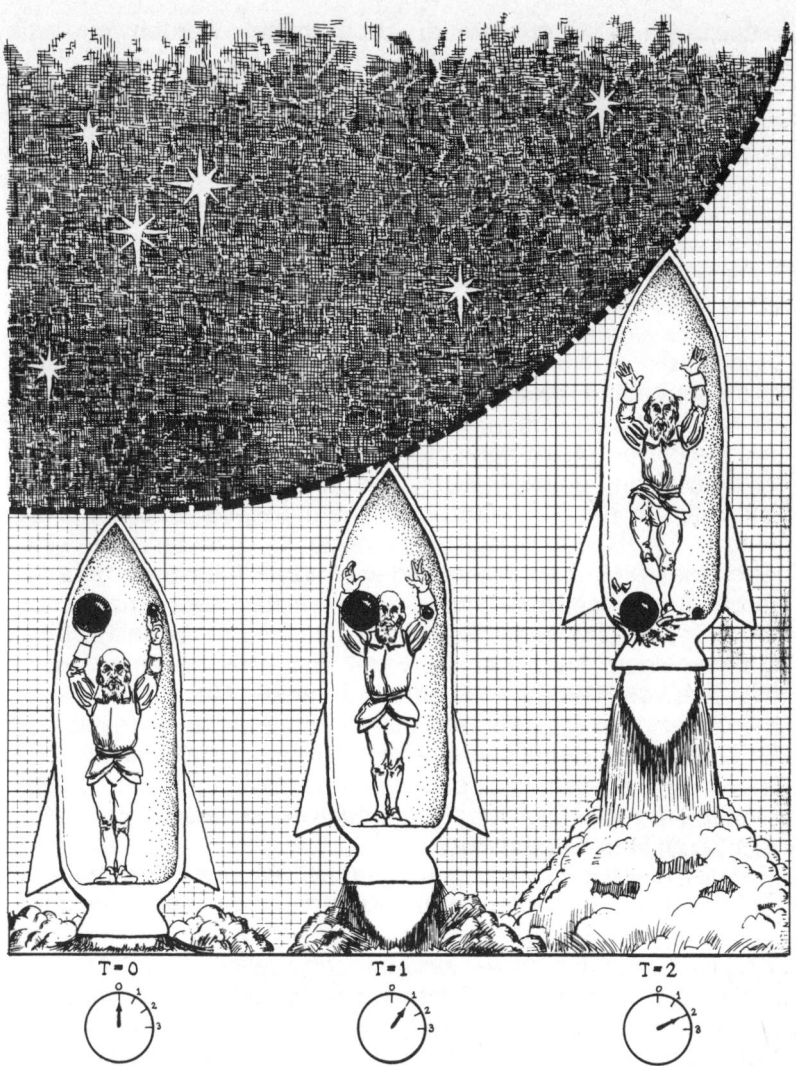

Galilei führt sein berühmtes Experiment nicht vom schiefen Turm von Pisa, sondern innerhalb eines Raumschiffs aus, das beschleunigt. Er läßt zwei Gegenstände von unterschiedlicher Masse los, die nach seinem Eindruck genauso hinunterfallen wie auf der Erde. Beachten Sie jedoch, daß sich die beiden Kugeln in Wirklichkeit nicht beschleunigen; sie befinden sich im »freien Fall« und sind keinerlei äußeren Kräften ausgesetzt. Vielmehr stürzt ihnen der Boden des in Beschleunigung befindlichen Raumschiffs entgegen. Das kennzeichnet die Äquivalenz von beschleunigter Bewegung und Schwerkraft, das erste Postulat der allgemeinen Relativitätstheorie.

wenn die Raketentriebwerke abgeschaltet werden und die Beschleunigung aufhört.

Wenn wir in unserer Kabine in dem in Beschleunigung befindlichen Raumschiff hinfallen oder einen Stein fallen lassen, können wir spüren, daß sich der Boden nach oben beschleunigt. Auf der Erde ist nicht ohne weiteres erkennbar, daß die Wirkung der Schwerkraft, wie wir sie wahrnehmen, gleichbedeutend damit ist, daß sich der Boden nach oben beschleunigt. Aber es stimmt: die Schwerkraft ist das genaue Äquivalent einer ungleichförmigen Bewegung.

In der allgemeinen Relativitätstheorie entdeckte Einstein die Gesetze, die die von zwei in ungleichförmiger Bewegung befindlichen Beobachtern (einem Beobachter z.B. in einem beschleunigten Raumschiff und einem anderen in einem schwerefreien Raum) durchgeführten Messungen zueinander in Beziehung setzen. Bei der Entwicklung dieser Gesetze kam Einstein auf die mathematische Disziplin der Riemannschen Geometrie, der Geometrie des gekrümmten Raums. Dazu versicherte er sich der Hilfe eines befreundeten Mathematikers und ehemaligen Klassenkameraden, Marcel Großmann. Aber schon bevor Einstein diese mathematischen Untersuchungen vornahm, um das Prinzip der Relativität zu verallgemeinern, kannte er das Ergebnis intuitiv. Er sagte damals: »Ich habe von Riemanns Arbeiten zum ersten Mal gehört, als das Grundprinzip der allgemeinen Relativitätstheorie schon feststand.« Die Erschaffung der allgemeinen Relativität ist ein Beispiel dafür, daß sich ein Physiker an eine existierende mathematische Disziplin wendet, um zum Ausdruck seiner intuitiven Gedanken die richtige Sprache zu finden.

Warum mußte Einstein den gekrümmten Raum zur Beschreibung der Schwerkraft heranziehen? Die Krümmung des dreidimensionalen Raums (sogar des vierdimensionalen, wenn wir die Zeit mit einbeziehen) ist für uns schwer zu verstehen. Stellen wir uns als erstes einen Raum mit nur zwei Dimensionen vor, z.B. ein riesiges Blatt Papier, das sich unendlich weit in alle Richtungen erstreckt. Die Bewohner dieses Blattes Papier sind flache Schatten; sie haben nur zwei Dimensionen und kennen keine dritte. Auf ihrem Blatt Papier können sie geometrische Messungen durchführen. Ihre Welt weist eine euklidische Geometrie auf: sie ist flach. Wenn sie die Summe der Innenwinkel eines auf das Papier gezeichneten Dreiecks messen, bekommen sie 180° heraus, und das entspricht einem Theorem der euklidischen Geometrie. Zwei auf dieses Papier gezeichnete Parallelen würden sich nie schneiden, wenn man sie verlängerte; auch das ist wieder ein Merkmal des flachen Raums.

Jetzt versetzen wir unsere zweidimensionalen Schattenkreaturen in eine neue Welt, die Oberfläche einer großen Kugel. Während wir als dreidimensionale Geschöpfe ihre Kugel als dreidimensionales Objekt im Raum zu sehen vermögen, können die Schattenkreaturen nur die Oberfläche der Kugel kennen, also einen zweidimensionalen Raum ähnlich dem Blatt Papier, das sie eben verlassen haben. Interessant ist nun die Überlegung, wie unsere Schattenfreunde den Unterschied zwischen der zweidimensionalen Oberfläche der Kugel und der des Blattes Papier erkennen lernen. Zunächst fühlen sich die Schattenkreaturen in ihrer neuen Welt sehr wohl, denn sie scheint sehr der Welt zu ähneln, die sie eben verlassen haben. Wenn sie kleine Dreiecke zeichnen und die Innenwinkel so gut messen, wie sie es können, ergeben die Winkel zusammen wieder 180°. Örtlich betrachtet, ist ihre neue Welt euklidisch und flach. Doch dann erzielen die Schattenkreaturen einen technischen Durchbruch; sie entdecken eine Art Laserlicht, das einen geradlinigen Strahl viele tausend Kilometer über die kugelförmige Oberfläche ihrer Welt aussenden kann. Als erstes stellen sie fest, daß sich zwei in parallele Richtungen ausgesandte Lichtstrahlen nach einigen tausend Kilometern einander annähern. Dagegen ist auch durch noch so viele Korrekturen nichts zu machen. Einige Schattenkreaturen behaupten, daß sich Lichtstrahlen in der neuen Welt nicht geradlinig ausbreiten. Andere bestehen darauf, daß ein Lichtstrahl definitionsgemäß eine Gerade ist: ein Lichtstrahl breitet sich auf dem kürzesten Weg aus; jeder andere Weg muß also länger sein. Sie stellen dann fest, daß dem Lichtstrahl nichts fehlt; nur der Raum, in dem sie sich bewegen, ist gekrümmt und nicht flach. Wenn mit diesen Lichtstrahlen große Dreiecke gebildet werden, ist die Winkelsumme jetzt größer als 180°. Der Raum ist eindeutig nicht mehr euklidisch. Schließlich erfinden die Schattenkreaturen die Riemannsche Geometrie und beschreiben damit ihre neue, gekrümmte Welt.

Unsere eigene Geschichte ähnelt der unserer Schattenfreunde mit der Ausnahme, daß sie in drei und nicht zwei Raumdimensionen spielt. Wir leben vielleicht in einer Welt, die ein gekrümmter dreidimensionaler Raum ist. So wie sich die Schattenkreaturen die gekrümmte zweidimensionale Oberfläche ihrer neuen Welt nicht vorstellen konnten, so können wir uns keinen dreidimensionalen gekrümmten Raum denken. Aber wir können, wie sie, auch Experimente mit Laserstrahlen veranstalten, um festzustellen, ob unsere dreidimensionale Welt wirklich gekrümmt ist. Die meisten Physiker würden wetten, daß zwei parallele Laserlichtstrahlen, die man in

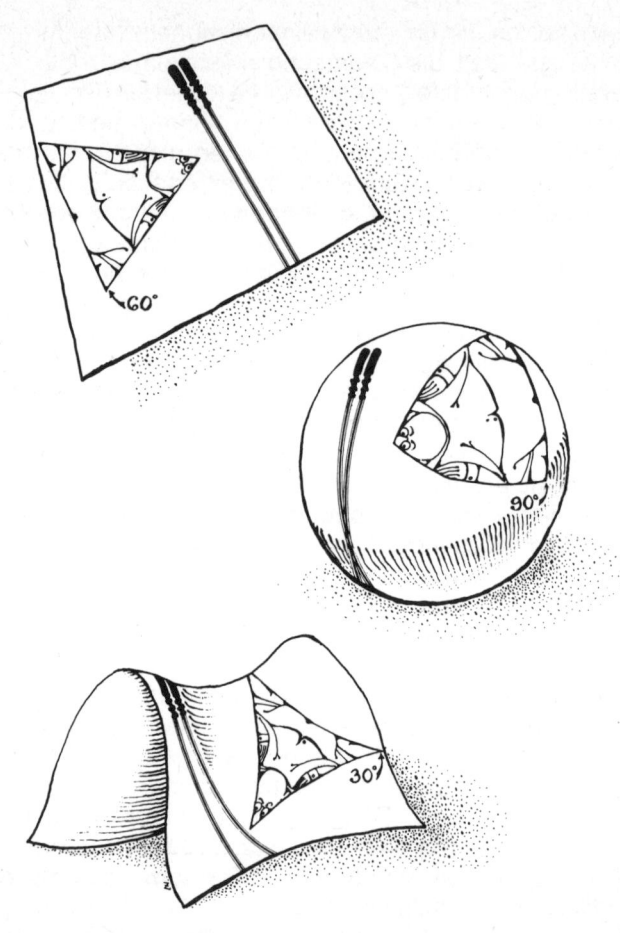

Ein zweidimensionaler Wissenschaftler erforscht drei verschiedene, zweidimensionale, geometrische Oberflächen. Ganz oben befindet sich die offene, flache, euklidische Geometrie, für die die Summe der Winkel eines Dreiecks 180° beträgt und in der sich parallele Laserstrahlen nie schneiden. In der Mitte haben wir die geschlossene Oberfläche einer Kugel, einen nicht-euklidischen Raum, und hier können die Winkel insgesamt über 180° ergeben, und »parallele« Laserstrahlen müssen sich schneiden. Unten befindet sich die offene Geometrie mit hyperbolischer Oberfläche, ebenfalls ein nicht-euklidischer Raum, für den die Winkel eines Dreiecks weniger als 180° betragen und in dem »parallele« Laserstrahlen auseinanderlaufen. Der Raum unseres dreidimensionalen Universums läßt sich ähnlich als flach, kugelförmig oder hyperbolisch bezeichnen. Es ist eine schwierige, bisher ungelöste Versuchsaufgabe, festzustellen, welche dieser drei Geometrien in unserem Universum tatsächlich vorliegt.

den intergalaktischen Raum hinausschickt, nicht parallel bleiben, sondern entweder auseinanderdriften oder sich vereinigen. Wenn sie sich voneinander entfernen, sagt man, das Universum ist »offen« – der Raum ist gekrümmt, aber er ist unendlich. Wenn die Lichtstrahlen irgendwann zusammentreffen, ist das Universum »geschlossen« – das dreidimensionale Analogon zur Oberfläche einer Kugel. Welche dieser Möglichkeiten dem wirklichen Universum entspricht, müssen die Experimentalastronomen entscheiden. Auf jeden Fall ist der Raum unseres Universums nicht-euklidisch; er ist nicht flach. Die Geometrie dieses Raums wird durch die Riemannsche Geometrie beschrieben.

Aber was hat diese Raumkrümmung mit der Schwerkraft und den ungleichförmigen Bewegungen zu tun? Wenn wir eine Gerade durch den Weg eines Lichtstrahls definieren wollen, erkennen wir diese Beziehung sofort.

Weil ein Lichtstrahl über Energie verfügt, muß er nach dem Einsteinschen Masse-Energie-Äquivalent eine effektive Masse aufweisen. Alles, was Masse hat, wird von der Schwerkraft angezogen. Wenn wir also einen Lichtstrahl in die Nähe eines Planeten schicken, wird der Lichtweg ein kleines bißchen zu diesem Planeten hin abgelenkt. Wir könnten fast sagen, die Beugung des Lichtwegs bedeutet, daß die Lichtwege eigentlich streng genommen keine Geraden mehr sind. Wir wären wie die Schattenkreaturen, die sich nicht damit abfinden konnten, daß die Lichtstrahlen nicht mehr parallel verliefen und es auf das Licht schoben, während in Wirklichkeit die Krümmung des Raums, die Geometrie ihrer Welt, daran schuld war. Genauso könnten wir die Beugung des Lichts an einem Planeten der »Schwerkraft«, einer geheimnisvollen Kraft, zuschreiben. Aber Einstein erkannte, daß die Schwerkraft ein überflüssiges Konzept ist; es gibt keine »Gravitationskraft«. In Wirklichkeit krümmt die Masse eines Planeten oder jede andere Masse den Raum in ihrer Nähe und verändert damit seine Geometrie. Das Licht bewegt sich immer geradlinig, aber in einer geraden Linie, wie sie in einem gekrümmten Raum definiert ist. Einstein machte der Vorstellung von der Schwerkraft ein Ende und ersetzte sie durch die Geometrie des gekrümmten Raums. Eigentlich entdeckte er, daß die Schwerkraft Geometrie ist. Das ist die wichtigste Schlußfolgerung der allgemeinen Relativität.

Wir können die Hauptgedanken der allgemeinen Relativität folgendermaßen zusammenfassen: Als erstes erkennen wir das Prinzip der Äquivalenz, wonach die Schwerkraft und eine ungleichförmige Bewegung nicht voneinander zu unterscheiden sind.

45

**Zweitens** müssen wir als getrennte Vorstellung festhalten, daß die Bestimmung der Raumgeometrie eine experimentelle Aufgabe ist. Wenn wir mit Laserlichtstrahlen in die Gegend zielen, können wir die gekrümmte Geometrie unseres Raums darstellen. Diese beiden Vorstellungen, das Prinzip von der Äquivalenz und die Krümmung des Raums, lassen sich verbinden, wenn wir erkennen, daß der Weg des Lichts, mit dessen Hilfe wir die gekrümmte Geometrie des Raums bestimmen, dem Einfluß der Schwerkraft ausgesetzt ist. Die ungleichförmige Bewegung eines Lichtstrahls, seine Ablenkung im Raum, ist gleichbedeutend mit der Wirkung der Schwerkraft in diesem Raumbereich. Aber statt uns vorzustellen, daß sich ein Lichtstrahl in Gegenwart der »Schwerkraft« »verbiegt«, sollten wir davon ausgehen, daß sich die »Schwerkraft« in Wirklichkeit als gekrümmter Raum darstellt und Lichtstrahlen sich in diesem gekrümmten Raum auf kürzestem Weg ausbreiten. Die Schwerkraft ist die Krümmung des Raums.

In seiner Arbeit über die allgemeine Relativitätstheorie leitete Einstein eine Reihe von Gleichungen ab, die die gekrümmte Geometrie des Raums – gleichbedeutend mit der Schwerkraft – darstellten, wie sie durch das Vorhandensein von Materie, beispielsweise der Sonne oder eines Planeten, hervorgerufen wird. Diese Gleichungen bestimmen genau, wie der Raum durch das Vorhandensein von Materie gekrümmt wird. Die alte, auf Newton zurückgehende Vorstellung besagte, daß Materie, beispielsweise die Erde, ein Schwerefeld erzeugt, das andere Materie anzieht. Diese Vorstellung wird jetzt durch Einsteins Idee ersetzt, daß Materie die Geometrie des Raums in ihrer Umgebung von einer flachen zu einer gekrümmten Geometrie verändert.

Einstein schlug drei experimentelle Prüfungen zum Beweis der allgemeinen Relativitätstheorie vor, wonach die Schwerkraft die Krümmung von Raum und Zeit ist: 1. eine schwache Ablenkung des Lichts im Schwerefeld der Sonne, 2. eine winzige Verschiebung in der Bahn des Planeten Merkur und 3. die Tatsache, daß Uhren in einem Schwerefeld langsamer gehen müßten.

Die erste Prüfung der allgemeinen Relativität ist die Beugung des Lichts um den Rand der Sonne. Heute führen Wissenschaftler dieses Experiment mit Hilfe von Radiointerferometern durch, also Geräten, die die Position weit entfernter Radioquellen, beispielsweise bestimmter Galaxien und Sterne, genau messen können, während diese sich hinter der Sonne befinden. Als Einstein 1916 diesen Versuch vorschlug, gab es noch keine Radioteleskope. Arthur Eddington, ein britischer Astronom und Mitglied der Royal

Society, hörte von Einsteins neuer Theorie und wollte sie durch die Beobachtung einer totalen Sonnenfinsternis überprüfen, die am 29. Mai 1919 auf der südlichen Erdhalbkugel stattfinden sollte. Da gerade der erste Weltkrieg tobte, bestand keine Aussicht, daß die Royal Society etwas von den knappen Mitteln zur Ausrüstung einer Sonnenexpedition abbekam. Aber Eddington war Pazifist und seiner Regierung ohnehin ein Dorn im Auge; er bekam seine fünftausend Pfund wahrscheinlich nur deshalb, weil man ihn aus England weghaben wollte. Die Sonnenfinsternis wurde in Sobral in Brasilien und auf Principe, einer Insel vor der Küste Westafrikas, beobachtet.

Bei einer totalen Sonnenfinsternis werden die Gestirne ganz in der Nähe der verfinsterten Sonne in der Dunkelheit sichtbar und können photographiert werden. Das Licht von diesen weit entfernten, hinter der Sonne liegenden Sternen durchläuft einen Weg, der ganz nahe am Sonnenrand vorbeiführt und deshalb, Einstein zufolge, in dem gekrümmten Raum rings um die Sonne abgelenkt werden müßte. Die Ablenkung läßt sich ermitteln, wenn man das Bild mit einer zweiten Aufnahme derselben Sterne vergleicht, die ein halbes Jahr später nachts gemacht wird, wenn sich die Sonne nicht mehr in der Nähe des Wegs der Lichtstrahlen von den Sternen befindet. Der Vergleich zeigt, daß sich die Positionen der Sterne auf den beiden Bildern auf Grund der Ablenkung des Lichts in der gekrümmten Raum-Zeit um die Sonne voneinander unterscheiden. 1919 verkündete die Royal Society als Ergebnis, daß die Positionen der Sterne, wie sie bei der Sonnenfinsternis sowohl in Sobral als auch auf Principe ermittelt worden waren, mit Einsteins Vorhersage übereinstimmten. Nach zweihundert Jahren war Newtons Gesetz von der Schwerkraft aus den Angeln gehoben, und Einsteins Weltruhm begann.

Es war für die Royal Society gar nicht einfach, Einstein in Berlin die Ergebnisse dieses entscheidenden Experiments zu übermitteln, denn der erste Weltkrieg war gerade erst zu Ende. Das aus London abgesandte Telegramm erreichte zuerst den Physiker Hendrik Lorentz in Holland, einem damals neutralen Land. Lorentz schickte es dann an Einstein in Berlin weiter. Eine von Einsteins Studentinnen saß gerade bei ihm im Büro; Einstein unterbrach sein Gespräch mit ihr und reichte ihr das Telegramm vom Fensterbrett mit der Bemerkung: »Das interessiert Sie vielleicht.« Als sie las, die britische Sonnenexpedition habe Einsteins Theorie bestätigt, rief sie aus, das sei doch eine höchst wichtige Mitteilung. Aber Einstein war gar nicht aufgeregt und erklärte: »Ich wußte, daß die Theorie stimmt. Hatten Sie etwa Zweifel?« Die Studentin protestierte. Was hätte Einstein gedacht, wenn das Versuchsergebnis seine allgemeine Relativitätstheorie nicht bestätigt hätte? Einstein: »Dann hätte mir Gott leid getan. Die Theorie stimmt.« Der direkte Draht zum »Alten« existierte noch.

Diese klassische Nachprüfung der Relativität liegt schon lange zurück. Aber erst im letzten Jahrzehnt ist eine Reihe von neuen Versuchen angestellt worden, die die allgemeine Relativität sehr präzis nachprüfen. Diese Technik gab es zehn Jahre vorher noch nicht.

Irwin Shapiro und seine Mitarbeiter am MIT haben einen schönen Test der allgemeinen Relativität entwickelt. Mit Hilfe eines kräftigen Radarstrahls und mit computergestützten Geräten zur Signalverarbeitung lassen sie den Radarstrahl von einem Planeten wie dem Merkur oder der Venus reflektieren, bevor er auf seinem Weg, von der Erde aus betrachtet, hinter der Sonne verschwindet. Wenn der Planet verdeckt ist, kommt kein Radarstrahl zurück, aber ganz kurz vor der Verfinsterung läßt sich messen, wie lange das Radarsignal (das einem Lichtstrahl entspricht) braucht, um die Erde zu verlassen, von dem fernen Planeten reflektiert zu werden und wieder zur Erde zurückzukehren. Nach der allgemeinen Relativität muß ein Lichtstrahl wegen der Raumkrümmung schwach gebeugt werden, während er ganz dicht am Rand der Sonne vorbeigeht. Dadurch verlängert sich die Laufzeit des Lichtstrahls im Vergleich zu der Zeit, die es dauert, wenn er den Sonnenrand nicht streift. Wenn der Planet, von der Erde aus gesehen, den Rand der Sonne erreicht, braucht das Radarsignal zur Rückkehr länger, und diese Verzögerung läßt sich mit der allgemeinen Relativität genau vorhersagen. Bis auf geringfügige, versuchsbedingte Abweichungen wird diese Voraussage bestätigt.

Mit dem Aufkommen der Satellitentechnik und der Erforschung des Sonnensystems durch unbemannte Raumsonden haben sich neue Möglichkeiten zur Überprüfung der allgemeinen Relativität ergeben. Jetzt umkreist eine Raumstation den Planeten Mars und sendet Signale zur Erde. Gerade in dem Augenblick, in dem die Raumstation und der Mars, von der Erde aus gesehen, hinter der Sonne verschwinden, brauchen die Signale zur Erde immer länger, weil der Raum in Sonnennähe gekrümmt ist. Die Wissenschaftler können die effektiven Signalverzögerungen ganz genau messen, und auch dadurch wird Einsteins Theorie bestätigt.

Vielleicht der schlagendste Beweis für die Lichtbeugung war 1979 die Entdeckung einer Gravitationslinse. Eine Masse verursacht in ihrer Umgebung eine Krümmung des Raums, und deshalb wird der Weg von Lichtstrahlen in der Nähe großer Massen genauso gekrümmt wie in einer normalen Glaslinse, wenn man einen Fokussierungs- oder Verzerrungseffekt erzielen will. Einstein hat den gravitationsoptischen Effekt 1937 vorhergesagt. Er sagte damals, wenn sich eine große Masse, die sich wie eine optische Linse verhält, in der direkten Sichtverbindung zwischen uns und einer noch entfernteren Lichtquelle befindet, dann sehen wir ein doppeltes Bild dieser entfernten Quelle. Dennis Walsh, Robert Carswell und Ray J. Weymann stellten 1979 fest, daß ein Quasar, eine sehr ferne Quelle von Radio- und Lichtsignalen, durch ein lichtstarkes Fernrohr tatsächlich doppelt zu sehen war. Die beste Erklärung für dieses Doppelbild des Quasars besteht darin, daß eine ganze Galaxie in der direkten Sichtverbindung zwischen uns und dem Quasar diese Gravitationslinse verursacht.

Ein zweiter Prüfstein für die allgemeine Relativität ist eine geringfügige Bahnverschiebung des Planeten Merkur, die sogenannte Periheldrehung, die 1859 von dem französischen Astronomen Urbain Jean Joseph Le Verrier entdeckt wurde. Das Perihel ist der sonnennächste Punkt auf der elliptischen Bahn eines Planeten, und seine Drehung bezieht sich auf den Betrag, um den sich dieser Punkt in einer bestimmten Zeit um die Sonne bewegen kann. Als Le Verrier den Einfluß aller anderen Planeten auf die Drehung des Merkur-Perihels mit Hilfe des Newtonschen Schwerkraftgesetzes berechnete, stellte er eine rund einprozentige Diskrepanz zwischen seinen theoretischen Rechnungen und den astronomischen Beobachtungen fest. Zum Glück unterschlug er diesen geringfügigen Unterschied nicht und veröffentlichte das Ergebnis. Andere Wissenschaftler versuchten zunächst, diese Abweichung vom Newtonschen Gesetz als nicht existent darzustellen und nannten als Ursachen Staub in Sonnennähe oder die Möglichkeit, daß die Sonne vielleicht nicht ganz rund war. Aber der Staub wurde nie gesehen, und die Sonne war rund. Einsteins allgemeine Relativitätstheorie sagte jedoch geringfügige Abweichungen vom Newtonschen Schwerkraftgesetz voraus und erwähnte dabei die Zahl von 43 Bogensekunden pro Jahrhundert – genau die Diskrepanz, die Le Verrier festgestellt hatte! Heute kann man mit starken Radargeräten auf der Oberfläche des Merkur Berge und Täler unterscheiden. Solche Radaranlagen messen die Umlaufbahn des Merkur ganz genau, und wieder stimmt die Periheldrehung mit der allgemeinen Relativität überein.

Die dritte Prüfung der allgemeinen Relativität besteht darin, daß Uhren in einem Schwerefeld langsamer gehen müssen. Je stärker

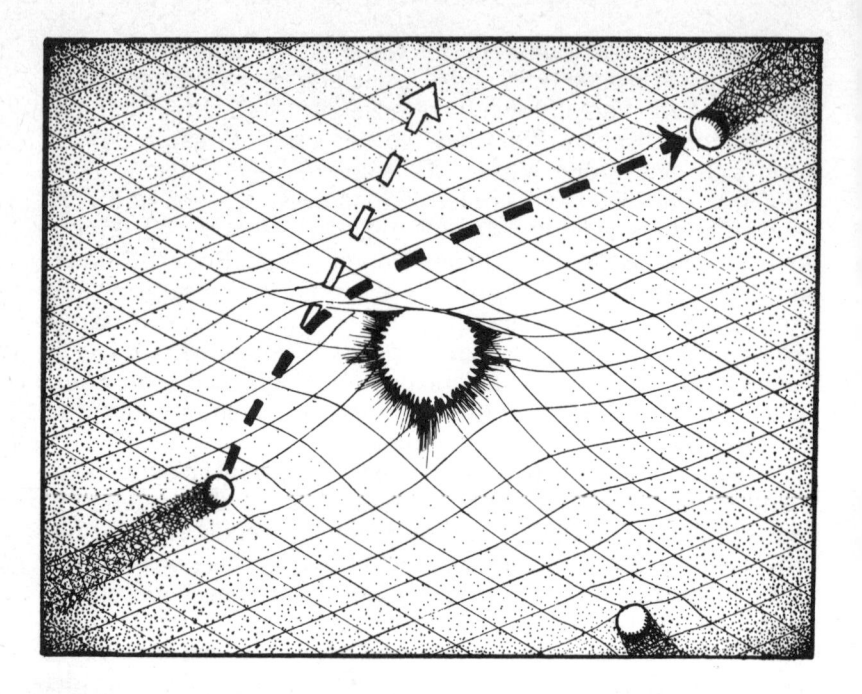

Schematische Darstellung der Raumkrümmung um die Sonne. Wenn ein Radarstrahl von einem, von der Erde aus gesehen, hinter der Sonne vorbeiwandernden Planeten reflektiert wird, muß er gebeugt werden, und dadurch entsteht eine Signalverzögerung im Vergleich zu dem Zustand, der gegeben wäre, wenn der Strahl nicht in Sonnennähe vorbeiginge. Die verschiedenen Wege sind hier durch die gekrümmte und die gerade gestrichelte Linie angezeigt. Die gemessene Zeitverzögerung zwischen dem gekrümmten und dem geraden Laufweg stimmt mit der allgemeinen Relativitätstheorie überein.

die Schwerkraft, um so langsamer vergeht die Zeit. Einstein hat erklärt, daß eine Uhr die Zeit mißt. Wenn eine Uhr langsamer geht, verlangsamt sich auch die Zeit. Wir altern in einem Schwerefeld tatsächlich langsamer als in einer schwerefreien Umgebung. Dieser erstaunliche Effekt der langsamer gehenden Uhren ist sehr geringfügig; nur höchst genaue Uhren können ihn überhaupt nachweisen. Die genauesten Uhren, die es gibt, sind die Atomuhren; sie sind noch genauer als der alte Standard, die Bewegung der Gestirne. Zwei nebeneinander aufgestellte, synchronisierte Atomuhren gehen nach Milliarden Jahren nur um einen Sekundenbruchteil verschieden. Wir können nachprüfen, wie die Schwerkraft diese Uhren langsamer gehen läßt, indem wir eine der Atomuhren in eine Umlaufbahn hoch über der Erde bringen, wo die Schwerkraft schwächer ist, sie dann wieder auf die Erde zurückholen und die von ihr inzwischen gemessene Zeit mit der Zeit auf einer Uhr auf der Erde vergleichen, wo die Schwerkraft im Verhältnis stärker ist. Der beobachtete Zeitunterschied zwischen den beiden Uhren stimmt mit der allgemeinen Relativität überein. In einer anderen Ausführung dieses Versuchs wird eine Atomuhr vom amerikanischen National Bureau of Standards in Washington, einem Ort fast auf Meereshöhe, nach Denver im Staat Colorado gebracht. Die Ganggeschwindigkeiten der Uhren unterscheiden sich wegen des Unterschieds in der Schwerkraft zwischen den beiden Orten, und dies wiederum entspricht der allgemeinen Relativität. Die Menschen in Denver altern tatsächlich ein ganz kleines bißchen schneller als die Einwohner von Washington.

Diese drei ursprünglichen Nachprüfungen der allgemeinen Relativität, wie sie Einstein selbst vorgeschlagen hat, sind mit Hilfe moderner Technik sehr gut bestätigt worden. Aber die Theorie läßt über diese Vorhersagen hinaus noch weitere Auswirkungen zu, die die Physiker jetzt untersuchen.

Aus der allgemeinen Relativitätstheorie ist auf die Existenz von Schwerkraftwellen zu schließen, also von Verwellungen in der Krümmung des Raums, die sich mit Lichtgeschwindigkeit über jede beliebige Entfernung ausbreiten. Es wäre aufregend, wenn man Schwerkraftwellen tatsächlich nachweisen könnte, aber die in kosmischen Katastrophen, etwa bei der Explosion oder dem Zusammenstoß von Sternen, entstehenden Schwerkraftwellen sind so schwach, daß man sie hier auf der Erde nicht feststellen kann. Ein möglicher Ursprung von Schwerkraftwellen sind unter Umständen die schwarzen Löcher, die Sterne am Rand unserer Galaxie verschlingen. Vielleicht vermögen wir in ein paar Jahrzehnten Schwerkraftwellen nachzuweisen, wenn sie stark genug sind.

Vor kurzem hat die Analyse eines binären Pulsars durch die Astrophysiker Hulse und Taylor indirekte Beweise für Schwerkraftwellen geliefert. Ein Pulsar ist ein Stern, der zu einer ungeheuren Dichte zusammengesunken ist. Ein Fingerhut voll Pulsarmaterie würde mehrere Tonnen wiegen. Ein binärer Pulsar ist ein Pulsar, der einen gewöhnlichen Stern umkreist. Obwohl wir den Pulsar mit einem optischen Fernrohr nicht sehen können, können wir doch mit einem großen Radioteleskop die Funksignale nachweisen, die er aussendet. Ein binärer Pulsar schwingt periodisch hinter seinem

Begleitstern, und dadurch wird sein Funksignal blockiert. Wenn man mißt, wie oft dieses Signal blockiert wird, kann man die Zeit oder die Dauer jedes Umlaufs des Pulsars um seinen Begleitstern messen. Die Astronomen haben bei der Beobachtung eines solches binären Pulsars seine Periode ein paar Jahre gemessen und dabei festgestellt, daß sie langsamer wird. Womit läßt sich diese Verlangsamung erklären?

Der binäre Pulsar ist vielleicht ein riesiger Sender von Schwerkraftwellen. Während er Schwerkraftwellen in den Raum hinausschickt, verliert er Energie, und dieser Energieverlust zeigt sich daran, daß seine Umlaufperiode länger wird. Mit Hilfe der allgemeinen Relativität haben die Astrophysiker den Energieverlust auf Grund der in den Raum ausgestrahlten Schwerkraftwellen berechnet, und ihr Ergebnis entspricht der beobachteten Verlangsamung bemerkenswert gut. Obwohl es nur ein indirekter Beweis ist, könnte die Verlangsamung des binären Pulsars durchaus der erste Hinweis auf die Existenz von Schwerkraftwellen sein.

Diese und andere Nachprüfungen der allgemeinen Relativität haben die Einsteinsche Theorie bestätigt. Sie decken kleine, aber wichtige Unterschiede zur Newtonschen Theorie auf. Das liegt daran, daß alle Schwerefelder in unserem Sonnensystem schwach sind, und für ein schwaches Feld unterscheiden sich die Theorien von Einstein und Newton nur geringfügig voneinander. Starke Schwerkraftfelder, wie sie zum Beispiel durch völlig in sich zusammengebrochene Materie in Form schwarzer Löcher erzeugt werden, zeigen erregende neue Eigenschaften der allgemeinen Relativität auf. Bei den starken Schwerkrafteffekten im Zusammenhang mit schwarzen Löchern und dem Ursprung und der Expansion des Universums kommt die allgemeine Relativität schließlich mit qualitativ anderen Merkmalen als Newtons Theorie zum Tragen. Durch solche Feststellungen erkennen wir, daß die Entdeckung dieser neuen Naturgesetze ein völliges Umdenken erfordert. Die neuen Gesetze liefern zunächst vielleicht nur kleine Korrekturen der alten Gesetze. Aber sie haben auch qualitative Folgen, die weit über die alten Vorstellungen hinausreichen, so wie Einsteins allgemeine Relativitätstheorie weit über Newtons alte Theorie hinausgeht. Wenn wir Anfang und Ende des Universums je verstehen wollen, müssen wir über Newtons Schwerkrafttheorie hinausgehen und uns Einsteins allgemeiner Relativität zuwenden.

Die allgemeine Relativität mit ihrer Betonung der Geometrie erschließt uns ein neues Bild von der Beschaffenheit des Universums und bietet eine Grundlage für die Kosmologie, die Untersuchung des ganzen Universums. Jahrtausende haben sich die Menschen Gedanken über das Universum und seine Entstehung gemacht. Jetzt steht uns ein neues mathematisches Hilfsmittel zur Verfügung, die allgemeine Relativitätstheorie, mit der wir diese Fragen neu formulieren und vielleicht sogar beantworten können.

In sternklaren Nächten sehen wir den Himmel voll Sterne. Wir fühlen uns davor ganz klein und unbedeutend und wissen, daß das Universum noch weit größer ist, als selbst die sichtbaren Sterne zeigen. Alle für uns wahrnehmbaren Sterne sind Teil der Milchstraße, unserer Heimatgalaxie, und sie ist nur eine von Milliarden Galaxien. Wie können wir diese Unendlichkeit untersuchen? Wir können uns das Universum wie ein Gas vorstellen, in dem die Teilchen Galaxien sind. Für diesen vereinfachten Fall eines gleichförmigen Gases aus Galaxien können wir die Gleichungen der allgemeinen Relativität lösen.

Der sowjetische Physiker Alexander Friedmann hat diese Lösungen der Einsteinschen Gleichungen als erster gefunden. 1922 stieß er auf das überraschende Ergebnis, daß der Einsteinschen allgemeinen Relativitätstheorie zufolge das Universum nicht statisch sein konnte, sondern sich verändern mußte. Das Gas der Galaxien mußte sich ausdehnen oder zusammenziehen. Das ist so, als hätten unsere Schattenfreunde entdeckt, daß sie nicht nur in einem gekrümmten Raum lebten, sondern daß sich die Krümmung auch noch mit der Zeit änderte.

Friedmann wies nach, daß das Universum offen war und sich ewig immer weiter ausdehnte, wenn die Gasdichte der Galaxien unter einem kritischen Wert lag; die Galaxien bewegten sich dann immer weiter voneinander weg. Wenn die Dichte der Galaxien über einem kritischen Wert lag, war das Universum geschlossen und mußte sich schließlich zusammenziehen.

Es ist so, als ob man einen Stein wirft. Wenn man ihn schnell genug hochwirft und eine kritische Geschwindigkeit (relativ zur gesamten Materie der Erde) überschreitet, kommt er nie zur Erde zurück – wie das offene Universum, das auch nie zurückkehrt. Unterhalb dieser kritischen Geschwindigkeit kommt der Stein immer wieder auf die Erde zurück – wie ein geschlossenes Universum. Die besten Beweise, die die Astronomen heute in der Hand haben, lassen darauf schließen, daß wir unterhalb der kritischen Dichte für galaktische Materie liegen und das Universum offen ist. Aber wenn mehr Materie entdeckt werden sollte, nähme die tatsächliche Dichte zu, und wir hätten ein geschlossenes Universum, das sich ausdehnt und dann wieder zusammenzieht.

Einstein glaubte Friedmanns Berechnungen zuerst nicht und vermutete einen Fehler. Wie die meisten Physiker und Astronomen seiner Zeit hielt Einstein das Universum für statisch und meinte, es existiere von einer Ewigkeit in der Vergangenheit bis zu einer Ewigkeit in der Zukunft. Ein dynamisches, sich entwickelndes Universum schien aller Erfahrung zu widersprechen und war eine überflüssige Neuerung. Weil er ein geschlossenes, statisches Universum wollte, ging Einstein sogar so weit, seine Relativitätsgleichungen zu ändern und ein »kosmologisches Glied« einzufügen, das eine statische Lösung zuließ. Er bezeichnete diese Verstümmelung später als »den größten Schnitzer meines Lebens.« Es war also Friedmann, nicht Einstein, der entdeckt hatte, daß die allgemeine Relativität ein sich ausdehnendes, sich bewegendes Universum erforderte. Seine dramatische Vorhersage erfolgte sieben Jahre vor der großen kosmologischen Entdeckung des amerikanischen Astronomen Edwin Hubble. Aus einer detaillierten Untersuchung ferner Galaxien schloß Hubble, daß sich das Universum tatsächlich wie eine riesige Explosion ausdehnte. Das Universum entwickelte sich!

Die allgemeine Relativitätstheorie war Einsteins größte Leistung, die Vollendung des klassischen, deterministischen Weltbildes. Obwohl Einstein über die Newtonsche Physik hinausging und die Vorstellungen von Raum, Zeit und Materie in ihre moderne Form brachte, war der Rahmen seiner Physik doch völlig deterministisch. Das große Uhrwerk des Newtonschen Universums wurde von Einstein verändert – die Zahnräder und die Teile waren neu –, aber Einstein stimmte mit Newton darin überein, daß der Gang der Uhr nach wie vor bis in die unendliche Vergangenheit und die Zukunft vollständig determiniert war.

Es ist schwer vorstellbar, daß ein einzelner Mensch die allgemeine Relativität geschaffen hat. Diese Theorie verbindet die Vorstellungen von Raum, Zeit, Energie, Materie und Geometrie zu einem zusammenhängenden Ganzen von ungeheurem Umfang und unabsehbaren Folgen. Wie hat Einstein die allgemeine Relativität erfunden?

In Zürich und auch noch in seinen ersten Berliner Jahren stand Einstein unter dem geistigen Einfluß des Philosophen und Physikers Ernst Mach, eines großen Verfechters des Positivismus in der Physik. Mach lehrte, theoretische Physiker sollten in der Physik nie einen Gedanken verwenden, dem nicht durch experimentelle Vorgänge eine genaue und direkte Bedeutung zuerkannt werden könne. Vorstellungen ohne Zusammenhang mit der empirischen Welt galten als für die physikalische Theorie überflüssig. Die

Machsche Methode wurde für die Entwicklung der neuen Physik bestimmend. Einstein war ein Meister in dieser Methode. Erinnern wir uns an seine Definitionen von Raum und Zeit: Raum ist das, was wir mit einem Maßstab messen; Zeit ist das, was wir mit einer Uhr messen. Diese Definitionen durchdrangen mit ihrem direkten Hinweis auf die Messung den ganzen überflüssigen philosophischen Ballast, der die Vorstellungen von Raum und Zeit jahrhundertelang beschwert hatte. Der Positivist besteht darauf, daß wir nur über das sprechen, was wir durch direkte Operationen, z.B. durch Messungen, erfahren können. Die physikalische Wirklichkeit wird durch tatsächliche empirische Operationen definiert, nicht durch ausgedachte Phantasien.

Nachdem er sich in Berlin niedergelassen hatte, kam Einstein jedoch allmählich vom strengen Positivismus ab, aber nur zum Teil auf Grund der überzeugenden Argumente, die sein Kollege Planck zu bieten hatte. Ebenso bestimmend dafür war Einsteins eigener Erfolg mit der allgemeinen Relativitätstheorie. Der Denkansatz, mit dem er diese Theorie gefunden hatte, zeigte ihm die Grenzen der streng positivistischen Methode. Wenn Einstein Positivist geblieben wäre, hätte er die allgemeine Relativität wahrscheinlich nicht entdeckt. Einstein beschrieb später seine eigene Methode in einem Brief an den Philosophen Maurice Solovine, einen Freund aus der Berner Zeit im Patentamt. Man kann das Verfahren auch als »Einsteins Methode der Axiome« bezeichnen.

In seinem Brief an Solovine zeichnete Einstein auch ein Diagramm, mit dem er seine Methode illustrieren wollte. Es sieht so aus:

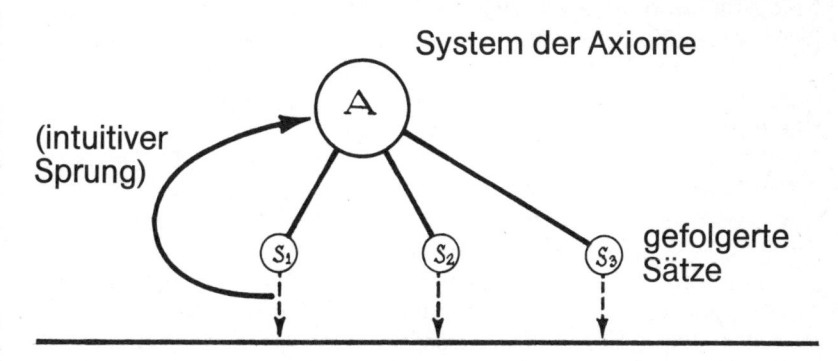

System der Axiome

(intuitiver Sprung)

A

$S_1$ $S_2$ $S_3$ gefolgerte Sätze

Mannigfaltigkeit der unmittelbaren (Sinnes-) Erlebnisse

Der Wissenschaftler beginnt mit der Welt der Erfahrung und der Experimente. Allein auf der Grundlage seiner physikalischen Intuition vollzieht er dann den Sprung von der Erfahrung zur Abstraktion eines absoluten Postulats – so wie Einstein zu dem Schluß gekommen war, daß nach dem Äquivalenzprinzip die Schwerkraft gleich der Geometrie war. Einsteins konzeptioneller Sprung ging weit über alles hinaus, was in einem Versuch nachgeprüft werden konnte und erfolgte auch, ehe er irgendwelche stützenden Beweise hatte. Wie konnte es auch solche Beweise geben? Kein Physiker hatte sich bis dahin selbst in seinen kühnsten Träumen eine Beziehung zwischen Schwerkraft und Geometrie vorgestellt. Der nächste Schritt besteht darin, mit Hilfe des Postulats bestimmte theoretische Ergebnisse abzuleiten, die sich im Versuch nachprüfen lassen. Für die allgemeine Relativität sind diese Ergebnisse Vorhersagen wie etwa die Bahnverschiebung des Merkur. Wenn ein Experiment die theoretischen Ergebnisse verfälscht, bringt es damit auch das Postulat zu Fall, auf dem sie beruhen. Diese Empfindlichkeit des absoluten Postulats gegenüber Verfälschungen ist Teil der positivistischen Methode.

Ein starkes antipositivistisches Element im Kern der Einsteinschen Methode ist jedoch der intuitive Sprung auf Grund der Erfahrung, aus dem das absolute Postulat erst entsteht. Der Theoretiker kann das absolute Postulat nicht sinnvoll aus der Erfahrung ableiten, da es über die Erfahrung hinausgeht. Nur die Intuition, ein inspiriertes Raten, kann das Postulat erfinden. Das meint Einstein, wenn er sagt: »Zur Schaffung einer Theorie reicht die Sammlung aufgezeichneter Erscheinungen allein nie aus – es muß immer die freie Erfindung des menschlichen Geistes dazukommen, die zum Kern der Sache vordringt.« In der Physik laufen sehr viele schöpferische Arbeiten nach dieser Methode ab, bei der die Intuition an erster Stelle steht – ein nicht-rationaler, aber nachprüfbarer Aspekt der wissenschaftlichen Kreativität.

In den Jahren nach dem ersten Weltkrieg wuchs Einsteins Ansehen in der Öffentlichkeit, und er wurde weltberühmt. Die einzige andere Gestalt, die nach meiner Erinnerung als geistiger Führer die gleiche Aufmerksamkeit auf sich zog, war Gandhi, aber er war Staatsmann und suchte den Ruhm in der Öffentlichkeit, um damit Indien aus dem Kolonialismus herauszuführen. Einstein wollte nie eine öffentliche Berühmtheit werden, doch als es dann passierte, bediente er sich seiner Popularität, um damit Belange zu fördern, an die er glaubte. Wie ist dieses »Einsteinsche Phänomen« zu erklären?

Da spielen einige Faktoren mit hinein, in erster Linie das Aufkommen der neuen Medien, Rundfunk und Massenpresse, aber auch die gewachsene Allgemeinbildung. Zweitens war Europa ausgeblutet und vom Krieg verwüstet. Besonders Deutschland brauchte etwas, an dem es sich in seiner Niederlage aufrichten konnte. Die öffentliche Aufmerksamkeit wandte sich Einstein und seinen Leistungen zu, denn sie schienen von der politischen Welt weit entfernt zu sein und erinnerten die Deutschen an ihre große wissenschaftliche Kultur. Im Krieg ging Einstein seinen eigenen Weg, wie immer ein Einzelgänger. Er war Pazifist in einer Zeit, in der diese Haltung als gleichbedeutend mit Verrat angesehen wurde. Er war zu einer Zeit stolz auf sein Judentum, in der viele deutsche Juden ihre Identität verheimlichten und sich assimilierten. Das waren unpopuläre Standpunkte, aber sie etablierten Einstein in der Öffentlichkeit als Mann von Grundsätzen in einer Zeit, in der Menschen mit Grundsätzen selten waren. Schließlich war diese Zeit in Europa auch eine Periode ideologischer Auseinandersetzungen und Konflikte. In Rußland herrschte Bürgerkrieg, ein Nachspiel der Revolution von 1917. Überall stand der Faschismus auf. Sozial- und Religionsphilosophen suchten Unterstützung für ihre Ansichten in Einsteins neuen Theorien, die gewiß der nächste Schritt in der Entschleierung der Natur waren. Sowjetische Physiker unter der Führung von V. Fock hielten es für notwendig, die Relativität vor der Anschuldigung des Idealismus in Schutz zu nehmen und darauf hinzuweisen, daß sie in strengster Übereinstimmung mit Lenins Materialismus, der ideologischen Grundlage sowjetischer Politik, stand. Einige Wissenschaftler in England und Amerika bestanden darauf, daß Einsteins Relativitätstheorie nichts mit moralischem oder kulturellem Relativismus zu tun hatte, einer Philosophie, die behauptete, menschliche sittliche Werte seien von ihrem gesellschaftlichen und kulturellen Umfeld abhängig. Diese Philosophie war damals an den Universitäten beliebt und bedrohte die üblichen Religionen. Der Astronom Arthur Eddington, selbst Quaker, versicherte den religiös Gebundenen, daß es im Universum für Gott und die Seele immer noch einen Platz gab. Angesichts dieser Kontroversen wiederholte Einstein seine kosmische Philosophie, die er schon als Halbwüchsiger formuliert hatte, wonach das Universum gegenüber der Menschheit und deren Problemen indifferent ist. Er unterstrich jedoch, daß sittliche Fragen für die menschliche Existenz von größter Bedeutung seien und die Menschheit eine sittliche Ordnung schaffen müsse, wenn sie überleben wolle.

Auch während Einsteins Bedeutung wuchs und seine Vorstellung vom Universum ins Bewußtsein der Öffentlichkeit drang, entwickelte sich die Physik mit Riesenschritten vorwärts. In den zwanziger Jahren entstand die Quantentheorie der atomaren Phänomene. Einstein lehnte sie ab, nicht weil sie falsch war (sie stimmte mit den Experimenten überein), sondern weil sie nach seiner Meinung eine unvollständige Beschreibung der physikalischen Wirklichkeit lieferte und die Objektivität und Determiniertheit der Welt außer acht ließ. Seine große Auseinandersetzung mit Niels Bohr begann; aber diese Geschichte soll in einem anderen Kapitel erzählt werden. Ende der zwanziger Jahre und in den dreißiger Jahren trat eine neue Physikergeneration an, die die neue Quantentheorie akzeptierte und mit großem Erfolg anwandte. Die Theorie der chemischen Bindung wurde entdeckt; die neue Quantentheorie erklärte die Grundlagen der Chemie. Die Theorien der Festkörper, der Metalle, der elektrischen Leitung und der Magnetisierung wurden aus der neuen Quantentheorie heraus gebildet. Die Kernphysik nahm ihren Anfang.

Einstein hatte mit diesen Entwicklungen wenig zu tun. Nach 1926 wandelte er auf Nebenwegen der Physik. Die neue Quantentheorie hielt er sogar für nicht radikal genug. Er meinte, sie könne Folge einer einheitlichen Feldtheorie sein, einer Theorie, die das elektrische, das magnetische und das Gravitationsfeld kombinierte und über die allgemeine Relativität hinausging. 1938 bekannte er: »Ich schlage mich jetzt über zwanzig Jahre mit diesem Grundproblem der Elektrizität herum und habe allen Mut verloren, komme aber doch nicht davon los.« Obwohl es ihm nicht gelang, die Elektrizität und die Schwerkraft zu vereinheitlichen, betonte er doch als einer der ersten Physiker, daß man eine Vereinheitlichung aller Naturkräfte anstreben müsse; diesem Ziel der Physik ist man erst vor kurzem viel näher gekommen. Zu seinem Gesamtwerk meinte er, alles, was er geleistet habe, wäre auch ohne ihn entdeckt worden, ausgenommen die allgemeine Relativität. Sie war die Krönung seines Schaffens und der klassischen Physik als Wissenschaft. Aber der Weg zum Fortschritt in der Physik verlief mindestens im nächsten halben Jahrhundert anderswo.

Ich meine, daß sich Einstein ab 1926 mit der Mathematik der einheitlichen Feldtheorie befaßte. Er konnte den Rest seines Lebens der begrifflichen Aussagekraft und Schönheit der allgemeinen Relativität nicht widerstehen. Der Einfluß seiner Schöpfung und der Denkansatz, mit dem er dahin gelangt war, beherrschten sein späteres Denken voll und ganz. Er hatte die Verbindung zum »Alten« und damit auch mit der schöpferischen physikalischen Intuition verloren, die ihm über zwanzig Jahre eigen gewesen war. Das empfindliche Gleichgewicht zwischen Unschuld und Erfahrung, eine Vorbedingung der Kreativität, neigte sich auf die Seite der Erfahrung. Wie der Physiker Paul Ehrenfest sagte, als er von Einsteins Opposition gegen die neue Quantentheorie hörte: »Wir haben unseren Führer verloren.«

Einstein blieb bis an sein Lebensende dem klassischen Determinismus treu. Für ihn war es unvorstellbar, daß es im Grundaufbau des Universums Willkür und Zufall geben sollte. In seiner Vorstellung vom kosmischen Code, den ewigen Naturgesetzen, denen alles Bestehende gehorcht, war kein Platz für den Zufall oder den Eingriff menschlichen Willens und Zweckdenkens. Er hielt die Quantentheorie für oberflächlich und meinte, jenseits des statistischen Spiels der atomaren Teilchen, das sie beschrieb, würden wir eine neue deterministische Physik entdecken. Die meisten anderen Physiker stehen der Möglichkeit einer Revision der Quantentheorie durchaus nicht feindlich gegenüber, glauben jedoch nicht, daß die deterministische Physik je wiederkommt. Einstein war schon als führender Physiker vor 1926 anderer, eigener Meinung. Nach 1926 war er nicht nur anderer Meinung, sondern auch allein.

Als Halbwüchsiger bewunderte ich Einstein als Helden der Wissenschaft, einen Gott in einem fernen Pantheon des Geistes. Heute sehe ich mit älteren Augen eine andere Seite von ihm – seine Einsamkeit und sein emotionales Ausgeschlossensein von menschlichen Launen und Gefühlen. Er brauchte diesen Abstand, um die Instrumente seines unbegreiflichen Genius zu schmieden, eines Genius, der uns ein Universum gezeigt hat, das weit größer und verwirrender ist, als man vorher gedacht hatte. Seine Vision vom Kosmos, der sich über die unendliche Leere von Raum und Zeit erstreckt und gegenüber unserer Menschheit indifferent ist, verfolgt uns alle. Aber ich weiß nicht, was ich aus dem Mann machen soll, der diese Vision zum erstenmal hatte und suche immer noch, was mir seinen Charakter näherbringt.

Einstein mochte die Musik von Mozart. Beide Männer hatten ein Gefühl für die endliche Verletzlichkeit allen Lebens, verloren aber darüber nie ihr Gefühl für das Spielerische oder das Heitere. Sie wußten, daß die Realität des Lebens auf dieser Welt darin besteht, daß es gar nicht zu existieren brauchte. Wir können von solchen Männern lernen, daß auch wir unsere schöpferische Existenz im vollen Bewußtsein ihrer Endlichkeit genießen können. Und das ist das Wesen der Ironie.

Mit dem Aufstieg des völkischen Irrsinns vom Nationalsozialismus mußte Einstein aus Deutschland in die Vereinigten Staaten auswandern, in ein Land, das er schon vorher besucht hatte. Er und viele andere brillante europäische Wissenschaftler brachten einen jahrhundertealten Geist der wissenschaftlichen Neugier nach Amerika. Begabte Amerikaner wurden zu begeisterten Studenten.

Einstein fühlte sich in den Vereinigten Staaten nie zu Hause. Als Produkt des großen deutschen geistigen Aufbruchs um die Jahrhundertwende gewöhnte er sich nicht mehr an den neuen Stil. Einmal bemerkte er mit seiner gewohnten Ironie: »Für die Juden bin ich ein Heiliger, für die Amerikaner ein Ausstellungsstück und für meine Kollegen ein Scharlatan.«

Einstein wußte, daß er auf seine Geburt keinen Einfluß gehabt hatte, sein Tod jedoch sehr wohl in seiner eigenen Entscheidung liegen konnte. Als er von seiner tödlichen Krankheit erfuhr, ließ er sich nicht operieren. Er starb in Princeton in New Jersey, seiner amerikanischen Heimat, am 18. April 1955 in Gegenwart einer Pflegerin, die seine letzten Worte nicht verstand, weil er deutsch gesprochen hatte.

Michele Besso war Einsteins ältester Freund aus der Zeit im Berner Patentamt. Die beiden blieben fünfzig Jahre in Briefwechsel miteinander. Einsteins einzige Danksagung in seinem Aufsatz über die spezielle Relativität aus dem Jahr 1905 galt den Gesprächen mit seinem Freund Besso. Welche Ehre! Einsteins Freund starb einen Monat vor ihm in der Schweiz. Einstein schrieb einen bewegenden Brief an Bessos Sohn und Schwester und drückte darin sein Weltbild des absoluten Determinismus aus: »Jetzt ist er aus dieser komischen Welt etwas vor mir weggegangen. Das hat nichts zu bedeuten. Leute wie wir, die an die Physik glauben, wissen, daß die Unterscheidung zwischen Vergangenheit, Gegenwart und Zukunft nur eine besonders hartnäckige Illusion ist.«

# 3. Die ersten Quantenphysiker

*Beim Zeus, Soddy, man würde uns als Alchimisten hinauswerfen!*

Ernest Rutherford

Als Student in den Anfangssemestern kam ich zum erstenmal mit der Quantentheorie in Berührung, als ich mir das Buch »Quantum Mechanics« von Leonard Schiff kaufte, der später mein Lehrer wurde. Ich las es und arbeitete die Aufgaben durch. Die Quantenmechanik war für mich eine Übung im Lösen von Differentialgleichungen. Für meinen von keinerlei Vorurteilen aus der älteren, klassischen Physik getrübten Geist eines Studenten im ersten Semester bot die Quantentheorie keine Schwierigkeiten. Sie war einfach eine abstrakte mathematische Beschreibung atomarer Vorgänge. Ich hatte kein Gefühl für die »Quanteneigenart« der atomaren Welt; mir kam eher die vorausgegangene spezielle Relativitätstheorie mit ihren Raumkontraktionen und Zeitdehnungen bizarr vor. Aber im Verlauf meiner Studien kehrte sich diese Reaktion um: Die Relativität schien mir immer weniger eigentümlich, sondern eher dem gesunden Menschenverstand entsprechend, während ich die Quantentheorie als immer »eigenartiger« empfand. Als ich an der mathematischen Seite der Quantentheorie arbeitete, hatte ich das Gefühl, als gerate ich über den gesunden Menschenverstand hinaus in unvorstellbare Bereiche. Später merkte ich, daß meine Erfahrungen von vielen anderen Physikern geteilt wurden, die sich zum erstenmal mit der neuen Quantentheorie abgaben. Zuerst entdeckten sie die mathematischen Gleichungen der Quantentheorie, die experimentell funktionierten; dann setzten sie sich an die Gleichungen und überlegten, welche Bedeutung diese für die reale Welt hatten und entwickelten daraus eine Deutung, die vom naiven Realismus radikal abging. Als mir klar wurde, was die abstrakte Mathematik der Quantentheorie wirklich aussagte, nahm die Welt für mich ganz sonderbare Züge an. Ich fühlte mich nicht mehr wohl darin. Diese schlimme Vorstellung möchte ich hier beschreiben.

Was bedeutet die Quanteneigenart? Die Physik der neuen Quantentheorie kann man gegen die ältere Newtonsche Physik halten, an deren Stelle sie getreten ist. Die Newtonschen Gesetze brachten Ordnung in die sichtbare Welt gewöhnlicher Dinge und Ereignisse wie herunterfallende Steine, Planetenbewegung, Flußläufe und Gezeiten. Die wichtigsten Eigenschaften des Newtonschen Weltbildes waren sein Determinismus – das Uhrwerksuniversum, determiniert von Anfang bis Ende aller Zeiten – und seine Objektivität, also die Annahme, daß Steine und Planeten objektiv existieren, auch wenn wir sie nicht direkt beobachten; wenn man ihnen den Rücken zuwendet, sind sie immer noch da.

In der Quantentheorie lassen sich diese Interpretationen der Welt nach dem gesunden Menschenverstand (wie Determinismus und Objektivität) nicht aufrechterhalten. Obwohl die Quantenwelt mit dem Verstand faßbar ist, kann man sie sich nicht vorstellen wie die Newtonsche Welt. Das liegt nicht nur daran, daß die atomare und subatomare Welt der Quanten sehr klein ist, sondern ist darauf zurückzuführen, daß die visuellen Konventionen, die wir aus der Welt gewöhnlicher Dinge übernehmen, für Quantenobjekte nicht gelten. Wir können uns zum Beispiel vorstellen, daß sich ein Stein sowohl im Ruhezustand als auch an einem bestimmten Ort befinden kann. Aber es ist sinnlos, von einem Quantenteilchen, einem Elektron etwa, zu sagen, daß es sich an einem bestimmten Punkt im Raum befindet. Außerdem können sich Elektronen an Orten zeigen, an denen sie nach den Newtonschen Gesetzen gar nicht sein dürften.

Die Physiker und die Mathematiker haben gezeigt, daß die Vorstellung von Quantenteilchen als gewöhnlichen Objekten dem Experiment widerspricht.

Die Quantentheorie lehnt nicht nur den gewohnten Objektivitätsbegriff ab, sondern hat auch das deterministische Weltbild zerstört. Nach der Quantentheorie treten manche Ereignisse, so z.B. die Bewegung von Elektronen, beliebig oder zufallsbestimmt auf. Es gibt einfach kein physikalisches Gesetz, das uns sagt, wann ein Elektron springt. Allenfalls können wir die Wahrscheinlichkeit eines Sprungs angeben. Die kleinsten Rädchen im großen Uhrwerk, die Atome, gehorchen den deterministischen Gesetzen nicht.

Die Erfinder der Quantentheorie haben noch einen weiteren Gegensatz zum Newtonschen Weltbild gefunden: die vom Beobachter geschaffene Realität. Sie haben festgestellt, daß nach der Quantentheorie die Entscheidung des Beobachters die Messung beeinflußt. Was in der Quantenwelt wirklich vonstatten geht, hängt davon ab, wie wir es beobachten wollen. Die Welt »existiert« einfach nicht losgelöst von unserer Beobachtung; was es »gibt«, hängt auch davon ab, was wir sehen wollen: Die Realität wird zum Teil vom Beobachter geschaffen.

Diese Eigenschaften der Quantenwelt, ihre nicht vorhandene Objektivität, ihre Indeterminiertheit und die vom Beobachter geschaffene Realität, die sie von der gewöhnlichen, mit unseren Sinnen wahrnehmbaren Welt unterscheiden, bezeichne ich als »Quanteneigenart«. Einstein hatte etwas gegen die Quanteneigenart, besonders gegen den Begriff einer vom Beobachter geschaffenen Realität. Daß ein Beobachter unmittelbar in ein Meßergebnis einbezogen war, widersprach seinem deterministischen Weltbild, wonach die Natur gegenüber menschlichen Entscheidungen indifferent ist.

Irgend etwas in uns will die Quantenrealität nicht verstehen. Geistig akzeptieren wir sie, weil sie mathematisch schlüssig ist und hervorragend mit den Experimenten übereinstimmt. Aber der Geist kann dabei nicht zur Ruhe kommen. Wie Physiker und andere sich mit dem Erfassen der Quantenrealität abmühen, erinnert mich an die Reaktion von Kindern, die zum erstenmal mit einem Begriff zu tun bekommen, den sie noch nicht verstehen. Der Psychologe Jean Piaget hat dieses Phänomen bei Kindern untersucht. Wenn man einem Kind von einem bestimmten Alter eine Reihe durchsichtiger Gefäße von ganz verschiedener Form zeigt, die bis zur gleichen Höhe mit einer Flüssigkeit gefüllt sind, denkt das Kind, alle Gefäße enthalten dieselbe Flüssigkeitsmenge. Das Kind versteht noch nicht, daß die Flüssigkeitsmenge mit dem Volumen, nicht nur mit der Höhe zusammenhängt. Wenn man dem Kind die richtigen Zusammenhänge erklärt, versteht es sie oft, fällt aber sofort wieder in seine alte Denkweise zurück. Erst in einem bestimmten Alter, etwa mit sechs oder sieben Jahren, ist das Kind fähig, die Beziehung zwischen Menge und Volumen zu erfassen. So ähnlich ist es mit dem Verstehen der Quantenrealität. Wenn man denkt, man habe sie endlich begriffen und sich im Geist ein Bild von der Quantenrealität entwickelt, fällt man doch sofort wieder in die alte, klassische Denkweise zurück, genauso wie die Kinder in Piagets Experiment.

Wir müssen erkennen, daß die Mikrowelt der Atome, Elektronen und Elementarteilchen von der klassischen Welt, der physikalischen Welt des naiven Realismus, nicht völlig verschieden ist. Ein einzelnes Atom kann in einer Schachtel isoliert werden; Elektronen und andere Teilchen hinterlassen Spuren auf photographischen Emulsionen oder in Nebelkammern. Wir können sie mit elektrischen und magnetischen Feldern hin und her schieben. Experimentalphysiker können bestimmte Eigenschaften dieser winzigen Objekte messen, zum Beispiel ihre Masse, elektrische Ladung, ihren Spin und ihre Magnetisierung. Die Physiker stellen sich, wie die meisten Leute, Teilchen in der Mikrowelt einfach als winzig kleine Gebilde vor. Wir können aus ihnen Teilchenstrahlen herstellen, sie aneinander abprallen oder nach unserer Pfeife tanzen lassen. Wo bleibt da die Quanteneigenart? Was ist daran so schwer zu verstehen?

Die Quanteneigenart erscheint, sobald man bestimmte Fragen über Atome, Elektronen und Photonen untersucht. Sie taucht erst auf, wenn man diese Fragen stellt und Experimente aufbaut, weil man sie beantworten möchte. Wenn man zum Beispiel versucht, den Ort eines Elektrons ebenso wie seine Geschwindigkeit durch wiederholte Messungen genau zu bestimmen, stellt man fest, daß es nicht geht. Sooft man den Ort mißt, ändert sich die Geschwindigkeit und umgekehrt – das Elektron weist so etwas wie Quantenglitschigkeit auf. Wenn es ein gewöhnliches Objekt wäre, könnte man gleichzeitig seine Lage und seine Geschwindigkeit bestimmen. Aber das Elektron ist ein Quantenteilchen, und die gewöhnliche Vorstellung von der Objektivität gilt hier nicht mehr. Solange man keine detaillierten Fragen über Quantenteilchen stellt, zum Beispiel nach dem genauen Ort und der Geschwindigkeit eines Teilchen, kann man glücklich und zufrieden im Paradies des naiven Realismus leben.

Sobald man aber erkennt, daß die Quanteneigenart der Mikrowelt unvermeidlich ist, gibt es zwei Möglichkeiten: Man kann sich entweder gar nicht darum kümmern und sich an die Mathematik der Quantentheorie halten. Damit kommt man auf die richtigen Antworten und macht auch Fortschritte mit der Entdeckung der Gesetze der Mikrowelt. Die meisten theoretischen Physiker in der Nachfolge von Paul Dirac und Werner Heisenberg, die die mathematischen Grundlagen der neuen Quantentheorie geschaffen haben, schließen sich dieser Ansicht an. Es gibt aber auch den Ansatz des Philosophen, der die Quanteneigenart der Mikrowelt in Begriffen der physikalischen Wirklichkeit interpretieren will. Er möchte ein konzeptionelles Bild von der Quantenwelt entwickeln, das verständlich und gleichzeitig auch mathematisch konsistent ist. Von Niels Bohr stammt dieser Ansatz für die moderne Physik, und er hat zur Interpretation der Realität sehr viel beigetragen.

Die Geschichte von der Entdeckung der Quantentheorie begann 1900 mit der Bestimmung des Gesetzes von der Schwarzkörperstrahlung durch Max Planck; das war der gewaltige erste Schritt. In der alten Quantentheorie hatten Physiker versucht, die Idee vom Planckschen Wirkungsquantum, dem diskreten Element in der Natur, in die klassische Newtonsche Physik einzubauen. In seiner Arbeit über die Schwarzkörperstrahlung führte Max Planck eine neue Konstante in die Physik ein, die er h nannte und die ein Maß für den Grad der Diskretheit in atomaren Prozessen darstellte. Als Planck 1900 seine Arbeit vorlegte, dachten die Physiker, die Atome könnten für ihre Gesamtenergie jeden beliebigen Wert annehmen, die Energie sei eine stetige Variable. Aber die Plancksche Quantenhypothese besagte, daß der Energieaustausch gequantelt war. Obwohl die Einführung eines Energiequants in der klassischen Physik keine Grundlage hatte, war noch nicht ersichtlich, daß die neue Theorie einen radikalen Bruch mit den klassischen Vorstellungen erforderte. Die theoretischen Physiker versuchten zunächst, die Plancksche Quantenhypothese mit der klassischen Physik zu versöhnen. Physiker sind konservative Revolutionäre. Sie geben erprobte und bewährte Grundsätze erst auf, wenn experimentelle Beweise – oder ein Appell an die logische und konzeptionelle Einfachheit – sie zu einer neuen, manchmal umwälzenden Ansicht zwingen. Dieser Konservatismus findet sich auch im Kern jeder kritischen Untersuchung. Pseudowissenschaftlern fehlt diese Bindung an bestehende Grundsätze; sie führen statt dessen lieber alle möglichen Gedanken von außen ein. Werner Heisenberg hat einmal gesagt: »Die moderne Theorie ist nicht aus umwälzenden Gedanken entstanden, die sozusagen von außen in die exakten Wissenschaften eingebracht worden sind. Sie haben sich vielmehr selbst in eine Forschung hineingedrängt, die ständig versuchte, das Programm der klassischen Physik durchzuführen – sie entstehen gerade aus diesem Geist.« Die alte Quantentheorie war ein Programm, das die Quanten mit der klassischen Physik in Einklang bringen sollte.

Einstein griff Plancks Vorstellung 1905 in seiner Arbeit über den Photoeffekt auf. Planck nahm an, daß Lichtquellen gequantelte Energie austauschen. Einstein ging noch einen Schritt weiter und postulierte, daß das Licht selbst gequantelt ist; es besteht aus Teilchen, die er Photonen nannte. Diese umwälzende Vorstellung bereitete der damals gut begründeten Wellentheorie des Lichts abrupt ein Ende, und das war für die meisten Physiker Grund genug, sie abzulehnen. Andere Physiker wandten gegen Einsteins Behauptung ein, sie erkläre nur den Photoeffekt, und das sei kaum ein direkter Beweis für das Photon.

Aber Einstein hielt an der Vorstellung von einem Wellen-Teilchen-Dualismus beim Licht fest und versuchte vergebens, diese scheinbar widersprüchlichen Eigenschaften des Lichts unter einen Hut zu bringen.

Die theoretischen Gedanken von Planck und Einstein, die die Quantentheorie einführten, waren eine Reaktion auf Experimente, die ein ganz neues Reich der Naturphänomene erschlossen. Ende des 19. Jahrhunderts wurde eine Reihe verwirrender neuer Eigenschaften der Materie entdeckt. Zum ersten Mal kamen die Wissenschaftler in direkte Berührung mit atomaren Prozessen. Röntgen entdeckte 1895 die durchdringenden X-Strahlen, Henri Becquerel 1896 die Radioaktivität, und die Curies isolierten 1898 Radium. 1897 entdeckte J. J. Thomson das Elektron, ein neues Elementarteilchen. Sonderbar war die Feststellung, daß Atome unter bestimmten Umständen Lichtspektrallinien aussenden. Wenn eine Substanz erhitzt oder ein elektrischer Strom durch ein aus Atomen bestehendes Gas geleitet wird, sendet die Substanz oder das Gas Licht aus. Bei der Analyse des Lichtspektrums in einem Prisma, das die verschiedenen Farben trennt, erscheinen im Spektrum nur definierte farbige Linien. Neonfarbiges Licht ist ein Beispiel dafür. Jedes chemische Element hat seine eindeutige Anordnung von farbigen Linien; man nennt sie sein Linienspektrum. Im 19. Jahrhundert hatte noch niemand eine Erklärung für dieses Phänomen. Dabei lag hier der experimentelle Schlüssel zum Atomaufbau.

Ernest Rutherford war wegen seiner Entdeckung der radioaktiven Umwandlung von Elementen gemeinsam mit Frederick Soddy schon ein berühmter Experimentalphysiker, als er an die Universität Manchester kam. Rutherford und Soddy hatten festgestellt, daß sich chemische Elemente, die man bis dahin für unveränderlich gehalten hatte, im Prozeß der Radioaktivität veränderten. Soddy regte an, den neuen Vorgang »radioaktive Umwandlung« zu nennen. Eine Umwandlung von Elementen, zum Beispiel von Blei in Gold, war ein alter Traum der Alchimisten, dessen Unmöglichkeit schon die Chemiker und Physiker im 19. Jahrhundert nachgewiesen hatten. Auf Soddys Vorschlag folgte Rutherfords scharfe Reaktion: »Beim Zeus, Soddy, man würde uns als Alchimisten hinauswerfen!« Dabei hatten sie wirklich die Umwandlung der Elemente entdeckt.

In Manchester arbeitete Rutherford über Alphateilchen, stabile, positiv geladene Heliumkerne, die von radioaktiven Substanzen ausgehen. Rutherford hatte nicht die Geduld, stundenlang auf einem Schirm Szintillationen zu zählen und damit den Alphateilchenbeschuß nachzuweisen; er setzte deshalb seinen jungen Assistenten Marsden auf das Experiment an. Der Versuch ist von bestechender Einfachheit. Eine radioaktive Alphateilchenquelle wird in die Nähe einer Metallfolie gestellt (Marsden nahm eine Goldfolie). Die Alphateilchen verhalten sich wie kleine Geschosse, die auf die Folie abgefeuert werden. Die meisten durchdringen die Folie sofort und werden auf einem Schirm nachgewiesen. Aber Rutherford folgte einer Eingebung und trug Marsden auf, nach Alphateilchen zu suchen, die durch die Folie stark gestreut und weit abgelenkt wurden. Marsden schob den Nachweisschirm aus der direkten Sichtverbindung zur Alphaquelle hinaus und entdeckte tatsächlich einige abgelenkte Alphateilchen. Manche wurden sogar zur Alphaquelle zurückgestreut. Das ist so, als feuerte man Kugeln auf ein Papiertaschentuch, und einige davon kämen zurück. Diese Entdeckung löste eine Reihe von weiteren Versuchen aus.

Wieso wurden einige Alphateilchen von der Goldfolie zurückgestreut? Rutherford wußte, daß Alphateilchen positiv geladen sind. In der Goldfolie gingen diese Teilchen manchmal ganz dicht am Atomkern, also einer positiven Ladung, vorbei. Da gleichnamige Ladungen einander abstoßen, führte das dazu, daß manche Alphateilchen von den Atomkernen stark abgelenkt wurden. Durch genaue Untersuchung dieser Ablenkungen bestimmte Rutherford die Grundzüge des Atomaufbaus. Ein Fenster in die Mikrowelt tat sich auf.

Viele hielten damals die Atome für unteilbar, völlig elementar, das Ende des Aufbaus der Materie, einen Baustein für alle übrige Materie. Obwohl einige theoretische Physiker laut über einen möglichen Atomaufbau nachdachten, gab es für diese Spekulationen keinerlei experimentelle Beweise. Rutherfords einfaches Streuungsexperiment vermittelte der Menschheit einen ersten Einblick in die Struktur des Atoms.

In dem Bild vom Atom, das Rutherford im Mai 1911 verkündete, war der größte Teil der atomaren Masse in einem winzigen, positiv geladenen Kern konzentriert, während die negativ geladenen Elektronen von sehr kleiner Masse eine große Wolke um den Kern herum bildeten und die Größe des Atoms bedingten. Der massive Kern war zehntausendmal kleiner als das Atom. Rutherfords Atom war wie ein kleines Sonnensystem; der Kern war die Sonne, die Elektronen waren die Planeten, und elektrische Kräfte statt der Schwerkraft hielten das System zusammen.

Obwohl Rutherfords Streuungsversuche überzeugten, war doch vom Standpunkt der klassischen Physik sein Planetenbild vom Atom völlig unhaltbar. Nach der klassischen Physik mußte das auf einer Bahn den Kern umkreisende Elektron seine Energie in Form von elektromagnetischen Wellen abstrahlen und schnell in den Kern hineinstürzen. Die Physiker wußten, daß Rutherfords Atom nach den Regeln der klassischen Physik zusammenbrechen mußte. Aber es existierte dennoch. Dieser unbefriedigende Zustand änderte sich bald von Grund auf. Um 1912 schrieb Rutherford aus Manchester an seinen Freund Boltwood: »Bohr, ein Däne, ist aus Cambridge weggegangen und hier aufgetaucht, um sich ein bißchen in radioaktiven Arbeiten zu üben.« Niels Bohr, ein Schüler von J. J. Thomson in Cambridge, verbrachte knapp ein halbes Jahr in Manchester, ehe er in seine Heimatstadt Kopenhagen zurückkehrte. Aber trotz des kurzen Besuchs hatte Rutherford auf den jungen Dänen Eindruck gemacht.

Bohr war vom Problem des Atomaufbaus besessen und tat einen phantasievollen, gewagten Schritt: Er vergaß einfach einige Regeln der klassischen Physik und wandte statt dessen die Quantentheorie von Planck und Einstein zur Klärung des Atomaufbaus an. Erstaunlicherweise war die Aufgabe mit den wenigen damals bekannten Teilen der Quantentheorie zu lösen, solange man sich um den Konflikt mit der klassischen Physik nicht scherte. Bohr ging einfach davon aus, daß die Elektronen auf ihrer Bahn um den Kern kein Licht abstrahlen und das von den Atomen ausgehende Licht auf irgendwelche anderen physikalischen Vorgänge zurückzuführen ist. Er bewies, daß nach Plancks Vorstellung von der Energiequantelung nur bestimmte Bahnen für die Elektronen zulässig sind. Um die Stabilität der Atome sicherzustellen, postulierte Bohr eine niedrigste Bahn, unter die ein kreisendes Elektron nicht fallen kann. Wenn ein Elektron von einer höheren Bahn auf eine niedrigere Bahn wechselt und dabei Energie verliert, sendet das Atom, in dem sich das betreffende Elektron befindet, Licht aus, das die verlorene Energie abführt. Weil nur bestimmte Elektronenbahnen erlaubt sind, können nur bestimmte Sprünge der Elektronen zwischen den Bahnen stattfinden, und infolgedessen ist die Energie des ausgesandten Lichts gequantelt. Da die Energie des Lichts mit seiner Farbe zusammenhängt, kann von den Atomen nur Licht von bestimmten Farben ausgehen. So begründet Bohrs theoretisches Atommodell die Existenz der geheimnisvollen Spektrallinien. Die experimentell beobachtete Tatsache, daß jedes einzelne Atom Licht von einmaliger, unverwechselbarer Farbe abstrahlt, enthüllte die Quantenstruktur der Atome.

Man kann sich die Energieniveaus im Bohrschen Atommodell so vorstellen wie ein Saiteninstrument, etwa eine Harfe. Jede Saite hat, wenn sie gezupft wird, eine ganz bestimmte Schwingung, einen bestimmten Klang. Ähnlich kommt es, wenn ein Elektron in einem Atom die Bahn wechselt, zur Emission einer Lichtwelle von einer bestimmten Schwingung oder Farbe. Das ist der Ursprung des diskreten Lichtspektrums.

Bohr wandte seine neuen Gedanken beim einfachsten Atom, dem des Wasserstoffs an, dessen einziges Proton von einem einzigen Elektron umkreist wird. Die Arbeit an einem so einfachen Atom hat den Vorteil, daß die erlaubten Elektronenbahnen genau berechnet werden können und damit das Lichtspektrum des Wasserstoffs bestimmt werden kann. Bohrs Berechnungen des Wasserstoffspektrums auf der Grundlage seines theoretischen Atommodells entsprachen dem im Versuch beobachteten Spektrum verhältnismäßig gut. Eine solche Übereinstimmung zwischen Theorie und Versuch konnte kein Zufall sein. Sie bedeutete, daß die Kombination von Vorstellungen, die Bohr aus der Quantentheorie entnommen hatte, tatsächlich funktionierte: Die wissenschaftliche Phantasie hatte ihren ersten erfolgreichen Schritt zur Quantenstruktur der Atome getan. Die alte Fähigkeit des menschlichen Geistes, sich in einer neuen Umwelt zurechtzufinden, in diesem Fall im Atomaufbau der Materie, war wieder einmal nachdrücklich unter Beweis gestellt worden.

Theoretische Physiker griffen Bohrs Ideen auf und wandten sie bei komplizierteren Atomen an. Aber Bohrs Modell warf, wie jeder große wissenschaftliche Fortschritt, viele neue Fragen auf, die man vorher nicht hatte stellen können. Wann wechselt ein Elektron die Bahn und führt zur Lichtemission aus dem Atom? Was verursacht einen bestimmten Sprung? In welcher Richtung wird das emittierte Licht abgestrahlt und warum? Diese Fragen quälten Einstein. Nach der klassischen Physik bestimmen die Bewegungsgesetze das zukünftige Verhalten eines physikalischen Systems, z.B. eines Atoms, genau. Aber die lichtausstrahlenden Atome schienen sich spontan und undeterminiert zu verhalten. Atome springen. Aber warum und in welche Richtung? Dieselbe Spontaneität ist für die Radioaktivität charakteristisch, stellte Einstein fest.

Zunächst versuchten Physiker, das Verhalten der Atome in der klassischen Theorie vom Elektromagnetismus unterzubringen und unternahmen verzweifelte Anstrengungen, das Rätsel der Quantensprünge ohne Zuhilfenahme der Lichtquanten aufzuklären. 1924 schrieben Niels Bohr, Hendrik Kramers und John Slater einen Artikel, in dem sie diesen Ansatz unter Aufgabe der Sätze von der Erhaltung der Energie und des Impulses auf atomarer Ebene befürworteten – ein revolutionärer Vorschlag, denn diese Sätze gehören zu den am besten überprüften physikalischen Gesetzen. Als der Vorschlag veröffentlicht wurde, war im Experiment noch nicht direkt bewiesen worden, daß diese Erhaltungssätze auch bei einzelnen atomaren Prozessen gelten. Aber das wurde bald nachgeholt. Arthur H. Compton und A. W. Simon streuten einzelne Photonen, die Lichtteilchen, an Elektronen. Mit Hilfe einer Wilsonschen Nebelkammer, die die Spuren einzelner Elektronen sichtbar machte, bestätigten sie mit großer Genauigkeit die Erhaltungssätze für einzelne atomare Prozesse. Für die meisten Physiker bewiesen diese 1925 durchgeführten Versuche Einsteins Postulat des Lichtquants aus dem Jahr 1905.

In einer Vielzahl neuer atomarer Versuche von der Art, wie sie Rutherford und Compton durchgeführt hatten, wurde die Struktur des Atoms aufgeklärt. Diese Experimente drängten die theoretischen Physiker in eine neue, fremde Welt; die gewohnten Regeln der klassischen Physik schienen hier nicht mehr zu gelten. Im Atom wurde dem menschlichen Geist eine neue Botschaft gezeigt – eine neue Physik, enthüllt in der Struktur der atomaren Mikrowelt. Das Weltbild des Determinismus, über Jahrhunderte hinweg durch Experiment und physikalische Theorie gestützt, stand vor dem Zusammenbruch.

Bohr akzeptierte die Versuchsergebnisse von Compton und Simon, sowohl die Gültigkeit der Erhaltungsgesetze als auch die Existenz des Lichtquants oder Photons. Im Juli 1925 schloß er: »Man muß damit rechnen, daß die erforderliche Verallgemeinerung der klassischen elektrodynamischen Theorie eine grundlegende Umwälzung in den Vorstellungen erfordert, auf die die Naturbeschreibung bislang gegründet war.« Bohr war für die Revolution gerüstet. Sie kam auch bald. Der erste Schuß auf einer kleinen Nordseeinsel war schon gefallen.

# 4. Heisenberg auf Helgoland

> *Wenn Gott die Welt auch als vollkommenen Mechanismus schuf, so hat er doch wenigstens unserem unzulänglichen Verstand zugestanden daß wir, um kleine Teile dieser Welt vorherzusagen, keine endlosen Differentialgleichungen zu lösen brauchen, sondern mit ganz gutem Erfolg auch würfeln können.*
>
> Max Born

Helgoland ist eine kleine Insel in der Nordsee, nicht weit von der Großstadt Hamburg entfernt, mit hohen, roten Klippen und frischen Seewinden. Hier erfand Werner Heisenberg die Matrizenmechanik – den ersten Schritt in der neuen Quantentheorie. Heisenberg gehörte zu einer neuen Physikergeneration, die aus dem ersten Weltkrieg verändert hervorgegangen war, das Vertrauen in die ältere Generation verloren hatte. Er war einer unter den vielen deutschen Studenten, die sich daran machten, etwas Wertvolles zu suchen, etwas, das die jüngste Vergangenheit nicht verdorben hatte. Sein Vater, ein Altphilologe, weckte in ihm die Liebe zur griechischen Philosophie und Literatur. Der junge Heisenberg mit seinen hellen Augen, dem Bürstenhaarschnitt, den kurzen Hosen und dem ausgeprägten Drang, seine Kräfte im Wettkampf zu messen, war die Verkörperung der Jugendbewegung im Nachkriegsdeutschland. Trotz seiner großen Liebe zu den Klassikern fühlte sich Heisenberg zur Naturwissenschaft hingezogen. Er studierte in München bei Arnold Sommerfeld, der ihn 1921 einlud, Niels Bohr in Göttingen auf den damals so genannten »Bohr-Festspielen« vortragen zu hören. Heisenberg spielte mit dem Gedanken, Mathematiker zu werden, aber durch lange Gespräche mit Bohr wurde sein Interesse an der Atomtheorie geweckt, und er entschloß sich dann für die theoretische Physik.

Heisenberg wußte, daß man mit der abstrakten Mathematik auch die schwierigsten neuen Aufgaben in der Physik angehen konnte, und diese Verbindung zwischen reinen Ideen und der realen Welt faszinierte ihn. Später sagte Heisenberg darüber: »Ich habe damals auch etwas vielleicht noch Wichtigeres gelernt, daß es nämlich in der Wissenschaft fast immer möglich ist, über Richtig und Falsch zu entscheiden. Das ist keine Frage des Glaubens oder der Weltanschauung oder der Hypothese; eine bestimmte Aussage kann einfach richtig, eine andere Aussage falsch sein. Weder Herkunft noch Rasse sind in dieser Frage entscheidend; sie wird entschieden von der Natur oder, wenn Sie so wollen, von Gott, jedenfalls aber nicht vom Menschen.« Wie Einstein eine Generation vor ihm, so war auch Werner Heisenberg auf den kosmischen Code gestoßen, die innere Logik des Universums. Über die Physik konnte er die Seele des Universums kennenlernen, und dieses Wissen war weit von den politischen Ereignissen entfernt, die erst kurz zuvor so viel menschliches Leid verursacht hatten. Nach Abschluß seiner Doktorarbeit bei Sommerfeld ging Heisenberg 1924 zu Bohr nach Kopenhagen und arbeitet dort über die neue Atomtheorie.

Bohr hatte sich schon immer eine Wirkungsstätte wie Rutherfords Laboratorium in Manchester gewünscht, das er einmal besucht hatte, wo Physiker ihre Probleme ohne die störenden formalen Beziehungen zwischen Studenten und Professoren diskutieren konnten. 1920 konnte Bohr dank einiger Spenden aus der dänischen Wirtschaft, darunter auch der Brauerei Carlsberg, seinen Traum verwirklichen und in Kopenhagen ein Institut gründen, das als Niels-Bohr-Institut bekannt wurde. Bohr sammelte um sich junge, intelligente Studenten aus Europa, Amerika und der Sowjetunion, um mit ihnen die Probleme der Atome anzugehen. Hier fand Heisenberg eine geistige Umwelt, die seine kreativen Fähigkeiten anregte – eine Gemeinschaft von Genies, die bald das neue wissenschaftliche Establishment werden sollte. Diese Studenten waren brillant, arrogant und arm wie die Kirchenmäuse. Die breite Öffentlichkeit interessierte sich kaum für ihre Arbeiten und verstand sie auch nicht, aber dieser Mangel an Aufmerksamkeit entmutigte sie nicht. Sie waren überzeugt davon, eine wissenschaftliche Revolution einzuleiten, die das Bild von der Realität von Grund auf veränderte.

Nach einem Jahr bei Bohr ging Heisenberg als Assistent zu Max Born, dem Direktor des Physikalischen Instituts an der Universität Göttingen. Wie viele Physiker, so schlug sich auch Heisenberg mit dem Rätsel der atomaren Spektrallinien herum. In Göttingen bekam er zudem wieder seinen alljährlichen Frühjahrsheuschnupfen und beschloß deshalb, nach Helgoland zu fahren und seinen Kopf auszulüften. Hier zündete der Funken, und an einem Tag und in einer Nacht erfand Heisenberg eine neue Mechanik. Seine Arbeit war im Juli 1925 fertig. Ähnlich Plancks früherer Vorstellung vom Quant aus dem Jahr 1900 gab es auch für Heisenbergs Idee keinen historischen Vorläufer. Ein einzelner Stein war durch einen Blitzschlag gelockert worden, und daraus wurde eine Lawine.

Heisenberg interessierte sich für die griechische Philosophie, besonders für Plato und die Atomisten, die sich die Atome begrifflich, nicht als zusammengesetzte Gebilde vorstellten. Die meisten Physiker versuchten, physikalische Bilder von den Atomen herzustellen, aber Heisenberg meinte, wie die Griechen, man müsse alle Bilder von Atomen mit Elektronen, die den Kern mit bestimmten Radien umkreisen wie kleine Sonnensysteme, abschaffen. Er dachte nicht darüber nach, was die Atome waren, sondern stellte sich vor, was sie taten, ihre Energieübergänge. In einem mathematischen Ansatz beschrieb er die Energieübergänge eines Atoms als Anordnung von Zahlen. Mit seiner bemerkenswerten mathematischen Findigkeit entdeckte er Regeln, nach denen sich diese Zahlenanordnungen verhielten und benutzte diese dann zur Berechnung von atomaren Prozessen. Ehe er wieder nach Kopenhagen abreiste, zeigte er seine Arbeit Max Born.

Born erkannte in Heisenbergs Zahlenanordnungen die Matrizenmathematik. Eine Matrix ist eine Verallgemeinerung der Vorstellung von einer einfachen Zahl zu einer quadratischen oder rechteckigen Anordnung von Zahlen. Die Mathematiker hatten schon konsistente algebraische Regeln für die Multiplikation und Division solcher Matrizen erarbeitet. Born versicherte sich der Hilfe seines Studenten Pascual Jordan, und gemeinsam machten sie sich an die Feinarbeit. Born und Jordan schrieben eine Arbeit, in der sie Heisenbergs Gedanken weiterführten und auf die Bedeutung der Matrizenalgebra zur Beschreibung atomarer Energieübergänge hinwiesen. Irgendwie waren die Matrizen, nicht die einfachen Zahlen, die Sprache, in der man das Atom richtig beschreiben konnte.

In der klassischen Physik sind die physikalischen Variablen, die die Bewegung eines Teilchens beschreiben, einfache Zahlen. So kann zum Beispiel der Ort ($q$) eines Teilchens zu einem festen Punkt fünf Fuß betragen ($q = 5$); sein Impuls ($p$ = Teilchenmasse · Teilchengeschwindigkeit) kann mit 3 angegeben werden ($p = 3$). Einfache Zahlen wie 5 und 3 gehorchen dem Kommutativgesetz der Multiplikation, d. h. $3 \cdot 5 = 5 \cdot 3 = 15$ – die Reihenfolge der Multiplikation spielt keine Rolle. Ebenso gilt das für den Ort und den Impuls eines Teilchens in der klassischen Physik; diese Variablen gehorchen, da sie ja immer einfache Zahlen sind, dem Kommutativgesetz: $p \cdot q = q \cdot p$.

Der wichtigste Gedanke in der neuen Matrizenmechanik besagt, daß physikalische Variablen, wie der Ort $q$ und der Impuls $p$ eines Teilchens, nicht mehr einfache Zahlen, sondern Matrizen sind. Matrizen folgen nicht zwangsläufig dem Kommutativgesetz der

Multiplikation: p · q muß nicht unbedingt gleich q · p sein. Die Arbeit von Born und Jordan enthielt eine Beziehung für die Matrizen, die den Ort q und den Impuls p eines Teilchens darstellen, die besagte, daß die Differenz zwischen p · q und q · p der Planckschen Konstante h proportional war. Wenn wir in einer stetigen Welt lebten, in der h Null wäre, gehorchten die Matrizen p und q dem Kommutativgesetz wie einfache Zahlen, genauso wie in der alten klassischen Physik. Aber weil h von Null verschieden war, wenngleich dieser Unterschied in der wirklichen Welt kaum ins Gewicht fiel, konnte man sich den Ort q und den Impuls p eines Teilchens nicht länger als einfache Zahlen vorstellen; sie mußten als Matrizen dargestellt werden und gehorchten den nicht-kommutativen Gesetzen der neuen Matrizenmechanik, nicht den Kommutativgesetzen der klassischen Mechanik. Was hatte das zu bedeuten? Die Physiker stellen sich, wie die meisten, vor, daß der Ort eines Teilchens einen definierten Wert aufweist, der durch eine einfache Zahl gegeben ist. Aber in der neuen Matrizenmechanik wurde der Ort eines Teilchens durch eine Matrix und nicht durch eine einfache Zahl beschrieben. Was war aber der »wirkliche« Ort eines Quantenteilchens? Hier entstand zum ersten Mal das erstaunliche Problem einer physikalischen Interpretation der Mathematik dieser neuen Mechanik, mit dem sich die Quantenphysiker in den folgenden Jahren herumschlagen mußten.

Als Heisenberg in Kopenhagen von den jüngsten Arbeiten von Born und Jordan hörte, wußte er noch nicht, was eine Matrize war; er lernte es jedoch sehr schnell. Später im selben Jahr, 1925, besuchte Heisenberg das Cavendish-Laboratorium in Cambridge und veranstaltete ein Seminar über seine letzten Arbeiten unter der Leitung von Peter Kapitza, einem Experimentalphysiker, Gast aus der Sowjetunion. Unter den Zuhörern befand sich der dreiundzwanzigjährige Paul Dirac, ein brillanter mathematischer Physiker. Dirac verstand auf Anhieb, worum es in Heisenbergs Arbeiten ging. Bald nachdem Heisenberg aus Cambridge abgereist war, formulierte Dirac in einem klaren Aufsatz die neue Matrizenmechanik und wies nach, daß sie als abgeschlosse dynamische Theorie an die Stelle der klassischen Mechanik trat.

Inzwischen waren Born und Jordan in Göttingen, die mit Heisenberg in Kopenhagen in Briefwechsel standen, auf einem etwas anderen Weg zu denselben Schlußfolgerungen gelangt. Die beiden Arbeiten, die eine von Dirac und die andere gemeinsam von Born, Jordan und Heisenberg verfaßt, beide von Heisenbergs Gedankenblitz auf Helgoland ausgelöst, stellen den Beginn der Matrizen-Quantenmechanik dar.

Die neue Matrizenmechanik war die mathematische Modifikation der Newtonschen klassischen Mechanik, nach der die Physiker immer gesucht hatten; sie lieferte eine mathematische Beschreibung bewegter Teilchen, ebenso wie die frühere klassische Theorie. Sie ging aber noch darüber hinaus. Die theoretischen Physiker hatten eine neue mathematische Theorie geschaffen und wandten sich jetzt mit großer Aufregung der Frage zu, ob sie tatsächlich die Natur beschrieb, ob die Matrizenmechanik die richtige Quantentheorie des Atoms darstellte.

Heisenberg in Kopenhagen bemühte sich sehr darum, die neuen Matrizenmethoden bei der Bestimmung des Lichtspektrums des Wasserstoffatoms anzuwenden. Bohr hatte diese Aufgabe schon gelöst, aber man wollte doch feststellen, ob das neue Verfahren dasselbe Ergebnis lieferte. Die Lösung des Problems fiel dem arroganten, brillanten jungen Physiker Wolfgang Pauli zu. Ein Kollege sagte einmal über Pauli, bei ihm sei die Grobheit von der Höflichkeit nicht zu unterscheiden. Rücksichtslos kritisierte er Gedanken; seine Briefe unterschrieb er manchmal mit »die Geißel Gottes«. Als Student bei Arnold Sommerfeld in München hatte sich Pauli schon einen wissenschaftlichen Ruf durch seinen klaren Beitrag zu einer Enzyklopädie erworben, den er über die spezielle Relativitätstheorie verfaßt hatte. Einmal kam Einstein zu einem Vortrag nach München, und nach dem Vortrag stand der neunzehnjährige Pauli auf und bemerkte: »Also wissen Sie, was der Herr Einstein gesagt hat, ist gar nicht so dumm...« Als er später nach Kopenhagen ging, um bei Bohr zu arbeiten, verwickelte sich Pauli immer wieder in lange Diskussionen mit Bohr. Am Ende einer solchen erhitzten Auseinandersetzung rief er einmal Bohr zu: »Seien Sie doch ruhig, Sie stellen sich an wie ein Idiot.« »Aber Pauli...«, protestierte Bohr. »Nein, es ist Blödsinn. Ich kann kein Wort mehr davon hören.« Das war so seine Art.

Vor Pauli konnte kein geistiger Hochstapler oder schlampiger Denker lange bestehen. Leider wurden gelegentlich auch Physiker mit richtigen Gedanken von ihm in der Luft zerrissen, wenn er ihre Ideen für falsch hielt.

Pauli hatte sich die Matrizenmathematik schnell angeeignet, klärte damit das Lichtspektrum des Wasserstoffatoms auf und erhielt dasselbe Ergebnis, das Bohr zuvor gefunden hatte. Pauli bestimmte auch das Lichtspektrum eines Wasserstoffatoms in einem elektrischen oder magnetischen Feld; das war eine Aufgabe, die sich bis dahin jeder Lösung widersetzt hatte. Die Leistungsfähigkeit der neuen Matrizenmechanik lag auf der Hand.

Die Physiker bekamen aus der neuen Matrizenmechanik kein Bild vom Atom oder von den Quantenprozessen; sie war eigentlich genau dazu erfunden worden, kein physikalisches Bild mehr zu liefern. Dirac und Heisenberg vertraten die Ansicht, daß eine konsistente mathematische Beschreibung der Natur in der Physik den Weg zur Wahrheit darstellte. Die Notwendigkeit, sich die atomare Welt vorzustellen, war ein Überbleibsel aus der klassischen Physik, das in der neuen Matrizentheorie nichts zu suchen hatte. Viele Physiker waren mit dieser Ansicht unzufrieden, und während Bohr, Born, Jordan, Heisenberg, Dirac und Pauli an der neuen Matrizenmechanik arbeiteten, entstand eine andere Atomtheorie, die zur Erfindung der Wellenmechanik führte.

Wir erinnern uns an Einsteins theoretische Behauptung von 1905, das Licht sei ein Teilchen. Diese Vorstellung widersprach der Tatsache, daß das Licht eine elektromagnetische Welle war. Schon 1909 meinte er, in einer künftigen Theorie des Lichts würden die Partikel- und die Wellentheorie des Lichts zusammengeführt werden. In dieser Richtung hatte es jedoch kaum Fortschritte gegeben. Es sah immer noch so aus, als könne das Licht entweder nur Teilchen oder nur Welle sein.

Den nächsten Schritt tat Louis de Broglie, ein französischer Fürst, dessen geistige Interessen ihn bis in die Grenzbereiche der Physik führten. Er zog den Analogieschluß, wenn sich das Licht, das so eindeutig eine Welle zu sein schien, manchmal wie ein Teilchen verhalten konnte, nämlich wie ein Photon, konnte sich ein Elektron, eindeutig ein Teilchen, manchmal auch wie eine Welle verhalten. Die entscheidenden Gedanken waren in zwei Arbeiten vom September 1923 niedergelegt, in denen de Broglie die Wellenlänge des Elektrons ableitete. Er regte an, daß seine Vorstellung im Experiment bestätigt werden könne, wenn die Elektronen Beugungseigenschaften wie echte Wellen aufwiesen. Die Beugung einer Welle an einem Hindernis, z. B. einer Meereswelle, die an den Rand einer Mole trifft, bedeutet, daß die Welle hinter einem Hindernis abgelenkt wird, wogegen ein Teilchenstrahl scharfe Schatten wirft. Der Schall ist eine Welle, und deswegen können wir auch um die Ecke hören; er wird um die Ecke »gebeugt«. Die Aufsätze wurden de Broglies Doktorarbeit, und ein Exemplar wurde vom Prüfer, Paul Langevin, an Einstein geschickt. Einstein schätzte die Arbeit sehr hoch ein und tat das Seine, um de Broglies neue Gedanken anderen Physikern zur Kenntnis zu bringen.

Einer der Physiker, die von de Broglies Elektronenwellen gehört hatten, war der Österreicher Erwin Schrödinger. Er dachte über die

Bedeutung des Wellenkonzepts nach und entwickelte eine Gleichung, nach der sich die Elektronenwellenform verhalten mußte, wenn das Elektron Teil des Wasserstoffatoms war. Mit Hilfe dieser Gleichung leitete er das Lichtspektrum des Wasserstoffs ab – es war dasselbe, das Bohr Jahre zuvor entdeckt hatte. Die merkwürdige Vorstellung vom Elektron als Welle wurde quantitativ bestätigt. Schrödingers Aufsatz erschien im Januar 1926 und markiert den Anfang der Wellenmechanik, einer weiteren, ganz allgemeinen Formulierung der neuen Mechanik des Atoms.

Die »Schrödingergleichung« galt für alle Arten von Quantenproblemen. Eine Reihe von Experimenten unterstützte Schrödingers und de Broglies These, daß die Elektronen gebeugt werden konnten. Zweifellos handelte es sich hier um echte Wellen. Aber Wellen wovon? Die Interpretation der de Broglie-Schrödinger-Wellen wurde zum größten Rätsel in der neuen Wellenmechanik.

Schrödinger selbst schlug eine der ersten Interpretationen vor: Das Elektron ist kein Teilchen, behauptete er, sondern eine Materiewelle, so wie eine Meereswelle eine Wasserwelle ist. Nach seiner Deutung ist die Teilchenvorstellung falsch oder nur annähernd genau. Alle Quantenobjekte, nicht nur die Elektronen, sind kleine Wellen, und die ganze Natur ist eine große Wellenerscheinung.

Diese Materiewelleninterpretation wurde von der Göttinger Gruppe unter Führung von Max Born verworfen. Sie wußten, daß man einzelne Teilchen mit dem Geigerzähler zählen oder ihre Spuren in einer Nebelkammer beobachten konnte. Die Korpuskelnatur des Elektrons, sein Verhalten wie ein echtes Teilchen, war nicht ausgedacht. Aber was waren die Wellen? Max Born fand selbst die Antwort auf diese verzwickte, entscheidende Frage. Seine Deutung schafft gleichzeitig den Begriff vom würfelspielenden Gott und stellt das Ende des Determinismus in der Physik dar. Das geschah im Juni 1926, ein halbes Jahr nach Schrödingers Arbeit, und beunruhigte die physikalische Welt zutiefst. Born interpretierte die Wellenfunktion von de Broglie und Schrödinger als Hinweis auf die Wahrscheinlichkeit, ein Elektron an einem bestimmten Ort im Raum zu finden.

Stellen Sie sich eine Welle vor, die sich durch den Raum bewegt. Manchmal liegt die Wellenhöhe etwas über dem Durchschnitt, manchmal darunter. Die Höhe der Welle nennt man Amplitude. Born hatte nun behauptet, das Quadrat der Wellenamplitude an jedem beliebigen Ort im Raum gebe die Wahrscheinlichkeit an, dort ein bestimmtes Elektron zu finden. In den Raumbereichen, in denen die Wellenamplitude größer ist, ist zum Beispiel auch die

Wahrscheinlichkeit größer, dort ein Elektron zu finden. Vielleicht wird dort jedes zweite Mal ein Elektron nachgewiesen. Ähnlich ist die Wahrscheinlichkeit, ein Elektron zu finden, dort gering, wo die Wellenamplitude niedrig ist, beträgt also vielleicht 1:10. Das Elektron ist immer ein echtes Teilchen, und seine Schrödingersche Wellenfunktion bezeichnet nur die Wahrscheinlichkeit, es an einem bestimmten Ort im Raum zu finden. Born erkannte, daß die Wellen nicht Materie sind, wie Schrödinger fälschlich annahm, sondern daß es Wahrscheinlichkeitswellen sind, eine Art Bevölkerungsstatistik für die Entstehung von einzelnen Teilchen, die von Ort zu Ort räumlich und zeitlich anders sein kann. Diese Beschreibung von Quantenteilchen ist ihrem Wesen nach statistisch; es ist unmöglich, die Teilchen genau aufzuspüren. Die Physiker konnten höchstens die wahrscheinliche Bewegung eines Teilchens feststellen. Born demonstrierte die logische Schlüssigkeit seiner Deutung durch eine eingehende Analyse von atomaren Stoßversuchen.

Wie müssen wir uns nun die atomare Welt der Quanten vorstellen? Atome, Photonen und Elektronen existieren als Teilchen wirklich, aber ihre Eigenschaften, beispielsweise ihr Aufenthaltsort im Raum, ihr Impuls und ihre Energie, bestehen nur auf einer Zufallsgrundlage. Stellen wir uns vor, ein einzelnes Atom sei ein Kartenspiel und ein bestimmtes Energieniveau dieses Atoms entspreche einem ganz bestimmten Pokerblatt, das aus diesem Spiel ausgegeben wird. Pokerblätter haben Wahrscheinlichkeiten, die sich berechnen lassen; mit Hilfe der Kartenspieltheorie kann man genau die Möglichkeit angeben, daß ein bestimmtes Blatt vom Geber ausgeteilt wird. Diese Theorie sagt allerdings nicht voraus, was bei einem bestimmten Spiel ausgegeben wird. Wenn man solchen Determinismus will, muß man in die Karten gucken, also schummeln. Nach Born gibt die de Broglie-Schrödinger-Wellenfunktion die Wahrscheinlichkeit dafür an, daß ein Atom ein ganz bestimmtes Energieniveau aufweist, wie die Kartenspieltheorie die Wahrscheinlichkeit eines bestimmten Blatts angibt. Die Theorie sagt nicht, ob bei einer bestimmten einzelnen Messung das Atom tatsächlich auf einem bestimmten Energieniveau gefunden wird, ebenso wie die Kartenspieltheorie auch nicht das Ergebnis einer bestimmten Kartenverteilung vorhersagen kann. Die klassische Physik behauptete im Gegensatz zur neuen Quantentheorie, daß sie das Ergebnis solcher Einzelmessungen sehr wohl vorhersagen könne. Die neue Quantentheorie bestreitet, daß sich derartige individuelle Ereignisse bestimmen lassen. Wie Born sagte, ist nur die Wahrscheinlichkeitsverteilung der Ereignisse durch die Quanten-

Amplitude

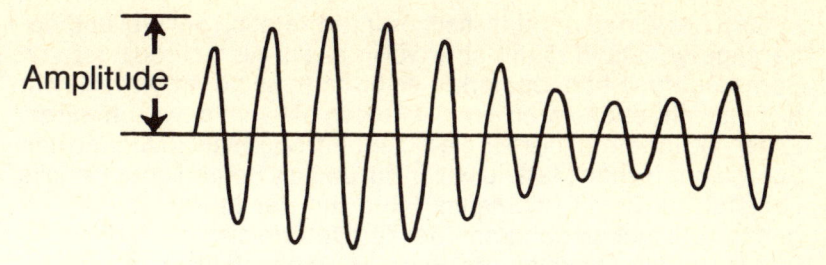

eine Wahrscheinlichkeitswelle

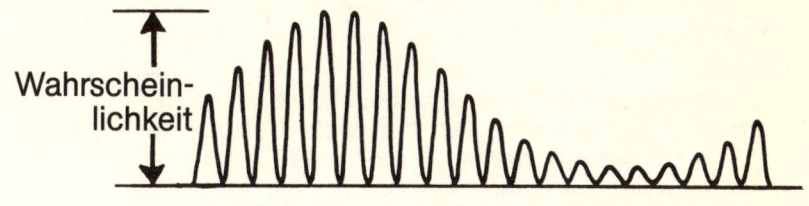

Wahrschein-
lichkeit

Das Quadrat der Wellenamplitude
liefert die Wahrscheinlichkeit für
die Auffindung eines Teilchens

Nach Max Borns statistischer Deutung der de Broglie-Schrödinger-Welle gibt die Höhe oder Amplitude der Welle im Quadrat die Wahrscheinlichkeit an, das Teilchen an diesem Ort zu finden. Die Quantentheorie könnte lediglich die Wellenform und damit die Wahrscheinlichkeit vorhersagen, daß ein Quantenteilchen bestimmte Eigenschaften aufweist; sie könnte aber nicht mit Sicherheit das Ergebnis einzelner Messungen dieser Eigenschaften vorhersagen, wie es die alte klassische Physik tat.

theorie kausal determiniert, nicht jedoch das Eintreten bestimmter Ereignisse.

Ein wichtiges Merkmal der Wahrscheinlichkeitsverteilungen in der Quantentheorie, das sie von den Wahrscheinlichkeitsverteilungen beim Kartenspiel unterscheidet, besteht darin, daß sich die Quantenwahrscheinlichkeiten im Raum ausbreiten und von Ort zu Ort wandern können; das ist die Schrödingerwelle. Die Quantentheorie vermag die Form der Welle und die Art ihrer Bewegung, also die Veränderung der Wahrscheinlichkeiten in Raum und Zeit, genau vorherzusagen. Hier erkennen wir erstmals den neuen Kausalitätsbegriff in der Quantentheorie: die Wahrscheinlichkeit ist kausal für die Zukunft determiniert, nicht die einzelnen Ereignisse.

Born war von seiner statistischen Interpretation der Wellentheorie angetan, stand damit aber völlig allein. Als Schrödinger von Borns Deutung hört, bemerkte er, er hätte seine Arbeit vielleicht nicht geschrieben, wenn ihm die Folgen bekannt gewesen wären. Er hat den Indeterminismus nie akzeptiert. Max Planck stimmte den Schrödingerschen Materiewellen zu, und als Schrödinger Plancks Lehrstuhl in Berlin übernahm, lobte ihn der in den Ruhestand gehende Planck als den Mann, der den Determinismus wieder in die Physik zurückgebracht hatte. Ende 1926 schrieb Einstein an Born: »Die Quantenmechanik ist sehr achtung-gebietend. Aber eine innere Stimme sagt mir, daß das doch nicht der wahre Jakob ist. Die Theorie liefert viel, aber dem Geheimnis des Alten bringt sie uns kaum näher.« Born war von Einsteins Ablehnung der statistischen Interpretation tief enttäuscht. Dabei hatte Born recht.

Diese Unbestimmtheit war das erste Beispiel der Quanteneigenart. Sie besagte, daß es physikalische Ereignisse gibt, die man nie kennen und nie vorhersagen kann. Nicht nur müssen sich die menschlichen Experimentatoren von ihrer Vorstellung trennen, immer zu wissen, wann ein bestimmtes Atom strahlt oder ein bestimmter Kern radioaktiv zerfällt; diese Ereignisse sind sogar dem perfekten Geist Gottes unbekannt. Die Physiker können ohne Rücksicht auf ihren Glauben Gott anrufen, wenn es für sie um Grundsatzfragen geht, denn der Gott der Physik ist die kosmische Ordnung. Die Unbestimmtheit in der Quantentheorie ist ein Prinzipienstreit darüber, was man wissen und was man nicht wissen kann, aber keine Frage der Experimentiertechnik, und das störte Einstein. Selbst Gott kann einem nur die Chancen für den Eintritt bestimmter Ereignisse angeben, nicht jedoch die Gewißheit. Etwa um diese Zeit formulierte Einstein seine Einwände gegen die neue Quantentheorie in dem Satz, er könne sich nicht vorstellen, daß Gott würfelt. Max Born, der Einstein immer als seinen physikalischen Mentor betrachtet hatte, hielt später dagegen: »Wenn Gott die Welt auch als vollkommenen Mechanismus schuf, so hat er doch wenigstens unserem eigenen, unzulänglichen Verstand zugestanden, daß wir, um kleine Teile dieser Welt vorherzusagen, keine endlosen Differentialgleichungen zu lösen brauchen, sondern mit ganz gutem Erfolg auch würfeln können.« Das Tor zum unbestimmten Universum tat sich auf.

So gab es also nun zwei Erklärungen für atomare Vorgänge, Heisenbergs Matrizenmechanik und Schrödingers Wellenmechanik. Wie konnte das angehen? Dirac wies nach, daß die Matrizen- und die Wellenmechanik über seine Umwandlungstheorie völlig gleichbedeutend waren; es waren einfach verschiedene Darstellungen oder Bilder im Rahmen derselben Theorie. Die Physiker nennen sie die Heisenbergsche (Matrizen-)Darstellung und die Schrödingersche (Wellen-)Darstellung.

Die Bedeutung der Umwandlungstheorie von Dirac kann man am besten mit der Analogie zwischen Sprache und Mathematik erklären. Beides sind symbolische Mittel zur Beschreibung der Welt; die Sprache ist vielfältiger, aber die Mathematik ist genauer. Nehmen wir an, jemand beschreibe einen Baum in englischer Sprache, während jemand anderer ihn auf arabisch beschreibt. Die englische und die arabische Beschreibung sind verschiedene symbolische Darstellungen desselben Gegenstands. Wenn man den Baum beschreiben will, muß man mindestens eine Sprache oder Darstellungsform wählen. Sobald man diese eine Darstellung hat, kann man die anderen durch die Regeln der Übersetzung oder Umwandlung finden. So verhält es sich auch mit der mathematischen Beschreibung von Quantenobjekten, wie z.B. Elektronen. Manche Darstellungen betonen die Welleneigenschaften, andere die Teilcheneigenschaften, aber immer wird dasselbe Gebilde dargestellt. Daß verschiedene Darstellungen Umwandlungsgesetzen unterliegen, ist ein grundlegender Gedanke. Durch Variation der symbolischen Darstellungen mittels Umwandlung kommen wir zum Begriff der Invarianten, der grundlegenden Eigenschaften eines Gegenstands, die nicht nur Artefakte unserer Beschreibung sind. Wir erfahren in jeder Sprache, woraus ein Baum besteht. Die Invarianten stellen dagegen die wahre Struktur eines Gegenstands dar.

Die Wellenmechanik und die Matrizenmechanik bedienen sich unterschiedlicher Bilder, um dasselbe Verhalten zu beschreiben. Die vollständige Theorie einschließlich der Umwandlungstheorie von Dirac wurde schließlich als Quantenmechanik oder Quantentheorie bezeichnet, eine neue, mathematisch konsistente Dynamik, die an die Stelle der klassischen Physik trat. Die Mühe fast dreier Jahrzehnte hatte eine neue Weltdynamik entstehen lassen. Der mathematische Formalismus war schlüssig und wurde im Experiment glänzend bestätigt. Aber was bedeutete er? Wie lautete die Deutung der Quantenmechanik, und was sagte sie über die physikalische Realität aus? Heisenberg kommentierte: »Die zeitgenössische Wissenschaft ist heute mehr als je zuvor von der Natur selbst gezwungen worden, wiederum die alte Frage zu stellen, ob man die Realität durch geistige Prozesse erfassen kann und sie etwas anders zu beantworten.«

# 5. Unschärfe und Komplementarität

*Die Vorstellung ist falsch, die Physik sei dazu da, die Beschaffenheit der Natur aufzuklären. In der Physik geht es vielmehr um unsere Aussagen über die Natur.*

Niels Bohr

Der Determinismus, das Weltbild, wonach die Natur und unser eigenes Leben von der Vergangenheit bis in die Zukunft vollständig determiniert sind, spiegelt das menschliche Bedürfnis nach Gewißheit in einer ungewissen Welt wieder. Die Projektion dieses Bedürfnisses ist der allwissende Gott, den manche Menschen in der Bibel finden, ein Gott, der Vergangenheit und Zukunft bis in die kleinste Einzelheit kennt wie einen entwickelten Film. Wir haben diesen Film vielleicht noch nicht gesehen, aber was er für uns enthält, das liegt schon fest.

Die klassische Physik stützte das deterministische Weltbild. Nach der klassischen Physik legen alle Naturgesetze die Vergangenheit und die Zukunft bis in die kleinsten Einzelheiten vollständig fest. Das Universum war wie eine perfekte Uhr: Wenn wir den Ort seiner Teile in einem Augenblick kannten, waren sie damit für immer festgelegt. Natürlich konnte der Mensch nicht die Lage und die Geschwindigkeit aller Teilchen im Universum zu einem bestimmtren Zeitpunkt kennen. Aber unter Einbeziehung des mittelalterlichen Begriffs vom »Geist Gottes« konnten wir uns vorstellen, daß dieser vollkommene Geist die Konfiguration aller Teilchen in Vergangenheit und Gegenwart kennt.

Mit Max Borns statistischer Interpretation der de Broglie-Schrödinger-Wellenfunktion gingen die Physiker vom deterministischen Weltbild von der Natur schließlich ab. Die Welt veränderte sich und wies jetzt nicht mehr den Determinismus einer Uhr, sondern die Zufälligkeit eines Spielautomaten auf. Den Physikern wurde sehr bald klar, daß die Vorstellung vom allwissenden Geist Gottes in der Natur keine Begründung findet. Die neue Quantentheorie, die an die Stelle der klassischen Physik getreten ist, liefert nur statistische Voraussagen. Aber gibt es vielleicht hinter der Quantentheorie eine neue deterministische Physik, die von einer Art Subquantentheorie beschrieben wird, mit deren Hilfe der allwissende Geist die Welt bestimmt? Nach der Quantentheorie kann das nicht sein. Selbst ein allwissender Geist muß seine Kenntnisse auf Erfahrungen gründen, und sobald er versucht, eine physikalische Größe experimentell zu bestimmen, wird der Rest des Kartenspiels der Natur wieder zufällig gemischt. Schon der Versuch, den Determinismus zu etablieren, erzeugt Indeterminismus. Es gibt keine andere Zufälligkeit als die Quantenzufälligkeit. Wie wir, so spielt auch Gott Würfel. Auch er kennt nur die Chancen.

Gerade diese Zufälligkeit verursacht dem Deterministen Beschwerden. Die Physik, wie sie jahrhundertelang konzipiert war, sollte genau vorhersagen, was in der Natur passieren kann. In der Quantentheorie werden nur Wahrscheinlichkeiten genau bestimmt, und der Determinist gibt nur ungern die Hoffnung auf, daß es hinter der Quantenrealität eine deterministische Realität gibt. Aber in Wirklichkeit hat die Quantentheorie dem Determinismus ein für allemal ein Ende gemacht.

Die Zufälligkeit als Grundlage der materiellen Welt bedeutet nicht, daß man nichts mehr wissen kann oder daß die Physik versagt hat. Im Gegenteil: Die Entdeckung des unbestimmten Universums ist ein Triumph der modernen Physik und vermittelt uns ein neues Naturbild. Die neue Quantentheorie enthält sehr viele Vorhersagen, und alle stimmen mit dem Versuch überein. Aber sie beziehen sich auf die Verteilung von Ereignissen, nicht auf einzelne Ereignisse. Das ist so, als sage man voraus, wie oft ein bestimmtes Blatt im Durchschnitt ausgeteilt wird. Die Wahrscheinlichkeitsverteilungen, nicht einzelne Ereignisse, sind kausal determiniert.

Nach Borns statistischer Deutung bemühen sich andere Physiker, die neue Quantentheorie verständlicher zu machen. Welche Erkenntnisse über die Natur waren im Rahmen der neuen Theorie möglich? Die Mathematik der Quantentheorie ließ z. B. ein Bild vom Elektron als Teilchen ebenso wie als Welle zu. Aber die beiden Bilder standen offenkundig in Widerspruch zueinander und auch zu allen Vorstellungen des gesunden Menschenverstandes. Ist das Elektron eine Welle oder ein Teilchen? Bohr, Heisenberg und Pauli in Kopenhagen und viele andere diskutierten diese Fragen über ein Jahr lang. Allmählich entwickelte sich ein Gefühl der Zwecklosigkeit, und nur Borns unerschütterlicher Optimismus entfachte den Forschergeist immer wieder neu. Schließlich war Bohr Anfang Februar 1927 am Ende und brauchte Abstand von Heisenberg. Er fuhr in Urlaub und sammelte seine Gedanken. In dieser Zeit entwickelte er seine erste deutliche Vorstellung von der Bedeutung der Quantentheorie. Ähnlich gelangte Heisenberg in Bohrs Abwesenheit, jedoch unter der Knute von Paulis Kritik, zu seiner eigenen Interpretation der Quantentheorie. Bohr und Heisenberg hatten, jeder auf seine eigene Art, einen neuen, konzeptionell gleichwertigen Durchbruch erzielt: Heisenberg hatte das Unschärfeprinzip, Bohr das Komplementaritätsprinzip entdeckt. Zusammen stellten diese beiden Prinzipien das dar, was als »Kopenhagener Interpretation« der Quantenmechanik bekannt wurde – eine Interpretation, die die meisten Physiker von der Richtigkeit der neuen Quantentheorie überzeugte. Die Kopenhagener Interpretation erschloß in hervorragender Weise die der Quantentheorie innewohnende Konsistenz, die allerdings mit der Verwerfung des Determinismus und der Objektivität der natürlichen Welt erkauft worden war.

Heisenbergs Stärke war der Ausdruck physikalischer Eingebungen in genauen mathematischen Begriffen. Seine Entdeckung der Unschärferelation war ein Beispiel dafür. Sie entsprang dem vorhandenen mathematischen Formalismus der Quantenmechanik und trug wesentlich dazu bei, die Bedeutung dieses Formalismus zu klären.

Wie erinnerlich, erfand Heisenberg die Matrizenmechanik, in der die physikalischen Eigenschaften eines Teilchens, wie seine Energie, sein Impuls, sein Ort und die Zeit, durch mathematische Objekte, sogenannte Matrizen, ausgedrückt wurden, Verallgemeinerungen der Vorstellung einfacher Zahlen. Einfache Zahlen gehorchen dem Kommutativgesetz der Multiplikation – das Ergebnis der Multiplikation hängt nicht von der Reihenfolge ab, in der sie durchgeführt wird: $3 \cdot 6 = 6 \cdot 3 = 18$. Die Matrizenmultiplikation kann dagegen sehr wohl von der Reihenfolge abhängen, in der sie durchgeführt wird. Wenn A und B z. B. Matrizen sind, dann muß $A \cdot B$ nicht zwangsläufig gleich $B \cdot A$ sein.

Heisenberg wies folgendes nach: Wenn zwei Matrizen, die verschiedene physikalische Eigenschaften eines Teilchens darstellen, beispielsweise die Matrize q den Ort des Teilchens und die Matrize p dessen Impuls, die Eigenschaft aufweisen, daß $p \cdot q$ nicht gleich $q \cdot p$ ist, dann kann man diese beiden Eigenschaften des Teilchens nicht gleichzeitig mit beliebig großer Genauigkeit messen. Nehmen wir als Beispiel an, ich baue einen Apparat, um damit den Ort und den Impuls eines einzelnen Elektrons zu messen. Die Anzeige des Geräts besteht aus zwei Reihen von Zahlen, die eine trägt die Bezeichnung »Ort«, die andere die Bezeichnung »Impuls«. Sooft ich auf einen Knopf drücke, mißt der Apparat gleichzeitig den Ort und den Impuls des Elektrons und druckt als Meßergebnis zwei lange Zahlen aus. Bei jeder einzelnen Messung, sagen wir der ersten, können die beiden ausgedruckten Zahlen beliebig lang und damit auch beliebig genau sein. Ich kann mir vorstellen, daß ich gleichzeitig sowohl den Ort als auch den Impuls des Elektrons mit unglaublicher Genauigkeit gemessen habe. Um mir aber eine Vorstellung vom Fehler oder der Unsicherheit in dieser ersten Messung zu verschaffen, wiederhole ich die Messung und drücke noch einmal auf den Knopf. Wieder werden zwei lange Zahlen ausgedruckt, die Ort und Impuls des Elektrons angeben. Bemerkenswerterweise sind sie nicht identisch mit den Zahlen aus der ersten Messung; vielleicht stimmen nur die ersten sieben Stellen jeder Orts- und Impulsmessung überein. Wenn ich immer wieder auf den Knopf drücke, bekomme ich immer mehr solche Messungen zusammen. Dann kann ich die Unschärfe des Orts und des Impulses des Elektrons durch ein statistisches Mittelungsverfahren über die ganze Menge von Messungen berechnen, so daß die als $\Delta q$ bezeichnete Größe die Streuung oder Unschärfe der Ortsmessungen um einen Mittelwert herum und gleichermaßen $\Delta p$ die Streuung der Impulsmessungen um einen Mittelwert herum darstellen. Die Unschärfen $\Delta q$ und $\Delta p$ haben nur dann eine Bedeutung, wenn man sehr viele Messungen durchführt und damit auch die Unterschiede zwischen den einzelnen Messungen vergleichen kann. Die Heisenbergsche Unschärferelation besagt nun, daß es nicht möglich ist, einen Apparat zu bauen, für den die so über eine lange Reihe von Messungen berechneten Unschärfen der Anforderung nicht genügen, daß das Produkt der Unschärfen $(\Delta q) \cdot (\Delta p)$ größer als die Plancksche Konstante h oder ihr gleich ist. Das wird mathematisch durch folgende Beziehung ausgedrückt:

$$(\Delta q) \cdot (\Delta p) \geq h.$$

Eine ähnliche Unschärfebeziehung findet sich für die Energieunschärfe $\Delta E$ eines Teilchens und die Unschärfe der verstrichenen Zeit, $\Delta t$:

$$(\Delta E) \cdot (\Delta t) \geq h.$$

Heisenberg leitete diese Formeln direkt aus der neuen Quantentheorie ab.

Um zu sehen, was hinter diesen Beziehungen steckt, wollen wir versuchen, den Ort eines Elektrons mit beliebig hoher Genauigkeit zu messen. Das bedeutet, daß unsere Unschärfe beim Ort des Elektrons Null ist, $\Delta q = 0$; wir kennen den Ort genau. Aber die Heisenbergsche Unschärferelation besagt, daß das Produkt aus $\Delta q$ und $\Delta p$, die Unschärfe im Impuls, größer als eine feste Größe, die Plancksche Konstante, sein muß. Wenn $\Delta q$ Null ist, muß folglich $\Delta p$ unendlich sein, d. h. die Unschärfe in unserer Kenntnis des Teilchenimpulses ist unendlich. Wenn wir hingegen genau wissen, daß sich das Elektron im Ruhezustand befindet, so daß die Unschärfe im Impuls Null ist, $\Delta p = 0$, muß die Unschärfe des Ortes, $\Delta q$, unendlich sein – wir wissen überhaupt nicht, wo sich das Teilchen befindet. Wie Heisenberg bemerkte, sind die Unschärfe in Ort und Impuls wie »der Mann und die Frau im Wetterhäuschen. Wenn einer herauskommt, geht der andere hinein.« Wenn die Plancksche Konstante h in der wirklichen Welt gleich Null und nicht eine niedrige Zahl wäre, dann könnten wir gleichzeitig sowohl den Ort als auch den Impuls eines Teilchens messen, weil die Unschärferelation dann $(\Delta q) \cdot (\Delta p) \geq 0$ wäre und sowohl $\Delta q$ als auch $\Delta p$ Null sein könnten. Aber weil die Plancksche Konstante nicht Null ist, geht das nicht.

Ich finde, die nassen Samenkerne einer frischen Tomate stellen die Heisenbergsche Beziehung sehr schön dar. Wenn man einen Tomatenkern auf dem Teller anschaut, kann man sich einbilden, daß man sowohl seinen Ort als auch seinen Ruhezustand festgestellt hat. Versucht man jedoch, den Ort dieses Samenkerns durch Drücken mit dem Finger oder dem Löffel zu messen, dann rutscht der Kern weg. Sobald man seinen Ort mißt, ist er weg. Eine ähnliche Art von Glätte bei wirklichen Quantenteilchen wird mathematisch durch Heisenbergs Unschärferelationen ausgedrückt.

Zu Heisenbergs Unschärfebeziehung gleich ein wichtiger Hinweis: Sie gilt nicht für eine einzelne Messung an einem einzelnen Teilchen, auch wenn das oft angenommen wird. Die Heisenberg-Beziehung ist eine Aussage über eine statistische Mittelung über sehr viele Orts- und Impulsmessungen. Wie wir nachgewiesen haben, hat die Unschärfe $\Delta p$ oder $\Delta q$ nur dann einen Sinn, wenn man Messungen wiederholt. Manche Leute stellen sich vor, Quantenobjekte, wie etwa das Elektron, seien »unscharf«, weil wir ihre Lage und ihren Impuls nicht gleichzeitig messen können, und deshalb fehle ihnen die Objektivität. Diese Denkweise ist jedoch falsch.

Um ein Gefühl dafür zu entwickeln, was die Heisenbergsche Beziehung für verschiedene Objekte bedeutet, können wir das Produkt der Größe eines Objekts multipliziert mit seinem typischen Impuls mit der Planckschen Konstante h vergleichen und so feststellen, wie wichtig Quanteneffekte sind. Für einen fliegenden Tennisball sind die Unschärfen auf Grund der Quantentheorie nur eins zu rund zehn Millionen Milliarden Milliarden Milliarden ($10^{-34}$). Deshalb folgt ein Tennisball auch mit hoher Genauigkeit den deterministischen Regeln der klassischen Physik. Selbst für ein Bakterium liegen die Effekte nur bei eins zu einer Milliarde ($10^{-9}$); auch es erlebt die Quantenwelt eigentlich nicht. Bei den Atomen in einem Kristall kommen wir aber schon in die Quantenwelt, und hier sind die Unschärfen eins zu hundert ($10^{-2}$). Bei den Elektronen, die sich in einem Atom bewegen, herrschen schließlich die Quantenunschärfen vor, und wir sind in die wahre Quantenwelt eingedrungen, in der die Unschärfebeziehungen und die Quantenmechanik gelten.

Ich habe versucht, mir auszudenken, was ich sehen könnte, wenn ich bis auf Atomgröße geschrumpft wäre. Ich würde um den Atomkern herumfliegen und mir vorstellen, wie man sich als Elektron fühlt. Aber als mir die Bedeutung der Kopenhagener Interpretation von Bohr und Heisenberg aufging, wurde mir auch klar, daß die Quantentheorie mit ihrer Betonung des Superrealismus solche Phantastereien ausdrücklich ausschließt. Ich hatte versucht, mir auf der Grundlage meiner gewohnten optischen Erfahrungen ein geistiges Bild von Atom zu machen, das den Gesetzen der klassischen Physik entspricht und es genau dort angewandt, wo nach der Quantenphysik ein solches Bild nicht statthaft ist. Bohr sagte immer, wenn man diesen Traum weiterführen will, muß man auch genau angeben, wie man sich bis auf Atomgröße verkleinern kann. Nehmen wir an, daß ich nicht selbst schrumpfe, sondern eine winzige Sonde baue, die in das Atom eindringt und mir angibt, wie es dort aussieht. Aber da die Sonde auch aus Atomen und Teilchen bestehen muß – schließlich kann sie aus nichts anderem sein –, unterliegt auch sie den Unschärferelationen, und damit können wir uns die Sonde nicht einmal vorstellen. Wir sind am Ende. Allenfalls können wir Versuche mit Atomen und Quantenteilchen durchführen und dabei Messungen auf Instrumenten von makroskopischer Größe verzeichnen. Die Quantentheorie beschreibt alle möglichen derartigen Messungen; wir können darüber nicht hinausgehen. Die Phantasie von der schrumpfenden Person ist nichts als ein Traum.

Heisenbergs Unschärferelationen paßten sehr schön zu Borns vorausgegangener Entdeckung der Unbestimmtheit und vertieften damit bei den Physikern das Verständnis für die innere Schlüssigkeit der Quantentheorie. Die Physiker stellten fest, daß die Unschärferelationen die Unbestimmtheit bedingten. Wir können das leicht erkennen, wenn wir uns eine bekannte Fragestellung aus der Ballistik ansehen. Nehmen wir an, ein Gewehr wird abgefeuert (im Weltraum, so daß wir den Luftwiderstand außer acht lassen können), und wir kennen sowohl den Ort der Kugel, wenn sie aus dem Lauf austritt, als auch ihren Impuls. Mit Hilfe der Gesetze der klassischen Physik und in Kenntnis des Ausgangsorts und des Impulses der Kugel können wir ihre ganze zukünftige Flugbahn genau beschreiben; alles ist vorbestimmt. Wenn wir dasselbe Problem vom Standpunkt der Quantentheorie betrachten, müssen wir zu einem anderen Schluß kommen. Die Heisenbergsche Unschärferelation bedeutet, daß wir nicht gleichzeitig den Ort und den Impuls der Kugel in dem Moment bestimmen können, in dem sie aus dem Lauf austritt. Soweit diese anfänglichen Messungen unscharf sind, ist auch die künftige Flugbahn der Kugel unscharf. Wir können also höchstens eine statistische oder probabilistische Beschreibung der künftigen Flugbahn der Kugel abgeben. Bei realen Geschossen, beispielsweise Tennisbällen, sind diese Quanteneffekte vernachlässigbar gering. Aber bei Elektronen sind wir zu einer probabilistischen Beschreibung ihrer künftigen Bewegung gezwungen. Deshalb schließen Heisenbergs Unschärferelationen Borns Unbestimmtheit ein. Während Heisenberg an den Unschärferelationen arbeitete, entwickelte Bohr auf seine ganz eigene Art und völlig unabhängig seine Interpretation der Quantentheorie. In Heisenbergs Ansatz wurde die Bedeutung der neuen Theorie mit Hilfe der Mathematik entschlüsselt, während sich Bohr philosophisch über die Natur der Quantenrealität Gedanken machte. Jeder der beiden Physiker hatte damit einen Ansatz gefunden, der den des anderen ergänzte und bereicherte, und beide zusammen stellen die Kopenhagener Interpretation dar.

Bohr überlegte, wie wir überhaupt von der atomaren Welt sprechen können, denn schließlich ist sie von der menschlichen Erfahrung doch weit entfernt. Er mühte sich mit dem Problem ab, wie wir mit unserer gewöhnlichen Sprache, die dazu geschaffen ist, alltägliche Ereignisse und Gegenstände zu erfassen, atomare Vorgänge beschreiben können. Vielleicht ist die unserer Grammatik innewohnende Logik für diesen Zweck unzureichend. Folglich konzentrierte sich Bohr bei seiner Interpretation der Quantenmechanik auf die Sprache. Er sagte einmal: »Die Vorstellung ist falsch, die Physik sei dazu da, die Beschaffenheit der Natur aufzuklären. In der Physik geht es vielmehr um unsere Aussagen über die Natur.«

Bohr betonte, daß wir, wenn wir eine Frage an die Natur stellen, auch den Versuchsaufbau angeben müssen, mit dessen Hilfe wir die Antwort bekommen wollen. Nehmen wir z. B. folgende Frage an:

»Wo befindet sich das Elektron, und welchen Impuls hat es?« In der klassischen Physik brauchen wir dabei nicht zu berücksichtigen, daß wir mit der Beantwortung der Frage, also der Durchführung eines Experiments, den Zustand des Objekts verändern. Wir können die Wechselwirkung zwischen Apparat und Untersuchungsgegenstand ignorieren. Bei Quantenobjekten wie Elektronen ist das allerdings nicht mehr möglich. Die Beobachtung verändert den Zustand des Elektrons.

Daß die Beobachtung verändern kann, was beobachtet wird, wird aus einigen Beispielen im täglichen Leben deutlich. Der Anthropologe, der ein kleines, vom modernen Leben nicht berührtes Dorf studiert, verändert schon durch seine Anwesenheit das Dorfleben. Der Forschungsgegenstand ändert sich infolge der Untersuchung. Wenn die Menschen wissen, daß sie beobachtet werden, kann dies ihr Verhalten beeinflussen.

Die Natur kann dem Quantenexperimentator sehr weit entgegenkommen. Wenn er den Ort eines Elektrons mit beliebig großer Genauigkeit messen will und dazu einen Apparat aufbaut, verhindert kein Gesetz der Quantentheorie eine bestimmte Antwort. Mit »Ort« meine ich immer einen statistischen Mittelwert aus vielen Ortsmessungen. Der Experimentator schließt daraus, daß das Elektron ein Teilchen, ein Gegenstand an einem bestimmten Ort im Raum ist. Wenn er andererseits die Wellenlänge des Elektrons messen will und dazu einen Apparat aufbaut, bekommt er ebenfalls eine bestimmte Antwort. Wenn er das Experiment so durchführt, kommt er zu dem Schluß, daß das Elektron eine Welle und kein Teilchen ist. Zwischen dem Teilchen- und dem Wellenkonzept besteht keine Unvereinbarkeit, denn wie uns Bohr gelehrt hat, hängt das Ergebnis der Experimente vom Versuchsaufbau ab, und unterschiedliche Versuchsaufbauten sind erforderlich, um den Ort und die Wellenlänge des Elektrons zu messen.

Jetzt will es der Experimentator genau wissen. Er hat genug von diesem Unfug über den Dualismus zwischen Welle und Teilchen und Impuls und Ort und beschließt, die Frage ein für allemal durch die Aufstellung eines Apparats zu klären, der sowohl den Ort als auch den Impuls des Elektrons mißt. Jetzt wird aber die Natur verstockt, denn der Experimentator rennt gegen die Wand der Unschärferelationen an. Auch die aufwendigste Versuchstechnik hilft ihm nicht weiter, denn er hat es hier mit einer Grundsatzfrage zu tun. Warum kann man den Ort und den Impuls nicht gleichzeitig messen? Was verhindert diese Messung? Born beschreibt es so: »Um Raumkoordinaten und Zeitpunkte zu messen, braucht man starre Maßstäbe und Uhren. Zur Messung von Impulsen und Energien sind dagegen Aufbauten mit beweglichen Teilen erforderlich, die die Auswirkung des Objekts erfassen und anzeigen. Wenn die Quantenmechanik die Wechselwirkung zwischen Objekt und Meßgerät beschreibt, sind beide Anordnungen nicht möglich.« Born erläutert damit die merkwürdige Eigenschaft der Gesetze der Quantenmechanik, nach denen wir keinen Apparat bauen können, der gleichzeitig den Ort und den Impuls mißt; die Versuchsaufbauten für diese beiden Messungen schließen einander aus. Versucht man, gleichzeitig den Ort und den Impuls genau zu messen, so ist das ähnlich dem Bemühen, ohne Spiegel den Raum vor und hinter sich zu überblicken. Sobald man sich umdreht, um hinter sich zu blicken, dreht sich der Raum hinter dem Kopf mit. Man kann nicht gleichzeitig den Raum vor und hinter sich sehen.

Teilchen und Welle bezeichnet Bohr als komplementäre Konzepte, das heißt, sie schließen einander aus. In der weiter oben angeführten Analogie zwischen Sprache und Mathematik sind diese komplementären Konzepte unterschiedliche Bilder desselben Objekts. Physiker sprechen vom Teilchenbild oder vom Wellenbild. Nach Bohrs Komplementaritätsprinzip gibt es komplementäre Eigenschaften desselben Wissensgegenstandes, wobei die Kenntnis der einen jeweils die Kenntnis der anderen ausschließt. Wir können deshalb ein Objekt, wie z.B. ein Elektron, auf einander ausschließende Weisen beschreiben, z.B. als Welle oder Teilchen, ohne daß darin ein logischer Widerspruch liegt, sofern wir dabei beachten, daß die Versuchsaufbauten, in denen diese Bilder bestimmt werden, einander ebenfalls ausschließen. Welches Experiment und welches Bild man damit wählt, hängt nur von der persönlichen Entscheidung ab.

Bohr war Philosoph und wollte sein Komplementaritätsprinzip auch auf andere Fragen als die Probleme der Atomphysik ausdehnen. So sind beispielsweise die »Pflicht gegenüber der Gesellschaft« und die »Pflicht gegenüber der Familie«, wie sie in Sophokles' »Antigone« dargestellt sind, komplementäre Begriffe, die sich in einem sittlichen Zusammenhang gegenseitig ausschließen. Als gute Bürgerin hätte Antigone ihren Bruder, der beim Versuch, den König zu stürzen, ums Leben kam, als Verräter betrachten müssen. Ihre Pflicht gegenüber König und Gesellschaft gebot es, daß sie ihren Bruder verstieß. Aber ihre Verpflichtung gegenüber ihrer Familie verlangte von ihr, seinen Leichnam zu begraben und sein Andenken zu ehren. Bohr glaubte später in seinem Leben, das Komplementaritätsprinzip gelte für die Bestimmung des materiellen Aufbaus lebender Organismen. Wir könnten einen Organismus entweder töten, seinen Molekülaufbau bestimmen und kennten dann den Aufbau eines toten Organismus, oder wir könnten einen lebenden Organismus haben, jedoch seinen Aufbau nie kennenlernen. Bei der experimentellen Strukturbestimmung wird der Organismus umgebracht. Natürlich ist diese Ansicht völlig falsch, wie die Molekularbiologen beim Nachweis der molekularen Grundlage des Lebens bewiesen haben. Ich zitiere das Beispiel aber, weil es zeigt, daß selbst ein so kluger Mann wie Bohr ins Schleudern gerät, wenn er wissenschaftliche Prinzipien über ihren gewohnten Anwendungsbereich hinaus verwenden will.

Wir kommen damit zu den beiden entscheidenden Befunden der Quantenrealität, die sich aus den Arbeiten von Heisenberg und Bohr, also aus der Kopenhagener Interpretation, ergeben. Erste Feststellung: Die Quantenrealität ist statistisch, nicht bestimmt. Auch wenn ein Versuch eigens zur Messung einer Quanteneigenschaft aufgebaut worden ist, muß die genaue Messung unter Umständen ganz oft wiederholt werden, weil einzelne genaue Messungen bedeutungslos sind. Die Mikrowelt existiert nur als statistische Verteilung von Messungen, und diese Verteilungen lassen sich in der Physik bestimmen. Der Versuch, sich ein geistiges Bild vom Ort und Impuls eines einzelnen Elektrons zu machen, das mit einer Meßreihe konsistent ist, führt zum »unscharfen« Elektron. Das ist ein menschliches Konstrukt, mit dem versucht wird, die Quantenwelt nach der beschränkten Wahrnehmbarkeit unserer Sinne auszurichten. Wer sich mit solchen Konstrukten abgibt oder versucht, in einzelnen Ereignissen eine objektive Bedeutung zu entdecken, ist eigentlich immer noch ein versteckter Determinist.

Zweites Argument: Es ist sinnlos, von den physikalischen Eigenschaften von Quantenobjekten zu sprechen, ohne dabei genau den Versuchsaufbau anzugeben, mit dem man sie messen will. Die Quantenrealität ist zum Teil eine vom Beobachter geschaffene Realität. Wie der Physiker John Wheeler sagt: »Ein Phänomen ist erst ein wirkliches Phänomen, wenn es beobachtet wird.« Das unterscheidet sich grundlegend von der Richtung der klassischen Physik. Max Born hat das so ausgedrückt: »Die Generation, zu der Einstein, Bohr und ich gehören, hatte einmal gelernt, daß es eine objektive physikalische Welt gibt, die sich nach unveränderlichen Gesetzen unabhängig von uns entfaltet; wir wohnen diesem Vorgang bei, wie das Publikum einem Schauspiel im Theater beiwohnt. Einstein hält das immer noch für die richtige Beziehung zwischen dem wissenschaftlichen Beobachter und seinem Versuchsobjekt.«

Aber in der Quantentheorie beeinflußt die menschliche Absicht die Struktur der physikalischen Welt.

Die Kopenhagener Interpretation der Quantentheorie hat also den Determinismus verworfen und an seine Stelle die statistische Natur der Realität gesetzt; sie hat die Objektivität aufgegeben und statt dessen akzeptiert, daß die materielle Realität zum Teil davon abhängt, wie wir sie beobachten wollen. Nach hundert Jahren war das Weltbild der klassischen Physik zerstört. Aus der Substanz des Universums, dem Atom, lernten die Physiker die Realität neu erkennen.

Das ganze Jahr 1927 über saß Bohr unter vielen Diskussionen mit Heisenberg und Pauli an einer Arbeit, in der er seine Gedanken über die Komplementarität niederlegen wollte. Er wollte sie zuerst in Como auf einer Tagung zu Ehren des italienischen Physikers Alessandro Volta und dann auf der 5. Solvay-Tagung in Brüssel vortragen, an der viele der bekanntesten Physiker teilnehmen wollten, darunter auch Einstein. Einstein und Bohr hatten sich 1920 kennengelernt, als beide schon Physiker von internationalem Rang waren. Daraus entwickelte sich mehr als eine freundschaftliche Beziehung zwischen Kollegen; die beiden Wissenschaftler hegten eine tiefe Achtung und Zuneigung füreinander. Bohr war voller Erwartung, daß das Komplementaritätsprinzip Einstein von der Richtigkeit der Quantentheorie überzeugen werde. Als Bohr die Kopenhagener Interpretation der Quantenmechanik auf der Solvay-Tagung vortrug, nahmen die meisten anwesenden Physiker die neue Arbeit als den Triumph der Erkenntnis, der sie war. Einstein nicht. Er hackte weiter auf Bohrs und Heisenbergs Vorstellungen herum und überlegte sich Gedankenexperimente, die einen Fehler in der Kopenhagener Interpretation aufzeigen sollten. Sooft er dachte, er habe einen Trugschluß gefunden, widerlegte ihn Bohr jedoch. Aber Einstein ließ nicht locker. Schließlich sagte Paul Ehrenfest zu ihm: »Einstein, schämen Sie sich! Sie klingen allmählich wie die Kritiker Ihrer eigenen Relativitätstheorien. Immer wieder sind Ihre Argumente widerlegt worden, aber statt Ihrer eigenen Regel zu folgen, daß die Physik auf meßbaren Beziehungen und nicht auf vorgefaßten Meinungen beruhen muß, denken Sie sich immer wieder neue Argumente nach denselben vorgefaßten Meinungen aus.« Die Konferenz ging zu Ende, ohne daß Einstein überzeugt war, und das war für Bohr eine große Enttäuschung.

Drei Jahre später, auf der nächsten Solvay-Tagung, erschien Einstein, mit einem neuen Gedankenexperiment gewappnet, dem Experiment von der »Uhr im Kasten«. Er stellte sich vor, man habe eine Uhr in einem Kasten so eingestellt, daß sie einen Verschluß an dem lichtdichten Kasten ganz schnell öffnen und schließen könnte. Innerhalb des Kastens befinde sich außerdem ein aus Photonen bestehendes Gas. Wenn sich der Verschluß öffnete, entwiche ein einzelnes Photon. Durch Wiegen des Kastens vor und nach dem Öffnen des Verschlusses könnte man die Masse und damit die Energie des ausgetretenen Photons bestimmen. Damit wäre es auch möglich, die Energie und die Austrittszeit des Photons mit beliebiger Genauigkeit festzustellen. Das verletzte jedoch Heisenbergs Energie-Zeit-Unschärferelation $(\Delta E) \cdot (\Delta t) \geq h$, und folglich, schloß Einstein, mußte die Quantentheorie falsch sein.

Bohr verbrachte eine schlaflose Nacht und dachte über das Problem nach. Wenn Einsteins Überlegung stimmte, war die Quantenmechanik falsch. Gegen Morgen kam er auf den Trugschluß in Einsteins Gedankengang. Wenn das Photon aus dem Kasten austritt, überträgt es auf den Kasten einen unbekannten Impuls und bewegt dadurch den Kasten in dem Schwerefeld, in dem er gewogen wird. Aber nach Einsteins eigener allgemeiner Relativitätstheorie hängt die Ganggeschwindigkeit einer Uhr von ihrem Ort im Schwerefeld ab. Da der Ort der Uhr wegen des »Impulses«, den sie beim Entweichen des Photons bekommt, geringfügig unscharf ist, gilt das auch für die Zeit, die sie mißt. Bohr wies nach, daß Einsteins Gedankenexperiment die Unschärferelation nicht nur nicht verletzte, sondern sie vielmehr bestätigte.

Danach bestritt Einstein die Konsistenz der neuen Quantentheorie nicht mehr. Er behauptete aber nach wie vor, daß sie keine vollständige und objektive Beschreibung der Natur liefere. Dieser Einwand war jedoch eine philosophische Streitfrage und hatte mit theoretischer Physik nichts zu tun. Die Debatte zwischen Einstein und Bohr ging weiter, solange die beiden lebten, und sie kam nie zu einem Schluß. Das wäre auch gar nicht möglich gewesen. Sobald die Diskussion von der gemeinsamen Annahme abging, daß die Realität instrumental determiniert ist und zu unterschiedlichen Wahrnehmungen der Natur der Realität führte, bestand keine Lösungsmöglichkeit mehr. Diese einander sehr zugetanen Titanen, der letzte der klassischen Physiker und der Anführer der neuen Quantenphysiker, debattierten bis ans Ende ihrer Tage.

Ende der zwanziger Jahre war die Deutung der neuen Quantentheorie vollständig. Eine Generation junger Physiker wuchs damit auf, aber sie interessierten sich weniger für die Deutung als vielmehr für die Anwendungen. Die neue Theorie unterstrich wie nichts zuvor die bestimmende Rolle der Mathematik in der theoretischen

Physik. Personen mit großen technischen Fähigkeiten in der abstrakten Mathematik und der Gabe, diese auf physikalische Probleme anzuwenden, traten in den Vordergrund.

Die neue Quantentheorie wurde zum leistungsfähigsten mathematischen Hilfsmittel bei der Erklärung von Naturphänomenen, das dem Menschen je an die Hand gegeben wurde, eine unvergleichliche Errungenschaft in der Geschichte der Wissenschaft. Sie entband die Geisteskräfte tausender junger Wissenschaftler in den Industrieländern der Welt. Nie hat ein einziges Gedankengebäude die Technik stärker geprägt, und seine praktischen Auswirkungen werden das gesellschaftliche und politische Geschick unserer Zivilisation auch weiterhin bestimmen.

Wir sind mit neuen Bestandteilen des kosmischen Codes, jener unveränderlichen Gesetze des Universums, in Berührung gekommen, und sie programmieren jetzt unsere Entwicklung. Praktische Dinge, wie der Transistor, der Mikrochip, der Laser und die Kältetechnik, haben ganze Industriezweige an der vordersten Front der technischen Zivilisation entstehen lassen. Wenn die Geschichte dieses Jahrhunderts geschrieben wird, werden wir sehen, daß politische Vorgänge trotz der unvorstellbaren Opfer an Menschenleben und Geld, die sie gefordert haben, nicht die einflußreichsten Ereignisse gewesen sind. Als wichtiges Ereignis werden sich zweifellos der erste Kontakt des Menschen mit der unsichtbaren Quantenwelt und die anschließenden Umwälzungen in der Biologie und im Computerwesen herausstellen.

Mit der neuen Quantentheorie als Grundlage für das periodische System der chemischen Elemente ließen sich jetzt auch die Art der chemischen Bindung und die Molekülchemie besser verstehen. Diese neuen theoretischen Entwicklungen, die durch experimentelle Untersuchungen untermauert wurden, führten zur modernen Quantenchemie. Dirac konnte 1929 in einer Arbeit über die Quantenmechanik schreiben: »Die für die mathematische Theorie eines großen Teils der Physik und der ganzen Chemie erforderlichen physikalischen Grundgesetze sind also ganz unbekannt..«

Die erste Generation von Molekularbiologen war von Erwin Schrödingers Buch »What is Life?« beeinflußt, in dem er behauptete, die genetische Stabilität lebender Organismen müsse eine materielle, molekulare Grundlage haben. Diese Forscher, viele von ihnen von Haus aus Physiker, förderten eine neue Haltung gegenüber der Genetik und führten die experimentellen Methoden der Molekularphysik ein, die den meisten Biologen jener Zeit noch fremd war. Die neue Betrachtungsweise der Frage vom Leben gipfelte in der Entdeckung der Molekülstruktur der DNS und RNS, der physikalischen Grundlage für die organische Fortpflanzung. Nicht zufällig kam diese Entdeckung in einem Laboratorium für Molekularphysik zustande, und sie hat ihrerseits eine Revolution in Gang gesetzt.

Die Quantentheorie der Festkörper war fertig. Die Theorie der elektrischen Leitung, die Bändertheorie der Festkörper und die Theorie der magnetischen Stoffe waren alles Folgen der neuen Quantenmechanik. In den fünfziger Jahren wurden wichtige Durchbrüche in der Theorie der Supraleitung, dem Fließen des elektrischen Stroms ohne Widerstand bei sehr tiefen Temperaturen, sowie in der Suprafluidität erzielt, der reibungsfreien Bewegung von Flüssigkeiten. Die Theorie der Phasenübergänge in der Materie, also beispielsweise von der Flüssigkeit zum Gas oder zum Festkörper, wurde weiter entwickelt.

Die neue Quantentheorie schuf das theoretische Gebäude zur Untersuchung des Atomkerns, und die Kernphysik entstand. Die Grundlage für die ungeheure Energiefreisetzung beim radioaktiven Zerfall wurde erkannt; der radioaktive Zerfall war ein nicht-klassischer Vorgang, bei dem quantenmechanische Ereignisse mitwirkten. Die Physiker entdeckten die Energiequelle der Sterne, und die Astrophysik wurde zur modernen Wissenschaft.

Erstaunlicherweise folgte die gebildete Öffentlichkeit diesen Entwicklungen nicht. Die Quantentheorie erregte nie das Aufsehen, das die Relativitätstheorie zuvor erregt hatte. Dafür gibt es mehrere Gründe. Zum einen herrschte in den frühen dreißiger Jahren eine Wirtschaftskrise. Zweitens waren viele Intellektuelle mit politischen Ideologien beschäftigt. Drittens, und das halte ich für besonders wichtig, hatte die abstrakte Mathematik der Quantentheorie keine Verbindung mehr zum unmittelbaren menschlichen Erleben.

Die Quantentheorie ist eine Theorie über die mit Instrumenten nachgewiesene materielle Realität; ein Apparat steht zwischen dem menschlichen Beobachter und dem Atom. Heisenberg sagte dazu: »Der Fortschritt in der Wissenschaft ist auf Kosten der Möglichkeit erkauft worden, die Naturerscheinungen unserer Denkweise unmittelbar und direkt zugänglich zu machen.« Oder: »Die Wissenschaft opfert immer mehr die Möglichkeit, die unseren Sinnen unmittelbar zugänglichen Erscheinungen ›lebendig‹ zu machen; sie legt nur den mathematischen, formalen Kern des Vorgangs offen.«

Heisenberg interessierte sich für die gegensätzlichen Ansichten, die Goethe, der deutsche Romantiker und Dramatiker, und Newton in der Farbenlehre vertreten hatten. Goethe hatte sich für Farben als unmittelbares menschliches Erleben begeistert, Newton sich für die Farbe als abstrakte physikalische Erscheinung interessiert. Auf experimenteller, materieller Grundlage muß man sich den Schlußfolgerungen Newtons anschließen. Aber Goethes Ansicht – er war ja einer der Begründer der Vitaltheorie – bezieht sich auf die Unmittelbarkeit der menschlichen Erfahrung. Die Vitalisten glauben, daß den lebenden Organismen eine bestimmte »Lebenskraft« innewohnt, die keinen physikalischen Gesetzen unterworfen ist. Das spricht zwar unsere Erfahrung an, aber es gibt für diese Ansicht keine materielle Grundlage. Das Leben hängt nur davon ab, wie normale Materie organisiert ist. Heute sind die Vitalisten mit ihrer Lebenskraft selten geworden, aber an ihre Stelle sind diejenigen getreten, die im menschlichen Bewußtsein eine besondere Eigenschaft sehen, die über die Gesetze der Physik hinausgeht. Diesen Neovitalisten, die jenseits der materiellen Realität nach den Wurzeln des Bewußtseins suchen, steht wahrscheinlich noch eine Enttäuschung bevor.

Goethe war Teil der romantischen Reaktion auf die klassische Mechanik und die moderne Naturwissenschaft; diese Reaktion hält bis heute an. Dieser Gegensatz zwischen Goethe und Newton zeigte eine moderne humanistische Kritik an der Naturwissenschaft auf, wonach die abstrakten Erklärungen der Wissenschaft den vitalen Kern menschlichen Erlebens negieren. Die Quantentheorie und die aus ihr hervorgegangenen Wissenschaften sind besonders deutliche Beispiele für solche abstrakten Erklärungen.

Die Wissenschaft leugnet die Realität unseres unmittelbaren Erlebens der Welt nicht; sie setzt dort ein. Aber sie bleibt nicht dort stehen, denn die Grundlage zum Verstehen unseres Erlebens besteht nicht in Sinneswahrnehmungen. Die Wissenschaft zeigt uns, daß der Welt unserer sinnlichen Wahrnehmungen eine begriffliche Ordnung zugrunde liegt, ein kosmischer Code, der im Experiment entdeckt und vom menschlichen Geist erfaßt werden kann. Die Einheit unseres Erlebens ist, wie die Einheit der Wissenschaft, begrifflich, nicht sinnlich. Das ist der Unterschied zwischen Newton und Goethe. Newton suchte allgemeingültige Begriffe in Form physikalischer Gesetze, Goethe die Einheit der Natur im unmittelbaren Erleben.

Die Wissenschaft ist eine Antwort auf die Forderung, die uns unsere Erfahrung auferlegt, und was wir von der Wissenschaft dafür bekommen, ist ein neues menschliches Erleben: wir erkennen mit unserem Geist die innere Logik des Kosmos. Die Entdeckung des unbestimmten Universums durch die Quantenphysiker ist ein Beispiel dafür. Das Ende des Determinismus bedeutete nicht das Ende der Physik, sondern den Anfang einer neuen Vorstellung von der Realität. Hier, im Atomkern der Materie, fanden die Physiker die Zufälligkeit.

Aber was ist Zufälligkeit? Um diese Frage zu untersuchen, müssen wir in den nächsten Kapiteln etwas von der Hauptstraße zur Quantenrealität abgehen. Auf diesem Ausflug wollen wir das ungeordnete Universum erforschen und zum ersten Mal dem würfelnden Gott auf die Finger sehen.

# 6. Zufälligkeit

> Es ist bemerkenswert, daß eine Wissenschaft, die mit Gedanken über Glücksspiele ihren Anfang nahm, zum wichtigsten Gegenstand menschlichen Wissens geworden ist.
>
> Marquis de Laplace

Vor ein paar Jahren ging ich mit einem befreundeten Archäologen in der Altstadt von Jerusalem spazieren. Jerusalem ist für viele Menschen schlicht die Heimat und für die meisten Besucher eine eindrucksvolle, heilige Stätte. Die Vernunft gilt dort wenig; die Symbole des Glaubens sind die eigentliche Währung der Stadt.

Im Mittelalter stellte sich der Gläubige Jerusalem als Mittelpunkt des Universums, als Nabel der Welt vor, an dem Himmel und Erde zusammentrafen. Hier, im Zentrum der Welt, sprach Gott zu seinen Propheten und den Menschen der Bibel. Die Juden kommen nach Jerusalem, um an der Mauer ihres alten Tempels in der Nähe des Allerheiligsten zu beten, die Christen folgen den Spuren ihres Herrn in seinen letzten Leidenstagen, und die Mohammedaner beten an der drittheiligsten Stätte des Islam, dem Felsendom, wo der Prophet Mohammed den Koran empfing. Gott ist vielleicht allgegenwärtig, aber seine Stimme ist in Jerusalem.

Der Archäologe erzählte mir, in der Altstadt bezeichne eine römische Straßenkreuzung den Punkt, der damals die Stadt und die ganze Erde in vier Quadranten geteilt habe: den Angelpunkt der mittelalterlichen Geographie. Die Straßen seien längst verschwunden, aber an jeder Ecke der Kreuzung habe eine römische Säule gestanden, und die seien bis heute erhalten geblieben. Wir machten uns auf, um diesen Mittelpunkt des Universums zu betrachten; unterwegs erklärte mir mein Freund, daß die römischen Säulen in einem modernen Bauwerk stünden. Als ich das Gebäude betrat, sah ich sie gleich auf den ersten Blick. Zwischen und neben ihnen standen Spielautomaten. Hier, genau im Zentrum des Universums, lag der einzige Spielsalon der Jerusalemer Altstadt. Ich war verblüfft. Nach der Bibel spricht der Herr nur zu denen, die bereit sind, ihn zu hören. Diese Prophezeiung hatte ihren Sinn bewiesen: Ich hatte ein Bild des würfelspielenden Gottes gesehen.

Große Techniken schleichen sich in unsere Zivilisation oft ganz still und ohne großes Aufsehen ein. Manches Gerät, das schließlich zur starken materiellen Macht wird, erscheint zuerst als Spielzeug. Das Schießpulver wurde anfänglich bei Feuerwerken eingesetzt. Die Verwendung der Dampfkraft im altgriechischen Alexandria etwa um das Jahr 100 vor Christus ist ein weiteres gutes Beispiel. Die Griechen sahen in Herons Dampfrad nur ein Spielzeug, eine Neuheit; erst Jahrhunderte später bewirkte die Dampfmaschine die erste industrielle Zivilisation. Die alexandrinischen Griechen waren für diese Idee noch nicht reif.

Ich halte die Spielautomaten für moderne Beispiele solcher Unterhaltungsgeräte – eines Tages werden sie uns völlig beherrschen. Die Deterministen stellen sich das Universum als großes Uhrwerk vor; ich glaube, es ist ein Spielautomat. Wenn man an einem Automaten spielt, muß man sich völlig darauf konzentrieren, die richtige Mischung aus Geschick und Glück mitbringen, eine Beherrschung der Unbestimmtheit, während die Kugel über das Feld rollt und gegen Hindernisse und Ablenkungen stößt. Die Maschine führt Buch; man kann ein bißchen schummeln, wenn man sie schüttelt, darf das aber nicht zu stark tun, weil sie sonst umkippt. Sie imitiert die Zufälligkeit des Lebens, belohnt das Geschick und schafft eine Ersatzrealität, die sich in das Nervensystem des Menschen bemerkenswert gut einpaßt. Eines Tages wird man diese Maschinen mit Kunstformen, z.B. mit Filmen, kombinieren und so eine völlig künstliche Wirklichkeit schaffen. Wir sind heute schon Teil des Spielautomatenuniversums.

Nicht zufällig stehen Spielautomaten, die Symbole des unbestimmten Universums, am Mittelpunkt der Welt. Die Quantentheorie besagt, daß wir die Welt beobachten müssen, wenn wir sie erkennen wollen; bei dieser Beobachtung werden in der Welt unkontrollierte, zufallsgesteuerte Prozesse ausgelöst. Auch Bohrs Komplementaritätsprinzip bedeutet, daß man nicht alles gleichzeitig über die Welt wissen kann, wie es der Determinismus gefordert hatte, weil die Bedingungen, unter denen man das eine erfahren kann, zwangsläufig die Kenntnis anderer Dinge ausschließen. Nach der Quantentheorie müssen wir vom Traum des Determinismus Abschied nehmen, daß man alles wissen kann. Um das unbestimmte Universum, wie es die Quantentheorie enthüllt, besser zu verstehen, wollen wir einmal in die Welt des Ungeordneten eintauchen, eine Welt, die zuerst von den Mathematikern erforscht worden ist.

Der menschliche Geist verabscheut das Chaos und sucht Ordnung selbst dort, wo keine mehr vorhanden ist. Die Alten erkannten in den Zufallsbildern der Gestirne Sagengestalten und in Wolken die Figuren von Tieren oder Menschen. In manchen Kulturen verkünden Teeblätter die Zukunft. Der Haruspex sieht in den Eingeweiden von Tieren die Geschicke ganzer Völker, und Priester befragen ihre Götter, indem sie Knochen anordnen. Die naturgegebene Zufälligkeit zusammen mit der menschlichen Neigung, in allem Muster zu erkennen, bereitet den Erscheinungen des Heiligen den Boden. Manche Leute vernehmen die Stimme Gottes im brausenden Wind, im brennenden Busch oder im fließenden Strom.

Schon seit dem Altertum fasziniert die Menschen die Zufälligkeit, wie sie sich im Kartenspiel oder im Würfelspiel äußert. Mit der Aufklärung kam auch die Erkenntnis, daß das Chaos einer mathematischen Wissenschaft gehorcht, und Laplace und andere Mathematiker entdeckten die Gesetze des Glücksspiels. Es ist auf den ersten Blick nicht einzusehen, warum es überhaupt Gesetze gibt, nach denen sich Zufallsereignisse verhalten sollen. Wenn Ereignisse zufällig eintreten, weisen sie jedoch ein durchschnittliches Muster auf, das bestimmten Gesetzen gehorcht. Wenn man sehr oft würfelt, müßte jede Seite im Durchschnitt alle sechs Würfe einmal auftauchen; wenn das nicht der Fall ist, ist der Würfel »gezinkt«. Aber gibt es im Ablauf einzelner Würfelvorgänge noch ein anderes Muster als nur das Gesetz des Durchschnitts? Woher wissen wir, ob eine Reihenfolge von Ereignissen einer Reihe von Würfelvorgängen genau entspricht, also völlig ohne Bedeutung ist, oder ob sie nicht vielleicht der Sequenz chemischer Basen in einem DNS-Molekül, also einem genetischen Code gleicht, der die Regeln für die Entstehung eines Menschen vorgibt? Hier kommen wir an unsere erste Frage: Was ist Zufälligkeit?

Beim Versuch, sie zu beantworten, muß man vor allen Dingen zwischen dem mathematischen und dem physikalischen Problem der Zufälligkeit unterscheiden. Die mathematische Fragestellung bezieht sich auf die logische Definition einer Zufallsfolge von Zahlen oder Funktionen. Das physikalische Problem der Zufälligkeit liegt in der Feststellung, ob tatsächliche physikalische Ereignisse mathematischen Zufälligkeitskriterien gehorchen. Wir können natürlich nicht feststellen, ob eine Folge natürlicher Ereignisse wirklich zufallsbestimmt ist, solange wir keine mathematische Definition der Zufälligkeit haben. Mit dieser Definition stehen wir aber vor der zusätzlichen empirischen Aufgabe, festzustellen, ob tatsächliche Ereignisse einer solchen Definition entsprechen. Wir können z.B. mathematisch ein Dreieck in der euklidischen Geometrie definieren. Aber es ist eine ganz andere, empirische Frage, ob physikalische Dreiecksanordnungen einer solchen Definition auch wirklich entsprechen.

Hier stoßen wir gleich auf die erste Schwierigkeit: Den Mathematikern ist es nicht gelungen, eine genaue Definition der Zufälligkeit oder, im Zusammenhang damit, der Wahrscheinlichkeit zu liefern. In jeder Mathematikbibliothek stehen viele Bücher über Wahrscheinlichkeit. Wie kann so viel über ein Thema geschrieben werden, das noch gar nicht genau definiert ist? Was steht einer genauen Definition im Weg? Zum Teil liegt die Schwierigkeit bei der genauen Definition der Zufälligkeit oder, genauer gesagt, einer Zufallsfolge von ganzen Zahlen, darin, daß die Folge wohl nicht mehr zufallsbestimmt ist, wenn man ihr eine genaue Definition unterlegen kann. Genau sagen zu können, was Zufälligkeit ist, zerstört den Charakter der Zufälligkeit, nämlich das Chaos. Wie könnte man im Chaos genau sein?

Um diese Schwierigkeiten näher zu beschreiben, stellen wir uns einmal vor, wir müssen eine Zufallsfolge von ganzen Zahlen zwischen 0 und 9 definieren. Um es eindeutiger zu sagen: Wir betrachten die Folge

3141592653589793238462643383279502884971...

wobei ... bedeutet, daß diese Folge noch weitere Millionen Stellen aufweisen und dann abbrechen könnte. Ich will sie nur nicht alle hinschreiben. Das sieht wie eine ziemlich ungeordnete Menge von zehn ganzen Zahlen aus, und wir können sie verschiedenen Zufälligkeitsprüfungen unterziehen. Eine Prüfung bestünde darin, daß eine bestimmte Zahl, sagen wir, die 8, im Durchschnitt alle zehn Stellen einmal vorkommen sollte, denn es sind zehn verschiedene Zahlen. Also zählen wir, wie oft die 8 insgesamt in der Folge auftritt und dividieren das dann durch die Länge der Folge. Damit sollten wir eine Zahl in der Gegend von 1/10 erhalten. Ähnliches gilt für die anderen ganzen Zahlen. Nehmen wir an, die oben dargestellte Zahlenfolge habe diesen Test bestanden.

Wir können auch noch etwas kompliziertere Zufälligkeitstests durchführen, indem wir die Folge in Blöcke von zehn ganzen Zahlen aufteilen, so daß wir folgende Anordnung bekommen:

(3141592653) (5897932384) (6264338327) ...

Jetzt können wir die Anzahl der geraden ganzen Zahlen in jedem Zehnerblock messen: Der erste Block enthält drei gerade ganze

Zahlen, der zweite vier, der dritte sechs usw. Die Anzahl der geraden ganzen Zahlen in einem bestimmten Block kann zwischen 0 und 10 liegen. Nach vielen, vielen Zehnerblöcken können wir so die Verteilung der geraden Zahlen festlegen: Wieviele Blöcke enthalten keine geraden Zahlen, wieviele Blöcke eine gerade Zahl usw.? Wir kommen damit in die Nähe einer sogenannten Poissonschen Verteilung, ein weiteres Indiz dafür, daß die Folge zufällig ist.

Wir könnten die Folge auch noch anderen Prüfungen unterziehen, z.B. Blöcke von zwölf ganzen Zahlen oder jeder beliebigen anderen Zahl verwenden, um die Poissonsche Verteilung zu überprüfen. Nehmen wir einmal an, die Folge habe alle diese Prüfungen glatt bestanden. Können wir dann daraus schließen, daß diese Folge von ganzen Zahlen zufällig ist? Leider können wir nie zu diesem Schluß kommen, auch wenn die Folge alle Prüfungen besteht, denn sie kann durch eine Regel bestimmt sein und entspricht dann nicht mehr unserem Zufälligkeitsbegriff: zufällig heißt, von keiner Regel bestimmt.

Die obige Folge z.B. ist die Dezimalbruchentwicklung von π = 3,14159 ..., das Verhältnis des Umfangs zum Durchmesser eines Kreises, und das ist keine Zufallszahl, sondern eine ganz besondere Zahl. Nun können Sie sagen, das sei ein Trick und eine der Zahlen, z.B. die einhunderttausendste Stelle in der Folge, so verändern, daß die Folge nicht mehr genau durch π gegeben ist. Aber dann kann ich die Vorschrift mit der Feststellung ändern, daß die einhunderttausendste Stelle zu verändern ist und habe damit nach wie vor eine sehr einfache Regel. Die Dezimalbruchentwicklung von π ist ein Beispiel für eine Zahl, die leicht vollständig in Worten anzugeben ist. Wenn man sie auf Grund dieser Angabe berechnen will, braucht man ein Computerprogramm mit sehr vielen Vorschriften. Für π sind diese Rechenvorschriften ziemlich einfach, aber für andere Zahlen vielleicht nicht.

Für jede endliche Folge von ganzen Zahlen kann ich immer eine Regel finden, die mir genau sagt, wie ich diese Folge zu konstruieren habe. Aber die Vorschrift kann sehr kompliziert sein. Andrej Kolmogorow, der große sowjetische Mathematiker, meinte einmal, er könne die Zufälligkeit durch das Kriterium bestimmen, eine Folge sei dann »zufällig«, wenn die Aufstellung der entsprechend in Zahlen umgesetzten Vorschrift für den Aufbau dieser Ziffernfolge zeitlich genau der wirklichen Länge der Folge entspreche. Aber die Vorschrift festzustellen, nach der eine Folge aufgebaut ist, hängt sehr stark von der menschlichen Schlauheit ab, und wir können nie sicher sein, daß die Vorschrift, die wir entdeckt haben, auch wirklich die einfachste ist, die zu dieser Folge führt. Wenn wir nicht gemerkt hätten, daß die oben gezeigte Folge auf der Entwicklung von π beruhte, hätten wir wahrscheinlich sehr viel Mühe aufwenden müssen, um die Grundregel zu finden; dabei ist sie in Wirklichkeit ganz einfach. Eine genaue mathematische Definition der Zufälligkeit bei endlichen Folgen gibt es einfach nicht.

Damit ist es heraus: Die Mathematiker wissen nicht, was Zufälligkeit ist. Aber sie merken, wann eine Zahlenfolge nicht zufällig ist, weil sie dann bei einer dieser Zufälligkeitsprüfungen durchfiele. So sind z.B. die Folgen 33333333... 32323232..., die ja ein Muster aufweisen, ganz offenkundig nicht zufällig und würden die Prüfungen nicht bestehen. Aber selbst wenn eine Zahlenfolge durch alle Prüfungen durchkommt, können wir nicht sicher wissen, ob sie zufällig ist; irgend jemand erfindet vielleicht eine neue Prüfung, und sie fällt durch. Wenn ein Börsenanalytiker in einer Folge von Börsenkursen ein Muster erkennt, während Sie keines wahrnehmen, also nur die Zufälligkeit sehen, können wir nicht entscheiden, wer recht hat. Der Mathematiker Mark Kac hat eine amüsante Eigenschaft von Zufallszahlen entdeckt: »Eine Tabelle mit Zufallszahlen braucht, wenn sie gedruckt ist, keine Korrekturen mehr.« Eine zufällig geänderte Zufallszahl bleibt zufällig. Wir haben aber keine eigentliche Definition der Zufälligkeit. Vielleicht kann es gar keine geben; vielleicht entzieht sich die Zufälligkeit absolut jeder Definition.

Wie können die Mathematiker überhaupt alle diese Bücher schreiben, ohne die Zufälligkeit oder die Wahrscheinlichkeit zu definieren? Indem sie Operationalisten werden: Sie definieren die Zufälligkeit operationell und die Wahrscheinlichkeit als etwas, das die Theoreme befolgt, die sie darüber ableiten. Die mathematische Wahrscheinlichkeitstheorie beginnt, *nachdem* Elementarereignissen Wahrscheinlichkeiten zugeordnet worden sind. Wie den Elementarereignissen eine Wahrscheinlichkeit zugeteilt wird, wird nicht diskutiert, denn dazu gehört eine eigene Definition der Zufälligkeit dieser Ereignisse, und die ist unbekannt. Wenn man diesen operationellen Ansatz in der Geometrie anwendete, wäre das gleichbedeutend mit einem Beweis aller möglichen Theoreme über Dreiecke, ohne daß man dabei genau definierte, was ein Dreieck überhaupt ist. Eine operationelle Definition eines »Dreiecks« bezeichnet lediglich das logische Objekt, das allen diesen Theoremen genügt. Man fragt nur nach der Konsistenz, nicht nach einer Definition. Man kommt mit diesem Ansatz ziemlich weit, und davon handeln alle diese Wahrscheinlichkeitsbücher.

Der operationelle Ansatz bei der Zufälligkeit funktioniert fast immer. Er kann aber auch schiefgehen, wie folgendes Beispiel zeigt. Beim Rechnen auf einem Elektronenrechner ist es manchmal zu zeitraubend und zu teuer, bestimmte Funktionen vollständig auszurechnen. Statt dessen berechnet man die Funktionen an einer Menge von Zufallspunkten, interpoliert zwischen diesen Punkten und erhält so eine genaue Schätzung der Funktion bei einer großen Ersparnis an Computerzeit. Ein ähnliches Verfahren wird bei Meinungsumfragen angewandt. Es wäre viel zu aufwendig, jeden um seine oder ihre Meinung zu fragen, und deshalb wird statt dessen eine »zufällig« ausgewählte, repräsentative Stichprobe befragt. Eine genaue Schätzung von jedermanns Meinung ist das Ergebnis, wenn die kleine Stichprobe auch wirklich zufällig war.

Bei der Monte-Carlo-Methode handelt es sich um ein solches Rechenverfahren, das in der Mathematik und der Physik angewandt wird, aber nicht narrensicher ist. Computer enthalten Zufallszahlengeneratoren, mit denen eine zufällige »Meinungsumfrage« unter den mathematischen Funktionen durchgeführt wird, um die Rechenarbeit zu beschleunigen. Ein Verfahren zur Generierung dieser Zufallszahlen im Computer besteht darin, daß man sie aus den numerischen Lösungen von algebraischen Gleichungen gewinnt. Diese Zahlen bestehen alle die üblichen Tests auf Zufälligkeit, wie z.B. die Zahl für π, aber in Wirklichkeit werden sie nach einer algebraischen Vorschrift konstruiert, die dem Computer einprogrammiert ist. Sie heißen deshalb »Pseudozufalls«-Zahlen, weil jedermann weiß, daß sie auf Grund einer Vorschrift gebildet worden sind. Einmal hat jemand eine Monte-Carlo-Rechnung mit diesen Pseudozufallszahlen durchgeführt, aber immer nur unsinnige Antworten herausbekommen. Der Grund: In seiner Rechnung kamen Schnittebenen in einem mehrdimensionalen Raum vor, die in einer genauen Beziehung zu den Lösungen der algebraischen Gleichungen standen, die im Zufallszahlengenerator benutzt worden waren. Für diese eine Rechnung waren die im Computer erzeugten »Pseudozufalls«-Zahlen gar nicht zufällig.

Das Beispiel zeigt, daß manche Zahlen, die wir für Zufallszahlen halten, in Wirklichkeit keine sind, sondern zu anderen Zahlen in Beziehung stehen, die durch eine einfache Regel spezifiziert werden. Wie kann man nun sicher sein, daß eine Zahl wirklich eine Zufallszahl ist? Überhaupt nicht. Man kann höchstens feststellen, daß sie nicht zufällig ist, wenn sie bei einer der Zufälligkeitsprüfungen durchfällt.

Ein wichtiges Merkmal solcher »Zufalls«-Zahlen, also der Zahlen, die alle diese Prüfungen bestehen, liegt darin, daß zwei derartige

Zahlen zueinander in einer nicht zufälligen Beziehung stehen können. Nehmen wir noch einmal die vorhin untersuchte Zahlenfolge, die alle Zufälligkeitsprüfungen besteht:

$$31415926535897\ldots$$

und betrachten wir jetzt eine zweite Folge:

$$20304815424786\ldots$$

die ebenfalls allen Prüfungen auf Zufälligkeit standhält. Offenbar haben wir jetzt zwei völlig zufallsbestimmte Folgen, aber wenn wir die zweite Folge von der ersten Zahl um Zahl abziehen (mit der Vorschrift, daß wir zum Ergebnis zehn hinzuzählen, wenn wir eine negative Zahl erhalten), bekommen wir die Folge

$$11111111111111\ldots$$

und die ist gewiß nicht zufällig. Daraus ist ersichtlich, daß zwei Zufallsfolgen korrelieren können; jede für sich ist chaotisch, aber wenn man sie mit Hilfe einer Vorschrift richtig vergleicht (im Beispiel oben bestand die Vorschrift darin, von der ersten Folge 1 zu subtrahieren), dann zeigt sich plötzlich ein nicht-zufallsgesteuertes Muster. Die Mathematiker würden sagen, die Kreuzkorrelation der beiden Folgen ist ungleich Null.

Mit dieser Methode stellen Kryptographen Codes auf, die nicht zu knacken sind und mit denen man die geheimsten Nachrichten überträgt. Es gibt zwei Zufallsfolgen: die Nachricht und den Schlüssel, den der Empfänger der Nachricht besitzt. Nachricht und Schlüssel sind völlig zufällige Folgen, und auch die intensivste kryptographische Analyse durch jemand, der nur die Nachricht oder nur den Schlüssel besitzt, kann die Nachricht nicht entschlüsseln. Nur durch die Kombination der beiden nach einer bestimmten Regel, so wie die Kombination der beiden Folgen oben, kann die sinnvolle Nachricht wieder entschlüsselt werden; die Information steckt in der Kreuzkorrelation.

Die Geschichte von der Zufälligkeit, dem völligen Chaos, haben uns die Mathematiker noch nicht zu Ende erzählt. Es ist eigentlich erstaunlich, daß eine so grundlegende Voraussetzung für die Wahrscheinlichkeitstheorie noch nicht definiert worden ist und noch erstaunlicher, daß wir ohne Definition in der Mathematik so weit kommen. Einfach durch die Annahme, daß es eine Zufälligkeit gibt, teilen die Mathematiker Ereignissen elementare Wahrscheinlichkeiten zu, und davon gehen sie dann aus. Aber sie haben das Chaos noch nicht erkannt und noch nicht gebändigt.

# 7. Die unsichtbare Hand

*Die wichtigsten Lebensfragen sind eigentlich meist nur Wahrscheinlichkeitsfragen.*
Marquis de Laplace

Ein Mathematiklehrer im Iran nach der Revolution hielt zu Anfang seiner Vorlesung über die Wahrscheinlichkeitstheorie einen Würfel hoch, den er zu einer Demonstration verwenden wollte. Ehe er anfangen konnte, schrie ein islamischer fundamentalistischer Student: »Ein Blendwerk des Teufels!« und meinte damit natürlich den Würfel. Der Lehrer verlor die Stelle und fast auch das Leben. Der Wahrscheinlichkeitsbegriff widerspricht den Interpretationen des Islam, die davon ausgehen, daß Gott allwissend ist. Für die Wahrscheinlichkeit haben manche religiösen Fundamentalisten nichts mehr übrig.

Hätte man den Lehrer reden lassen, dann hätte er den Schülern wohl folgendes erzählt. Er hätte vielleicht die Anwendung der Wahrscheinlichkeitstheorie in der wirklichen Welt betont und mit der operationellen Definition angefangen. Eine Definition dieser Art ist notwendig, weil wir keine absolute Definition der Zufälligkeit haben; das wissen wir ja noch aus dem letzten Kapitel. Wir können nicht feststellen, ob ein wirklicher Prozeß tatsächlich zufallsbestimmt ist oder nicht. Wir können lediglich nachprüfen, ob er eine Reihe von Prüfungen besteht, die zufallsbestimmte Prozesse bestehen müssen, wenn sie »genügend zufallsbestimmt« sein sollen. In der Praxis funktioniert das sehr gut, aber eine prinzipielle Schwierigkeit bleibt immer bestehen: Wir wissen nie, ob sich nicht irgend jemand einen schlauen neuen Test ausdenkt, der dann zeigt, daß etwas nicht zufällig ist, das wir für zufällig gehalten hatten.

Trotz der mathematischen Schwierigkeiten mit der Definition der Zufälligkeit können wir pragmatisch vorgehen wie Richard von Mises. Er erklärte, die praktische Definition eines Zufallsprozesses besteht darin, daß er unwiderlegbar ist. So einfach ist das mit praktischen Definitionen! Nehmen wir an, ein Spielautomat werde gebaut, der dann gewinnt, wenn er Zufallszahlen erzeugt. Auf die Dauer ist er so mit keiner Strategie zu überlisten, und wir könnten sagen, daß diese Zahlen für praktische Zwecke wirklich zufällig sind. Wenn die Maschine einen Fehler enthielte, die Zahlen nicht wirklich zufällig wären und eine bestimmte Zahl häufiger aufträte, dann könnten wir mit diesem Wissen die Maschine überlisten. Aber die echte Zufälligkeit ist unschlagbar. Diese praktische Definition der Zufälligkeit paßt hervorragend in die wirkliche Welt. Spielhöllen und Versicherungsgesellschaften nutzen sie gleichermaßen. Und weil die Zufälligkeit unschlagbar ist und sie ihre Geschäfte darauf aufbauen, gewinnen auch sie immer.

Wenn wir in der Natur Zufälligkeiten suchen, so müssen wir uns vor allen Dingen im Atom nach dem Chaos umsehen; die beste Zufälligkeit ist bekanntlich die Quantenzufälligkeit. Prozesse wie zum Beispiel der radioaktive Zerfall in verschiedene Teilchen genügen alle den Zufälligkeitstests. Wann und wo ein Atom zerfällt, ist wirklich zufallsbestimmt. Wir können uns einen Fehler in einem Spielautomaten vorstellen, aber die Physiker vermögen in der Quantenwelt keinen Fehler zu finden. Die Quantenzufälligkeit ist nicht zu schlagen; der Gott, der würfelt, spielt ehrlich. Aber wie können wir dieser Zufälligkeit auf die Spur kommen?

Laplace und andere Mathematiker gewannen die wichtige Erkenntnis, daß einzelne Zufallsereignisse zwar sinnlos sind, die Verteilung dieser Ereignisse jedoch nicht mehr sinnlos ist und sehr wohl Gegenstand einer exakten Wissenschaft, der Wahrscheinlichkeitstheorie, sein kann. Der Kern der Wahrscheinlichkeitstheorie ist die Vorstellung von einer Wahrscheinlichkeitsverteilung – der Zuteilung von Wahrscheinlichkeiten an eine Reihe von zusammenhängenden Ereignissen. Ein einfaches Beispiel: Wir werfen eine Münze. Die Wahrscheinlichkeit für Zahl beträgt ein halb, die für Wappen ebenfalls ein halb, und wenn man die Wahrscheinlichkeiten addiert, bekommt man eins heraus. Eine Wahrscheinlichkeit von eins entspricht aber einer Gewißheit: Wenn man eine Münze wirft, muß entweder Zahl oder Wappen oben liegen.

Wenn wir die elementaren Wahrscheinlichkeiten zugeteilt haben, können wir noch weitergehen. Auch die Wahrscheinlichkeiten komplexer Ereignisse lassen sich berechnen. Nehmen wir einen einzigen Würfel. Die Wahrscheinlichkeit, daß eine einzelne Zahl von 1 bis 6 oben liegt, beträgt 1/6. Jetzt nehmen wir an, wir haben zwei Würfel, wie bei den meisten Würfelspielen. Die Summe der Zahlen auf jedem Würfel kann jetzt zwischen 2 und 12 liegen. Aber sie sind nicht alle gleich wahrscheinlich. Eine Gesamtzahl von zwei Augen läßt sich z.B. nur werfen, wenn bei jedem Würfel die eins oben ist. Die Wahrscheinlichkeit, daß bei jedem Würfel die eins obenliegt, ist 1/6, und jedes Ereignis ist unabhängig; folglich ergibt sich die Gesamtwahrscheinlichkeit aus dem Produkt 1/6 · 1/6 = 1/36. Im Durchschnitt werden wir also beim Würfeln nur alle 36mal eine 2 würfeln.

Eine 3 kann man auf zwei verschiedene Arten würfeln. Beim ersten Würfel liegt die 1, beim zweiten die 2 oben. Dieses Ereignis weist ebenfalls eine Wahrscheinlichkeit von 1/6 · 1/6 = 1/36 auf. Man könnte aber eine Gesamtzahl von drei Augen auch dadurch erzielen, daß beim ersten Würfel die 2 und beim zweiten Würfel die 1 oben liegen. Auch hier ist die Wahrscheinlichkeit 1/36. Die Gesamtwahrscheinlichkeit, drei Augen zu würfeln, ist also 1/36 + 1/36 = 1/18. Wenn man die einzelnen Chancen so auszählt, kann man eine Tabelle zusammenstellen, die einem die Wahrscheinlichkeitsverteilung über die verschiedenen Würfel zeigt.

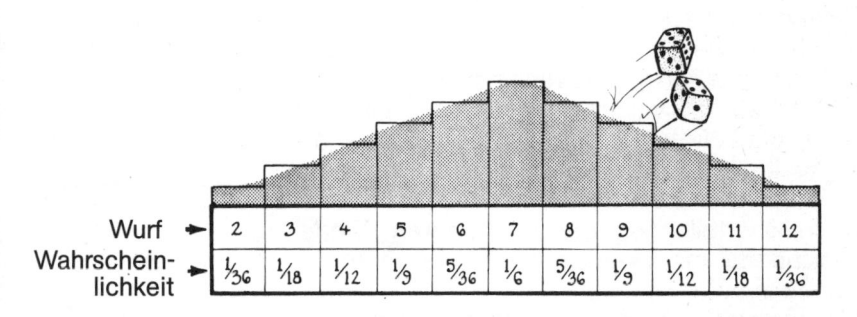

| Wurf | 2 | 3 | 4 | 5 | 6 | 7 | 8 | 9 | 10 | 11 | 12 |
|---|---|---|---|---|---|---|---|---|---|---|---|
| Wahrscheinlichkeit | 1/36 | 1/18 | 1/12 | 1/9 | 5/36 | 1/6 | 5/36 | 1/9 | 1/12 | 1/18 | 1/36 |

Die Wahrscheinlichkeit verschiedener Würfe mit einem Paar Würfel. Es sieht so aus, als ob eine »Kraft« oder »unsichtbare Hand« dafür sorgt, daß die Sieben am häufigsten oben liegt; in Wirklichkeit ist das jedoch nur eine Folge der mathematischen Wahrscheinlichkeiten.

Wenn man wetten müßte, daß eine bestimmte Zahl oben liegt, müßte man auf die Sieben wetten. Sie hat die höchste Wahrscheinlichkeit. Müßte man wetten, welche fünf der elf Zahlen oben liegen, sollte man auf 5, 6, 7, 8 und 9 setzen, denn sie erscheinen zwei- von dreimal; die übrigen sechs Zahlen, 2, 3, 4, 10, 11 und 12, kommen nur jedes dritte Mal. Was bewirkt wohl, daß die Zahlen mit diesen Häufigkeiten gewürfelt werden? Wir sehen, daß die Wahrscheinlichkeitsverteilung nur eine Folge der mathematischen Kombinatorik ist, also einer Addition der verschiedenen Kombinationen, mit denen sich ein bestimmter Wurf erzielen läßt. Es sieht aber auch so aus, als ob eine »unsichtbare Hand« die Sieben öfter als die anderen Zahlen herausbringt. Das Bemerkenswerte an den Wahrscheinlichkeitsverteilungen wirklicher Ereignisse besteht darin, daß die Verteilung nicht materiell ist, sich aber doch als eine Art unsichtbarer Kraft an materiellen Gegenständen, wie z.B. Würfeln, äußert.

Wahrscheinlichkeitsverteilungen wirklicher Ereignisse, etwa beim Würfeln, sind Teil der unsichtbaren Welt. Die Verteilungen sind nicht deshalb unsichtbar, weil sie materiell klein sind, wie die Atome, sondern weil sie überhaupt nicht aus Materie bestehen. Sichtbar sind nur einzelne materielle Ereignisse, wie z.B. ein Wurf beim Würfelspiel. Wahrscheinlichkeitsverteilungen sind wie unsichtbare Hände, die nichts berühren. Ein gutes Beispiel ist der langsame, unsichtbare Prozeß der biologischen Evolution. Er gewinnt erst dann Realität, wenn wir über die scheinbar statistischen Ereignisse hinauskommen und die Wahrscheinlichkeitsverteilungen untersuchen, die dem Druck der Umwelt auf eine Art, der zur Entwicklung einer neuen, in dieser Umwelt besser überlebensfähigen Art führt, objektive Bedeutung verleihen. Ereignisverteilungen scheinen eine Objektivität aufzuweisen, die das einzelne Zufallsereignis nicht besitzt. Wie wir schon gesehen haben, wird in der mikroskopischen Welt der Atome die Ereignisverteilung, nicht das einzelne Ereignis, durch die Quantentheorie bestimmt. Die Quantenwahrscheinlichkeitsverteilungen, die unsichtbaren Hände auf atomarer Ebene, sind für die chemischen Kräfte verantwortlich, die die Atome aneinander binden.

Wir können uns vorstellen, daß Wahrscheinlichkeitsverteilungen, weil sie eine bestimmte Art von Objektivität aufweisen, über eine vom einzelnen Ereignis unabhängige Existenz verfügen. Dieser Fehler kann zu dem Trugschluß führen, die Verteilung »sorge dafür«, daß sich die Ereignisse zu einem bestimmten Muster arrangieren. Dies ist ganz profaner Fatalismus, der Glaube, daß Wahrscheinlichkeitsverteilungen den Ausgang einzelner Ereignisse beeinflussen. Es ist auch ein nachträglich gezogener Schluß, denn die einzelnen Ereignisse legen die Verteilung fest, nicht die Verteilung die Ereignisse. Durch die Einführung eines solchen nicht-zufälligen Elements, eines Organisationselements auf der Ebene der einzelnen Ereignisse, verändert man die Wahrscheinlichkeitsverteilung. Wenn man Würfel zinkt, fallen sie anders.

Die Unsichtbarkeit und die Objektivität der Verteilungen sind erstaunlich; ein weiteres hervorstechendes Merkmal der Wahrscheinlichkeitsverteilungen ist ihre Unveränderlichkeit, seien es Verteilungen der Atombewegungen in der Materie, chemische Reaktionen oder biologische und soziale Ereignisse. Eine stabile Verteilung, die sich mit der Zeit nicht ändert, heißt Gleichgewichtsverteilung. Die Wahrscheinlichkeitsverteilungen beim Würfeln sollen sich mit der Zeit nicht ändern, weil die Würfel ja keinen Zeitkräften ausgesetzt sind. Aber wie steht es mit der Wahrscheinlichkeit, sich bei einem Skiunfall in einem bestimmten Wintersportgebiet Saison für Saison ein Bein zu brechen? Wie berücksichtigt man die Stabilität unserer Wahrscheinlichkeit auf lange Sicht? Die Stabilität einer Gleichgewichtsverteilung rührt daher, daß das einzelne Ereignis zufällig und von ähnlichen Ereignissen unabhängig ist. Das individuelle Chaos schließt den kollektiven Determinismus ein.

Mein Lieblingsbeispiel für die statistische Stabilität von Verteilungen ist die Anzahl der Opfer von Hundebissen in einer Großstadt. Wenn Menschen vom Hund gebissen werden und den Arzt oder ein Krankenhaus aufsuchen, werden diese Unfälle registriert. Jahrelang liegen die gemeldeten Fälle bei 68, 70, 64, 66, 71, also bei einem Mittelwert von 68 pro Jahr. Warum ist diese Zahl so stabil? Warum gibt es nicht ein Jahr, in dem nur fünf Hundebisse vorkommen oder fünfhundert? Sucht ein geheimnisvoller Geist diese Hunde und Menschen jedes Jahr heim, so daß jahraus, jahrein fast immer genau 68 Menschen gebissen werden? Der Geist, der hier sein Unwesen treibt, ist der würfelspielende Gott. Die Ereignisse sind zufallsbedingt und unabhängig, und folglich ist ihre Verteilung stabil. Nur indem man ein nicht-zufälliges Element einführt, z.B. ein Gesetz, nach dem die Menschen weniger bissige Hunderassen züchten müssen, kann man diese Gleichgewichtsverteilung ändern.

Die Stabilität der Wahrscheinlichkeitsverteilungen kann Schatten auf die persönliche Freiheit werfen, wie der französische Biologe Jacques Monod in seiner Darstellung der biologischen Evolution unter dem Titel »Zufall und Notwendigkeit« schreibt. Monod wußte, daß die Entwicklung einer Art kollektiv determiniert ist, weil die Ereignisse für die einzelnen Exemplare einer Art zufällig sind. Aber was bedeutet das für die menschliche Freiheit? Jeder kann sich einbilden, daß er seine Freiheit ausübt, wenn er einer bestimmten politischen Meinung anhängt oder blaue Schuhe trägt; dabei sind seine Handlungen in Wirklichkeit nur Teil einer Wahrscheinlichkeitsverteilung. In der französischen Gesellschaft der siebziger Jahre bestand eine definierte Wahrscheinlichkeit dafür, daß jemand politisch links oder rechts stand. Was der einzelne als Freiheit ansieht, ist vom

Standpunkt des Kollektivs eine Notwendigkeit. Wenn der Würfel fällt, »denkt« er vielleicht, er habe seine eigene Freiheit, während alle seine Bewegungen in Wirklichkeit nur Teil einer Wahrscheinlichkeitsverteilung sind und von der unsichtbaren Hand beeinflußt werden. Wir können nichts tun, ohne Teil einer Verteilung zu sein; es ist, als werde man von unsichtbaren Händen in einem unsichtbaren Gefängnis festgehalten. Auch ein Ausbruchsversuch ist schon wieder Teil einer neuen Verteilung, eines neuen Gefängnisses. Deshalb ist vielleicht wirkliche Kreativität so schwer zu erreichen – Tausende unsichtbarer Hände halten uns fest bei unseren konventionellen Handlungen und Vorstellungen.

Es scheint auf dieser Welt zwei Arten von Menschen zu geben, wenn man die Extreme betrachtet: solche, die alles auf der Welt als kausal bedingt und sinnvoll ansehen und andere, die glauben, daß Gott würfelt und wirklich zufällige Ereignisse eintreten. Die Deterministen können die Zufälligkeit mancher Ereignisse nur schwer ertragen, weil sie vom Chaos, dem nicht kausal Verursachten, abgestoßen werden. Die meisten Menschen suchen aus einem natürlichen Instinkt heraus Schutz im Determinismus und erfinden »Gründe« für manche Vorkommnisse, wie weit sie auch manchmal hergeholt sein mögen. Nichts läßt den Unterschied zwischen Deterministen und Akausalisten so deutlich hervortreten wie eine schwere Krankheit bei jemand anderem oder bei ihnen selbst. Der Determinist sucht nach dem Sinn und der Ursache für die Krankheit; irgendwie hat der Kranke »gesündigt« und damit diese Heimsuchung auf sich geladen. In Wirklichkeit hat die Krankheit vielleicht gar keine Ursache und passiert einfach, genauso wie ein radioaktiver Atomzerfall.

Wir reagieren empfindlich auf Veränderungen in der Verteilung der Ereignisse in unserem Leben. Manchmal hat man das Gefühl, daß einfach alles schiefgeht, mitunter auch, daß sich alles zum Guten wendet. Oft sind diese Stimmungen nur Reaktionen auf Schwankungen in einer Gleichgewichtsverteilung von lebenssteigernden und lebensmindernden Ereignissen. Wenn man an ein und demselben Tag seinen Arbeitsplatz verliert, das Auto nicht anspringt und ein Freund stirbt, muß man aus dem seelischen Gleichgewicht geworfen werden. Solche Schwankungen sind aber vielleicht gar nicht wichtig. Wichtig ist es, dann Maßnahmen zu ergreifen, wenn große, materielle Veränderungen im Leben eintreten, die die Gleichgewichtsverteilung selbst beeinflussen.

Alle Menschen machen sich Gedanken darüber, ob sie auch wirklich ein langes, gesundes Leben erreichen. Die Wahrscheinlichkeitsverteilung der Lebenserwartung kann für Personen von bestimmtem Alter, Geschlecht und Einkommen angegeben werden. Wir können aber die Wahrscheinlichkeit unserer eigenen Lebenserwartung zum Beispiel dadurch beeinflussen, daß wir ungesunde Gewohnheiten ablegen und uns regelmäßig körperlich betätigen. Das wirkt sich ganz real auf die Verteilung aus. Aber jede Verteilung hat auch einen Schwanz. Es gibt eine endliche Chance dafür, daß jemand, der nur seiner Gesundheit lebt, trotzdem nicht alt wird; sie ist etwa gleich der geringen Wahrscheinlichkeit, zwei Augen zu würfeln.

Man kann Wahrscheinlichkeitsverteilungen durch die Einführung von nicht-zufälligen Kräften und Nebenbedingungen verändern. Aber kann man aus einer Wahrscheinlichkeit eine absolute Gewißheit machen? Kann man ein Ereignis mit absoluter Gewißheit festlegen? In der Praxis können wir die Bedingungen natürlich so arrangieren, daß bestimmte Ereignisse mindestens mit einer so nahe an eins liegenden Wahrscheinlichkeit eintreten müssen, daß sie gewiß erscheinen. Aber wenn man diese Frage im Prinzip klären will, muß man feststellen, daß es für Ereignisse keine absolute Gewißheit gibt. Der Grund dafür liegt letzten Endes in der statistischen Interpretation der Quantenmechanik. Wenn wir unter einer Mindestvorgabe eines Ereignisses seine Eintrittszeit und die Energieveränderung verstehen, die das Ereignis anzeigt, dann schließt das Heisenbergsche Unschärfeprinzip eine absolute Bestimmung aus, und das ist der letzte Witz des würfelspielenden Gottes.

Jedes einzelne Ereignis kann Teil einer Wahrscheinlichkeitsverteilung sein und wird von der unsichtbaren Hand geführt. Aber verschiedene Mengen von Ereignissen sind vielleicht nicht unabhängig – der Druck verschiedener unsichtbarer Hände ist vielleicht korreliert. Überlegen wir uns die Wahrscheinlichkeit, an einem bestimmten Tag in der Stadt New York und in Boston einen Herzanfall zu erleiden. Wir halten diese Ereignisse vielleicht für unabhängig voneinander, weil die Städte voneinander entfernt liegen. Aber das stimmt nicht. Wenn in Boston mehr Herzanfälle auftreten, kommen sie auch in New York verstärkt vor. Wenn wir das näher untersuchen, stellen wir natürlich fest, daß sehr warmes Wetter in einer Stadt, das die Wahrscheinlichkeit von Herzanfällen erhöht, dann auch in der anderen Stadt herrscht. Herzanfälle hängen auch mit emotionalen Belastungen zusammen, besonders an Wochenenden, und Wochenende in New York bedeutet auch Wochenende in Boston. Ereignisse, die auf den ersten Blick voneinander unabhängig zu sein scheinen, hängen in Wirklichkeit zusammen. Die Mathematiker würden sagen, daß die beiden Wahrscheinlichkeitsverteilungen für Herzanfälle in New York und Boston kreuzkorreliert sind.

In unserer Behandlung der Zufälligkeit haben wir darauf hingewiesen, daß zwei Zufallsfolgen, beispielsweise Zahlenfolgen, beim Vergleich eine nicht-zufällige Kreuzkorrelation aufweisen können. Das Chaos kann mit dem Chaos in einem geregelten Zusammenhang stehen. Eine ausgezeichnete Illustration für diese Vorstellung von der Kreuzkorrelation von Zufallsfunktionen sind die Zufallsstereogramme von Bella Julesz. Das Stereopticon war die viktorianische Ausführung eines Diaprojektors; man schaute sich damit Bilder an, hauptsächlich Photos von beliebten Reisezielen. Die Dias waren nebeneinander angeordnete, fast identische Photographien, die man durch zwei etwa um unseren Augenabstand gegeneinander verschobene Optiken aufgenommen hatte. Das Stereopticon teilte die beiden Bilder so auf, daß ein Bild vom rechten, das andere vom linken Auge wahrgenommen wird. Im Gehirn verschmelzen die beiden Teilbilder dann wieder zu einem einzigen dreidimensionalen Bild.

Bella Julesz hatte nun den Einfall, für die beiden Bilder völlig zufällige Folgen von Punkten zu nehmen, etwa wie die Punkte auf einem Fernsehbildschirm. Die Kreuzkorrelation dieser beiden Zufallsbilder war allerdings nicht mehr zufällig, sondern wies ein deutlich erkennbares Muster auf. Wenn man die beiden Bilder in einem Stereopticon zeigt, bekommen das rechte und das linke Auge jeweils getrennt völlig zufällige Informationen. Das Gehirn reagiert nun auf Kreuzkorrelationen sehr empfindlich. Wenn man ein solches Zufallsstereogramm das erste Mal sieht, erkennt man bis auf die Zufallsanordnungen von Punkten überhaupt nichts. Nach ein paar Minuten tritt dann das Muster, die Kreuzkorrelation, hervor. Man nimmt ein dreidimensionales Bild wahr, und daran ist nicht zu deuteln. Das Gehirn hat einen großen Teil der Zufallsinformationen kreuzkorreliert. Ein Bild kann man nur dann als dreidimensional erkennen, wenn das Gehirn tatsächlich die Zufallsinformationen im rechten Auge mit den Zufallsinformationen im linken Auge korreliert. Wenn man dasselbe Zufallsstereogramm ein paar Wochen später noch einmal ansieht, tritt das erkennbare Muster fast sofort hervor. Irgendwie kann sich das menschliche Gehirn an die Kreuzkorrelation von zigtausend Bits Zufallsinformationen erinnern. Es wäre interessant, wenn man feststellen könnte, wie das Gehirn das schafft; das ist aber ein Thema für die Neurophysiologie. Für uns ist an dem Beispiel der Zufallsstereogramme lehrreich, daß sie das abstrakte Konzept von der Kreuzkorrelation von Zufallsfunktionen zu einem wahrnehmbaren Ereignis machen. Wenn wir später auf die Quantentheorie eingehender zu sprechen kommen, werden wir mit dem Begriff der Kreuzkorrelation arbeiten.

Wir haben bisher über Wahrscheinlichkeitsverteilungen beispielsweise beim Würfelspiel oder bei Hundebissen in einer Großstadt gesprochen. Aber sind diese unsichtbaren Hände wirklich, sind sie objektiv? Ein guter Spieler, der von der Wahrscheinlichkeitstheorie keine Ahnung hat, hat vielleicht ein Gespür für seine Chancen, fast so, als ob sie materiell greifbar sind. Vielleicht gibt es in der Gesellschaft ein Sozialwesen wie Hobbes Leviathan, ein Symbol für das kollektive gesellschaftliche Bewußtsein, für das die Verteilung menschlicher Ereignisse so real ist, wie es für uns Tische und Stühle sind. Wenn ein solches Kollektivbewußtsein existiert, dann kann ich mir nicht vorstellen, wie man diese Existenz je beweisen sollte. Diejenigen, die das Kollektivbewußtsein als »Volkswillen« bezeichnen, wollen damit im allgemeinen nur ihre eigene gesellschaftliche oder politische Meinung unterstützen.

Über die Frage der objektiven Beschaffenheit der Verteilung menschlicher und gesellschaftlicher Ereignisse läßt sich lange diskutieren. Wir wollen hier jedoch den Begriff der Wahrscheinlichkeitsverteilung für unser Bild von der materiellen Wirklichkeit untersuchen, wie es die Quantentheorie darstellt. In der Quantentheorie ist die Realität statistisch; die unsichtbaren Hände fassen in der Mikrowelt alles an. Wie Heisenberg einmal sagte: »... bei den Experimenten über atomare Vorgänge haben wir es mit Dingen und Tatsachen zu tun, mit Erscheinungen, die genauso real sind wie alle Erscheinungen im täglichen Leben. Aber die Atome oder die Elementarteilchen sind nicht so real; sie bilden eine Welt der Möglichkeiten oder Potentialitäten, nicht eine Welt der Dinge oder Tatsachen.«

Aber ehe wir uns wieder dem Problem der Quantenrealität zuwenden, wollen wir unseren Ausflug in die Eigenart der Zufälligkeit und Wahrscheinlichkeit noch ein Kapitel weiterführen. Wenn wir uns jetzt mit der Wahrscheinlichkeitsverteilung von Molekülbewegungen in einem Gas befassen, dann können wir dabei, im Gegensatz zur Verteilung von Herzanfällen oder Hundebissen, die Berührung der unsichtbaren Hand direkt wahrnehmen. Wie das geschieht, ist höchst bemerkenswert und soll Gegenstand des nächsten Kapitels sein.

# 8. Statistische Mechanik

> Oft bin ich in Versammlungen von Leuten gewesen..., die...
> ihr Unverständnis über die geringe Belesenheit von Naturwis-
> senschaftlern ausgedrückt haben. Ein- oder zweimal bin ich
> provoziert worden und habe [sie] dann gefragt, ob [sie] den
> zweiten Hauptsatz der Thermodynamik erklären könnten. Die
> Reaktion war kühl... auch negativ. Dabei war meine Frage das
> wissenschaftliche Gegenstück zu der Frage: Haben Sie etwas
> von Shakespeare gelesen?
> C. P. Snow, The Two Cultures

Was ist ein Gas? Jahrhundertelang haben die Menschen Gase für kontinuierliche materielle Medien gehalten, und so sehen sie auch aus. In Wirklichkeit bestehen Gase aber aus vielen Milliarden Molekülen, die sich sehr schnell auf geraden Bahnen fortbewegen, bis sie aufeinander- oder gegen eine Wand prallen: ein verrückter Zirkus von Teilchen, die alle gegeneinanderstoßen. Wie können wir eine so ungeheure Ansammlung von Teilchen untersuchen, die sich in schneller chaotischer Bewegung befinden?

Zunächst können wir ganz eindeutige Eigenschaften eines Gases messen, so z. B. seine Temperatur, seinen Druck und das Gesamtvolumen. Wir brauchen dazu nicht zu wissen, daß ein Gas aus vielen Molekülen besteht, sondern müssen lediglich ein Thermometer oder ein Manometer zur Verfügung haben. Die quantitativen Eigenschaften eines Gases, wie Temperatur oder Druck, heißen auch makroskopische Variablen, weil sie die Eigenschaften des ganzen Gasvolumens beschreiben. Die Physiker haben die Gesetze der Thermodynamik entdeckt, nach denen sich diese makroskopischen Variablen verhalten. Ein Beispiel ist das Gesetz vom idealen Gas, in dem festgelegt ist, daß das Produkt aus Gasdruck mal Gasvolumen der Gastemperatur proportional ist. Es ist erstaunlich, daß wir trotz der wenigen makroskopischen Variablen vollständig beschreiben können, wie sich die Volumeneigenschaften der Materie verändern. Dazu brauchen wir gar nicht zu wissen, wie sich alle diese Teilchen bewegen. Die Physiker kennen die Gesetze der Thermodynamik schon seit der Mitte des 19. Jahrhunderts.

Als die thermodynamischen Hauptsätze entdeckt wurden, stellten das Weltbild der klassischen Physik und die Newtonschen Gesetze noch die Grundlage für die Betrachtung der Realität dar.

Die Physiker untersuchten, ob die thermodynamischen Gesetze für Gase und alle übrige Materie von den Newtonschen Gesetzen abgeleitet werden und damit auf eine allgemeine Grundlage gestellt werden konnten. Manche vermuteten schon, daß die Gase in Wirklichkeit aus herumschwirrenden Teilchen bestanden und meinten, jedes dieser Teilchen gehorche den Newtonschen Bewegungsgesetzen, und damit sei seine Flugbahn voll bestimmt. Sie behaupteten in Theorien, daß wir jedes einzelne Teilchen verfolgen, die Gleichungen für die Bewegungen der vielen Millionen Teilchen lösen und so alles bei diesem Gas bestimmen könnten, wenn wir nur über den vollkommenen Geist Gottes verfügten. Für Sterbliche ist das aber unmöglich, und für Gott auch, wenn wir uns vorstellen (was im 19. Jahrhundert noch nicht bekannt war), daß die Quantentheorie recht hat und die Flugbahn nicht determiniert ist. Wir stehen damit vor einer Schwierigkeit: Wie können wir aus den Bewegungsgesetzen für mikroskopische Teilchen die makroskopischen Gesetze der Thermodynamik ableiten? Wie gelangen wir von der Kenntnis der Teilchen zu dem Gas, das wir beobachten? Die Lösung dieser Aufgabe war eine der großen Leistungen der Physik im 19. Jahrhundert. Wenn wir uns näher ansehen, wie die Physiker dieses Problem gelöst haben, lernen wir daraus etwas Erstaunliches über die Beziehungen zwischen der menschlichen Erfahrung und der Mikrowelt der Atomteilchen: Unsere Erlebnisse und Erfahrungen lassen sich nicht auf atomare Ereignisse reduzieren.

Die Lösung der Aufgabe ist vor allen Dingen folgenden Wissenschaftlern zu verdanken: dem schottischen Physiker James Maxwell, der wegen seiner Gesetze der Elektrodynamik berühmt geworden ist; Ludwig Boltzmann, einem Physiker, der seine Zeitgenossen mühsam von der Richtigkeit seiner großen Leistung überzeugen mußte; J. Willard Gibbs, einem obskuren amerikanischen Genie, das in der Yale-Universität vor sich hin arbeitete. Diese Männer schufen die statistische Mechanik. Die der statistischen Mechanik zugrundeliegende Hypothese besagt, daß alle Materie aus Teilchen besteht, die man als Atome oder Moleküle bezeichnen kann und deren Bewegung den mechanichen Gesetzen der klassischen, deterministischen Physik folgt. In der Praxis lassen sich die mechanischen Gesetze unmöglich detailliert auf jedes Teilchen anwenden, denn in einem makroskopischen Stück Materie befinden sich sehr viele Teilchen. Maxwell, Boltzmann und Gibbs kamen aber vor allen Dingen auf die Idee, statistische Methoden anzuwenden und damit die Wahrscheinlichkeitsverteilung der Teilchenbewegungen, nicht die Bewegung jedes einzelnen Teilchens zu bestimmen. Ein

Gas wie die Luft rings um uns besteht aus Milliarden Teilchen, die alle herumfliegen, bis sie aneinanderstoßen oder gegen ein Hindernis, etwa eine Wand, prallen. Nach der klassischen Physik bewegt sich jedes Teilchen determiniert, aber es ist unmöglich, alle Teilchen einzeln zu verfolgen. Die Physiker haben jedoch aus den Newtonschen Gesetzen statistische Eigenschaften aller Partikeln abgeleitet, z. B. die Geschwindigkeitsverteilung oder die durchschnittliche Zeit zwischen Zusammenstößen. Das ist so, als ob man unter allen Teilchen eine Meinungsumfrage veranstaltet, jedes Teilchen fragt, wie hoch seine Geschwindigkeit ist und daraus dann eine Geschwindigkeitsverteilung aufstellt. Es ist die große Leistung der statistischen Mechanik, die Gesetze der Thermodynamik als Aussagen über die Verteilungen der Teilchenbewegungen herausgearbeitet zu haben.

Wenn man einen Ballon aufbläst, füllt man ihn mit Milliarden von Luftpartikeln. Der Druck gegen das Innere des Ballons ist darauf zurückzuführen, daß diese Teilchen von innen gegen die elastische Oberfläche prallen und einen Impuls auf sie übertragen. Wir können diesen Druck fühlen, wenn wir den Ballon zusammenpressen. Der Druck ist eine makroskopische Eigenschaft des Gases, läßt sich aber aus den mechanischen Gesetzen der Teilchen ableiten, die gegen die physikalische Oberfläche prallen, die das Gas einschließt. Ähnlich kann man die Temperatur eines Gases, eine andere makroskopische Variable, zur Durchschnittsenergie der Teilchenbewegung in Beziehung setzen. Es gibt keine Vorstellung von der Temperatur eines einzelnen Teilchens; erst wenn man sehr viele Teilchen hat, erscheint die Temperatur als Kollektiveigenschaft. Temperatur und Druck sind Durchschnittseigenschaften der Verteilung der Bewegungen einer Teilchensammlung. Im Gegensatz zu der Wahrscheinlichkeitsverteilung, die wir bei unserer Erörterung des Würfelspiels oder der Ereignisse im menschlichen und gesellschaftlichen Leben betrachtet haben, sind die Verteilungen in der statistischen Mechanik als Temperatur oder Druck eines Gases unmittelbar wahrnehmbar – unsichtbare Hände, die wir direkt fühlen können.

Bei ihrer Entdeckung der Gesetze von der Thermodynamik stießen die Physiker noch auf eine weitere makroskopische Variable, die eine Volumeneigenschaft der Materie beschreibt: die Entropie. Die Entropie ist eine quantitative Angabe, die uns sagt, wie unorganisiert ein physikalisches System ist, also ein Maß für die Unordnung. Der Entropiebegriff ist für unsere Kenntnis der Beziehungen zwischen der Mikrowelt und der Welt unserer menschlichen Erfahrung sehr wichtig. Ist Ihnen schon einmal aufgefallen, wie schwer es ist, immer alles ordentlich aufgeräumt zu halten? Ihre Frustration ist kein Zufall, sondern Folge eines der Grundgesetze der Thermodynamik: Die Entropie oder Unordnung nimmt für ein geschlossenes physikalisches System ständig zu. Sie kämpfen also gegen den zweiten Hauptsatz der Thermodynamik an.

Um die Zunahme der Entropie zu illustrieren, nehmen Sie einen Glaskrug und füllen Sie ihn etwa viertel voll Salz. Dann geben Sie Pfefferkörner dazu, bis er halb voll ist. Auf einer weißen Schicht haben Sie jetzt einen schwarzen Belag – eine unmögliche Anordnung aller Teilchen. Diese Konfiguration weist eine verhältnismäßig niedrige Entropie auf, denn sie ist hoch organisiert und befindet sich nicht in Unordnung. Jetzt schütteln Sie den Behälter einmal heftig. Es entsteht eine graue Mischung, eine unorganisierte Anordnung von Salz und Pfeffer. Auch wenn Sie immer weiter schütteln, wird sich die ursprüngliche Anordnung wohl kaum wieder einstellen, selbst nach Millionen Jahre langem Schütteln nicht. Die Entropie oder Unordnung des Systems hat ständig zugenommen. Das ist ein Beispiel für den zweiten Hauptsatz der Thermodynamik: In einem geschlossenen System wird die Entropie ständig größer. Ein System verändert sich von einer weniger wahrscheinlichen (schwarzer Pfeffer auf weißem Salz) zu einer wahrscheinlichen Konfiguration (graue Mischung). Wenn das Gesetz von der Zunahme der Entropie gelten soll, muß das System unbedingt geschlossen sein. Wenn ich den Behälter mit der grauen Mischung öffne und sorgfältig das Salz vom Pfeffer trenne, kann ich die ursprüngliche Anordnung wiederherstellen.

In meinem ersten Semester an der Universität waren mein Zimmerkollege und ich es leid, unser gemeinsames Zimmer immer sauber zu halten; wir ließen es statt dessen in einen Zustand der »maximalen Entropie« übergehen. Zu unserer größten Befriedigung wurde es ein riesiger Saustall. Wenn wir irgend etwas bewegten, mußten wir es natürlich wieder wegräumen, aber mit der nächsten Bewegung war die Unordnung wiederhergestellt. Das Saubermachen hatten wir damit abgeschafft, doch es entstand eine andere Schwierigkeit: Wir fanden nichts mehr. Minutenlang mußten wir suchen, bis wir gefunden hatten, was wir brauchten. Schließlich kamen wir zu dem Schluß, daß uns der Zustand der maximalen Entropie keine Zeit und Mühe sparte und kehrten zu einem konventionelleren Lebensstil zurück.

Das Gesetz von der Entropie ist überall rings um uns wahrzunehmen. Die materielle Verschlechterung ist ein Beispiel. Alles zerfällt irgendwann einmal; Gebäude stürzen ein, wir altern, Obst verfault. Das Gesetz von der Zunahme der Entropie gilt unter Umständen auch für das ganze Universum, denn das Universum ist vielleicht ein geschlossenes System. Vielleicht wird aus ihm auch einmal eine Ruine; ein »Hitzetod« läßt die Sterne ausbrennen, Materie wird über die endlosen Weiten des Raums verteilt – Unordnung, die niemand mehr aufräumen kann. Es wäre ein düsteres, ein unglückliches Ende aller Zeiten.

Das Gesetz von der Zunahme der Entropie ist interessant, weil es ein Grundgesetz ist und dennoch statistischen Charakter aufweist. Es ergibt sich eigentlich daraus, daß eine durchorganisierte Anordnung unwahrscheinlicher ist als eine desorganisierte und sich ein Naturzustand eher aus einer unwahrscheinlichen in eine sehr wahrscheinliche Anordnung verändert. Die unsichtbaren Hände machen immer Unordnung. Das wollen wir uns einmal näher ansehen. Nehmen wir an, wir haben zwei geschlossene Behälter A und B, beide von gleichem Volumen, und sie sind miteinander durch ein Rohr verbunden, das ein geschlossenes Ventil aufweist. Behälter A ist mit einem Gas gefüllt; der andere Behälter, B, ist leer. Wenn wir das Ventil öffnen, strömt das Gas aus dem vollen in den leeren Behälter, bis ein Gleichgewichtszustand erreicht ist und in A und B derselbe Druck herrscht.

Das Gas bewegt sich nach dem Gesetz von der Zunahme der Entropie. Wenn das Ventil offensteht, ist es eine extrem unwahrscheinliche Anordnung, daß alles Gas in A bleibt; deshalb strömt es in B, bis die maximale Entropie erreicht ist. Diese Anordnung mit gleichem Druck ist einfach die wahrscheinlichere (wie die graue Mischung von Salz und Pfeffer), und deswegen entsteht sie.

Für die mechanischen Bewegungen der einzelnen Gaspartikeln, also in der mikroskpischen Beschreibung, stellt sich die Lage allerdings ganz anders dar. Es trifft zu, daß sich ein Gasteilchen von einem Behälter A mit hohem Druck in eine Zone niedrigen Drucks im Behälter B bewegt. Aber da die Bewegung der Teilchen zufällig ist, ist es genau so wahrscheinlich, daß ein nach B gewandertes Teilchen wieder nach A zurückwandert. Der Mathematiker Poincaré hat mit Hilfe der Gesetze der klassischen Physik nachgewiesen, daß ein solches System schließlich willkürlich in die Nähe seines Ausgangszustandes zurückkehrt und alle Teilchen wieder im Behälter A sind. Widerspricht dieses Verhalten dem Gesetz von der Zunahme der Entropie? Es sieht so aus.

Um diese Frage zu klären, haben sich die beiden Physiker Paul und Tatjana Ehrenfest ein einfaches mathematisches Modell aus-

„Molekül Nr. 217013386259, los!"

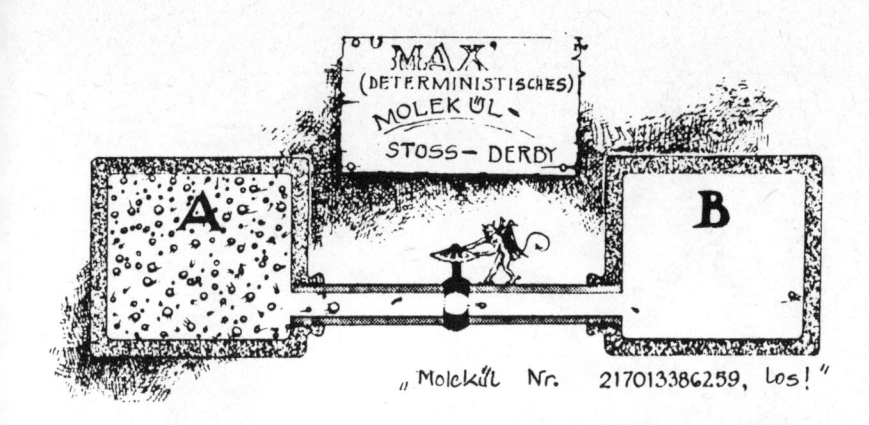

Zwei Gasbehälter, A und B, und ein freundlicher Teufel, der das Ventil öffnet. Nach unserer Ansicht strömt das Gas aus dem vollen Behälter A in den leeren Behälter B, weil in A der höchste Druck herrscht. Aber nach der statistischen Mechanik und dem zweiten Hauptsatz der Thermodynamik, dem Gesetz von der Zunahme der Entropie, soll dieses Verhalten nur eine Folge der Wahrscheinlichkeit sein. Wie kann das Gas nach B strömen, obwohl ein Molekül mit gleicher Wahrscheinlichkeit von A nach B wie von B wieder nach A wandert?

gedacht, das die statistische Mechanik des von A und B strömenden Gases imitiert. Stellen wir uns zwei Hunde, A und B, vor, die die beiden Gasbehälter darstellen; Hund A hat insgesamt N Flöhe, während Hund B keine Flöhe hat. Jeder Floh trägt eine Nummer von 1 bis N. Die Flöhe stellen in diesem Modell die Gaspartikeln dar. In der Nähe der beiden Hunde steht eine Wanne mit N kleinen Kugeln, jede Kugel trägt eine Zahl zwischen 1 und N. Die Flöhe können von Hund zu Hund hüpfen, müssen aber warten, bis jemand in die Wanne langt und eine numerierte Kugel herausholt. Wenn die Nummer aufgerufen wird – »Floh Nummer 86, springen!« –, hüpft der Floh von dem Hund, auf dem er sich gerade befindet, auf den anderen Hund. Dann wird die Kugel in die Wanne zurückgelegt, vermischt und eine andere Kugel herausgenommen; dieser Vorgang kann unendlich lange weitergeführt werden. Dabei müssen wir beachten, daß jeder Floh mit derselben Wahrscheinlichkeit auf dem Hund bleibt, auf dem er sich gerade befindet, wie er auf den anderen Hund springt – genauso wie die Gaspartikeln in den Behältern A und B.
Zuerst befinden sich alle Flöhe auf Hund A, und deshalb springen die meisten Flöhe auf B, wenn ihre Nummer aufgerufen wird. Aber

Paul und Tatjana Ehrenfest illustrieren die statistische Eigenart des zweiten Hauptsatzes von der Thermodynamik mit den beiden Hunden A und B, die die Gasbehälter A und B darstellen sollen. Zu Anfang hat Hund A alle Flöhe, aber wenn die richtige Nummer aufgerufen wird, springt jeder Floh von dem Hund, auf dem er sich gerade befindet, auf den anderen Hund. Bald befinden sich auf jedem Hund ungefähr gleich viele Flöhe – eine Gleichgewichtsanordnung, von der es nur geringfügige statistische Abweichungen gibt.

bald sind auf B fast ebenso viele Flöhe, und es wird dann gleich wahrscheinlich, daß ein Floh von B auf A oder von A auf B springt. Das entspricht der Gleichgewichtsanordnung, wie wir sie für das Gas in den beiden Behältern gefunden haben. Nehmen wir an, N = 100 Flöhe. Dann befinden sich im Mittel 50 Flöhe auf jedem Hund. Im allgemeinen gibt es aber Schwankungen. Manchmal sind auf A 43 und B 57 Flöhe, aber die meiste Zeit liegt die Zahl der Flöhe auf jedem Hund ziemlich genau bei 50.

Nach vielen Zügen und Nummernaufrufen kann sich allerdings eine sehr starke Schwankung entwickeln, so daß schließlich alle

Flöhe wieder auf einem Hund sind. Das ist aber selbst bei 100 Flöhen extrem unwahrscheinlich. Nehmen wir jedoch einmal an, daß nur vier Flöhe da sind, dann ist es von Zeit zu Zeit durchaus wahrscheinlich, daß sich alle Flöhe auf einem Hund befinden.

Dieses einfache Modell zeigt sehr schön den statistischen Charakter des zweiten Hauptansatzes der Thermodynamik, die Zunahme der Entropie. Dieses Gesetz hat nur dann einen Sinn, wenn wir sehr viele Teilchen haben und dann von einer Wahrscheinlichkeitsverteilung, einer Mittelung der Bewegung ganzer Teilchenmengen, sprechen können. Die unsichtbare Hand kann nur als Kollektivaspekt sehr vieler einzelner Teilchen oder Ereignisse existieren. Bei wenigen Flöhen oder Gasteilchen ist das Gesetz nicht anwendbar. Man kann recht oft von einer gleichen Anzahl von Flöhen auf beiden Hunden dahin kommen, daß sich alle Flöhe auf einem Hund befinden. Aber bei realen Gasen liegt die Anzahl der Teilchen bei vielen Trilliarden, und die Wahrscheinlichkeit, die ursprüngliche Anordnung wieder zu erreichen, beläuft sich auf Milliarden Milliarden Lebensdauern unseres Universums. Es ist völlig unwahrscheinlich, daß jemals eine starke Schwankung eintritt, die solche riesigen Anzahlen von Teilchen erfaßt. Die Entropie für ein geschlossenes System mit sehr vielen Partikeln wird ziemlich sicher niemals abnehmen. Das Gesetz von der Zunahme der Entropie ist statistisch, nicht absolut sicher.

Es kann sein, daß der würfelnde Gott schon in unsere Beschreibung von der materiellen Wirklichkeit eingegangen ist, weil wir eine statistische Beschreibung des Gases gewählt haben. Das ist jedoch nicht richtig. Die Gesetze der klassischen Physik, aus denen die Gesetze der Thermodynamik, so z. B. die Zunahme der Entropie, abgeleitet wurden, sind immer noch völlig deterministisch. Sie wurde von Physikern entdeckt, die der deterministischen Physik verhaftet waren. Wir Sterbliche wissen vielleicht nicht, wie wir die Bewegung aller Partikeln in einem Gas berechnen sollen. Aber das ist nur ein praktisches, kein grundsätzliches Problem. Die Sterblichen müssen würfeln und mit statistischen Methoden das Verhalten thermodynamischer Systeme, z. B. der Gase, feststellen. Aber für den Geist Gottes, der die Bewegung jedes Teilchens kennen kann, bedarf es vielleicht keiner statistischen Methode; in der klassischen Physik würfelt Gott nicht. Er kennt jede Schwankung in einem Gas ganz genau.

Der Statistikcharakter des Gesetzes von der Entropiezunahme ist nur ein Aspekt dieses Gesetzes. Ein höchst bemerkenswertes weiteres Merkmal des zweiten Hauptsatzes von der Thermodynamik besteht darin, daß er nicht allein von den klassischen Bewegungsgesetzen abgeleitet werden kann. Dieses Merkmal scheint allerdings dem Zweck der statistischen Mechanik zuwiderzulaufen, der doch darin bestanden hatte, die Gesetze der Thermodynamik von den Newtonschen Gesetzen abzuleiten. Wenn wir das Merkmal jedoch näher untersuchen, erfahren wir daraus mehr über den zweiten Hautsatz und auch die Beziehungen der Physik zum menschlichen Erleben. Woher wissen wir eigentlich, daß das Gesetz nicht nur aus den Bewegungsgesetzen aller einzelnen Teilchen abgeleitet werden kann? Das ist sehr leicht festzustellen.

Die mikroskopische Beschreibung eines physikalischen Systems durch die Bewegung seiner einzelnen Teilchen ist durch die Newtonschen Bewegungsgesetze gegeben, und sie sind unser Ausgangspunkt. Die Bewegungsgesetze unterscheiden nicht zwischen Vergangenheit und Zukunft; für die mikroskopische Welt kann sich die Zeit in beiden Richtungen bewegen. Ein Atom kennt kein Älterwerden; das Alter wird vielmehr durch die Organisationsform von Atomen und Molekülen bestimmt. Die irreversible Zeit, das Alter, das Verfaulen von Obst, sind vom Standpunkt der Mikrophysik alles Illusionen. Aber das Gesetz von der Zunahme der Entropie mit der Zeit verleiht der Zeit einen Pfeil, eine Richtung, die Vergangenheit und Zukunft voneinander unterscheidet. Wenn sich eine verfaulende Frucht entgegen dem Gesetz von der Zunahme der Entropie wieder erholte, wäre das so, als liefe die Zeit rückwärts. Die mikroskopischen Gesetze werden deshalb als zeitumkehrinvariant bezeichnet; die makroskopischen Gesetze, z. B. das Gesetz von der Zunahme der Entropie, sind es nicht. Deshalb kann der zweite Hauptansatz der Thermodynamik, also ein Gesetz für die makroskopische variable Entropie, nicht nur aus den Gesetzen der Newtonschen Mechanik abgeleitet werden. Auch durch noch so viel mathematisches Jonglieren kommt man nicht von der einen Reihe von Gesetzen zur anderen. Offensichtlich brauchen wir eine zusätzliche Annahme, wenn wir das Gesetz von der Zunahme der Entropie aus den Newtonschen Gesetzen ableiten wollen. Auf diese Annahme möchte ich etwas näher eingehen, denn sie sagt uns etwas über die Beziehung zwischen den Grundgesetzen des Mikrokosmos und unserem unmittelbaren Erleben.

Um diese zusätzliche Annahme zu illustrieren, nehmen wir an, ich habe eine hochwertige Filmkamera mit einem Zoom-Objektiv, mit dem ich von mikroskopischen bis zu makroskopischen Objekten alles scharf abbilden kann. Ich möchte einen Pfeifenraucher filmen und dabei die Optik langsam von der Mikrowelt bis in die Makrowelt verfahren. Dann wird der Film auf einer Leinwand gezeigt.

Zuerst sehen wir nur die Mikrowelt der herumtorkelnden, gegeneinanderprallenden Luft- und Rauchteilchen. Sie alle gehorchen den Newtonschen Bewegungsgesetzen. Wenn ich den Projektor rückwärts laufen ließe, würden alle Teilchen auf der Leinwand die Bewegung umkehren. Aber qualitativ wäre diese Bewegung dieselbe wie vorher: nur ein Durcheinander von herumstoßenden Teilchen. Wir können die Richtung der Zeit mit dieser mikroskopischen Aufnahme nicht bestimmen, denn in den Newtonschen Gesetzen wird die Vergangenheit nicht von der Zukunft unterschieden.

Jetzt stellen wir uns vor, daß die Zoom-Optik einen größeren Bereich erfaßt. Wenn wir nicht mehr die einzelnen Luft- und Rauchteilchen sehen, die herumschwirren und aneinanderstoßen, verlieren wir Informationen. Statt dessen erkennen wir in diesem Stadium allmählich die eigentlichen Rauchkringel, die Durchschnittsverteilung der Rauchteilchen, die sich mit der Zeit bewegen. Wenn wir jetzt den Projektor rückwärts laufen lassen, ist es in diesem Stadium vielleicht immer noch schwer, die Richtung der Zeit nach dem Bild auf der Leinwand zu bestimmen. Aber wir würden doch argwöhnisch werden und vermuten, daß der Film rückwärts läuft, wenn wir sähen, wie sich die Rauchkringel verdichten statt sich auszudehnen, denn das ist wohl unwahrscheinlich. Durch das Löschen der mikroskopischen Informationen zugunsten der makroskopischen Informationen, also durch die Ausschaltung der individuellen Teilchenbewegung zugunsten des Mittelwerts, haben wir die zusätzliche Annahme hineingebracht, die die Newtonsche Mechanik mit der Thermodynamik verbindet. Man kann detaillierte mikroskopische Informationen nicht verlieren, ohne die Entropie zu vergrößern. Unsere Mittelwertbildung über die Mikroweltbeschreibung, bei der die Details verlorengehen, verletzt zwangsläufig den Zeitumkehrcharakter dieser Mikrowelt. Man könnte sagen, dies sei unsere eigentliche Forderung, daß es nämlich eine Makroweltbeschreibung, eine sinnvolle Mittelung der Informationen aus der Mikrowelt, geben muß, die den Zeitpfeil einführt.

An welcher Stelle in der mit dem Zoom-Objektiv aufgenommenen Szenenfolge erkennen wir, daß der Film rückwärts läuft? Wenn wir mit dem Zoom-Objektiv zurückfahren und die ganze Makrowelt aufnehmen, sehen wir, wie jemand Rauch aus der Luft einatmet und daraus wieder Tabak in der Pfeife macht. Jetzt besteht kein Zweifel mehr daran, daß der Film rückwärts läuft. Die Stelle in der mit dem Zoom-Objektiv aufgenommenen Bildfolge, an der wir erkennen, daß der Zeitpfeil nach hinten weist, kommt, sobald wir Ereignisse wahrnehmen, die unmöglich oder unwahrscheinlich sind. Wir selbst

Niels Bohr beim Pfeiferauchen. Stellen Sie sich diese Zeichnung als Film vor. Wenn wir uns den Rauch aus großer Nähe anschauen, sehen wir, wie alle Teilchen herumschwirren, z. B. am Ende der Rauchfahne, und können die Richtung der Zeit nicht bestimmen. Wenn wir einen größeren Bildausschnitt anvisieren, erkennen wir allmählich Rauchkringel, und wenn der Film rückwärts läuft, können wir vielleicht auch die Richtung der Zeit feststellen. Schließlich weist die Filmaufnahme im vollen Format ganz deutlich einen Zeitpfeil auf, denn wenn der Rauch in die Pfeife zurückströmt, wissen wir, daß der Film rückwärts läuft. Sehen Sie die Blumenvase? Oder sind es zwei Profile? Das ist eine optische Metapher für die vom Beobachter geschaffene Realität und das Komplementaritätsprinzip.

erkennen das Muster, und wir selbst schaffen die makroskopische Beschreibung der physikalischen Realität, einer Realität, die für die Mikrowelt nicht gilt.

Wir sehen nun, daß wir zwischen der Mikrowelt und der Makrowelt des menschlichen Erlebnis eine Trennungslinie ziehen können: Es sind qualitativ verschiedene Beschreibungen einer materiellen Realität. Unser Geist und unser Körper sprechen auf die thermodynamischen Makrovariablen an, also auf die Verteilung der mikroskopischen Bewegungen. Mir ist warm oder kalt, und ich spüre eine ganz bestimmte Temperatur, nicht den Beschuß von vielen Milliarden Teilchen auf meiner Hautoberfläche. Ich werde alt, und das Leben ist voller Risiken, die nur deshalb eine Bedeutung haben, weil manche Entscheidungen irreversibel sind: Ich kann nicht in der Zeit zurückgehen. Aber vom mikroskopischen Standpunkt aus ist das alles eine Illusion.

Daß wir nicht logisch von einer Mikrowelt- in eine Makroweltbeschreibung übergehen können, ohne eine neue Annahme zu treffen, hat auch für die Philosophie des materiellen Reduktionalismus Folgen. In seiner gröbsten Form behauptet der materielle Reduktionalismus, daß es eine Reihe von Ebenen gibt. Auf der untersten Ebene sind die subatomaren Teilchen, und aus ihnen ergeben sich die chemischen Eigenschaften der Atome und Moleküle. Die Moleküle bilden lebendige und tote Dinge, und aus dem Verhalten der Moleküle und Zellen lassen sich Rückschlüsse auf das Verhalten einzelner Menschen ziehen. Diese wiederum schaffen eine Gesellschaftsordnung und Institutionen. Auf der obersten Leitersprosse sind schließlich die historischen Ereignisse angesiedelt. Damit soll die Geschichte grundsätzlich auf subatomare Ereignisse zurückzuführen sein.

Aus unserer Diskussion der Frage, wie der Zeitpfeil entsteht, ergibt sich ganz klar, daß eine solche Reduktion selbst von der Ebene der makroskopischen Gegenstände zu den Atomen unmöglich ist. Eine sinnvolle Beschreibung der Makrowelt schließt eine Mittelung ein, die die Informationen der Mikrowelt auslöscht, und wir selbst nehmen die Mittelung vor. Wir können auch sehen, daß sogar historische Ereignisse, zum Beispiel eine soziale Revolution, nicht auf einzelne Maßnahmen bestimmter Menschen zurückführbar sind. Zwei Menschen, die eine soziale Revolution beobachten, können sich individuell über die abgelaufenen Ereignisse völlig einig sein, also darüber, wer wo was gesagt hat. Aber dieselben beiden Leute sind vielleicht ganz verschiedener Meinung über die Bedeutung dieses historischen Ereignisses. Sie sehen unterschiedliche Strukturen und lassen auch ihre eigenen Erfahrungen in diese Interpretation einfließen.

Während wir über die Muster und Strukturen, die wir in gesellschaftlichen Ereignissen wahrnehmen, verschiedener Meinung sein können, haben wir offenbar alle dieselbe Ansicht über die Richtung der Zeit. Die Physiker können die Gesetze der Thermodynamik rigoros durch Einführung eines Mittelungsprozesses über zahlreiche Mikroweltereignisse ableiten; das ist ein mathematisch konsistentes Verfahren. Aber warum nehmen die Menschen die Welt ebenfalls mit dieser mathematischen Mittelung wahr? Wer hat sie das geheißen?

Ich glaube, die Antwort liegt in der biologischen Evolution. In der Evolution besteht ein Druck zur Entwicklung von Organismen, die nicht auf einzelne atomare Ereignisse reagieren, sondern Rezeptoren ausbilden, die die Eigenschaften von Verteilungen, z.B. der Temperatur und des Drucks, messen. Der Verlust von Detailinformationen zugunsten relevanter Informationen hatte einen Selektionswert. Diese Organismen erkannten als erste Muster und machten eine erfolgreiche Evolution durch. Die Verteilungen, die unsichtbaren Hände, gewinnen durch den Selektionsprozeß Realität.

Richard Dawkins hat ein herrliches Buch geschrieben, »The Selfish Gene«, in dem er schildert, wie biologische Muster und Verhaltensmuster bei Tieren und Menschen quantitativ durch die Annahme belegt werden können, daß ganz spezielle Gene, Ansammlungen von Eiweißmolekülen in einer DNS- oder RNS-Kette, selbstsüchtig sind und ewig leben wollen. In ihrem Evolutionskampf ums Überleben haben die Gene um sich herum vielfältig einsetzbare Organismen geschaffen, unsere Körper, und die Zivilisation ist einfach die Art und Weise, in der sich diese schlauen Moleküle am Leben halten. Das ist wohl etwas weit hergeholt und geht auch über das hinaus, was die Verfechter dieser Ansicht selbst behaupten würden; eigentlich ist es nur die alte Philosophie des materiellen Reduktionalismus, diesmal auf die Biologie angewandt. Einer meiner Bekannten, der Leiter eines Laboratoriums für Molekularbiologie, wurde einmal von seinen Studenten über die Ansichten von Dawkins befragt. Hatte Dawkins wirklich recht? Am nächsten Tag erklärte mein Bekannter seinen Studenten, Dawkins habe völlig unrecht. Die Gene seien nicht eigensüchtig; es gebe vielmehr eine ganz bestimmte chemische Bindung im Gen, die selbstsüchtig versuche, sich fortzupflanzen. Die Gene seien nur die Spielbälle dieser chemischen Bindung, so wie wir die Spielbälle unserer Gene seien – ein *reductio ad absurdum*.

Zweifellos ist das Verhalten von Menschen und Tieren materiell durch die mikroskopische Organisation von Genen bedingt, so wie die Zunahme der Entropie materiell durch die Molekülbewegung bedingt ist. Die Beweise für diese Konditionierung werden in Dawkins Buch klar beschrieben. Aber man kann nicht alles menschliche Verhalten auf mikroskopische Gene zurückführen. Gene tun nur das, was sie nach den Gesetzen der Chemie tun müssen. Gene können nicht selbstsüchtig sein; das kann nur der Mensch.

Die Mikrowelt reagiert nicht auf Erfolg oder Fehlschlag, auf Egoismus oder Altruismus. Aber die Natur hat Organismen erzeugt, die diese Unterschiede kennen und auf Muster reagieren, die in der Mikrowelt ohne Bedeutung sind. Obwohl die menschliche Welt materiell auf der Mikrowelt beruht, existiert sie für sich. Die Zivilisation spiegelt ein Muster der menschlichen Existenz wider, das mit den Grundgesetzen der Mikrowelt konsistent ist, aber nicht von ihnen abgeleitet werden kann.

Der Mensch ist das mustererkennende Lebewesen par excellence. Wir können Verteilungen wahrnehmen, wo andere Lebewesen nur einzelne Ereignisse erkennen. Wir haben auf die Struktur der ganzen Welt, eine Reihe von atomaren Wahrnehmungen, mit der Schaffung einer Sprache reagiert. Die symbolische Darstellung ist eigentlich unsere höchste organisatorische Leistung. Und die Sprachfähigkeit ist Teil unserer Mustererkennungsfähigkeit, mit der wir den vielen einzelnen Vorgängen eine Bedeutung von objektiven Verteilungen zuerkennen können. Wir sprechen immer von den unsichtbaren Händen – der Wirtschaft oder dem Zustand der Nation –, die unser Leben beeinflussen.

Haben Zufallsereignisse eine Bedeutung? Weisen sie ein Muster auf? Die Gleichzeitigkeit bezieht sich auf das psychologische Phänomen, hinter verschiedenen Zufallsereignissen, vielleicht auf der Ebene des Unbewußten, ein Muster zu erkennen. Das Blatt fällt, während die Liebenden auseinandergehen. Stäbchen werden geworfen, weil man daraus ein Muster aus I Ching, dem chinesischen »Buch der Änderungen«, legen will. Die Vorstellung ist verführerisch, daß individuelle Ereignisse nicht zufallsbestimmt sind, sondern eine Ursache haben. Auf irgendeiner Ebene kann der Geist das nur Zufällige nicht hinnehmen und sucht nach einem sinnvollen Muster. Dieses Verhalten hat in der Entwicklung unserer Art einen Selektionswert gehabt, denn wir können Muster in jeder Konfiguration erkennen, selbst wenn sie zufallsbestimmt ist.

Die Möglichkeit, Fehler zu machen, eröffnet erst den Weg zu erfolgreichen Veränderungen. Fehler bei der Übermittlung genetischer Informationen von Generation zu Generation fördern den Evolutionsprozeß.

In der alten klassischen Physik sind selbst solche Fehler, die zu Mutationen führen, im Grundsatz determiniert. Auch genetische Veränderungen, die die Zukunft der Evolution bestimmen, sind für einen allwissenden Geist erkennbar. Aber mit der Quantentheorie verschwand dieses klassische Bild von der Wirklichkeit in der Versenkung und wurde durch das unbestimmte Universum ersetzt. Eine spontane Änderung tritt ein, die selbst im vollkommenen Geist Gottes unbestimmt ist: ein paar Zufallsveränderungen in einer DNS-Kette, die eine erfolgreiche Mutation zur Folge haben. Deshalb ist die Unbestimmtheit der Quantentheorie für unser Bild von der Wirklichkeit so wichtig. Im Grundsatz besteht hier eine materielle Basis für die Freiheit des menschlichen Bewußtseins und für die Entwicklung der Art.

Die Natur weiß nichts von Unvollkommenheiten. Die Unvollkommenheit ist eine menschliche Wahrnehmung der Natur. Soweit wir Teil der Natur sind, sind wir auch vollkommen; nur unsere Menschlichkeit ist vollkommen. Gerade wegen unserer Fähigkeit zur Unvollkommenheit und zum Fehler sind wir aber freie Wesen, und diese Freiheit kann kein Stein, kein Tier genießen. Ohne die Möglichkeiten, Fehler zu machen und ohne die reale Unbestimmtheit, wie sie die Quantentheorie impliziert, ist die menschliche Freiheit sinnlos.

Der würfelnde Gott hat uns freigelassen.

# 9. Wellen machen

*Ich glaube, man kann sagen, daß niemand die Quantenmechanik versteht. Man sollte sich möglichst nicht fragen: »Aber wie kann das so sein?«, denn das führt einen in eine Sackgasse, aus der noch niemand zurückgekommen ist. Niemand weiß, warum etwas so sein kann.*

Richard Feynman

Wir haben unseren Ausflug in die Natur der Zufälligkeit, der Wahrscheinlichkeit und der statistischen Mechanik beendet und dabei erfahren, daß zwar auf mikroskopischer Ebene das Chaos herrscht, aber die Mathematiker nicht einmal genau wissen, was das Chaos überhaupt ist. Außerdem ist das naive Programm des materiellen Reduktionalismus, also die Zurückführung des menschlichen Erlebens auf atomare Ereignisse, nicht zu verwirklichen. Aber jetzt müssen wir zu unserer ursprünglichen Aufgabe zurückkehren, aus der Quantentheorie festzustellen, wie die Quantenrealität aussieht.

Stellen wir uns vor, wir seien eine Pilgerschar auf einer Reise, die jeder denkende Mensch einmal in seinem Leben machen muß. Es ist wie die Hadsch, die Pilgerfahrt eines jeden gläubigen Moslems in die heilige Stadt Mekka oder die Pilgerfahrt in die Kathedrale von Canterbury, die die Figuren bei Chaucer unternehmen. Aber unsere Reise geht nicht in eine heilige Stadt. Wir müssen uns damit begnügen, auf der Straße der Quantenrealität zu wandern, ohne zu wissen, wohin sie uns führt. Wir sind Entdecker und müssen allen neuen Erlebnissen gegenüber aufgeschlossen sein. Auf dem Weg treffen wie verschiedene Experimente und Illustrationen, die uns die Aspekte der Quantenrealität zeigen sollen, nach denen wir suchen. Die ersten Versuche, mit denen wir uns befassen, sind »Gedankenexperimente« mit Wellen, die man zwar auch wirklich durchführen könnte, die hier aber nur die merkwürdigen Eigenschaften der Quantenwelt besser illustrieren sollen.

Die Kopenhagener Interpretation der neuen Quantentheorie machte mit dem klassischen Objektivitätsbegriff Schluß, also mit der Vorstellung, daß sich die Welt in einem definierten Existenzzustand befindet, unabhängig davon, ob wir sie beobachten oder nicht. Das widerspricht unserem normalen Weltbild, das die klassische Ansicht von der Objektivität unterstützt, wonach die Welt weiterläuft, auch wenn wir sie nicht wahrnehmen. Wenn man am Morgen erwacht, ist die Welt nicht viel anders als beim Einschlafen am Abend vorher. Die Kopenhagener Interpretation bedeutet dagegen, daß die Welt, wenn wir sie ganz genau auf atomarer Ebene ansehen, in ihrem tatsächlichen Existenzzustand teilweise davon abhängt, wie wir sie beobachten und was wir wahrnehmen wollen. Untersuchen wir, wie nach Borns Interpretation der Schrödinger-Wellen, also des Indeterminismus der Quantenwelt, die objektive Realität durch eine vom Beobachter geschaffene Realität ersetzt werden muß. Die atomare Welt existiert einfach nicht in einem definierten Zustand, solange wir nicht tatsächlich einen Apparat aufbauen und sie beobachten. Die Kopenhagener Ansicht ist superrealistisch, denn hier sind keine Phantasievorstellungen oder theoretischen Schlüsse über die materielle Wirklichkeit zulässig.

Erinnern wir uns daran, daß de Broglie und Schrödinger meinten, die Wellen in der Quantentheorie seien irgendeine Art von Materiewellen. Aber Max Born erkannte, daß sie überhaupt nichts mit Materiewellen, etwa Meereswellen, zu tun haben. Seine statistische Interpretation besagt, daß es Wellen der Wahrscheinlichkeit dafür sind, an einer bestimmten Stelle Teilchen zu finden.

Born lieferte auch gleich eine Beschreibung mit, die den Unterschied zwischen einer Materiewelle und einer Wahrscheinlichkeitswelle erläutern sollte: Max Borns Maschinengewehr. Wenn man eine große Menge Schießpulver anzündet und sich daneben stellt, kommt man bei der Explosion ums Leben. Wenn man jedoch rund 100 Meter weiter weg steht, wird man zwar von der Druckwelle der Explosion noch getroffen, kommt aber mit dem Schrecken davon. Die Druckwelle ist eine reale Materiewelle, und ihr Einfluß läßt mit der Entfernung nach. Jetzt nehmen wir dieselbe Menge Schießpulver und machen daraus Maschinengewehrkugeln. Das Maschinengewehr bewegt sich auf einem Drehkranz und schießt die Kugeln in beliebiger Richtung ab; wenn man direkt neben dem Maschinengewehr steht, wird man ganz sicher getroffen. Aber auch 100 Meter weiter ist man noch nicht völlig in Sicherheit. Im Gegensatz zur Explosion mit Druckwelle besteht hier eine kleine, aber endliche Möglichkeit, daß eine Kugel tödlich ist. Wir können uns eine mathematische Wahrscheinlichkeit dafür ausdenken, daß eine Kugel weit weg vom Maschinengewehr gefunden wird – eine Wahrscheinlichkeitsverteilung über den Raum, ähnlich den Wahrscheinlichkeitswellen in der Quantentheorie. Obwohl diese Wahrscheinlichkeit mit dem Abstand vom Maschinengewehr kleiner wird, trifft eine Kugel oder sie trifft nicht, so wie ein Elektron gefunden oder nicht gefunden wird.

Max Borns Maschinengewehr zeigt, wie über Raum und Zeit verteilte Wahrscheinlichkeiten auch der klassischen Physik nicht fremd sind. In der klassischen Physik haben die Wahrscheinlichkeiten eine höchst wichtige Eigenschaft: sie addieren sich für unabhängige Ereignisse linear. Nehmen wir z. B. an, jemand befinde sich in einem Haus mit einer Vordertür und einer Hintertür. Wenn die Wahrscheinlichkeit, daß diese Person morgens durch die Vordertür hinaus und auf den Markt geht, $p_1$ und die Wahrscheinlichkeit für das davon unabhängige Ereignis, daß sie durch die Hintertür hinaus und auf den Markt geht, $p_2$ ist, beträgt die Gesamtwahrscheinlichkeit dafür, daß die Person morgens auf den Markt geht, $p = p_1 + p_2$; die Wahrscheinlichkeiten addieren sich ganz einfach. Diese einfache Addition von Wahrscheinlichkeiten, die fast auf der Hand liegt, gilt in der Quantentheorie nicht. Die Wahrscheinlichkeiten in der Quantentheorie haben kein klassisches Analogon, denn sie sind einfach nicht linear additiv; sie sind nichtlinear.

Um die Nichtlinearität der Wahrscheinlichkeit in der Quantentheorie zu verstehen, müssen wir noch tiefer in Borns statistische Interpretation der Wellenfunktion von de Broglie und Schrödinger eindringen. Born hielt die Elektronen für Teilchen, also unabhängige Gebilde, deren Verhalten allerdings durch eine Wahrscheinlichkeitswelle beschrieben wird. Die Quantentheorie hat die Form und die Bewegung der Wahrscheinlichkeitswelle genau bestimmt.

Betrachten Sie die Meereswellen: Einzelne Wellen laufen manchmal mitten durcheinander. Die Amplituden oder Höhen der Wellen addieren sich einfach und ergeben dann die Gesamthöhe. Wenn eine Welle an einer Stelle ihren Höhepunkt und eine andere an derselben Stelle ihren tiefsten Punkt erreicht, addieren sich die beiden Wellen zu Null. Dieses Prinzip der Addition einzelner Wellenamplituden zur Ermittlung des Gesamtwerts ist das sogenannte Überlagerungsprinzip, und es liegt der Quantentheorie zugrunde.

Wie normale Wellen, so verhalten sich auch die Wahrscheinlichkeitswellen in der Quantentheorie nach dem Überlagerungsprinzip: Wenn zwei Wahrscheinlichkeitswellen in einem Raumbereich vorhanden sind, addieren sich ihre Amplituden zur Gesamthöhe. Borns Interpretation hatte aber noch einen weiteren Aspekt: Die Wahrscheinlichkeit, an einem bestimmten Ort im Raum ein Teilchen zu finden, ist nicht durch die Wellenhöhe an diesem Ort, sondern durch die Wellenintensität gegeben, also die Höhe der Welle im Quadrat, die man dadurch erhält, daß man die Höhe an dieser Stelle mit sich selbst multipliziert. Wenn man irgendeine positive oder negative Zahl mit sich selbst multipliziert, ist das Ergebnis immer eine positive Zahl. Deshalb ist auch die Intensität einer Welle immer eine positive Größe, und Born setzt sie gleich der Wahrscheinlichkeit, ein Teilchen zu finden, das also auch immer eine positive Größe ist. Weil sich die Wellenamplituden nach dem Überlagerungsprinzip addieren, dagegen die Wahrscheinlichkeit, ein Teilchen zu finden, durch das Quadrat der Wellenamplitude, also die Intensität, gegeben ist, sind die Wahrscheinlichkeiten in der Quantentheorie nicht additiv, und es entsteht ein nichtlinearer Aspekt bei den Quantenwahrscheinlichkeiten, der zu den Wahrscheinlichkeiten in der klassischen Physik in Gegensatz steht.

Nehmen wir beispielsweise an, wir haben ein Elektron in einem Kasten, wie vorhin die Person im Haus, und im Deckel des Kastens befinden sich zwei eng nebeneinanderliegende Löcher, wie die Türen im Haus. Wenn man ein Loch schließt, ist die Wahrscheinlichkeit dafür, daß das Elektron aus dem Kasten austritt und irgendwo draußen nachgewiesen wird, $p_1$; wenn man das andere Loch schließt, ist die Wahrscheinlichkeit dafür, das Elektron an derselben Stelle zu finden, $p_2$. Aber wenn man beide Löcher öffnet, ist die Wahrscheinlichkeit p, das Elektron an dieser Stelle außerhalb des Kastens nachzuweisen, nicht $p_1 + p_2$ wie bei der Person, die das Haus verlassen hatte. Der Grund für dieses merkwürdige Verhalten liegt darin, daß nach dem Überlagerungsprinzip die Wahrscheinlichkeitswellen, die im Zusammenhang mit dem Austritt des Elektrons aus jedem Loch entstehen, einander entweder konstruktiv oder destruktiv überlagern können. Deshalb kann die Gesamtintensität, die die Gesamtwahrscheinlichkeit angibt, entweder größer oder kleiner sein als die jeder einzelnen Welle.

Diese Überlagerung der Wahrscheinlichkeitswellen hat in der klassischen Welt unserer alltäglichen Sinneswahrnehmungen nichts Vergleichbares und ist die Grundlage der Quanteneigenart. Die einleuchtendste Beschreibung dieses Aspekts der Quanteneigenart ist das Zwei-Schlitze-Experiment. Wenn wir uns mit diesem Experiment eingehender beschäftigen, sehen wir, wie Borns statistische Interpretation und das Überlagerungsprinzip zusammengenommen eine vom Beobachter geschaffene Realität bedeuten.

In den fünfziger Jahren hielt der Physiker Richard Feynman im

Welle 1 →Quadrierung→ quadrierte Welle 1

+

Welle 2 →Quadrierung→ quadrierte Welle 2

=

Welle 1 + Welle 2

↓Quadrierung

Quadrat der Summen

Summe der Quadrate

ist *nicht* gleich

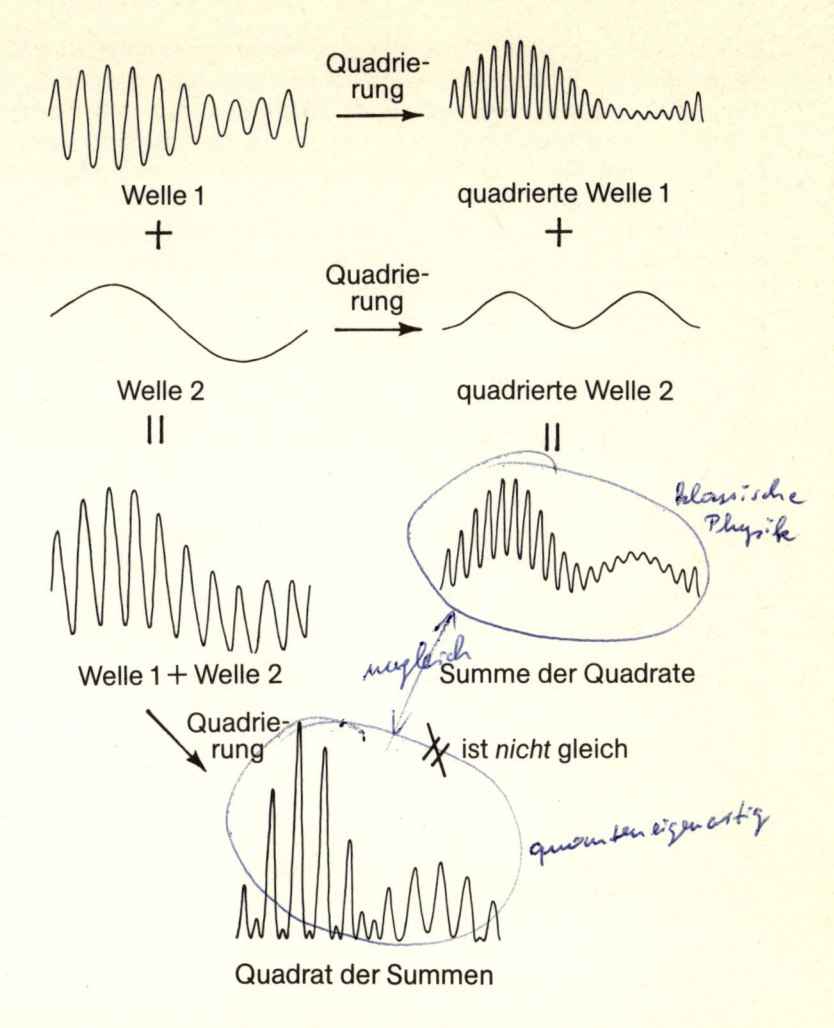

Um in der klassischen Physik die Wahrscheinlichkeit von zwei voneinander unabhängigen Ereignissen zu bestimmen, addiert man einfach die Wahrscheinlichkeiten für jedes Ereignis. Aber nach der Quantentheorie und dem Überlagerungsprinzip muß man erst die Wellenamplituden für die einzelnen Ereignisse addieren (etwa so, als ob ein Elektron durch verschiedene Löcher austritt) und dann quadrieren, um die Gesamtwahrscheinlichkeit zu erhalten. Wie das Bild zeigt, unterscheidet sich das Ergebnis grundlegend von dem, das man nach der klassischen Physik erwarten würde: Das Quadrat der Summe ist nicht gleich der Summe der Quadrate. Deshalb gehorchen Quantenteilchen auch nicht den gewohnten klassischen Gesetzen der Physik, sondern weisen statt dessen die Quanteneigenart auf.

Auftrag der BBC eine Reihe von populärwissenschaftlichen Vorträgen. In einem beschrieb er das Zwei-Schlitze-Experiment, bei dem eine Quelle in einem gewissen Abstand hinter einer Barriere aufgebaut wird, hinter der wiederum ein Nachweisschirm steht. Er besprach eine Reihe von drei Versuchen mit Maschinengewehrkugeln, Wellen und Elektronen.

Stellen wir uns zunächst vor, die Quelle besteht aus Max Borns Maschinengewehr, das Kugeln auf eine Barriere, eine Panzerplatte mit zwei kleinen Löchern und Schlitzen, abfeuert. Hinter der Barriere steht eine dicke Holzplatte als Nachweisschirm und Kugelfänger. Die Löcher bezeichnen wir mit 1 und 2. Wir schließen Loch 2 zu Beginn des Experiments, und dann schießen wir unsere Kugeln auf die Panzerplatte ab. Einige Kugeln gehen durch das Loch 1, und wir messen ihre Verteilung, wenn sie die Holzplatte treffen. Diese Teilchenverteilung nennen wir $P_1$. Dasselbe machen wir dann, indem wir das Loch 1 schließen und das Loch 2 aufmachen; hier finden wir eine ähnliche Verteilung, $P_2$. Als nächstes öffnen wir beide Löcher. Die dann entstehende Verteilung der Kugeln auf der Holzplatte ist P, und wir sehen, daß sie einfach durch die Summe $P = P_1 + P_2$ gegeben ist. Die Kugeln als Teilchen gehorchen den Gesetzen der klassischen Physik, und die gesamte Wahrscheinlichkeitsverteilung für die Treffer in der Holzplatte ist einfach die Summe aus beiden Löchern.

Im nächsten Versuch bauen wir dieselbe Anordnung auf, aber statt der Kugeln benutzen wir jetzt Wasserwellen. Die Quelle besteht aus einem Rührwerk im Wasser, das eine schöne Welle erzeugt, die wiederum die Barriere mit den beiden Löchern trifft. Zum Nachweis der Wasserwellen hinter der Barriere können wir uns einen Schirm aus ganz vielen Korkschwimmern vorstellen. Wenn wir zählen, wie oft die Korkschwimmer hüpfen, haben wir ein Maß für die Intensität der Welle am Schirm. Wir schließen Loch 2 und messen die Wellenintensität am Schirm; damit bekommen wir die Wellenintensitätsverteilung $W_1$, die aussieht wie $P_1$, das wir mit den Kugeln ermittelt hatten. Ähnlich erhalten wir $W_2$ entsprechend $P_2$. Aber wenn wir jetzt beide Löcher, also 1 und 2, öffnen, sieht die entstehende Verteilung W überhaupt nicht mehr aus wie P, das wir mit dem Maschinengewehr bekommen hatten, denn sie ist nicht mehr einfach die Summe von $W_1 + W_2$. Statt dessen enthält sie alle möglichen Zacken, Folge der Überlagerung der Wellen aus den Löchern 1 und 2. Die Wellen aus den Löchern 1 und 2 können einander auslöschen oder verstärken. Der Unterschied zwischen den beiden Ergebnissen liegt darin, daß Wellen einander überlagern können, Kugeln nicht.

Bislang sind alle unsere Experimente klassische physikalische Versuche gewesen. Hier gibt es nichts Eigenartiges; alles spielt sich vor unseren Augen ab.

Im nächsten Versuch benutzen wir Elektronen als Geschosse; die Quelle ist ein erhitzter Wolframdraht, der Elektronen abgibt, die Barriere eine dünne Metallfolie mit zwei Löchern, der Schirm eine zweidimensionale Anordnung von Elektronendetektoren. Ein Elektron ist unstreitig ein echtes Teilchen, denn wir können seine Ladung, seine Masse und seinen Spin messen; außerdem hinterläßt es in einer Wilsonschen Nebelkammer Spuren.

Die Elektronen werden auf die Barriere geschossen, wobei das Loch 2 geschlossen ist, und sie müssen wie kleine Kugeln alle durch das Loch 1 austreten, so daß ihre Verteilung, $E_1$, $P_1$ und $W_1$ entspricht. Ähnlich läßt sich $E_2$ bestimmen, und es entspricht $P_2$ und $W_2$. Aber wenn beide Löcher, also 1 und 2, offen sind, sieht die entstehende Verteilung E aus wie W, die Verteilung der Wasserwellen.

Hier müssen wir uns daran erinnern, daß die Elektronendetektoren einzelne Elektronen am Ort des Schirms anzeigen. Die Elektronen werden als echte Teilchen nachgewiesen, und nach vielen Nachweisvorgängen sieht die Verteilung aus wie E. Auf dieser Basis kämen wir zu dem Schluß, daß sich die Elektronen wie Wellen verhalten. Aber welche Wellen?

Nach der Quantentheorie verhält sich ein Elektron nicht wie eine Wasserwelle oder eine Materiewelle. Was sich tatsächlich wie eine Welle verhält, ist die Wahrscheinlichkeitsamplitude für das Auffinden von Elektronen; wir haben also Wahrscheinlichkeitswellen! Obwohl das Elektron ein Teilchen ist, imitiert die Verteilung dieser Teilchen auf dem Schirm die Verteilung einer Wasserwelle, etwas ganz anderem als die Maschinengewehrkugeln. Was geht hier vor?

Untersuchen wir das erst einmal logisch und überlegen wir uns den Ansatz: »Das Elektron tritt entweder durch Loch 1 oder durch Loch 2 aus.« Wenn wir die Eigenschaften eines einzelnen Elektrons messen, ist es zweifelsfrei ein Teilchen, und wenn wir außerdem an die klassische Objektivität glauben, dann muß dieser Ansatz ebenso stimmen wie bei den Maschinengewehrkugeln, die entweder durch Loch 1 oder Loch 2 austreten müssen. Da das Elektron ein Teilchen ist, bleibt es immer ein Teilchen, wenn die Welt objektiv ist und muß eindeutig durch Loch 1 oder Loch 2 austreten. Aber wenn dieser Ansatz gilt, bekommen wir nicht die Verteilung, die wir im Versuch tatsächlich sehen, also die Wellenverteilung; wir müssen das Teilchenverteilungsmuster bekommen. Wir schließen also daraus, daß für die reale Welt der Ansatz entweder falsch oder unsinnig ist.

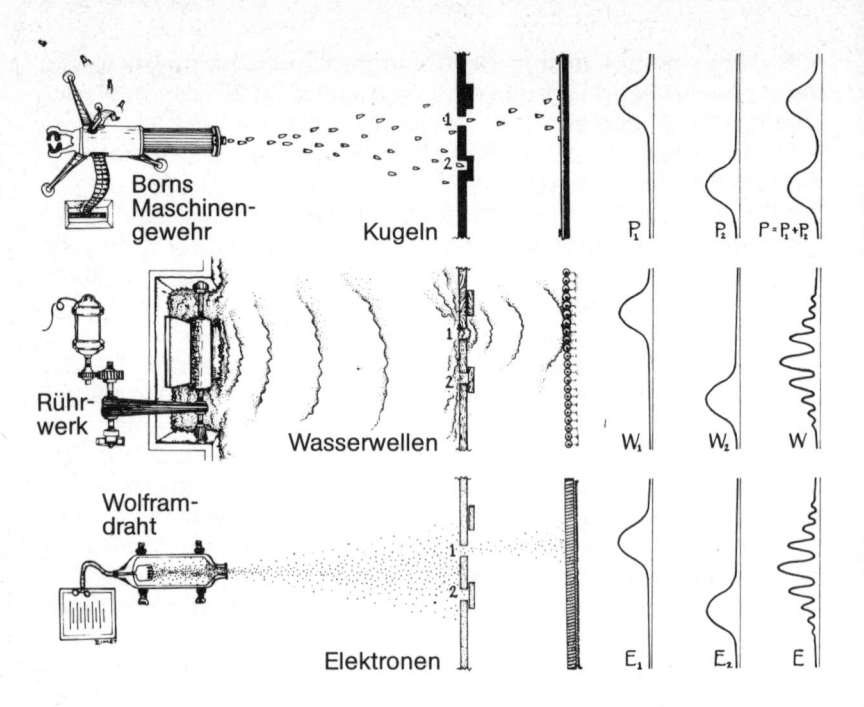

Die drei verschiedenen Zwei-Löcher-Experimente sind im Text beschrieben: Max Borns Maschinengewehr, Wasserwellen und Elektronen. Wir können uns zwar vorstellen, wie die Kugeln und die Wasserwellen (beides Objekte der klassischen Physik) die beobachteten Muster auf dem Nachweisschirm erzeugen, aber nicht, was mit den Elektronen (Quantenteilchen) an den beiden Löchern passiert, wenn sie das beobachtete Muster auf dem Schirm bilden.

Hier geht es um den Begriff der klassischen Objektivität: Die Quanteneigenart hat in unseren einfachen Versuch Einzug gehalten. Nach der Kopenhagener Interpretation ist die oben beschriebene Behauptung, daß das Elektron entweder durch Loch 1 oder Loch 2 austritt, unsinnig, solange wir nicht tatsächlich ein Nachweissystem direkt neben den Löchern aufbauen, um festzustellen, durch welches Loch ein Elektron austritt. Man kann über Ereignisse in der Welt nur sprechen, wenn man sie tatsächlich beobachtet – der Superrealismus von Niels Bohr. Das unterscheidet sich grundlegend von dem klassischen Weltbild, in dem die Objektivität der Welt vorausgesetzt wird, selbst wenn wir sie nicht beobachten: Ein Teilchen bleibt ein Teilchen und muß durch eines der beiden Löcher gehen.

Was mit den Elektronen wirklich passiert, wenn sie an die Barriere herankommen, läßt sich nicht vorstellen. Wenn man versucht, sich auszudenken, was mit einem Elektron geschieht, während es sich auf die Löcher zu bewegt und dann überlegt, was wirklich vorgeht, dann landet man, wie Feynman sagt, tatsächlich »in einer Sackgasse«. Stellen wir uns das Elektron als kleine Kugel vor, dann müßten wir das Kugelbild bekommen. Das ist aber nicht der Fall. Stellen wir es uns als eine Art Welle vor, müßten wir auf dem Schirm Wellen nachweisen. Das tun wir aber auch nicht, sondern wir weisen einzelne Partikeln nach. In unserer Vorstellung besteht hier ein Paradoxon, denn wir versuchen, ein ausgedachtes Bild der Objektivität an die reale Welt anzupassen. Die Kopenhagener Interpretation, besonders wie sie von Bohr formuliert wurde, behauptet, daß solche Phantasien sinnlos sind, weil sie nichts entsprechen, was in der realen Welt verwirklicht werden kann. Um festzustellen, wie die Welt der Quantenrealität beschaffen ist, darf man sich keine Phantastereien ausdenken, sondern muß genau angeben, wie man sie beobachtet, sich also mit den technischen Details abgeben. Werden wir einmal superrealistisch und untersuchen wir direkt, was an den Löchern vor sich geht.

Wir bauen hinter den beiden Löchern kleine Lichtstrahlen auf. Jetzt können wir sehen, durch welches Loch das Elektron geht, indem wir das von einem Elektron beim Austreten aus einem Loch gestreute Licht nachweisen. In dem Moment, in dem wir die kleinen Lichtstrahlen einschalten, ändern wir aber die ursprünglichen Versuchsbedingungen, und auch die Verteilung der Elektronen auf dem Bildschirm ändert sich; die trügerische Eigenschaft der Quantenrealität verhindert ein Paradoxon. Wenn wir genau wissen, durch welches Loch jedes Elektron geht, wird die Verteilung auf dem Schirm genau die Verteilung der Maschinengewehrkugeln – eine Teilchenverteilung. Wenn wir im Versuch nachprüfen wollen, ob das Elektron wirklich ein Teilchen ist, das durch das Loch geht, verhält es sich auch so.

Stellen wir uns vor, wir dunkeln die Lichtstrahlen ab, so daß wir nur noch ein paar Elektronen sehen, während sie durch ein bestimmtes Loch gehen. Dann verändert sich die Teilchenverteilung allmählich kontinuierlich in ein Welleninterferenzmuster. Unser kleines Experiment mit den Lichtstrahlen zeigt, was unter einer vom Beobachter geschaffenen Realität zu verstehen ist. Gleichgültig, was wir machen: Wir können nicht wissen, durch welches Loch das Elektron geht und dabei gleichzeitig das Wellenverteilungsmuster beibehalten. Einander ausschließende Versuchsanordnungen – entweder hat man den Lichtstrahl oder man hat ihn nicht – liefern auch Ergebnisse, die sich gegenseitig ausschließen: Das Elektron verhält sich wie ein Teilchen oder nicht.

Ich möchte noch einmal unterstreichen, daß es hier um die Natur der physikalischen Realität geht. Die objektive Existenz eines Elektrons an irgendeinem Punkt im Raum, z. B. an einem der beiden Löcher, hat keinen Sinn, solange nicht tatsächlich eine Beobachtung stattfindet. Das Elektron scheint als reales Objekt erst dann existent zu werden, wenn wir es beobachten! Wir können nicht sinnvoll davon reden, daß es durch ein bestimmtes Loch geht, wenn wir nicht tatsächlich ein Gerät aufbauen, um es nachzuweisen. Die Quantenrealität ist vernünftig, aber nicht vorstellbar.

Das Zwei-Löcher-Experiment wird in der Quantentheorie in Borns Wahrscheinlichkeitswellen beschrieben; das Elektron wird durch eine solche Welle beschrieben. Wenn die Wahrscheinlichkeitswelle auf die Barriere trifft, geht ein Teil von ihr durch Loch 1 und ein Teil durch Loch 2 – genau wie die Wasserwelle. Die Welle befindet sich tatsächlich an beiden Löchern; kein einzelnes Teilchen schafft das. Die beiden Wellen, die aus den Löchern austreten, folgen dem Überlagerungsprinzip; sie addieren sich und erzeugen auf dem Nachweisschirm das Überlagerungsmuster. Dieses Intensitätsmuster ist die Wahrscheinlichkeitsverteilung für den Nachweis einzelner Elektronen auf dem Schirm. Die Quanteneigenart liegt in der Erkenntnis, daß sich ein Elektron, solange man es nicht wirklich nachweist, wie eine Wahrscheinlichkeitswelle verhält. In dem Augenblick, in dem man das Elektron ansieht, ist es ein Teilchen. Aber sobald man wegschaut, benimmt es sich wieder wie eine Welle. Das ist sehr merkwürdig, und keine normale Vorstellung von der Objektivität wird damit fertig.

Unsere Analyse des einfachen Zwei-Löcher-Experiments zeigt, wie Borns statistische Interpretation der Quantenwellen nicht nur das Ende des Determinismus, sondern auch das Ende der klassischen Objektivität bedeutet. Die alte Vorstellung, Welt existiere tatsächlich in einem definierten Zustand, ist damit hinfällig geworden. Die Quantentheorie vermittelt eine neue Aussage: Die Wirklichkeit wird zum Teil vom Beobachter geschaffen. Dieser neue Aspekt der Wirklichkeit bestätigt die wissenschaftliche Überzeugung, daß der menschliche Verstand die Welt selbst dann begreifen kann, wenn die menschlichen Sinne sie nicht mehr erfassen können.

Während das Zwei-Löcher-Experiment nur ein Gedankenexperiment ist, das die Quanteneigenart sehr deutlich zeigt, gibt es viele Geräte, die mit den merkwürdigen Eigenschaften von Wahrscheinlichkeitswellen tatsächlich arbeiten. Ein praktisches Beispiel für Quanteneigenart ist der quantenmechanische Tunneleffekt, der Transport von atomaren Teilchen, beispielsweise Elektronen, von einer Seite einer Barriere auf die andere, mitten durch eine Wand. Dieser Effekt, daß sich Teilchen dort zeigen, wo sie nach den Gesetzen der klassischen Physik gar nicht sein können, ist nur mit Hilfe der Quantentheorie zu verstehen.

Stellen wir uns ein gewöhnliches Teilchen innerhalb einer Barriere vor, etwa wie eine Murmel in einer leeren Tasse. Wenn auf die Murmel keine Kraft ausgeübt wird, kann sie nicht aus der Tasse entkommen; sie ist gefangen. Aber in der Quantentheorie müssen wir das Teilchen durch eine Wahrscheinlichkeitswelle innerhalb der Tasse beschreiben, und die Intensität dieser Welle liefert die Wahrscheinlichkeit dafür, daß wir das Teilchen finden. Nehmen wir an, das Teilchen ist ein Elektron. Wenn man die Schrödingersche Wellengleichung für die Elektronenform innerhalb der Barriere löst, bedeutet die Lösung merkwürdigerweise auch, daß ein bißchen von der Welle aus der Barriere hinausdringt. Das heißt, daß das Elektron mit einer bestimmten Wahrscheinlichkeit außerhalb der Barriere auftritt, als trete es durch eine Wand; das nennt man den quantenmechanischen Tunneleffekt. Wir können uns nicht vorstellen,

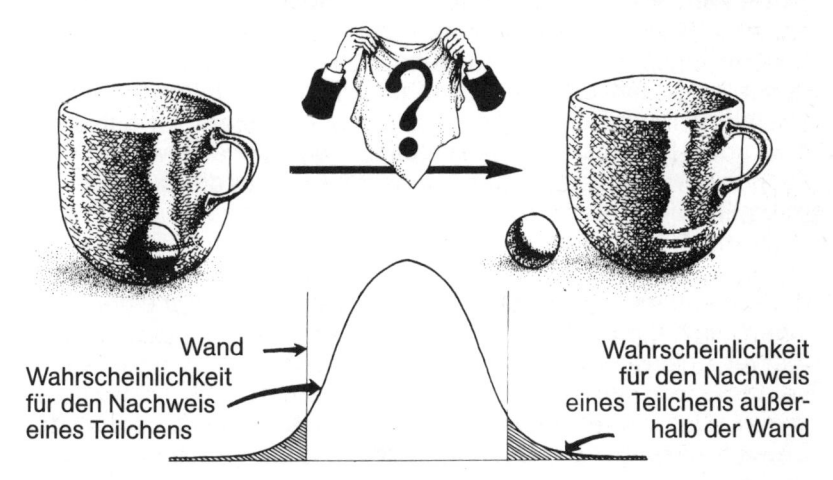

Quantenmechanischer Tunneleffekt einer Barriere – ein weiteres Beispiel für die Quanteneigenart. Wir können uns nicht vorstellen, wie es geschieht, und doch besteht eine bestimmte Wahrscheinlichkeit dafür, daß ein Quantenteilchen eine Wand durchdringen kann wie eine Murmel, die durch die Wand einer Kaffeetasse geht.

was passiert, aber dennoch erscheinen Teilchen tatsächlich auf der anderen Seite der Barriere, wo sie nach der alten klassischen Physik überhaupt nicht sein dürften. Die Elektronikingenieure haben herausgefunden, daß der Quantentunneleffekt zur Verstärkung elektronischer Signale dienen kann, und diese Eigenschaft macht man sich in vielen praktischen Apparaten zunutze. Transistoren, Tunneldioden und andere elektronische Geräte funktionieren dank der Eigenschaften von Wahrscheinlichkeitswellen und dank der Quanteneigenart der Elektronen; selbst Ihre Digitaluhr enthält vielleicht ein paar Teile, die mit diesem Tunneleffekt arbeiten.

Der Quantentunneleffekt erklärt zum Teil auch die Radioaktivität, die spontane Teilchenemission aus dem Atomkern. Der Kern verhält sich in Wirklichkeit wie eine Barriere für die Teilchen, die er schließlich aussendet, und die Teilchen sind wie Murmeln in einer Tasse. Es besteht jedoch eine geringe Wahrscheinlichkeit, daß sich die Teilchen innerhalb des Kerns durch die nukleare Barriere durcharbeiten und entweichen können. Von Zeit zu Zeit dringen Teilchen durch die Kernwand, fliegen vom Kern weg und treten als Radioaktivität auf.

Der Quantentunneleffekt und das Zwei-Löcher-Experiment beschreiben die Quanteneigenart und das Ende einer vorstellbaren Welt. Wir sehen, daß der Kopenhagener Interpretation der Quantentheorie gemäß das der unbestimmte Universum eine andere Folge hatte: die vom Beobachter geschaffene Realität. Die Vorstellung, daß die Welt unabhängig von allen menschlichen Intentionen in einem definierten Zustand besteht, ist unhaltbar geworden. Dort draußen in der Quantenwelt gibt es etwas, und wir können es mit unserer Mathematik zähmen. Aber die Quantenwelt ist eigenartiger, als wir es uns bildlich vorstellen können.

Damit sind wir wieder auf dem Weg zur Quantenrealität und forschen weiter. Die meisten Physiker in unserer Pilgerschar sind mit der Kopenhagener Interpretation ganz zufrieden. Aber einer unter ihnen, ein hagerer, bebrillter Österreicher, schleppt einen großen, fest verschlossenen Kasten. Jemand fragt ihn: »Was ist denn in dem Kasten?« Er reagiert nur mit einem seltsamen Blick, als wollte er sagen: »Das wüßten Sie wohl gern?« Wir ahnen, daß wir bald wieder etwas Neues über die Quantenrealität erfahren werden.

# 10. Schrödingers Katze

> »Du findest mich dort«, sagte die Katze und verschwand. Alice war darüber nicht weiter erstaunt, denn sie hatte sich allmählich an die vielen merkwürdigen Vorgänge gewöhnt.
>
> Lewis Carroll, Alice im Wunderland

In den achtziger Jahren kommt eine neue Generation von schnellen Computern auf den Markt, deren elektronische Bauteile mit Schalteinrichtungen von einer Größe ausgerüstet sind, die schon an die molekulare Mikrowelt heranreicht. In den alten Computern gab es gelegentlich »harte Fehler« – eine Funktionsstörung in einem Teil, etwa ein durchgebrannter Schaltkreis oder gebrochener Draht, die man reparieren mußte, ehe das Gerät wieder richtig arbeiten konnte. Die neuen Computer leiden dagegen an einer qualitativ ganz andersartigen Störung, den sogenannten »weichen Fehlern«, bei denen ein winziger Schalter nur in einer einzigen Operation ausfällt und das nächste Mal wieder richtig funktioniert. Die Ingenieure können diese Art von Störung nicht reparieren, weil eigentlich nichts kaputtgegangen ist.

Was verursacht die weichen Fehler? Sie kommen dadurch zustande, daß ein Quantenteilchen mit mäßig hoher Energie einen der mikroskopischen Schalter durchquert und dabei eine Betriebsstörung auslöst; die Computerschalter sind so winzig, daß sie von Teilchen beeinflußt werden, die größere elektronische Bauteile überhaupt nicht in Mitleidenschaft ziehen. Der Ursprung dieser Quantenteilchen ist die natürliche Radioaktivität des Materials, aus dem die Mikrochips hergestellt werden; es können auch kosmische Strahlen sein, die auf die Erde herniedergehen. Die weichen Fehler sind Teil des unbestimmten Universums; ihr Ort und ihre Auswirkungen sind vollkommen zufällig. Könnte der würfelnde Gott durch einen Zufallsfehler in einem militärischen Computer einen nuklearen Weltuntergang verursachen? Durch Abschirmung der neuen Computer und Verringerung ihrer natürlichen Radioaktivität kann man die Wahrscheinlichkeit eines solchen Ereignisses extrem gering machen. Aber das Beispiel wirft doch die Frage auf, ob die

Quanteneigenart der mikroskopischen Welt in unsere makroskopische Welt eindringen und uns beeinflussen kann. Kann die Quantenunbestimmtheit in unser Leben hineinwirken?

Durchaus, wie das Beispiel mit den weichen Fehlern im Computer zeigt. Ein anderes Exempel ist die zufällige Kombination von DNS-Molekülen im Augenblick der Empfängnis; dabei spielen die Quantenmerkmale der chemischen Bindung eine Rolle. Völlig unvorhersehbare atomare Ereignisse beeinflussen unser Leben nachhaltig; wir sind in des würfelnden Gottes Hand.

Unstreitig kann sich die Quantenunbestimmtheit in unserem Leben bemerkbar machen. Aber dabei gibt es ein Rätsel, wenn wir uns über die Folgen des Zwei-Löcher-Experiments Gedanken machen. Nach der üblichen Kopenhagener Interpretation dieses Versuchs bedeutet die Unbestimmtheit, Borns Wahrscheinlichkeitswellen, daß wir die Objektivität der Welt, also die Vorstellung aufgeben müssen, daß die Welt unabhängig davon existiert, ob wir sie beobachten. Die Elektronen existieren beispielsweise als reale Teilchen an einem Ort im Raum nur, wenn wir sie direkt beobachten. Das Rätsel: Wenn Unbestimmtheit gleichzeitig Nicht-Objektivität bedeutet, und wenn die makroskopische menschliche Welt durch unbestimmte Ereignisse beeinflußt wird, muß man fragen, ob dann Ereignisse auf der Ebene des Menschen keine Objektivität aufweisen, also nur existieren, wenn wir sie direkt beobachten. Müssen wir nicht nur die Objektivität eines durch ein Loch fliegenden Elektrons, sondern auch die Objektivität der Auslöschung der ganzen menschlichen Rasse aufgeben?

Wenn wir uns streng an die Kopenhagener Interpretation der Quantentheorie halten, kann die Eigenart der Quantenwelt in unsere Alltagswirklichkeit eindringen, und die ganze Welt, nicht nur die atomare Welt, verliert ihre Objektivität. Erwin Schrödinger hat ein kluges Gedankenexperiment von der Katze im Kasten erdacht, mit dem er beweisen wollte, wie verrückt die Kopenhagener Interpretation eigentlich war und daß ihr zufolge die ganze Welt eine Quanteneigenart aufweisen mußte. Leider hat man seine Absicht bei diesem Experiment, nämlich die Kopenhagener Interpretation zu kritisieren, öfter falsch als richtig verstanden. Manche, die die merkwürdige Realität der Quanten auch in der gewöhnlichen Welt feststellen wollten, benutzten Schrödingers Experiment zum Beweis ihrer Ansichten. Aber sie haben unrecht. Die mathematischen Physiker haben den Versuch mit der Katze im Kasten eingehender analysiert, besonders die physikalische Art der Beobachtung, und sind dabei zu dem Schluß gekommen, daß die Makrowelt zwar unbestimmt ist, aber im Gegensatz zur Mikrowelt nicht nichtobjektiv zu sein braucht. Um das zu verstehen, wollen wir zunächst eine Version von Schrödingers Versuch mit der Katze im Kasten beschreiben und feststellen, wie daraus tatsächlich das Ende der Objektivität der gewöhnlichen Welt hervorzugehen scheint. Dann analysieren wir die physikalische Beobachtung etwas genauer und kommen zur entgegengesetzten Ansicht, daß wir die Kopenhagener Interpretation auf die makroskopische Welt nicht anzuwenden brauchen – die Quanteneigenart gibt es nur in der Mikrowelt.

In Schrödingers Gedankenexperiment sollen wir uns vorstellen, daß eine Katze zusammen mit einer schwachen radioaktiven Quelle und einem Detektor für radioaktive Teilchen in einem Kasten eingeschlossen wird. Der Detektor wird nur einmal eine Minute lang eingeschaltet; die Wahrscheinlichkeit, daß die radioaktive Quelle in dieser Minute ein nachweisbares Teilchen aussendet, sei eins zu zwei, also 1/2. Die Quantentheorie sagt den Nachweis dieses radioaktiven Ereignisses nicht voraus; sie gibt nur die Wahrscheinlichkeit mit 1/2 an. Wenn ein Teilchen nachgewiesen wird, strömt im Kasten Giftgas aus und tötet die Katze. Der hermetisch abgedichtete Kasten befindet sich weit weg auf einem Erdsatelliten, so daß wir nicht wissen, ob die Katze lebt oder tot ist.

Nach der strikten Kopenhagener Interpretation können wir auch nach der entscheidenden Minute von der Katze nicht in einem definierten Zustand sprechen, also nicht sagen, ob sie am Leben ist oder tot ist, denn als an die Erde gebundene Menschen haben wir nicht wirklich beobachtet, ob die Katze lebt oder tot ist. Man kann die Situation dadurch beschreiben, daß man dem körperlichen Zustand einer toten Katze eine Wahrscheinlichkeit und dem körperlichen Zustand der lebendigen Katze eine andere Wahrscheinlichkeit zuteilt. Die Katze im Kasten wird dann richtig als ein Wellenüberlagerungszustand beschrieben, der zu gleichen Teilen aus einer Welle für die lebendige und einer Welle für die tote Katze besteht. Dieser Überlagerungszustand für die Katze im Kasten ist nicht durch tatsächliche Befunde, sondern durch Wahrscheinlichkeiten charakterisiert, und das ist die makroskopische Quanteneigenart. Es ist genauso sinnlos, zu sagen, daß die Katze lebt oder tot ist, wie es sinnlos ist, darüber zu diskutieren, durch welche Löcher die Elektronen im Zwei-Löcher-Experiment gehen. Die Aussage »das Elektron geht entweder durch Loch 1 oder Loch 2« ist ebenfalls bedeutungslos. Wenn man nicht beobachtet, durch welches Loch das Elektron geht, existiert das Elektron in einem Überlagerungszustand, der zu gleichen Teilen aus einer Wahrscheinlichkeitswelle für den Durchgang durch das erste Loch und einer Wahrscheinlichkeitswelle für den Durchgang durch das zweite Loch besteht. Für Elektronen ist diese Eigentümlichkeit vielleicht noch hinzunehmen, aber hier haben wir dieselbe Aussage wie »die Katze ist entweder tot oder lebendig« für eine Katze, nicht für ein Elektron. Katzen können sich, wie Elektronen, in einem Quanten-Niemandsland bewegen.

Nehmen wir jetzt einmal an, eine Raumfähre mit einer Gruppe von Wissenschaftlern fliegt los, um den Inhalt des auf einer Umlaufbahn befindlichen Kastens mit der Katze zu untersuchen. Wenn die Wissenschaftler den Kasten öffnen, begrüßt sie ein lautes Miau – die Katze ist am Leben. Nach der Kopenhagener Interpretation dieses Ereignisses haben die Wissenschaftler, indem sie den Kasten öffnen und eine Beobachtung vornehmen, die Katze in einen definierten Quantenzustand, nämlich in den Zustand der lebendigen Katze, versetzt. Das entspricht der Feststellung des Orts des Elektrons am ersten oder zweiten Loch mit Hilfe von Lichtstrahlen. Für die Wissenschaftler in der Raumfähre ist der Zustand der Katze keine Überlagerung von Wellen für die lebende und tote Katze mehr. Aber weil die Funkverbindung zusammengebrochen ist, wissen die Wissenschaftler unten auf der Erde immer noch nicht, ob die Katze lebt oder tot ist. Für diese auf der Erde befindlichen Wissenschaftler sind die Katze im Kasten und die Wissenschaftler an Bord der Raumfähre, die den Zustand der Katze kennen, immer noch in einem Zustand der Wahrscheinlichkeitswellenüberlagerung für die lebende und die tote Katze. Das Niemandsland des Überlagerungszustands wird größer.

Schließlich gelingt es den Wissenschaftlern an Bord der Raumfähre, eine Nachrichtenverbindung zu einem Computer unten auf der Erde herzustellen. Sie teilen dem Computer mit, daß die Katze am Leben ist, und diese Information wird im Magnetspeicher festgehalten. Wenn der Computer die Information erhalten hat, und bevor sein Speicher von Wissenschaftlern auf der Erde gelesen wird, ist er für die Wissenschaftler auf der Erde Teil des Überlagerungszustands. Durch Lesen der Computerausgabe verwandeln die Wissenschaftler auf der Erde schließlich den Überlagerungszustand zu einem definierten Zustand. Dann erzählen sie es ihren Kollegen nebenan usw. Die Realität entsteht erst dann, wenn wir sie beobachten. Sonst existiert sie in einem Überlagerungszustand wie das Elektron, das durch die Löcher austritt. Selbst die Realität der makroskopischen Welt hat nach diesem Szenarium keine Objektivität, solange wir sie nicht beobachten.

Auch wenn sie sich noch so merkwürdig anhört, ist dies die Kopenhagener Standardinterpretation der Realität. Wir sehen, daß sie eine definierte Trennung zwischen dem beobachteten Gegenstand und dem Beobachter erfordert, eine Teilung von Objekt und Verstand. Zuerst bestand diese Trennungslinie zwischen der Katze im Kasten und den Wissenschaftlern in der Raumfähre. Nachdem diese den Kasten geöffnet hatten, verschob sich die Trennungslinie auf eine Stelle zwischen den Wissenschaftlern in der Raumfähre und dem Computer usw. Während sich die Informationen über den Zustand der Katze von Ort zu Ort weiter verbreiteten, wanderte gleichzeitig die objektive Realität der lebendigen Katze mit. Die Kopenhagener Interpretation schreibt vor, daß eine Unterscheidung zwischen dem Beobachter und dem beobachteten Gegenstand getroffen werden muß, sagt aber nicht, wo diese Trennungslinie zu ziehen ist; sie sagt nur, daß sie gezogen werden muß.

An dieser Beschreibung des Experiments von der Katze im Kasten verwirrt uns etwas. Irgendwie haben wir das Gefühl, daß es der Mikrowelt der Atome an einer Standardobjektivität mangelt. Aber darf sich diese Eigenart bis in die alltägliche Welt der Tische, Stühle und Katzen erstrecken? Existieren diese Dinge nur dann in einem definierten Zustand, wenn wir sie beobachten, wie es die Kopenhagener Interpretation vorzuschreiben scheint? Aus dem Versuch mit der Katze im Kasten scheint sich zu ergeben, daß zur Beobachtung das Bewußtsein gehört. Manche Physiker meinen, die Kopenhagener Ansicht bedeute eigentlich, daß ein Bewußtsein existieren muß; die Vorstellung von einer materiellen Realität ohne Bewußtsein ist unhaltbar. Aber wenn wir genau untersuchen, was eine Beobachtung ist, stellen wir fest, daß dieses extreme Bild von der Realität, wonach Tische, Stühle und Katzen eine definitive Existenz erst gewinnen, wenn sie durch ein Bewußtsein beobachtet werden, nicht aufrechtzuerhalten ist. Die Kopenhagener Ansicht ist zwar für die atomare Welt unerläßlich, braucht aber auf die Welt gewöhnlicher Objekte nicht angewandt zu werden. Wer sie dennoch auf die Makrowelt überträgt, tut dies auf eigene Gefahr. Untersuchen wir, was passiert, wenn wir beobachten.

Wenn wir etwas beobachten, empfangen unsere Augen vom beobachteten Gegenstand Energie. Das wichtige Merkmal einer Beobachtung besteht aber darin, daß uns Informationen zufließen; wir erfahren etwas über die Welt, das wir vor der Beobachtung noch nicht gewußt haben. In unserem Abschnitt über die statistische Mechanik haben wir gesehen, daß es nicht möglich ist, Informationen zu erhalten, ohne dadurch die Entropie, das Maß an Unordnung physikalischer Systeme, zu vergrößern. Der Preis, den wir für den Informationsgewinn pzahlen, verstärkt irgendwo die Unordnung in der Welt und vermehrt damit die Entropie – eine unausweichliche Folge des zweiten Hauptsatzes der Thermodynamik. Diese Entropiezunahme bedeutet, daß die Zeit einen Richtungspfeil aufweist – es gibt eine zeitliche Irreversibilität, und es existieren physikalische Abläufe, die Informationen speichern können; die Erinnerung ist möglich. Wir schließen daraus, daß das Hauptmerkmal der Beobachtung die Irreversibilität, nicht das Bewußtsein der Beobachtung selbst ist, obwohl dies natürlich auch die Irreversibilität zur Folge hat, weil es die Erinnerung einschließt. Beobachtungen lassen sich von dummen Maschinen oder Computern durchführen, sofern diese einen primitiven Speicher aufweisen. Der wichtigste Gesichtspunkt bei dieser Analyse der Beobachtung liegt darin, daß wir, sobald Informationen über die Quantenwelt irreversibel in der makroskopischen Welt angekommen sind, diesen Informationen ohne weiteres eine objektive Bedeutung zuschreiben können; sie können nicht mehr in das Quantenniemandsland zurückkehren.

Beim Experiment mit der Katze im Kasten sind die Informationen Teil der makroskopischen Welt, sobald die Katze tot oder lebendig ist, gleichgültig, ob man die Katze wirklich beobachtet oder nicht. Man kann diese Informationen nicht mehr ungeschehen machen, denn der Tod ist irreversibel. Beim Zwei-Löcher-Experiment wird hingegen die Angabe, durch welches Loch das Elektron geht, nur dann Teil der Makrowelt, wenn wir Lichtstrahlen zur Beobachtung einsetzen. Das Elektron kann im Gegensatz zur Katze keine Aufzeichnung oder Erinnerung an den Zustand mitbringen, in dem es sich befindet, also nicht wissen, durch welches Loch es geht.

Erinnern Sie sich an die Trennungslinie, die wir bei der Zoom-Filmaufnahme einer rauchenden Pfeife zwischen der Mikrowelt der Rauchpartikeln und der Makrowelt der erkennbaren Objekte gezogen hatten? Die Irreversibilität der Zeit entstand dadurch, daß wir bestimmte Informationen über einzelne Teilchen für die entsprechenden Mittelwerte aufgegeben hatten. Dasselbe machen wir, wenn eine Beobachtung durchgeführt wird, wie beispielsweise mit dem Lichtstrahl an den beiden Löchern. Die detaillierte Kenntnis der einzelnen Wahrscheinlichkeitswellen, die das Elektron beschreiben, reduziert sich auf eine ganz spezifische Kenntnis. Der Trennungsstrich zwischen der Makrowelt und der Mikrowelt entspricht der Trennungslinie zwischen Beobachter und Beobachtungsgegenstand. Wenn wir untersuchen, wo eine der Beobachtung entsprechende irreversible Wechselwirkung stattgefunden hat, können wir in den meisten Fällen den Trennungsstrich zwischen der Quanteneigenart und der makroskopischen Welt ziemlich nahe bei den atomaren Erscheinungen ziehen. Wir schließen daraus, daß man zwar konsistent über die Quanteneigenart von Wahrscheinlichkeitswellen sprechen kann, die der Makrowelt überlagert sind, wie wir es bei der Beschreibung von Schrödingers Versuch mit der Katze gemacht haben, aber dazu nicht verpflichtet ist.

Das Zwei-Löcher-Experiment und Schrödingers Katze im Kasten sind Gedankenexperimente, Stationen auf dem Weg zur Quantenrealität, auf dem wir vorwärtsgehen. Wir wissen jetzt, daß die Quantentheorie ein nicht-determiniertes Universum nicht nur auf atomarer Ebene, sondern auch auf der Ebene menschlicher Ereignisse bedeutet. Nach der Kopenhagener Interpretation des Zwei-Löcher-Versuchs ist daraus zu schließen, daß wir die klassische Objektivität für die Quantenteilchen nicht aufrechterhalten können. Wenn wir den Versuch mit der Katze im Kasten auch in diesem Sinne interpretieren, müssen wir offenbar auch die Objektivität unserer bekannten Welt der Tische und Stühle aufgeben. Aber das hieße, die Kopenhagener Interpretation zu weit treiben. Aus unserer Beschäftigung mit dem zweiten Hauptsatz der Thermodynamik wissen wir, daß der Unterschied zwischen der Mikrowelt und der Makrowelt nicht nur quantitativ, also ein Größenunterschied, sondern qualitativ, der irreversible Zeitpfeil ist, der sich in der Makrowelt bemerkbar macht, aber in der Mikrowelt nicht existiert. Die Irreversibilität der Beobachtung bedeutet sogar, daß sich die Welt der Elektronen und Atome qualitativ von der Welt der Tische und Stühle unterscheidet. Für die Makrowelt existiert die Quanteneigenart nicht. Wir müssen Wahrscheinlichkeitswellen überlagern, die aussagen, ob ein Elektron durch das erste oder das zweite Loch geht, aber wir brauchen keine lebenden und toten Katzen zu überlagern.

Wenn wir auf dem Weg der Quantenrealität weiterwandern, stoßen wir noch auf andere Stationen – Rasthäuser, in denen Alternativen zur Kopenhagener Interpretationen der Quanteneigenart als Stoff zum Nachdenken angeboten werden. Wir haben uns in einem dieser Rasthäuser gelabt und treffen auf einen Märchenerzähler, der uns das folgende quantenmechanische Märchen erzählt.

# 11. Ein quantenmechanisches Märchen

> *Es [das Kind] soll seine Märchen genau kennen und beim Anhören völlige Freude oder völligen Schrecken empfinden, als wären sie wirklich; damit übt es stets seine Fähigkeit, Realitäten zu erfassen...*
>
> John Ruskin,
> Einleitung zu »German Popular Stories», 1868

Es war einmal eine schöne Prinzessin, die lebte in einem fernen Schloß hoch oben auf einem Berg. Ihr Vater, der König über ein großes Reich, hatte beschlossen, daß seine Tochter heiraten solle, und es erhob sich die Frage, wer ihre Hand bekommen werde. Darüber sprach der König mit seinem Berater, dem Hofzauberer, der einen Wettstreit unter den Freiern empfahl.

Der Wettstreit sollte ein Geschicklichkeits- und Glücksspiel sein, was der Phantasie des Königs sehr zusagte. Der Zauberer brachte drei kleine Schachteln und erklärte, in den Schachteln befänden sich zwei identische weiße Perlen und eine schwarze Perle, je eine Perle in jeder Schachtel. Er öffnete zwei Schachteln und zeigte eine weiße und eine schwarze Perle. Dann schloß er sie und öffnete die dritte Schachtel, und darin befand sich die andere weiße Perle.

Die Freier sollten nun den Inhalt aller drei Schachteln erraten. Jeder Freier sollte in beliebiger Reihenfolge auf jede der drei geschlossenen Schachteln deuten und sagen: »Diese Schachtel enthält eine weiße Perle, die hier eine weiße Perle und diese letzte eine schwarze Perle.« Der Zauberer sollte dann die Schachteln öffnen und den Inhalt bekanntgeben. Wenn der Freier richtig geraten hätte, gewönne er die Hand der Prinzessin. Wenn er jedoch falsch geraten hätte, sollte er seinen Kopf verlieren. Das waren Bedingungen, die nur die allerernsthaftesten Freier zum Zuge kommen lassen sollten.

Da die Prinzessin sehr schön und ihr Vater sehr reich war, fanden sich viele junge Männer ein, um sich dem Wettstreit zu stellen. Jedesmal öffnete der Zauberer zuerst die beiden Schachteln, von denen der Freier gesagt hatte, sie enthielten die beiden weißen Perlen. Aber jedesmal war leider eine Perle weiß und die andere schwarz. So kam mancher Freier um seinen Kopf.

Als sich das herumsprach, fanden sich immer weniger junge Männer ein, die sich an dem Wettstreit beteiligen wollten. Die Jahre vergingen, und die Prinzessin war noch immer unverheiratet. Man müßte eigentlich annehmen, daß von den vielen Freiern einmal einer richtig geraten hätte. Aber es war nicht so. Wie die meisten Menschen, so glaubten auch alle Freier an die Objektivität der physikalischen Welt. Sie meinten, ihre Wahl, ihre Messung, könne den Inhalt der Schachtel nicht beeinflussen.

Schließlich kam eines Tages ein hübscher junger Mann aus einem weit entfernten Teil des Königreichs, wohin das kanonische Bildungssystem der klassischen Logik und Meßtheorie noch nicht vorgedrungen war. Dem jungen Mann wurden die drei geschlossenen Schachteln vorgelegt. Er wies auf zwei Schachteln und sagte: »Diese Schachteln enthalten eine weiße und eine schwarze Perle. Ich sage nicht, was in der dritten Schachtel ist.« Ehe jemand gegen diese Verletzung der strengen Spielregeln protestieren konnte, sprang die Prinzessin auf, der mittlerweile der ganze Wettstreit zum Halse heraushing und der junge Mann sehr gefiel, und öffnete die beiden Schachteln. Heraus rollten eine weiße und eine schwarze Perle, wie der junge Mann gesagt hatte. Dann befahl sie dem Zauberer, die dritte Schachtel zu öffnen; aber diese Schachtel ging nicht auf.

Der weise König verwies den bösen Zauberer wegen seiner Täuschung des Hofes. Der junge Mann und die Prinzessin heirateten noch am selben Tag und lebten glücklich bis an ihr Ende.

Dieses quantenmechanische Märchen stammt von Ernst Spekker, der zusammen mit Simon Kochen über die Logik der Quantentheorie gearbeitet hat. 1965–1967 veröffentlichten sie eine Reihe von Artikeln, in denen sie die Unmöglichkeit nachwiesen, in der Quantentheorie sowohl die klassische Logik als auch die klassische Meßtheorie anzuwenden. Die klassische Logik, wie sie sich in der Grammatik unserer Alltagssprache äußert, wird von Mathematikern als Boolesche Logik, als Gedankengesetz, formuliert. In der klassischen Meßtheorie wird die Objektivität der Welt auch im unbeobachteten Zustand vorausgesetzt. Wenn die Quantentheorie zutrifft, muß man Kochen und Specker zufolge entweder die Anwendung der Booleschen Logik in der Quantenwelt oder die Annahme der Objektivität aufgeben. Einfach gesagt: Man muß entweder auf die normale Logik oder die normale Wirklichkeit verzichten.

Solche Schachteln, wie sie der Zauberer im Märchen verwendet, gibt es in der makroskopischen Welt nicht. Aber die Eigenschaften der Zauberschachteln entsprechen ganz genau denen des quantenmechanischen Systems, das Kochen und Specker analysiert haben: eines Heliumatoms in seinem niedrigsten Energiezustand, das sich in einem Magnetfeld befindet. Man kann sich das Heliumatom als kleinen, wirbelnden Kreisel vorstellen. Die Perlen in den Schachteln entsprechen dann verschiedenen Spinkomponenten des Heliumatoms. Aber wie Kochen und Specker nachgewiesen haben, ist ein solches klassisches Bild vom Heliumatom nicht haltbar.

Wir stellen uns gern vor, daß die Perlen in der Schachtel ebenso wie die Spinzustände eines Heliumatoms eine objektive Existenz aufweisen. Eine weiße Perle liegt in einer Schachtel, noch eine weiße Perle in einer anderen und eine schwarze Perle in der dritten Schachtel. Nach der gewohnten Vorstellung von der Objektivität hat dieser Zustand der Schachteln eine Bedeutung unabhängig davon, ob wir den Inhalt untersuchen. Aber das stimmt ebensowenig wie die Spinzustände des Heliumatoms. Der Zauberer hat die Schachteln so präpariert (das kann man übrigens auch mit dem Heliumatom machen) daß die zweite Messung eine schwarze Perle zeigen muß, wenn das Ergebnis der ersten Messung eine weiße Perle ist. Man könnte niemals gleichzeitig zwei weiße Perlen zeigen. Das ist wie das Elektron in dem Zwei-Löcher-Experiment: Man kann nicht gleichzeitig beobachten, wie das Elektron sowohl durch Loch 1 als auch durch Loch 2 geht. Aber wenn man nicht hinsieht, kann man sich einbilden, daß es durch eines der beiden Löcher gehen muß. Ähnlich haben sich die Freier eingebildet, daß jede Schachtel eine Perle enthielt, die entweder schwarz oder weiß sein mußte. Wenn man tatsächlich zu bestätigen versucht, daß jede Perle in einer Schachtel einen definierten Existenzzustand aufweist, wie es die ungeduldige Prinzessin tat, lassen sich nicht alle Schachteln gleichzeitig öffnen; die dritte Schachtel geht nur auf, wenn vorher eine der beiden anderen geschlossen wird. Alle Perlen auf einmal lassen sich ebensowenig beobachten wie die Spinkomponenten des Heliumatoms. Der Inhalt aller drei Schachteln hat keine objektive Bedeutung. Der Zauberer konnte das, was ein Freier geraten hatte, jederzeit dadurch ungültig machen, daß er die beiden Schachteln, die nach Meinung des Freiers die weißen Perlen enthielten, aufhob und nachwies, daß sich in Wirklichkeit eine weiße und eine schwarze Perle darin befanden. Das war eine vom Beobachter, in diesem Fall vom Zauberer, geschaffene Wirklichkeit.

Kochen und Specker haben nachgewiesen, daß ein klassisch orientierter Physiker, der von der Annahme ausgeht, daß die Beobachtung den Zustand eines Objekts nicht stört, also die objektive Welt unabhängig von unserer Beobachtung existiert, und dann eine Reihe von Beobachtungen an den Spinzuständen eines Heliumatoms vornimmt, mit Hilfe einer unkomplizierten Booleschen Logik schließlich zu so widersprüchlichen Aussagen gezwungen wird wie: »Das Heliumatom befindet sich im Zustand A, und das Heliumatom befindet sich nicht im Zustand A.« Wenn man einen logischen Widerspruch wie diesen akzeptiert, kann man eigentlich alles beweisen; es ist das Ende des vernünftigen Denkens.

Solche Widersprüche lassen sich auf zweierlei Art vermeiden. Einmal kann man für die Aussagen eine nicht-Boolesche Logik verwenden. Eine derartige »Quantenlogik« ist völlig konsistent, aber ihre Vorschriften entsprechen den Regeln der gewöhnlichen Booleschen Logik mit ihrem »gesunden Menschenverstand« nicht. So wie Auge und Gehirn die Welt in der euklidischen Geometrie wahrnehmen, so denkt offenbar das menschliche Gehirn in der Booleschen Logik. Aber ebenso wie wir völlig konsistente nicht-euklidische Geometrien ableiten, können wir auch konsistente nicht-Boolesche Logiksysteme aufstellen, die die Grammatik von »Und« und »Oder« verändern. Wir haben z. B. im Zwei-Löcher-Experiment die Aussage, »das Elektron geht entweder durch das Loch 1 oder durch das Loch 2«, untersucht. In der Booleschen Logik hat die Aussage »entweder ... oder« in der Feststellung ihre übliche Bedeutung: entweder gilt die eine oder die andere Möglichkeit, und beide schließen einander aus. In der nicht-Booleschen Quantenlogik vertauscht man diese enge Bedeutung von »entweder ... oder« mit einer weniger restriktiven Bedeutung. Interessant ist an dieser Alternative, daß wir die Vorstellung beibehalten können, die Welt existiere objektiv; wir müssen lediglich eine neue Quantenlogik wählen, um darüber nachzudenken.

Als zweite Alternative können wir die Boolesche Logik beibehalten, dafür aber die Vorstellung aufgeben, daß die Welt einen definierten, objektiven Zustand unabhängig davon aufweist, ob wir sie beobachten oder nicht; das ist der Kern der Kopenhagener Interpretation. Wenn der Baum im Wald ungehört umstürzt, gibt es nicht nur kein Geräusch, sondern es ist sinnlos, überhaupt zu sagen, daß der Baum umgestützt ist. Die meisten Physiker beziehen diesen letzten Standpunkt; sie behalten die klassische Boolesche Logik bei und akzeptieren gleichzeitig die merkwürdige Vorstellung, daß die Welt nur dann existiert, wenn wir sie beobachten. Wie die meisten Menschen, so wollen auch Physiker ihre gewohnte Denklogik nicht gegen eine andere Logik eintauschen. Solche Geistesakrobatik dürfte ihnen Mühe bereiten.

Die Bedeutung der Arbeit von Kochen und Specker liegt darin, daß es eine Alternative zu dieser physikalischen Eigenart gibt, nämlich die logische Eigenart. Es ist aber unmöglich, die Eigenart überhaupt zu vermeiden, wenn die Quantentheorie stimmt.

Als Entdecker auf dem Weg zur Quantenrealität bedanken wir uns bei dem Märchenerzähler für seine hübsche Geschichte mit der provozierenden Moral, daß unsere Logik in der Quantenwelt nichts taugt und daß sie deshalb so eigenartig ist. Den ganzen Nachmittag lang haben wir im Rasthaus über Quantenlogik diskutiert; jetzt sind wir müde und wollen hier übernachten. Nach dem Abendessen, wir wollen es uns gerade gemütlich machen, wird plötzlich die Tür des Rasthauses aufgerissen, und ein wild dreinblickender Mann stürzt herein. »Ich bin den Weg ein Stück weiter hinuntergelaufen; da ist es vielleicht eigenartig. Jemand hat mir erzählt, nach Einstein bedeutet die Quantentheorie, daß es Telepathie und Akausalität gibt, daß alles im Universum mit allem verbunden ist. Die Quantenphysiker haben die alte Weisheit des Ostens bestätigt!«

»Quatsch!« ruft einer aus unserer Gruppe. »Sie haben falsch verstanden, was Einstein gesagt hat. Einstein ist felsenfest beim Grundsatz der physikalischen Kausalität geblieben. Und was den Vergleich zwischen der altöstlichen Weisheit und der modernen Physik betrifft – haben Sie sich jemals gefragt, warum die Quantentheorie im Westen aus einer ebenso alten Tradition der theologischen Diskussionen und talmudischen Auseinandersetzungen entstanden ist? Außerdem betont der Buddhismus, daß die Trennung zwischen Geist und Welt eine Illusion ist, und damit ist er der klassischen Newtonschen Physik näher als der Quantentheorie, denn für die ist der Unterschied zwischen Beobachter und beobachtetem Gegenstand entscheidend.« Er sagte noch mehr, aber sein Gesprächspartner konnte ihn nicht mehr hören, weil er darüber eingeschlafen war. Der Disput hatte uns aufgeregt, und wir überlegten, was wir wohl am nächsten Tag auf dem Weg zur Quantenrealität noch alles erleben würden.

# 12. Bells Ungleichung

> Man kann Gott wohl schlecht in die Karten gucken. Aber ich kann mir beim besten Willen nicht vorstellen, daß er würfelt und mit »telepathischen« Mitteln arbeitet, wie es ihm die gegenwärtige Quantentheorie unterstellt.
> 
> Albert Einstein

Unter den Physikern gab es zwei Reaktionen auf die neue Quantentheorie. Die erste und wichtigste war die Anwendung der neuen Gedanken auf Naturereignisse, und daraus entwickelten sich die Quantentheorie der Festkörper, die Quantenfeldtheorie und die Kernphysik. Die zweite Gruppe war eher philosophisch orientiert und konzentrierte sich auf die Deutung der neuen Theorie.

Man kann wohl sagen, daß sich die meisten Physiker in der Praxis für diese Interpretationsprobleme nicht übermäßig interessieren. Pragmatische theoretische Physiker bekommen ihre Impulse von neuen Experimenten und aus Vorstellungen, die mit Experimenten zusammenhängen. Sie nehmen die Kopenhagener Interpretation als gegeben hin, bis irgend etwas in einem Versuch darauf hindeutet, daß sie davon abgehen sollten. Die Interpretation der Quantentheorie hat sich auf das Verständnis der Kernphysik, der Elementarteilchenphysik oder auf den Bau von Transistoren und anderen elektronischen Geräten kaum ausgewirkt.

Trotz dieser geringen Folgen für die praktischen Probleme der modernen Physik wird an diesen Deutungsfragen doch weiter geforscht. Physiker und Philosophen kommen von der Frage nicht los: »Was ist die Quantenrealität?« In dieser Fragestellung ist im Lauf der Jahre immerhin eine gewisse Klärung der Quantenrealität erreicht worden. Zahlreiche Gedankenexperimente, wie etwa das Zwei-Löcher-Experiment und Schrödingers Katze, ebenso wie tatsächliche Experimente sind erdacht und durchgeführt worden, mit denen die Quanteneigenart, also diejenigen Merkmale der Quantenrealität festgestellt werden können, die sich vom naiven Realismus unterscheiden. Zwei davon, das EPR-Experiment und der Versuch von Bell, sind von Physikern und Philosophen ausführlich behandelt worden. Sie sollen die Grundlage für unsere Erörterungen über die Beschaffenheit der physikalischen Realität bilden.

Nach Bohrs erster Darlegung der Kopenhagener Interpretation der Quantentheorie 1927 erkannten die Physiker allmählich, wie radikal die darin vorgeschlagene Interpretation der Realität war. Im Kern besagt die Kopenhagener Interpretation, daß die Welt tatsächlich beobachtet werden muß, wenn sie objektiv sein soll. Einstein war einer der heftigsten Kritiker dieser Ansicht. Schließlich bestritt er zwar die Konsistenz dieser Interpretation nicht mehr, richtete aber seine Angriffe vor allem auf die Überlegung, ob die Quantentheorie die Realität vollständig beschrieb oder nicht.

1935 verfaßten Einstein, Podolsky und Rosen einen Aufsatz, in dem sie ein Gedankenexperiment formulierten, das zu dem sogenannten »EPR-Paradoxon« führte. Die Bezeichnung ist eigentlich falsch, denn es gibt hier gar keinen Gegensatz, also auch kein Paradoxon. In diesem EPR-Artikel sprach Einstein die Ansicht aus, die übliche Kopenhagener Interpretation der Quantentheorie sei mit der objektiven Realität unvereinbar. Das stimmte. Aber die EPR-Arbeit konzentrierte sich vor allen Dingen auf die Behauptung, daß die Quantentheorie in ihrem gegenwärtigen Stand der Entwicklung unvollständig sei; es gebe objektive Elemente der Realität, die sie nicht benenne.

Wie Einstein später zusammenfaßte: »Ich neige deshalb zu der Ansicht, daß die Beschreibung [des] Quantenmechanismus...als eine unvollständige und indirekte Beschreibung der Realität anzusehen ist, die irgendwann durch eine vollständigere und direktere ersetzt werden muß.«

Unter der Voraussetzung, daß die Kopenhagener Interpretation keine logischen Fehlschlüsse enthält und es kein Experiment gibt, das die Voraussagen der Quantentheorie widerlegt, muß man sich fragen, wie die EPR-Arbeit zu diesem bemerkenswerten Schluß kommt. Um diese Folgerung zu verstehen, müssen wir kurz auf die Annahmen der drei Autoren eingehen, ehe wir ihr Gedankenexperiment ausführlicher beschreiben.

Wir haben über die Annahme der objektiven Realität gesprochen, wonach die Welt in einem definierten Zustand existiert. Bohr in seiner Kopenhagener Interpretation und die meisten Physiker erkannten, daß diese Annahme in der Quantentheorie unzulässig ist, aber Einstein und seine Mitarbeiter dachten, man habe vielleicht voreilig abgestritten, daß vielleicht doch mindestens ein paar meßbare Eigenschaften der Mikrowelt objektive Bedeutung aufwiesen. Sie glaubten, daß in einem vernünftigen Realitätsbegriff die Objektivität nicht völlig verworfen werden dürfe; deshalb war die Objektivität die erste Annahme des EPR-Teams.

Einstein war, wie wir wissen, mit dem Indeterminismus der Quantentheorie nicht einverstanden. Aber das war nicht der entscheidende Grund dafür, daß er das in dieser Theorie enthaltene Bild von der Wirklichkeit nicht akzeptieren konnte. Ein physikalisches Grundprinzip, das er stets noch höher gehalten hatte als den Determinismus, ist das Prinzip der örtlichen Kausalität, wonach entfernte Ereignisse ohne Übertragung nicht gleichzeitig lokale Objekte beeinflussen können. In der EPR-Arbeit wurde ohne grundlegende Annahmen über Determinismus oder Indeterminismus gezeigt, daß die Quantentheorie die lokale Kausalität verletzte. Diese Feststellung versetzte die meisten Physiker in Aufregung, denn auch ihnen war das Prinzip von der lokalen Kausalität heilig. Untersuchen wir es etwas näher.

Der lokalen Kausalität liegt folgende Vorstellung zugrunde: Weit entfernt stattfindende Ereignisse können hier befindliche Gegenstände nicht direkt und augenblicklich beeinflussen. Wenn hundert Kilometer von hier ein Feuer ausbricht, kann es sich auf uns hier nicht unmittelbar auswirken. Eine Sekunde nach dem Ausbruch des Brandes ruft uns vielleicht ein Bekannter an und sagt uns, daß es brennt, aber das ist die gewöhnliche Kausalität. Die Nachricht über das Feuer ist uns von einem Bekannten durch ein elektromagnetisches Signal übermittelt worden. Wir können die Kausalität genau definieren, wenn wir uns vorstellen, wir errichteten um ein beliebiges Objekt herum eine imaginäre Oberfläche. Nach dem Prinzip der lokalen Kausalität ist dann alles, was das Objekt beeinflußt, entweder auf örtliche Veränderungen im Zustand des Objekts selbst oder darauf zurückzuführen, daß Energie durch die Oberfläche übertragen wird. Daß dieses von allen Physikern akzeptierte Prinzip den Mittelpunkt unseres Denkens in der Physik bildet, drückt sich in folgenden Bemerkungen Einsteins aus:

»Wenn man fragt, was ungeachtet der Quantenmechanik für die Gedankenwelt der Physik kennzeichnend ist, fällt einem zunächst folgendes auf: In der Physik hängen die Begriffe mit einer realen Außenwelt zusammen... Es ist außerdem für diese physikalischen Objekte charakteristisch, daß man sie sich in einem Raum-Zeit-Kontinuum angeordnet vorstellt. Ein wesentlicher Gesichtspunkt dieser Anordnung der Dinge in der Physik besteht darin, daß sie zu einem bestimmten Zeitpunkt eine voneinander unabhängige Existenz aufzuweisen behaupten, sofern diese Objekte ›in verschiedenen Teilchen des Raums‹ angeordnet sind.«

Das EPR-Team hat mit seiner Definition der Objektivität darauf hingewiesen, daß die Quantentheorie entweder das Prinzip der lokalen Kausalität verletzen oder unvollständig sein mußte. Da niemand ernstlich die Kausalität abschaffen wollte, kam man zu dem Schluß, daß die Quantentheorie wohl unvollständig war. Hier der Gedankengang noch einmal kurz zusammengefaßt:

Zwei Teilchen, nennen wie sie 1 und 2, befinden sich nahe beieinander, und ihre Örter relativ zu einem gemeinsamen Punkt sind durch $q_1$ und $q_2$ gegeben. Wir nehmen an, daß sich die Teilchen bewegen und ihre Impulse $p_1$ und $p_2$ sind. Obwohl nach der Heisenbergschen Unschärferelation $p_1$ und $q_1$ bzw. $p_2$ und $q_2$ nicht gleichzeitig scharf zu messen sind, können wir doch gleichzeitig die Summe der Impulse $p = p_1 + p_2$ und den Abstand zwischen den beiden Teilchen $q = q_1 - q_2$ ohne jede Unschärfe messen. Die beiden Teilchen treten in eine Wechselwirkung miteinander, und dann fliegt Teilchen 2 nach London, und Teilchen 1 bleibt in New York. Diese beiden Orte sind so weit voneinander entfernt, daß man wohl annehmen kann, daß alles, was wir mit Teilchen 1 in New York machen, das Teilchen 2 in London in keiner Weise beeinflußt – das Prinzip der lokalen Kausalität. Da wir wissen, daß der Gesamtimpuls erhalten bleibt, denn er ist vor und nach der Wechselwirkung gleich, wenn wir den Impuls $p_1$ des Teilchens in New York messen, leiten wir durch Abziehen dieser Größe von dem bekannten Gesamtimpuls p genau den Impuls $p_2 = p - p_1$ von Teilchen 2 in London ab. Ebenso können wir durch genaue Messung des Orts $q_1$ des Teilchens in New York den Ort des Teilchens 2 in London dadurch ableiten, daß wir den bekannten Abstand zwischen den Teilchen, $q_2 = q_1 - q$, abziehen. Durch die Messung des Orts $q_1$ des Teilchens in New York stören wir unsere vorherige Messung seines Impulses $p_1$, ändern jedoch dadurch (wenn wir an die lokale Kausalität glauben) den Impuls $p_2$ nicht, den wir eben für das weit entfernt in London befindliche Teilchen abgeleitet haben. Wir haben also sowohl den Impuls $p_2$ als auch den Ort $q_2$ des Teilchens in London ohne jegliche Unschärfe abgeleitet. Nach dem Heisenbergschen Unschärfeprinzip ist es jedoch unmöglich, sowohl den Ort als auch den Impuls eines einzelnen Teilchens scharf zu bestimmen. Durch die Annahme der lokalen Kausalität haben wir etwas nach der Quantentheorie Unmögliches getan. Die Quantentheorie scheint zu fordern, daß wir durch die Messung von Teilchen 1 in New York gleichzeitig das weit weg in London befindliche Teilchen 2 beeinflußt haben. Auf der Grundlage dieser Überlegung kamen EPR zu dem Schluß, daß wir entweder zugeben, daß die Quantentheorie solche »Geisterfernwirkungen« zuläßt, die das Kausalitätsprinzip verletzen oder daß sie unvollständig ist und es tatsächlich eine Möglichkeit gibt, sowohl den Ort als auch den Impuls gleichzeitig zu messen. Da nur wenige Physiker die Existenz solcher »telepathischen Mittel« einräumen wollen, sollten wir alle den Schluß akzeptieren, daß die Quantentheorie unvollständig ist.

Der EPR-Artikel erregte unter den Physikern und Philosophen große Aufregung. Das Vertrauen in die gewohnte Interpretation der Quantenrealität war erschüttert. Niemand hatte vorher diese Fernwirkungen herausgearbeitet, die in der gewöhnlichen Quantentheorie versteckt waren. Hatten Einstein und seine Mitarbeiter mit ihrem Schluß recht, daß die Quantentheorie noch nicht das letzte Wort über die Realität sein konnte? Wo steckte ihr Trugschluß? Es gibt keinen Trugschluß. Es besteht jedoch im Gedankenexperiment von EPR eine Annahme, die noch ausführlicher erläutert werden muß. In der Darstellung wird davon ausgegangen, daß die Eigenschaften des Teilchens 2, beispielsweise sein Ort und sein Impuls in London, eine objektive Existenz aufweisen, ohne daß sie überhaupt gemessen worden sind. Das EPR-Team leitete diese Eigenschaften rein durch Messungen am Teilchen 1 unter der Annahme ab, daß sie objektive Bedeutung aufwiesen. Dann kamen sie zu dem Schluß, daß die Fernwirkung gegeben sein mußte, wenn die Quantentheorie stimmte. Diese Schlußfolgerung von EPR ist richtig.

Es gibt aber auch eine andere Deutung dieses Versuchs, nämlich die Kopenhagener Interpretation, die abstreitet, daß eine Objektivität der Welt existiert, ohne daß man sie tatsächlich mißt. Bohr, der diese Ansicht vertrat, behauptete, daß Ort und Impuls des Teilchens 2 keine objektive Bedeutung aufwiesen, solange man sie nicht direkt maß. Wenn solche Messungen durchgeführt werden, gehorchen sie den Heisenbergschen Unschärferelationen in Übereinstimmung mit der Quantentheorie. Damit kommt man um die Schlußfolgerung solcher Fernwirkungen, augenblicklicher nichtlokaler Wechselwirkungen, herum. Einstein konnte im Gegensatz zu Bohr die Vorstellung einer vom Beobachter geschaffenen Realität nie akzeptieren. Er zeigte statt dessen, daß es nicht-lokale Effekte geben mußte, wenn die Realität objektiv und die Quantentheorie vollständig war. Da er eine Verletzung der Kausalität nicht hinnehmen konnte, schloß Einstein, daß die Quantentheorie unvollständig war.

Über dreißig Jahre lang diskutieren die Physiker über die Schlußfolgerungen aus dem EPR-Artikel. Vielleicht steckte hinter der Quantenrealität noch eine andere Realität verborgen? Um diese Frage anzugehen, tat John Bell, ein theoretischer Physiker bei

CERN in der Nähe von Genf, 1965 den nächsten Schritt auf dem Weg zur Quantenrealität. In seiner Arbeit berief er sich nicht auf den Formalismus der Quantentheorie, sondern gleich auf das Experiment. Er schlug ein echtes Experiment, keinen Gedankenversuch vor. Bell zeigte, daß die Art Unvollständigkeit der Quantentheorie, wie sie sich EPR ausgedacht hatten, nicht möglich war. Es gab nur zwei physikalische Interpretationen von Bells Experiment: Entweder war die Welt nicht-objektiv und existierte nicht in einem definierten Zustand, oder sie war nicht-lokal mit augenblicklicher Fernwirkung. Jetzt können Sie sich selbst aussuchen, welche Eigenart Ihnen mehr zusagt.

In Bells Arbeit ging es um die Frage der versteckten Variablen, also die Vorstellung, daß die gewohnte Quantentheorie noch unvollständig ist und es eine hypothetische Subquantentheorie gibt, die zusätzliche physikalische Angaben über den Zustand der Welt in Form dieser neuen versteckten Variablen liefert. Wenn die Physiker diese Variablen kennten, könnten sie das Ergebnis einer bestimmten Messung (nicht nur die Wahrscheinlichkeiten verschiedener Ergebnisse) vorhersagen und sogar den Impuls und den Ort von Teilchen gleichzeitig bestimmen. Eine solche Subquantentheorie würde tatsächlich den Determinismus und die Objektivität wiederherstellen. Wenn wir uns die Realität wie ein Kartenspiel vorstellen, dann sagt die Quantentheorie lediglich die Wahrscheinlichkeit verschiedener gegebener Karten voraus. Wenn es verborgene Variablen gäbe, wäre das so, als guckte man in das Kartenspiel und sagte voraus, welche einzelnen Karten jeder einzelne Spieler in der Hand hält.

Wenn die gewohnte Quantentheorie experimentell stimmt, ist damit jede Subquantentheorie versteckter Variablen und einer versteckten Realität ausgeschlossen. Der Mathematiker von Neumann konnte beweisen, daß es solche Variablen, die sich hinter dem Schleier der Quantenrealität verbargen, gar nicht geben konnte, und wegen dieses Beweises dachten die Leute nicht weiter über versteckte Variablen nach. Von Neumanns Beweis war logisch einwandfrei, aber Bell zeigte als erster, daß eine der Annahmen von Neumanns für die Quantentheorie nicht galt, und damit war der ganze Beweis hinfällig. Ob nach der Quantentheorie versteckte Variablen und eine kausale Realität zulässig sind, war nach wie vor ungeklärt. Dieser Frage wandte sich Bell als nächstes zu.

Bell wollte herausfinden, wie die Quantenwelt aussieht, wenn es wirklich örtliche versteckte Variablen gibt; das Wort »örtlich« ist dabei wichtig. Örtliche versteckte Variablen beziehen sich auf physikalische Größen, die örtlich den Zustand eines Objekts innerhalb einer imaginären Oberfläche bestimmen. Im Gegensatz dazu könnten nicht-örtliche versteckte Variablen augenblicklich durch Ereignisse auf der anderen Seite des Universums verändert werden. Die Annahme, daß versteckte Variablen »örtlich« sind, ist die Annahme der örtlichen Kausalität. Mit Hilfe dieser Annahme leitete Bell eine mathematische Formel, eine Ungleichung ab, die experimentell überprüft werden konnte. Das Experiment ist mindestens ein halbes Dutzendmal unabhängig voneinander durchgeführt worden, und Bells Ungleichung wurde, zusammen mit der ihr zugrundeliegenden wichtigsten Annahme der lokalen Kausalität, verletzt. Es sah so aus, als sei die Welt nicht örtlich kausal! Wir werden diesen erstaunlichen Befund nachher noch näher unter die Lupe nehmen, wollen aber zunächst Bells Experiment genauer beschreiben. Jemand hat einmal gesagt, Gott stecke im Detail, und wenn wir uns die Einzelheiten näher ansehen, erkennen wir in dem Experiment ein bemerkenswertes Kunststück des würfelnden Gottes.

Bells Ungleichung gilt für eine große Gruppe von Quantenexperimenten. Ehe man sie in der Quantenwelt anwendet, sollte man erst einmal die Ungleichung für ein rein klassisches, vorstellbares Experiment ableiten. In diesem klassischen Versuch gibt es keine Quanteneigenart, ebenso wie es eine Quanteneigenart bei dem Maschinengewehr nicht gab, das auf die beiden Löcher feuerte. Bells Ungleichung wird zunächst für ein Experiment der klassischen Physik abgeleitet, weil alle Annahmen bei dieser Ableitung explizit erkennbar sind. Es gibt in einem klassischen System keine »versteckten« Variablen; alle Karten liegen auf dem Tisch.

Stellen wir uns eine spezielle Nagelkanone vor, die jeweils zwei Nägel gleichzeitig in einer festgelegten Linie in entgegengesetzter Richtung abfeuert. Im Gegensatz zu den meisten Nagelkanonen, die Nägel wie Pfeile abschießen, feuert diese Maschine sie quer ab; ein Paar Nägel fliegt so aus der Kanone heraus, daß ihre Längsachse jeweils senkrecht zur Bewegungsrichtung steht. Obwohl jeder Nagel in einem Paar dieselbe Orientierung aufweist, haben nacheinander abgefeuerte unterschiedliche Paare vollständig zufällige Ausrichtungen zueinander. Der Grund für diese merkwürdigen Vorbedingungen zeigt sich gleich, wenn wir uns ein entsprechendes Quantensystem vorstellen.

Die fliegenden Nägel werden auf zwei Metallplatten, A und B, gerichtet, von denen jede einen breiten Schlitz aufweist. Diese Schlitze verhalten sich wie echte Polarisatoren, also wie Einrichtungen, die Gegenstände mit einer bestimmten Orientierung durch-

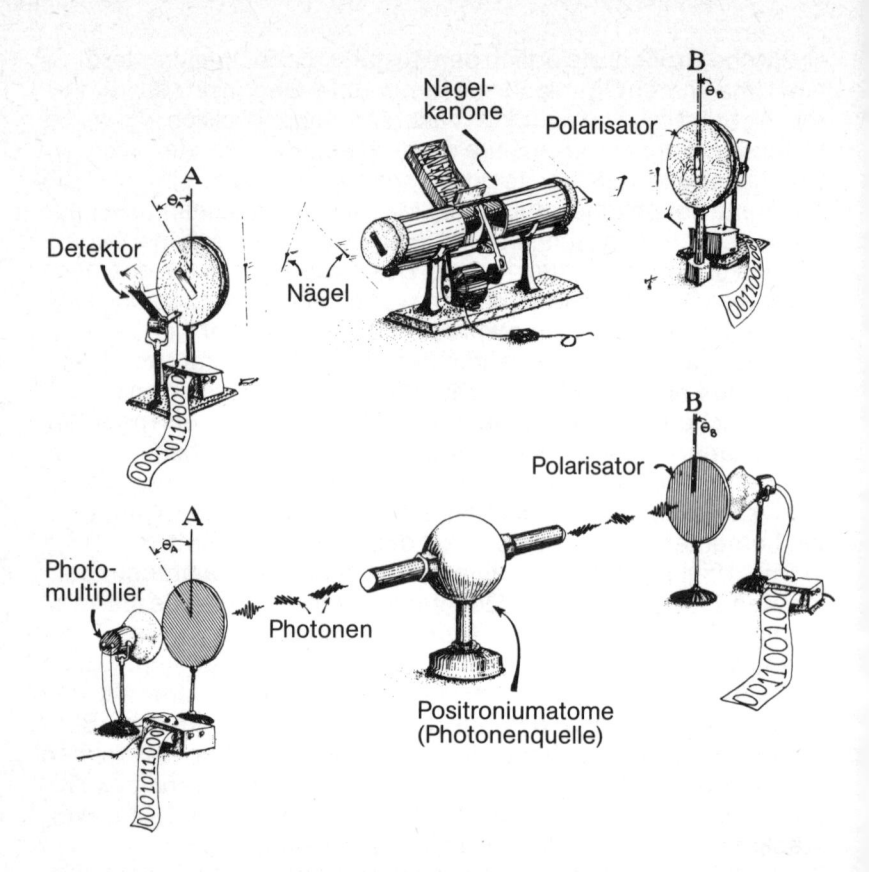

Bells Experiment: die Nagelkanone und die Positroniumquelle korrelierter Photonenpaare. Wenn die Nägel oder Photonen richtig orientiert sind, gehen sie durch die entsprechenden Polarisatoren in A und B und werden nachgewiesen. Treffer werden mit 1, Fehlschüsse mit 0 bezeichnet. Der Winkel $\Theta = \Theta_A - \Theta_B$ ist der relative Winkel zwischen den Polarisatoren bei A und B.

lassen, den Durchgang identischer, nur anders ausgerichteter Objekte jedoch blockieren. So lassen z. B. polarisierte Sonnenbrillen Lichtwellen durch, die in einer senkrechten Orientierung schwingen, sperren aber Licht, das waagerecht schwingt. Da das meiste reflektierte Licht im Gegensatz zum direkten Licht waagerecht schwingt, mindern polarisierte Sonnenbrillengläser die Blendwirkung. Wir nennen diese Schlitze hier Polarisatoren, weil sie nur fliegende Nägel durchlassen, die mit der Ausrichtung des Schlitzes übereinstimmen, aber alle anderen abhalten. Wir können die Orientierung der Polarisatoren im Verlauf des Experiments verändern. An den Flächen A und B stehen zwei Beobachter, die aufschreiben, welche Nägel durchfliegen und welche nicht. Wenn ein Nagel durch den Schlitz fliegt, wird ein Treffer als 1, wenn er nicht durchfliegt, ein Fehlschuß als 0 aufgezeichnet.

Zuerst sind beide Polarisatoren in derselben Richtung orientiert, wenn die Kanone ihre Nagelpaare abfeuert. Da beide Nägel in einem Nagelpaar genau dieselbe Ausrichtung aufweisen und die Polarisatoren bei A und B ebenfalls gleich stehen, geht jeder Nagel eines Paares entweder durch den Schlitz oder bleibt hängen; die Treffer und die Fehlschüsse sind also bei A und B genau korreliert. Die Aufzeichnung bei A und B sieht dann vielleicht so aus:

A: 0100011001000010110100110010110001000100...
B: 0100011001000010110100110010110001000100...

Jede Folge von Nullen und Einsen ist zufallsbestimmt, denn die Kanone feuert die Nagelpaare in Zufallsrichtungen ab. Beachten Sie aber, daß die beiden Zufallssequenzen genau korrelieren.

Als nächstes wird der relative Winkel zwischen den beiden Polarisatoren verändert, indem der Schlitz bei A um den kleinen Winkel Θ nach rechts gedreht wird, während B als Standard unverändert bleibt. Mit dieser Konfiguration fliegt nun ein Nagel eines Paares manchmal durch A, bleibt aber an B hängen und umgekehrt. Die Treffer und die Fehlschüsse bei A und B sind nicht mehr genau korreliert, aber da die Schlitze breit sind, können immer noch zwei Treffer erzielt werden. Der Schrieb sieht dann etwa so aus:

A: 0001011000101011100011110010110010100100...
    ↕  ↕        ↕   ↕
B: 0011001000101011100011010010010010100100...

Dabei sind die nicht übereinstimmenden Stellen angezeigt. Wir können sie »Fehler« nennen, denn man kann sie als Fehler im Schrieb von A relativ zu B bezeichnen, wobei B der Standard ist. Im oben gezeigten Beispiel hatten wir vier Fehler in 40; die Fehlerrate $E(\Theta)$ für den bei Θ eingestellten Winkel $E(\Theta)$ ist also gleich 10%.

Nehmen wir an, wir hätten den Polarisator bei A nicht verstellt, aber den Polarisator bei B um den Winkel Θ entgegen dem Uhrzeigersinn gedreht. Jetzt können wir sagen, daß sich die »Fehler« im Schrieb für B finden, während A den Standard bildet. Die Fehlerrate ist natürlich dieselbe wie vorher, $E(\Theta) = 10\%$, weil die Anordnung dieselbe ist.

Im letzten Schritt wird der Polarisator bei A um den Winkel $\Theta$ im Uhrzeigersinn gedreht, so daß der gesamte relative Winkel zwischen den beiden Polarisatoren jetzt auf $2\Theta$ verdoppelt wird. Wie groß ist die Fehlerrate für diese neue Konfiguration? Das ist leicht zu beantworten, wenn wir annehmen, daß die Fehler bei A von der Situation bei B unabhängig sind und umgekehrt. Bei dieser Annahme gehen wir von einer lokalen Kausalität aus. Was hat schließlich ein Nagel, der durch seinen Polarisator bei A geht, mit der Situation bei B zu tun? Da die bei B erzeugten Fehler vorher $E(\Theta)$ betrugen, müssen wir jetzt die Fehler dazuzählen, die durch die Drehung des Polarisators bei A entstanden sind, also noch einmal $E(\Theta)$. Es sieht so aus, als ob die Fehlerrate bei der neuen Einstellung die Summe der beiden unabhängigen Fehlerraten ist, also $E(\Theta) + E(\Theta) = 2E(\Theta)$. Durch Verschiebung von A um den kleinen Winkel $\Theta$ haben wir jedoch den Standardschrieb für die Aufzeichnung bei B verloren, und ebenso haben wir durch die Verschiebung von B den Standard für A verloren. Das heißt, daß gelegentlich bei A ebenso wie bei B ein Fehler entsteht, also ein doppelter Fehler. Ein doppelter Fehler wird aber als überhaupt kein Fehler nachgewiesen. Nehmen wir als Beispiel an, daß ein Nagelpaar eine 1 und eine 1 bei A und B ausgelöst hat, wenn die Polarisatoren völlig gleich stehen. Aber weil der Polarisator bei A verstellt worden ist, geht dieser Nagel daneben, und eine 0 wird registriert. Das zeigt sich als Fehler. Aber da wir auch den Polarisator bei B verstellt haben, kann unter Umständen der Nagel auch dort danebengehen. Das ist ein Doppelfehler, bei dem zwei Treffer, eine 1 und eine 1, zu zwei Fehlschüssen werden, einer 0 und einer 0. Diese beiden Fehlschüsse werden als kein Fehler erkannt. Weil ein Doppelfehler nicht nachzuweisen ist, muß die Fehlerrate $E(\Theta)$ bei einem Winkel von $2\Theta$ zwischen den beiden Polarisatoren zwangsläufig niedriger als die Summe der Fehlerraten für jede getrennte Verstellung sein. Das wird mathematisch durch folgende Formel ausgedrückt:

$$E(2\Theta) \leq 2E(\Theta),$$

und das ist Bells Ungleichung.

Wenn dieses sonderbare Experiment durchgeführt werden würde, genügte es sicherlich Bells Ungleichung. Bei einem Winkel von $2\Theta$ sähe der Schrieb vielleicht so aus:

A: 00101100111110001010101001111010111101000...
    ↕     ↕ ↕             ↕     ↕ ↕

B: 00101000110111001010101001101010110011100...

Das sind sechs Fehler in vierzig, so daß $E(2\Theta) = 15\,\% \leq 2 \cdot 10\,\% = 20\,\%$. Bells Ungleichung wird für dieses Experiment der klassischen Physik erfüllt.

Untersuchen wir jetzt die entscheidenden Annahmen etwas näher, die bei der Ableitung der Bellschen Ungleichung eine Rolle spielen. Wir sind davon ausgegangen, daß die Nägel echte Objekte sind, die durch den Raum fliegen und die Orientierung der Nagelpaare gleich ist. Wir beobachten in Wirklichkeit aber gar nicht, daß die Nägel wirklich eine bestimmte Orientierung aufweisen, weil sie so schnell an uns vorbeifliegen. Für Nägel scheint diese Annahme aber gesichert zu sein, obwohl wir uns hier eher eine erträumte Objektivität geschaffen haben. Wir nehmen an, daß die Nägel so wie normale Steine, Tische und Stühle existieren. Stellen wir uns vor, wir seien der Beobachter bei A. Dann nehmen wir an, daß ein auf B zufliegender Nagel, auch wenn B auf dem Mond liegt, eine definierte Orientierung aufweist. Die Vorstellung, daß Dinge in einem definierten Zustand existieren, auch wenn wir sie nicht beobachten, ist die Annahme der Objektivität – und der klassischen Physik.

Die zweite entscheidende Annahme bei der Ableitung der Bellschen Ungleichung bestand darin, daß die bei A und B erzeugten Fehler völlig unabhängig voneinander sind. Durch die Verstellung des Polarisators bei A haben wir die physikalische Situation bei B nicht beeinflußt und umgekehrt – die Annahme der lokalen Kausalität.

Diese beiden Annahmen, Objektivität und lokale Kausalität, sind für die Ableitung der Bellschen Ungleichung entscheidend. Was passiert, wenn wir jetzt fliegende Nägel durch Photonen, also Lichtteilchen, ersetzen?

Statt einer Nagelkanone verwenden wir als Teilchenquelle Positroniumatome. Das Positroniumatom besteht aus einem einzigen, an ein Positron (Antielektron) gebundenen Elektron und zerfällt manchmal in zwei Photonen, die sich in entgegengesetzte Richtungen bewegen. Das wichtige Merkmal dieses Positroniumzerfalls liegt darin, daß die beiden Photonen genau zueinander korrelierte Polarisationen aufweisen, wie vorhin die fliegenden Nägel. Die Polarisation eines Photons ist die Orientierung seiner Schwingung im Raum. Wenn ein Photon in einer Richtung polarisiert ist, ist das in entgegengesetzter Richtung davonfliegende andere Photon in derselben Richtung polarisiert. Die absolute Polarisationsrichtung der beiden korrelierten Photonen ändert sich zufällig von Zerfall zu Zerfall, aber die Polarisierung innerhalb eines Photonenpaars liegt fest. Das ist das wichtige Kennzeichen dieser Quelle; sie entspricht also der Nagelkanone.

Die Photonen fliegen in entgegengesetzter Richtung davon und durchlaufen getrennte Polarisatoren bei A und B, die weit voneinander entfernt sind und bei denen Beobachter stehen. Hinter den Polarisatoren befinden sich Photomultiplierröhren, die einzelne Photonen nachweisen können. Wenn eine Photomultiplierröhre ein Photon nachweist, wird dieses Ereignis mit einer 1 bezeichnet, und wenn es kein Photon nachweist, wird für das Ereignis eine 0 vermerkt. In der ersten Anordnung sind die beiden Polarisatoren bei A und B perfekt aufeinander eingestellt. Jetzt soll der Polarisator bei B unverändert bleiben, während sich der Polarisator bei A frei drehen kann, und wir nennen den relativen Winkel zwischen den beiden Polarisatoren $\Theta$, so daß in dieser Ausgangskonfiguration $\Theta = 0$.

Wenn ein Photon auf den Polarisator trifft, geht es mit einer bestimmten Wahrscheinlichkeit durch und wird nachgewiesen. Ist das Photon zufällig parallel zum Polarisator ausgerichtet, so gelangt es bis zum Detektor, und eine 1 wird aufgezeichnet. Ist es jedoch senkrecht zum Polarisator polarisiert, so kommt es nicht durch, und eine 0 wird registriert. Bei anderen Orientierungen besteht nur eine Wahrscheinlichkeit für seinen Durchgang.

Die Polarisation der Photonen gegenüber dem Polarisator ist völlig zufallsbestimmt; jeder Detektor zeichnet deshalb in der ersten Konfiguration mit $\Theta = 0$ eine Reihe von Nullen und Einsen auf, die vielleicht so aussieht:

A: 011010110000101101011100110001011110...
B: 011010110000101101011100110001011110...

Das ist dem Schrieb der Nagelkanone sehr ähnlich. Die Reihen sind identisch, weil jedes Photonenpaar gleich polarisiert und der Winkel zwischen den Polarisatoren 0 ist. Außerdem enthält jede Reihe im Durchschnitt die gleiche Anzahl von Nullen und Einsen, denn ein Photon dringt mit der gleichen Wahrscheinlichkeit durch den Polarisator bis zum Detektor vor, wie es nicht bis dorthin gelangt.

Als nächstes drehen wir den Polarisator bei A ein kleines bißchen, so daß der Winkel $\Theta$ nicht mehr 0 ist. Wir setzen $\Theta = 25°$. Diese geringe Verstellung bedeutet, daß die Photonen in jedem Paar mit etwas unterschiedlicher Wahrscheinlichkeit durch den Polarisator gehen und nachgewiesen werden. Die Reihen sind also nicht mehr genau identisch, sondern weichen gelegentlich voneinander ab. Aber im Durchschnitt haben beide Reihen bei A oder B immer noch die gleiche Anzahl von Nullen und Einsen, weil die Wahrscheinlichkeit des Durchgangs durch den Polarisator unabhängig von dessen Orientierung ist. Die neue Reihe sieht so aus:

A: 0010111011000111110110100111000101011100…
   ↕ ↕          ↕       ↕
B: 0110011011000111010110100110000101011100…

Wir haben dabei die Stellen angezeichnet, an denen keine Übereinstimmung herrscht. In diesem Beispiel liegt die Fehlerrate bei $E(\Theta) = 10\%$, denn wir haben hier vier Fehler bei vierzig Nachweisvorgängen.

Bis jetzt ähnelt dieser Versuch mit Photonen dem Versuch mit den Nägeln. Photonen verhalten sich genauso wie die ohne weiteres vorstellbaren Experimente mit den fliegenden Nägeln. Wenn wir davon ausgehen, daß der Polarisationszustand der Photonen bei A und B objektiv ist (Objektivitätsannahme) und daß das, was man bei A mißt, die Ereignisse bei B nicht beeinflußt (Annahme der lokalen Kausalität), dann müßte für dieses Experiment auch Bells Ungleichung gelten, $E(2\Theta) \leq 2E(\Theta)$. Verdoppeln wir den Winkel $2\Theta = 50°$, so ergibt sich folgender Schrieb:

A: 10001110011001101110011111101101010000100…
   ↕↕   ↕ ↕   ↕↕↕    ↕      ↕ ↕↕↕
B: 11101111010001110010011101101101010101010…

Das sind 12 Fehler in 40, also ist $E(2\Theta) = 30\%$. Vergleichen wir dieses Ergebnis mit der Forderung in Bells Ungleichung. Da $E(\Theta) = 10\%$, haben wir $2E(\Theta) = 20\%$; Bells Ungleichung schreibt aber vor, daß $E(2\Theta) \leq 2E(\Theta)$, so daß 30% weniger als 20% sein muß; das ist völlig falsch, denn 30% ist mehr als 20%. Wir schließen daraus, daß die Bellsche Ungleichung durch dieses Experiment verletzt wird, wie es auch bei wirklichen Experimenten mit Photonen der Fall ist. Folglich ist entweder die Annahme der Objektivität oder die der Lokalität falsch, oder beide Annahmen sind falsch. Das ist höchst bemerkenswert.

Wir haben das Experiment und Bells Ungleichung etwas ausführlicher beschrieben, weil beide grundlegend sind und die Crux der

Quanteneigenart gut beschreiben. Bell wollte eine Möglichkeit finden, festzustellen, ob es draußen in der Welt der Steine, Tische und Stühle versteckte Variablen gibt. Er wies nach, daß die Verletzung der Ungleichung durch die Quantentheorie nicht zwangsläufig eine durch versteckte Variablen beschriebene objektive Welt ausschließt, die von diesen dargestellte Realität jedoch nicht-lokal sein muß. Hinter der Quantenrealität könnte also eine durch diese versteckten Variablen beschriebene andere Realität verborgen sein, und in dieser Realität gäbe es dann Einflüsse, die sich augenblicklich ohne erkennbare Übertragung beliebig weit bewegen könnten. Man kann die Quantenwelt für objektiv halten, wie es Einstein wollte, aber dann muß man nicht-lokale Einflüsse annehmen, und das würden Einstein und die meisten Physiker niemals akzeptieren.

Um ein Gefühl dafür zu bekommen, wie die Objektivität auch die Nichtlokalität einschließt, vergleichen wir einmal die Schriebe für die Winkel $\Theta = 25°$ und $\Theta = 50°$. Bei der 50°-Einstellung liegen einfach zuviele Fehler (12) im Vergleich zu den Fehlern (4) für die Einstellung bei 25° vor. Wir müssen durch die Bewegung des Polarisators bei A die Polarisation der Photonen, die in B hätten nachgewiesen werden sollen, irgendwie beeinflußt haben, und das hat die vielen zusätzlichen Fehler erzeugt, die die Bellsche Ungleichung verletzen. Der Beobachter B könnte sich auf der Erde, A einige Lichtjahre weiter weg auf einer anderen Galaxie befinden. Durch die Bewegung des Polarisators scheint A ein Signal auszusenden, das schneller als mit Lichtgeschwindigkeit läuft und damit augenblicklich die Aufzeichnung von B verändert. Das sieht tatsächlich wie Fernwirkung und das Ende der Lokalität aus.

Jetzt, da wir wissen, worauf wir uns eingelassen haben, wollen wir das noch etwas genauer untersuchen. Beide Möglichkeiten, die nicht-objektive oder die nicht-lokale Realität, sind nur schwer hinzunehmen. Einige populärwissenschaftliche Autoren, die Bells Arbeit vor kurzem allgemeinverständlich darstellen wollten, haben an dieser Stelle behauptet, die Telepathie oder die mystische Vorstellung seien bestätigt worden, daß alle Teile des Universums gleichzeitig miteinander in Verbindung stehen. Andere sagen, das bedeute eine Kommunikation, die schneller als mit Lichtgeschwindigkeit ablaufe. Das ist Unsinn; die Quantentheorie und Bells Ungleichung lassen keine solchen Schlüsse zu. Wer so etwas behauptet, ersetzt Verstand durch Wunschdenken. Wenn wir Bells Experiment ganz genau untersuchen, sehen wir einen kleinen Trick des würfelnden Gottes, der tatsächliche nicht-lokale Einflüsse ausschaltet. Immer wenn wir meinen, endlich etwas Eigenartigem auf die Spur gekommen zu sein, beispielsweise den akausalen Einflüssen, entgleitet es uns sofort wieder. Die Glätte der Quantenrealität zeigt sich hier erneut.

Bohr hätte gleich eine andere Deutung der Verletzung von Bells Ungleichung im Versuch zur Hand. Um zu schließen, daß die Photonen nicht-lokalen Einflüssen ausgesetzt waren, haben wir uns vorgestellt, daß sie in einem definierten Zustand existieren. Bohr würde uns auffordern, diese Annahme zu verifizieren. Wenn wir bestätigen können, daß die Photonen tatsächlich in einem definierten Polarisationszustand existieren und diesen Zustand nicht verändern, dann müssen wir aus Bells Versuch folgern, daß wir wirklich nicht-lokale Einflüsse haben.

Bei den fliegenden Nägeln ist die Bestätigung leicht zu erbringen: Wir bauen eine Hochgeschwindigkeitskamera auf und nehmen die Nägel auf, wenn sie an den Polarisatoren ankommen. Ihr Zustand wird dadurch nicht gestört. Aber das Experiment mit den fliegenden Nägeln hat ja die Bellsche Ungleichung auch nicht so verletzt wie das Experiment mit den Photonen.

Wenn wir jetzt versuchen, den Polarisationszustand eines Photons zu verifizieren, merken wir, daß dies nicht ohne Änderung der Forderung möglich ist, daß beide Photonen in einem Photonenpaar dieselbe Polarisation aufweisen. Wenn wir die Polarisation eines Photons messen, versetzen wir es in einen definierten Zustand; damit verändern sich jedoch die Ausgangsbedingungen des Experiments. Das ist genau dieselbe Schwierigkeit, die wir bei dem Zwei-Löcher-Experiment mit dem Elektron hatten: Mit Hilfe von Lichtstrahlen hatten wir beobachtet, durch welches Loch das Elektron ging und dabei das nachgewiesene Muster verändert. Ähnlich verändert die Feststellung des objektiven Zustands des Photons die Bedingungen, unter denen Bells Ungleichung abgeleitet wurde. Der Versuch, die Objektivitätsannahme experimentell zu bestätigen, hat zur Folge, daß die Versuchsbedingungen gerade so geändert werden, daß wir die Verletzung der Bellschen Ungleichung nicht mehr zu dem Schluß heranziehen können, daß es nicht-lokale Einflüsse gibt.

Nehmen wir deshalb an, daß wir den Zustand der fliegenden Photonen nicht verifizieren wollen. Wir haben schließlich Aufzeichnungen über die Treffer und Fehlschüsse bei A und B, und sie sind Teil der makroskopischen Welt der Tabellen, Stühle und Katzen und sind gewiß objektiv. Kann der Beobachter bei B diese Aufzeichnungen nicht lesen, feststellen, daß Bells Ungleichung verletzt wird und daraus schließen, daß auch die lokale Kausalität verletzt worden ist? Leider nicht, denn der würfelnde Gott kann uns hier etwas vormachen. Erinnern wir uns: Die Photonenquelle sendet Photonen in Paaren mit zufallsbestimmter Polarisation aus. Die Aufzeichnungen bei A und B sind also ohne Rücksicht auf den jeweiligen Winkel völlig zufällige Sequenzen von Nullen und Einsen. Und gerade das bringt uns wieder von der Schlußfolgerung realer nicht-lokaler Einflüsse ab.

Man kann sich zuerst vorstellen, daß man durch die Veränderung des Polarisators bei A die Anzahl der bei B hervorgerufenen Fehler direkt beeinflußt hat. Deshalb könnte B durch Verstellen des Polarisators von A auf verschiedene Einstellungen in einer Folge von Bewegungen und durch Beobachtungen der Änderungen in der bei B erzeugten Fehlerzahl eine Nachricht von A bekommen, ein Telegramm, das die Kausalität verletzen würde. Aber auf diesem Weg können schlechterdings keine Informationen von A nach B übertragen werden, denn wenn man einen einzigen Schrieb der Ereignisse bei A oder B in der Hand hätte, wäre das wie eine streng geheime Nachricht in einem Zufallscode; man würde sie niemals erhalten. Weil die Sequenzen bei A und B immer völlig zufallsbestimmt sind, besteht keine Möglichkeit einer Kommunikation zwischen A und B. So vermeidet der würfelnde Gott die tatsächliche Nicht-Lokalität; er mischt das Kartenspiel der Natur immer wieder neu.

Die Zufallsstereogramme, über die wir schon gesprochen haben, zeigen diesen Trick. Jede Hälfte des Stereogramms ist völlig zufallsbestimmt, aber die beiden Zufallsfolgen von Punkten können beim Vergleich nicht-zufällige Informationen liefern. Diese Informationen stecken in der durch den Vergleich der beiden Folgen erzielten Kreuzkorrelation. Genauso ist es mit den Aufzeichnungen bei A und B. Die Angaben über den relativen Winkel zwischen den Polarisatoren bei A und B stecken in der Kreuzkorrelation der beiden Aufzeichnungen, jedoch in keiner der Aufzeichnungen allein. Wenn der Polarisatorwinkel verstellt wird, bedeutet das lediglich, daß eine Zufallsfolge zu einer anderen Zufallsfolge verändert wird, und darüber kann man keinen Aufschluß gewinnen, wenn man sich nur eine Aufzeichnung ansieht. Weil derartige Zufallsprozesse in der Natur tatsächlich ablaufen, wie z. B. in diesem Experiment, kommen wir um die Schlußfolgerung einer realen Nicht-Lokalität herum.

Mit welch elegantem Trick hat es die Natur fertiggebracht, reale nicht-lokale Einflüsse zu vermeiden! Wenn wir uns überlegen, was in unserem Universum unverändert bliebe, wenn sich das ganze Universum zufällig änderte, wäre dies die Zufallsfolge. Eine zufällig veränderte Zufallsfolge bleibt immer zufällig – ein Durcheinander bleibt ein Durcheinander. Die Zufallsfolgen bei A und B verhalten sich genauso. Aber wenn man diese Folgen vergleicht, sieht man, daß die Verstellung der Polarisatoren etwas verändert hat: Die Information steckt in der Kreuzkorrelation, und nicht in den einzelnen Aufzeichnungen. Und diese Kreuzkorrelation wird durch die Quantentheorie vollkommen vorhergesagt.

Wir schließen daraus, daß Bells Experiment keine tatsächlichen nicht-lokalen Einflüsse bedingt, auch wenn wir die Objektivität der Mikrowelt annehmen. Allerdings ist aus ihm zu folgern, daß man die Kreuzkorrelation von zwei Zufallsfolgen von Ereignissen auf entgegengesetzten Seiten der Galaxie im Augenblick verändern kann. Die Kreuzkorrelation von zwei Mengen weit auseinanderliegender Ereignisse ist jedoch kein lokales Objekt, und die vielleicht darin steckenden Informationen können nicht dazu herangezogen werden, das Prinzip der lokalen Kausalität zu verletzen.

Mit Bells Ungleichung und dem EPR-Experiment sind wir schon tief in die Quanteneigenart eingedrungen. Um zu sehen, welche Realität wir uns mit diesen Experimenten verschaffen können, wollen wir uns jetzt auf den Realitätenmarkt begeben.

# 13. Der Realitätenmarkt

> *Das wahre Geheimnis ist das Sichtbare, nicht das Unsichtbare.*
>
> Oscar Wilde

Wir nähern uns dem Ende unseres Weges in die Quantenrealität. Der Weg geht von hier vielleicht noch weiter in die Zukunft der Physik; vielleicht werden auch noch neue Erkenntnisse über die Quantentheorie gewonnen. Die Quantentheorie ist unter Umständen experimentell falsch oder unvollständig; diese Möglichkeit ist logisch nicht von der Hand zu weisen. Ohne Zweifel gibt es auf dem Weg zur Quantenrealität noch unglaubliche Dinge zu entdecken. Aber da wir keine Deutung der Quantentheorie haben und auch nicht wissen, ob sie experimentell scheitert, endet der Weg für uns an einem Rastplatz. Hier finden wir eine Art Markt, einen Realitätenmarkt.

Auf diesem Realitätenmarkt gibt es viele Läden; in jedem steht ein Kaufmann, der uns seine Fassung der physikalischen Realität verkaufen will. Der Markt ist aber so aufgebaut, daß wir uns mit unserem Geld nur eine Realität kaufen können; es herrscht also starke Konkurrenz. Wir sind anspruchsvolle Käufer, denn wir wissen jetzt etwas über das Zwei-Löcher-Experiment, den EPR-Versuch und das Bellsche Experiment, die Arbeiten über die Quantenlogik und Schrödingers Katze. Die Verkäufer in den Läden wissen das auch, und über die eigentlichen Versuche sind sich auch alle einig. Nur ihre Interpretation im Hinblick auf die physikalische Wirklichkeit wird hier angeboten. Aber über diese Deutung des Experiments entscheidet nicht das Experiment. Um als Käufer Realitäten zu unterscheiden, müssen wir andere Kriterien zu Hilfe nehmen, z.B. die Knappheit an Annahmen, den potentiellen empirischen Gehalt und den persönlichen Geschmack. Der Läden sind viele, aber wir brauchen uns nur in einem mit den besten Waren umzusehen. Wir gehen hinein und hören uns die Verkaufsgespräche an.

Der erste Laden ist ein Zelt ganz am Rande des Markts und trägt das Schild »Viele Universen zu verkaufen« – eine unwiderstehliche Aufforderung. Der Verkäufer im Laden erklärt, daß es aus all diesen Problemen der Quantentheorie einen einfachen Ausweg gibt. Er weist darauf hin, daß unser ganzes Denken über die Quantenrealität auf einer versteckten Annahme beruht: Es gibt nur eine Realität. »Wenn Sie sich immer noch überlegen«, fährt er fort, »in welches Loch das Elektron ›wirklich‹ gegangen ist oder ob Schrödingers Katze tot ist oder lebt, stellen Sie sich doch einfach vor, daß sich das ganze Universum in jedem Augenblick in eine unendliche Vielzahl von Universen aufspaltet. Alle diese Quanten-Niemandsländer werden real. In einigen davon geht das Elektron durch Loch 1, in anderen durch Loch 2. Die verschiedenen Universen stehen untereinander nicht in Verbindung, so daß Gegensätze gar nicht möglich sind. Die Realität ist die Unendlichkeit aller dieser Universen in einem ›Superraum‹, der sie alle umschließt. Man kann sich vorstellen, daß die unglaublichsten Dinge in diesen anderen Universen ablaufen. Alles, was passieren kann, passiert auch. In manchen Universen sind manche von uns noch nicht einmal geboren und können sich deshalb über die Quantenrealität auch keine Gedanken machen. Denken Sie nicht weiter darüber nach, warum unser Universum existiert oder solche Dinge wie das Leben auf der Erde aufweist; unser Universum ist nur eines in einer unendlichen Vielzahl, und es ist zufällig so geraten, wie wir es vorfinden. Sonst wären wir ja nicht hier und könnten diese Frage nicht stellen.«

»Aber«, erkundigt sich einer unserer Freunde, »sind nicht diese Multi-Realität und dieser Superraum alles nur eine Riesenphantasterei, die von der Quantentheorie zwar nicht streng ausgeschlossen, aber auch nicht gefordert wird? Sie reden von allen diesen anderen Welten, als ob sie wirklich wären; dabei können wir doch nur diese Welt, in der wir leben, überhaupt je kennen. Und selbst wenn wir Ihre Viele-Welten-Interpretation der Quantentheorie akzeptieren, wissen wir immer noch nicht, ob die anderen Welten von unserer wirklich so verschieden sind. Vielleicht hängen verschiedene Welten so zusammen wie die verschiedenen Konfigurationen von Molekülen in einem Gas; jede Konfiguration ist von den meisten anderen grundverschieden, aber es kommt eigentlich nur darauf an, daß das Gas als Ganzes für alle diese verschiedenen Molekülkonfigurationen fast gleich aussieht. Und hat nicht der Physiker John Wheeler, der diese Viele-Welten-Ansicht mit entwickelt hat, sie schließlich wieder verworfen, weil sie nach seinen Worten ›zuviel metaphysisches Gepäck‹ erfordert hätte? Ich kann das Bild von den vielen Welten nicht widerlegen«, schloß unser Freund,

»aber gerade deshalb interessiert es mich als Physiker überhaupt nicht.«

Der Verkäufer läßt den Kopf hängen, als unsere Gruppe sein Zelt wieder verläßt. »Wollen Sie mich nicht wenigstens zu Ende anhören?« fragt er.

»Vielleicht in einer anderen Welt«, sagt unser kritischer Freund, »in dieser jedenfalls nicht mehr.«

Der nächste Laden, auf den wir stoßen, ist der Quantenlogikladen. Der Verkäufer will uns davon überzeugen, daß die Quantenrealität gar nicht mehr merkwürdig aussieht, wenn wir seine »Quantenlogik« kaufen und die Boolesche Logik der gewöhnlichen Sprache aufgeben. Die Quantenlogik entspricht nicht der Booleschen Logik, Worte wie »und« und »entweder...oder« bedeuten hier etwas anderes. Der Verkäufer im Quantenlogikladen erklärt uns, die Quantenwelt sehe deshalb so eigenartig aus, weil wir nicht richtig über sie nachdenken; unsere Grammatik ist falsch, und ihre gewöhnliche Logik gilt in der Quantenwelt nicht. Im Laden gibt es ein paar Demonstrationscomputer und künstliche Intelligenzen, die so geschaltet sind, daß sie nicht in der Booleschen Logik, sondern quantenlogisch denken. Solche Intelligenzen finden die Quantenwelt »natürlich« und überhaupt nicht eigenartig, und das ist schon sehr eindrucksvoll.

Die Quantenlogik wirft die interessante Frage auf, wie man die richtige Logik bestimmt, mit der man über die physikalische Welt nachdenken muß. Die Logik wird zu einem empirischen Problem, so wie vorher die Geometrie von Raum und Zeit beim Aufkommen der allgemeinen Relativität zu einem empirischen Problem geworden ist. Wir haben aus der allgemeinen Relativität gelernt, daß die Welt in Wirklichkeit nicht-euklidisch ist. Diese Lehre der Quantentheorie kann man so deuten, als sei die Logik der physikalischen Welt nicht die Boolesche Logik. Die Logik, die nach allgemeiner Ansicht der Erfahrung vorauszugehen hat, wird empirisch, von unserer Erfahrung abhängig, so wie die Geometrie.

Trotz der überzeugenden Argumente des Verkäufers von Quantenlogik – sie scheint eine so einfache Lösung aller unserer Probleme darzustellen – geben doch die meisten Physiker, wie die meisten Leute, ihre gewohnte Boolesche Denkweise nicht gern auf. Die Physiker müssen nun einmal so denken; die gewohnte Sprache entspricht nur so unserer erlebten Welt. Sie halten die Übernahme einer nicht-Booleschen Quantenlogik für einen Trick, durch den die Quanteneigenart im Verstand statt in der physikalischen Welt verankert wird, wohin sie nach ihrer Meinung gehört.

Einer aus unserer Gruppe meint, die Analogie zwischen der nicht-Booleschen Logik und der nicht-euklidischen Geometrie stimme nicht ganz. Nach der allgemeinen Relativität ist die Geometrie des Raums in einem Gravitationsfeld nicht-euklidisch; das ist richtig. Doch bei schwachen Schwerefeldern wird der Raum fast zum gewöhnlichen, flachen euklidischen Raum. Aber so funktioniert die Logik nicht; hier geht es um alles oder nichts; wenn man die eine Logik akzeptiert, muß man die andere verwerfen. Sobald man sich entschlossen hat, sein Konzept von der physikalischen Welt nach einem bestimmten logischen System einzurichten, muß man dieses, sei es ein Boolesches oder ein nicht-Boolesches System, auf die ganze Welt anwenden.

Wir verlassen den Quantenlogikladen wieder und treffen am Ausgang ein paar Leute, die Quantenlogik gekauft haben. Die Ärmsten waren von der Merkwürdigkeit der Quantenwelt so mitgenommen, daß sie ihr Gehirn auf nicht-Boolesche Logik umbauen ließen. Das war ein großer Fehler, denn mit Hilfe der Quantenlogik können sie weder ihre persönlichen Dinge regeln noch finanzielle Transaktionen vornehmen. Wenn wir ihnen etwas über das Zwei-Löcher-Experiment erzählen, lachen sie nur; vom Problem selbst haben sie keine Vorstellung mehr. Jetzt sehen wir, wo bei der Quantenlogik der Haken liegt: Sie ist restriktiver als die normale Boolesche Logik. Man kann mit der Quantenlogik nicht so viel beweisen, und deshalb verspürt man auch in der physikalischen Welt keinerlei Eigenart. Die allgemeine Einführung der Quantenlogik wäre gleichbedeutend mit der Erfindung einer neuen Logik, mit der behauptet werden soll, daß die Erde flach ist, obwohl gleichzeitig alle Beweise dafür sprechen, daß sie rund ist. Mit Hilfe der neuen Logik könnten wir diese Beweise so deuten, daß wir die Erde als »flach« bezeichnen könnten. Manche Leute haben das tatsächlich versucht. Aber diese Änderung in unserer Logik forderte wohl doch einen zu hohen Preis.

Uns fällt auf, daß der Verkäufer im Quantenlogikladen sein Gehirn nicht umgestellt hat. Er braucht ja die gewöhnliche Logik, um uns davon zu überzeugen, daß die Quantenlogik die Antwort auf die Quanteneigenart ist. Wir gehen also wieder auf den Weg zur Realität hinaus, und unser Gehirn ist noch intakt.

Als nächstes sehen wir zwei nebeneinanderliegende Läden. Hier herrscht das größte Gedränge auf dem ganzen Markt, denn es sind der Lokalrealitätenladen und der Objektivrealitätenladen, zwei direkte Konkurrenten. Manche Leute kaufen in einem Laden nur, weil sie wissen, daß sie damit die im anderen Laden verkaufte Realität, eine Realität, die sie nicht hinnehmen können, bewußt ablehnen. Wir entschließen uns für den Objektivrealitätenladen, gehen hinein, und der Verkäufer fängt mit seinen Anpreisungen an.

»Die Grundlage der Physik«, so tönt er, »ja sogar die ganze Naturwissenschaft beruht auf der Existenz einer objektiven Realität, einer Welt von Objekten, die unabhängig davon existiert, ob wir sie kennen. Was auf dem Mond, weiter unten in der Straße oder hinter Ihrem Rücken passiert, sollte nicht davon abhängen, ob Sie es beobachten oder nicht. Die Mikrowelt muß auch objektiv sein, denn wie können wir sonst behaupten, wir hätten eine Wissenschaft von dieser Welt? Wenn Sie die Objektivität der Welt leugnen, sofern Sie sie nicht beobachten und bewußt wahrnehmen, dann landen Sie beim Solipsismus, bei der Überzeugung, daß Ihr Bewußtsein das einzige ist. Keine Wissenschaft kann den Solipsimus ernstnehmen. Aber Sie müssen es, wenn Sie die Objektivität der Mikrowelt nicht akzeptieren.

Wenn man die Objektivität der Mikrowelt hinnimmt, ist das kein Schritt zurück in die klassische Physik. Einstein hat das gewußt. Es bedeutet lediglich, daß die Quantentheorie unvollständig ist und wir eines Tages entdecken werden, wie wir über die Quantentheorie hinauskommen. Vielleicht liegen jenseits der Quantenrealität versteckte Variablen, die den Determinismus wiederherstellen, wenn wir sie erst erkannt haben. Dann werden wir merken, daß unser Bedarf an statistischen Verfahren nur ein Artefakt unserer Unkenntnis über eine fundamentalere Theorie ist. Neue Welten können sich uns erschließen, wenn wir erst sehen, wie die Natur die Karten gemischt hat.«

Während der Kaufmann in seiner Rede weiterhin an unseren Verstand appelliert, bearbeiten einige seiner weniger seriösen Kollegen gläubige Zuhörer in der Menge. Wir bekommen zufällig mit, wie einer von ihnen in einer Ecke einem bekannten Okkultisten zusetzt. »Haben Sie gewußt, daß Sie, wenn Sie Objektivrealität kaufen, die lokal kausale Realität aufgeben müssen? Ist das nicht toll? Nach den experimentellen Befunden der Quantentheorie müssen also auch nicht-lokale augenblickliche Interaktionen existieren, etwas wie Telepathie.«

»Das weiß ich schon lange«, sagt der Okkultist. »Es amüsiert mich eigentlich, daß die materialistischen Wissenschaftler so lange gebraucht haben, bis ihnen diese alte Wahrheit über die Realität aufgegangen ist. Alles, was sie materielle Realität nennen, wird durch nicht-materielle Kräfte augenblicklich miteinander verbunden. Alles im Universum ist mit allem anderen verknüpft, die Realität ist nicht-lokal und akausal. Das wissen wir sehr gut, denn wir haben uns immer an die Tradition von Hermes Trismegistus, dem alten Zauberer, gehalten. Mit ihren eigenen langsamen Methoden haben die Wissenschaftler erst jetzt das akausale Universum entdeckt. Aber jetzt ist nicht die Zeit zur selbstgerechten Genugtuung. Die Quantenphysiker und die Okkultisten sollten sich zusammenschließen und die große Aufgabe anpacken, die neue Realität zu erforschen.«

Viele Leute aus der Menge drängen sich in die Ladenecke, um diesen Dialog mit anzuhören. Uns wird sofort klar, daß der Verkäufer und der Okkultist zusammen arbeiten und versuchen, all denen eine Realität aufzuschwätzen, die das Bizarre und Unglaubliche in der Wissenschaft verkörpert sehen wollen. Viele wirklich gläubige Menschen oder Menschen mit einem Hang zur Mystik haben sich zu solchen Gedanken schon immer hingezogen gefühlt. Aber das hier ist ein abgekartetes Spiel: Der Kaufmann appelliert an die skeptischen Wissenschaftler, während seine Kollegen die Nichtwissenschaftler bearbeiten.

In einer Ecke wird es laut; ein Verkäufer aus dem Lokalrealitätenladen macht eine Szene. »Wer Objektivrealität an Leute verkauft, die an Telepathie und ein zusammenhängendes Universum glauben, ist ein Betrüger. Die Quantentheorie, der EPR-Versuch und Bells Experiment sagen überhaupt nichts Derartiges. Das ist alles Unfug! Auch wenn Sie Objektivrealität kaufen wollen, und ich würde es Ihnen nicht raten, brauchen Sie keine Telepathie und keine augenblicklichen Fernwirkungen. Benutzen Sie doch Ihren Verstand, wenn Sie nicht schon gekauft haben, und hören Sie mir einmal aufmerksam zu.« Der Okkultist und sein Kumpan kennen diesen Burschen nur zu gut und versuchen, ihn niederzuschreien. Aber die Menge läßt es nicht zu und hört sich die Argumente des Eindringlings an.

»Nehmen wir für unsere Diskussion nur einmal an, wir akzeptierten die Ansicht des Kaufmanns, daß die Mikroweltrealität objektiv sein muß. Dann trifft auch zu, daß es nicht-lokale Einflüsse gibt, wie seine Verkäufer behaupten. Aber was sind das für nicht-lokale Einflüsse? Denken Sie an unsere Analyse des Bellschen Versuchs mit den Photonen. Es sieht doch so aus, als ob die Verstellung des Polarisators bei A augenblicklich die Situation bei B so beeinflußt, daß mehr Fehler entstehen. Wenn wir annehmen, daß die Photonen objektiv sind und in einem definierten Zustand existieren, dann muß das doch eine Fernwirkung, also eine Verletzung der Kausalität, sein.

Aber in Wirklichkeit stimmt das gar nicht. Wer an solche Akausalität glauben will, ist nichts als ein verkappter Determinist. Um Objektivität und Determinismus in der Welt wiederherzustellen, nehmen sie diese hypothetischen nicht-lokalen Einflüsse, die es überall im Universum geben soll, in Kauf. Das ist nur ein moderner Aufguß der alten Äthertheorie vom absoluten Raum, an die die Physiker geglaubt haben, ehe Einstein die spezielle Relativitätstheorie erfunden hatte. Nach der Äthertheorie war der Raum eine Art Substanz, die wie eine durchsichtige Gelee alles durchdringt. Vielleicht gibt es einen Äther, aber wenn Einstein recht hat, können wir ihn nicht nachweisen. Ockhems Methode, wonach überflüssige Annahmen zu eliminieren sind, ist hier gut zu brauchen. Vergessen Sie getrost, daß es nach der Quantentheorie reale akausale Einflüsse geben soll, und vergessen Sie auch den Äther; beide haben keine experimentellen Konsequenzen.«

»Wollen Sie damit sagen, daß die nicht-lokalen Einflüsse, die aus unserer Annahme hervorgehen, die Photonen und andere Quanten seien objektiv real, nicht bestätigt werden können, wenn die Quantentheorie stimmt?« wollte jemand in der Menge wissen. Ein Seufzer der Enttäuschung ist von denen zu vernehmen, die geglaubt hatten, die Quantentheorie bestätige eine telepathische Kommunikation im ganzen Universum. Der Okkultist hat empört den Laden verlassen. Der neue Redner ist sehr überzeugend und hat sein Publikum völlig in der Hand.

»Genauso ist es« fährt er fort. »In der Quantentheorie sieht es so aus, als gebe es eine sofortige Fernwirkung, und gerade das hat Einstein so beunruhigt. Wenn man in Bells Versuch den Polarisator bei A verstellt, beeinflußt das augenblicklich die Aufzeichnung bei B. Aber ich wiederhole meine Frage: ›Was ist das für ein Einfluß?‹ Obwohl die Aufzeichnung bei B durch die Verstellung des Polarisators bei A beeinflußt wird, kann man das nicht feststellen, indem man sich einfach die Aufzeichnung bei B ansieht. Das liegt daran, daß die Photonenquelle diese Photonen mit zufälliger Polarisation aussendet. Deshalb ist die Aufzeichnung bei A und B, also die Folge von Nullen und Einsen, völlig zufallsbestimmt, gleichgültig wie groß der Winkel $\Theta$ zwischen dem Polarisator bei A und B ist. Eine einzelne Zufallsfolge bei A oder B enthält überhaupt keine Informationen. Eine einzelne Folge ist wie die verschlüsselte Nachricht einer streng geheimen Meldung ohne den Schlüssel zur Entzifferung. Aber die Kreuzkorrelation zwischen den Folgen bei A und B ist nicht zufällig und hängt vom Polarisationswinkel $\Theta$ ab. Bemerkenswerterweise können zwei völlig zufällige Folgen, wie hier bei A und B, nichtzufällige Angaben liefern, wenn man sie miteinander vergleicht.

Weil jedes Muster wirklich zufällig ist, können wir Bells Experiment zum Nachweis wirklicher Nicht-Lokalitäten nicht heranziehen; man kann damit nur eine Art nachträglicher Nicht-Lokalität bestimmen, und selbst das nur, wenn wir die objektive Existenz der Photonen ohne Rücksicht darauf annehmen, ob wir ihren Zustand tatsächlich beobachten. Gerade wegen der Zufälligkeit jeder Aufzeichnung sind wirkliche nicht-lokale Einflüsse oder Fernwirkungen unmöglich. Der würfelnde Gott hat eingegriffen, um die Akausalität zu verhindern. Und jetzt sollten wir alle in den Lokalrealitätenladen gehen, denn dort gibt es eine andere, bessere Betrachtungsweise der Realität.«

»Aber was ist denn die Zufälligkeit?« fragt ein Zwischenrufer aus der Menge. »Sie haben doch reale nicht-lokale Einflüsse ausgeschlossen, weil jede Aufzeichnung wirklich ›zufällig‹ war.«

»Fragen Sie die Mathematiker« lautete die Antwort.

»Die wissen nicht, was Zufälligkeit ist« meint der Zwischenrufer.

»Ich auch nicht« sagt der Verkäufer für Lokalrealitäten. »Aber die wahre Zufälligkeit ist unschlagbar, und das heißt in diesem Fall, daß Sie immer den kürzeren ziehen, wenn Sie versuchen, reale nicht-lokale Einflüsse nachzuweisen. Keine Zufälligkeit geht über die Quantenzufälligkeit.«

Die Menge bewegt sich langsam vom Objektivrealitätenladen in den Lokalrealitätenladen, an der Spitze der Verkäufer, der sich nach seiner Rede in großer Form fühlt. Jemand fragt ihn, warum er die Okkultisten und Pseudowissenschaftler so kritisiert habe; darauf fängt er eine kleine Geschichte an.

»Als ich zehn Jahre alt war, haben mich Zauberkunststücke fasziniert. Ich habe einfache Kartenkunststücke gelernt, Apparate gebaut und Zaubertricks nach Katalog in Versandhäusern gekauft. Auftritte hatte ich bei Geburtstagen von Freunden oder im Urlaub, und ich hatte mir ein ziemlich elegantes Zauberprogramm zusammengestellt. Als Zauberer und Entertainer mußte ich auf das Publikum eingehen. Interessiert haben mich dabei die unterschiedlichen Reaktionen auf meine Zauberkunststücke bei Kindern und bei Erwachsenen. Für die Erwachsenen waren meine Tricks Unterhaltung; sie wollten an der Nase herumgeführt werden. Die Kinder nicht. Sie waren noch nicht soweit, daß sie ihren Glauben vorübergehend aufgeben konnten; sie wollten wissen, wie die Tricks gemacht wurden. Für sie war es keine Unterhaltung, sondern eine Verletzung ihres Vertrauens in die physikalische Realität.

Der wahre Zauberkünstler behauptet nicht, daß er die Gesetze der Physik verletzt; er tut nur so. Aber wenn Pseudowissenschaftler vorgeben, sie hätten umwälzende neue Phänomene entdeckt, die über die heutige physikalische Theorie hinausgehen, wie Telepathie oder das Verbiegen von Metall nur mit den Kräften des Geistes, dann müssen wir, wie die Kinder, darauf bestehen, daß man uns erklärt, wie es gemacht wird, oder wir müssen uns wie die Erwachsenen zurücklehnen und es als Unterhaltung genießen.«

Wie wir den Lokalrealitätenladen betreten, sehen wir, daß er schon mit Physikern und anderen gut gefüllt ist, die der Kopenhagener Interpretation der Quantentheorie nur deshalb anhängen, weil ihre Helden Bohr und Heisenberg sie erfunden haben. Der Verkäufer, der das Gespräch im Laden nebenan gestört und uns hier hereingeführt hat, ist der Chef. Als das Gedränge immer größer wird, fängt er seinen Vortrag an.

»Die Grundlage der Physik«, so beginnt er, »und die ganze Naturwissenschaft hängen vom Prinzip der lokalen Kausalität ab, wonach materielle Ereignisse in einem Raumbereich auf benachbarte materielle Ereignisse zurückzuführen sind. Wie können wir von Wissenschaft sprechen, wenn ein Ereignis auf der anderen Seite des Universums augenblicklich hier und jetzt stattfindende Ereignisse beeinflußt? Die Quantentheorie gehorcht dem Prinzip von der lokalen Kausalität. Wenn wir uns dieses Prinzip zu eigen machen, dann müssen wir uns sehr genau ansehen, was mit Objektivität gemeint ist – die Annahme, daß die Mikrowelt einen definierten Existenzzustand aufweist wie die Makrowelt. Die Wissenschaftler denken immer in Begriffen, die wir als auf die Welt zutreffend kennen, nicht in Begriffen unserer Phantasie. Die Mikrowelt ist aber eine Phantasie, wenn wir sie nicht tatsächlich beobachten. Solange nicht wirklich Messungen durchgeführt werden, kann man nicht einmal von den objektiven Eigenschaften der Dinge reden. Die Physiker akzeptieren das alles, und ich lege Ihnen nahe, es auch zu akzeptieren.«

»Ja, aber bedeutet das denn nicht, daß die Realität vom Beobachter bestimmt wird?« will jemand im Publikum wissen. »Was ist denn das für eine Realität?«

»Das stimmt«, sagt der Verkäufer, »aber wir brauchen uns über die vom Beobachter determinierte Realität nur bei Objekten in Quantengröße Gedanken zu machen. Natürlich beeinflussen Ereignisse auf Quantenebene die makroskopische Welt, das war ja der Sinn des Versuchs mit Schrödingers Katze, und deshalb sieht es so aus, als ob die Quanteneigenart in die Welt der gewöhnlichen Objekte eindringt. Aber damit treibt man die Kopenhagener Interpretation zu weit, denn es besteht ein qualitativer Unterschied zwischen Mikrowelt und Makrowelt: Die Makrowelt kann Informationen speichern, die Mikrowelt nicht. Wir haben am Schluß unserer Diskussion über Schrödingers Katze festgestellt, daß die vom Beobachter bestimmte Realität nur auf Gegenstände von Atomgröße Anwendung findet. Die Realität dieser Objekte ist eine Verteilung von Ereignissen. Durch den Vorgang der Beobachtung verändern wir eine Zufallsverteilung in eine andere Zufallsverteilung. Das kann man wohl kaum eine vom Beobachter bestimmte Realität nennen. Das ist wie bei diesen Aposteln der nicht-lokalen Einflüsse, die schließlich auch nur sagen, daß eine Zufallsfolge in eine andere verwandelt worden ist.«

Ein distinguierter Wissenschaftler in unserer Gruppe erkundigt sich höflich beim Verkäufer, wie man denn absolut sicher wissen kann, ob eine Beobachtung angestellt worden ist, wenn die Beobachtung von zeitlich irreversiblen Abläufen abhängt, die ihrerseits nur statistisch sind – stark, aber eben nicht ganz irreversibel. Ehe der Verkäufer antworten kann, ruft ihm jemand eine Frage zu.

»Aber nehmen Sie an, es gibt nur ein Ereignis und keine Folge?« erkundigt sich der Zwischenrufer, der der Menge gefolgt ist. »Nehmen Sie an, es gibt nur ein Ereignis, keine Verteilung von Ereignissen, und dieses eine Ereignis bestimmt, ob die menschliche Rasse am Leben bleibt oder stirbt, nicht bloß eine Katze.«

»Einzelne Quantenereignisse haben in der Quantentheorie keine Bedeutung. Sie ereignen sich zufällig«, sagt der Verkäufer.

»Was ist denn Zufälligkeit?« fragt der Zwischenrufer. Das kennen wir schon. Wir sind jetzt sowieso ganz durcheinander, und im Laden ist es sehr heiß. Wir gehen, als eine neue Auseinandersetzung an Lautstärke zunimmt. Es geht um das Bewußtsein, das die Kopenhagener Interpretation impliziert. Das Ende bekommen wir nicht mehr mit; die frische Luft draußen tut uns gut. Jetzt können wir endlich ein bißchen spazierengehen und wieder einen klaren Kopf bekommen.

Gleich hinter dem Realitätenmarkt ist ein kühler Park; dort sitzt auf einer Bank ein alter Mann und raucht Pfeife; er sieht freundlich und vertrauenerweckend aus. »Haben Sie schon eine Realität gekauft?« fragen wir.

»Nein, noch nicht; ich werde es wohl auch nicht tun«, antwortet er mit einem starken dänischen Akzent. »Ich habe lange darüber nachgedacht und bin bei Gesprächen mit Einstein zu einigen Schlußfolgerungen gekommen.«

»Wo ist denn Einstein jetzt? Welche Realität hat er gekauft?« fragen wir den alten Herrn.

»Einstein ist schon lange vom Realitätenmarkt weggegangen und hat mir sein Geld dagelassen. Er wollte es nicht; er ist auf dem

Weg ein Stück weitergewandert, so wie er in seiner Jugend auf Wanderschaft war. Ich weiß nicht, was er dort gefunden hat. Vielleicht gar nichts. Ich selbst habe mich mit der Quantenrealität arrangiert.

Es gibt keine Quantenwelt wie die gewohnte Welt der vertrauten Objekte, der Tische und Stühle, und wir sollten sie auch nicht weiter suchen. Die Gegebenheiten in der Mikrowelt, also die Elektronen, Protonen und Photonen, existieren zwar, aber manche ihrer Eigenschaften, selbst so grundlegende Eigenschaften wie z. B. der Ort, existieren nur auf Zufallsbasis. Vor der Erfindung der Quantentheorie konnten sich die Physiker die Welt in deren Objekten vorstellen, unabhängig davon, wie sie die Existenz der Welt kannten. In der Quantenrealität gibt es auch Dinge, die quantenähnlichen Elektronen und Photonen, aber zusammen mit jener Welt gibt es auch eine Informationsstruktur, die sich schließlich darin äußert, wie wir über die Quantenrealität sprechen. Die Quantenmeßtheorie ist eine Informationstheorie. Die Quantenwelt hat sich in das zurückgezogen, was wir darüber erfahren können; was wir darüber erfahren können, muß aber aus tatsächlichen Versuchsanordnungen kommen. Eine andere Möglichkeit gibt es nicht.

Eines weiß ich gewiß: Die Quantenrealität ist nicht die klassische Realität. Man kann sie in die klassische Realität nicht einbauen. Die Quantentheorie sagt keine einzelnen Ereignisse voraus, wie es die klassische Theorie tut; die beiden Theorien unterscheiden sich logisch voneinander. Aber selbst bei unserem Versuch, herauszuarbeiten, was die Quantenrealität nicht ist, beziehen wir uns immer wieder auf klassische Begriffe wie Objektivität und örtliche Kausalität. Wir haben auch gar keine andere Wahl, denn wir sind makroskopische Wesen und leben in einer klassischen, vorstellbaren Welt, in der diese Begriffe gelten.

Wir können uns die Quantenrealität wie eine verschlossene Schachtel vorstellen, aus der wir Nachrichten empfangen. Wir können uns nach dem Inhalt der Schachtel erkundigen, aber nie wirklich sehen, was in ihr steckt. Wir haben eine Theorie, die Quantentheorie, der Nachrichten gefunden, und sie ist in sich schlüssig. Aber es ist unmöglich, sich den Inhalt der Schachtel vorzustellen. Man kann sich bestenfalls auf die Stellung eines ›unparteiischen Beobachters‹ zurückziehen und nur beschreiben, was wirklich beobachtet wird, ohne irgendwelche Phantasien hineinzuprojizieren. Das ist eine minimalistischer Ansatz gegenüber der Realität, und ich befürworte ihn.

Diese Leute auf dem Realitätenmarkt haben etwas vergessen,

was ich ihnen schon früher erzählt habe. Vielleicht haben sie auch nicht richtig hingehört. Es ist das Komplementaritätsprinzip. Es besagt, daß wir zur Beschreibung der Realität komplementäre Konzepte anführen müssen, die einander ausschließen; sie können nicht beide wahr sein. Aber sie schließen einander nicht nur begrifflich aus, sondern hängen zu ihrer Definition voneinander ab. So kann man z. B. das Männliche und das Weibliche als komplementäre Konzepte betrachten. Wenn Sie sich vorstellen, daß vor Ihrer Geburt eine Geschlechtswahl stattfindet, dann können Sie entweder weiblich oder männlich werden. Aber wenn es auf der Welt nur ein Geschlecht gäbe, gäbe es den Begriff Geschlecht überhaupt nicht; die beiden Begriffe männlich und weiblich definieren einander ebenso, wie sie einander ausschließen. Solche komplementären Konzepte sind verschiedene Bilder von ein und derselben Realität; in diesem Beispiel ist die Realität die Menschheit.

Mein Lieblingsbeispiel für die Komplementarität ist das Bild einer Vase, die aus zwei Profilen besteht, wie sie die Gestaltpsychologen verwenden. Ist es eine Vase, oder sind es zwei Profile? Man kann beides herauslesen, je nachdem, welches Bild die Figur und welches der Hintergrund ist. Aber man kann sie nicht gleichzeitig als beides ansehen. Das ist ein vollkommenes Beispiel für eine vom Beobachter geschaffene Realität; Sie selbst entscheiden darüber, welche Realität Sie sehen wollen. Und doch hängen die Definitionen von Vase und Profil voneinander ab; es gibt nicht eine ohne die andere. Es sind verschiedene Darstellungen derselben Grundrealität – hier einfach ein Stück Papier mit einer Schwarzweißzeichnung.

Jetzt wissen Sie, warum ich nicht auf den Realitätenmarkt gehe. Diese beiden Läden für Objektiv- und Lokalrealitäten werden von zwei Brüdern betrieben, und den übrigen Familienmitgliedern gehören die anderen Läden. Wenn Sie einmal intensiv über Objektivität und Lokalität der Mikrowelt nachdenken, werden Sie feststellen, daß es sich um komplementäre Konzepte in der Quantentheorie handelt, wie bei der Vase und dem Profil. Das hat Bells Experiment sehr schön herausgearbeitet. Wenn Sie sich in Ihrer Phantasie vorstellen, daß die Photonen in einem definierten Zustand existieren, so wie die fliegenden Nägel in einem definierten Zustand existieren, dann erkennen Sie, daß die Realität nicht-lokal sein muß. Aber in dem Augenblick, in dem Sie den gegenwärtigen Zustand eines fliegenden Photons wirklich verifizieren wollen, und das ist so, als wollten Sie reale, akausale, nicht-lokale Einflüsse nachprüfen, müssen Sie die erste Versuchsbedingung stören, derzufolge die beiden Photonenpolarisationen genau korreliert sind. Wenn Sie umgekehrt die strenge lokale Kausalität akzeptieren, haben Sie gar keine andere Wahl, als die Vorstellung von der Objektivität für einzelne Photonen aufzugeben. So gilt das Komplementaritätsprinzip für Bells Experiment.

Makroskopisch haben wir nur die Schriebe bei A und B, und sie sind gewiß im gewohnten Sinn objektiv. Ebenso wie die lebendige oder tote Katze können auch sie nicht gelöscht werden. Aber die Informationen auf diesen Aufzeichnungen können nie dazu dienen, reale nicht-örtliche oder akausale Einflüsse abzuleiten. Ich weiß, daß manche Leute behaupten, wegen der Quantentheorie müßten wir die Objektivität oder Lokalität für die Makrowelt der Tische und Stühle aufgeben. Aber sie haben nicht begriffen, daß sich Makrowelt und Mikrowelt qualitativ voneinander unterscheiden. Es gibt keine makroskopische Quanteneigenart.

Der Streit, ob die Mikrowelt lokal oder objektiv ist, ähnelt dem Streit darüber, ob das Bild eine Vase oder Profile darstellt. Es sind zwei einander ausschließende Beschreibungen derselben Realität. Man muß sich für eine entscheiden, wenn man die Quantenrealität beschreiben will. Aber innerhalb des Rahmens der materiellen Möglichkeiten ist Ihre Realität eine Frage der Wahl. Wenn Ihr Verstand das akzeptiert, ist die Welt nie mehr so wie vorher. Die materielle Welt hat uns diese Denkweise eigentlich aufgezwungen. Darüber muß ich immer wieder nachdenken. Das eigentliche Geheimnis der physikalischen Welt liegt in der Frage, warum es kein Geheimnis gibt – nichts scheint schließlich verborgen zu bleiben. Daß wir die Realität vielleicht nicht immer erkennen, liegt nicht daran, daß sie uns so fern ist, sondern daran, daß wir ihr so nahe sind.«

Diese Sätze interessieren uns, aber die alten Zweifel sind auch noch da. Dem alten Mann zuzuhören, ist auf jeden Fall besser als der ganze Markt. Nach langem Schweigen spricht unser alter Bekannter einen Schlußsatz: »Was die Quantenrealität ist, ist der Realitätenmarkt. Im Haus des würfelnden Gottes gibt es viele Wohnungen. Wir können uns jeweils nur in einem Zimmer auf einmal aufhalten, aber das ganze Haus ist die Realität.«

Er steht auf und geht. Nur der Rauch aus seiner Pfeife bleibt, und dann verschwindet er auch, wie das Grinsen der Edamer Katze.

# Teil II

# Die Reise in die Materie

*Gott hat zur Erschaffung der Welt
herrliche Mathematik verwandt.*
Paul Dirac

# 1. Mikroskope für Materie

*Die Wahrheit gibt es vielleicht gar nicht, ... aber was die Menschen für die Wahrheit gehalten haben, starrt einem überall ins Gesicht und will beachtet werden. Die Architekten im 12. und 13. Jahrhundert sahen die Kirche und das Universum als Wahrheiten an und versuchten, sie in einer Struktur auszudrücken, die endgültig sein sollte.*

Henry Adams, Mont-Saint-Michel and Chartres

Vor einiger Zeit saß ich mit meinem Freund und Kollegen Sidney Coleman zum Abendessen in einem kleinen französischen Restaurant mitten im Jura in der Nähe der Schweizer Grenze. Wir waren zu Besuch bei CERN, dem großen internationalen Kernforschungszentrum gleich hinter der Grenze bei Genf, und wie viele Gastwissenschaftler, so taten auch wir uns an der ausgezeichneten Küche in dieser Gegend gütlich. Die Sommersonne ging unter, Sidney stach in seine Klößchen, nippte an seinem Wein, und wir spekulierten über die Zukunft der Hochenergiephysik.

Riesige Laboratorien, wie CERN, sind in den Vereinigten Staaten, in Europa und in der Sowjetunion errichtet worden. Man untersucht dort den Grundaufbau der Materie. Wichtigster Bestandteil dieser Forschungszentren ist ein großer hohler Ring, durch den Protonen – Quantenteilchen – auf sehr hohe Geschwindigkeiten gebracht werden und dann mit den verschiedensten nuklearen Targets zusammenprallen. Aus den Folgen dieser Zusammenstöße erfahren die Physiker etwas über den Aufbau der Materie.

Sidney und ich waren theoretische Physiker mit dem Ehrgeiz, an einer mathematischen Beschreibung des Grundaufbaus der Materie mitzuarbeiten. Aber bei CERN stellen die theoretischen Physiker, obwohl über hundert an der Zahl, nur einen winzigen Prozentsatz aller Mitarbeiter. In weitaus größerer Zahl wetteifern die Experimentalphysiker aus allen Hochschulen Europas und Amerikas um die Nutzung der Anlagen. Die Maschinenbauer konstruieren und entwickeln die Beschleuniger, während tausende von Technikern die Geräte bauen. Jedes dieser Forschungszentren kostet viele Hundert Millionen Dollar und verbraucht einen erheblichen Prozentsatz der für Grundlagenforschung in diesen Ländern vorgesehenen Mittel. Sidney und ich überlegten uns folgendes: Wo ist denn der Wahlkreis für die Forschung in der Hochenergiephysik? Wen interessiert das? Könnte man Forschungsmittel nicht besser auf Gebieten von unmittelbarer praktischer Zielsetzung ausgeben? Ich glaube, solche Fragen sind nicht in Wirtschaftlichkeitsanalysen zu beantworten. Die Antwort ist meiner Meinung Ausdruck des Vertrauens, das eine Gesellschaft zu ihrer Vorstellung von der Zivilisation hat.

Als theoretische Physiker, die zur Arbeit nichts als Papier und einen Bleistift brauchen, waren Sidney und ich schon von der Größe moderner Hochenergielaboratorien beeindruckt, von den riesigen Versuchshallen voll Geräte, Computer, elektronische Hilfsanlagen und Meßeinrichtungen. Unser Forschungsgebiet war unstreitig »Großforschung« geworden. Aber das war nicht immer so; diese Laboratorien waren auch einmal klein. Uns beunruhigte nur die Vorstellung, daß das letzte und dekadenteste Stadium jeder Entwicklung der Riesenwuchs ist. Wenn einem nicht mehr einfällt, was man besser machen kann, macht man es größer. Die Errichtung der großen Pyramiden in Ägypten kennzeichnete das Ende des alten Königreichs. Immer größere Dome und Tempel wurden gebaut, als die Gläubigen sicher und satt geworden waren. Auch die Dinosaurier waren eine Sackgasse der Evolution: An die Stelle der riesigen Reptilien traten kleine Säugetiere, die mit der Energie sparsam umgingen. Und doch schlagen manche Physiker vor, man solle draußen im Weltraum, wo Schwerkraft und Raum die Größe nicht begrenzen, noch viel größere Beschleuniger bauen. Sind die Laboratorien für Hochenergiephysik zum Aussterben verurteilt wie einst die Dinosaurier? Gibt es eine bessere Möglichkeit, den Feinbau der Materie bis ins kleinste zu untersuchen?

Heute muß die Antwort auf diese Frage noch Nein lauten. Wenn man sich dazu entschlossen hat, die Materie bis in die feinsten Einzelheiten zu erforschen, hat die riesige Größe von Hochenergiebeschleunigern ihren Sinn. Zuerst scheint es, als brauchten wir extrem kleine Instrumente, um die Welt der ganz kleinen Objekte zu untersuchen, aber in Wirklichkeit trifft gerade das Gegenteil zu. Wegen einer seltsamen Eigenschaft der Quantenteilchen sind große Geräte vonnöten. Erinnern Sie sich: Nach der Quantentheorie kann man sich jedes Quantenteilchen, z.B. das Proton oder das Elektron, wie ein kleines Paket von de Broglie-Schrödinger-Wellen vorstellen. Die Wellenlänge eines Teilchens, also der Abstand von einem Wellenberg zum nächsten, ist der Geschwindigkeit des Teilchens umgekehrt proportional. Je schneller sich also ein Teilchen bewegt, um so kürzer ist seine Wellenlänge. Stellt man in einem Hochenergiebeschleuniger einen Strahl aus solchen Teilchen her, so muß das kleinste Objekt, das man mit dem Strahl »sehen« kann, größer als die Wellenlänge sein. Eine Ozeanwelle wird z.B. von einem Schwimmer, der im Vergleich zur Wellenlänge dieser Welle klein ist, nicht beeinflußt, wohl aber von einem großen Schiff; die Welle kann das Schiff »sehen«, den Schwimmer nicht. Die Wellenlänge der Teilchen in einem Strahl ist für die Größenbestimmung des kleinsten Objekts, das man mit diesem Strahl erkennen kann, die kritische Größe. Zum Nachweis immer kleinerer Materieobjekte brauchen wir also immer kürzere Wellenlängen. Diese unerläßlichen Teilchen von kurzer Wellenlänge lassen sich aber nur erzeugen, indem man sie auf sehr hohe Geschwindigkeiten bringt. Und genau diesem Zweck dienen die Hochenergie-Teilchenbeschleuniger.

Ein Hochenergiebeschleuniger ist im Grunde genommen ein Mikroskop, ein Materiemikroskop, mit dem wir die kleinsten uns bekannten Dinge sehen können: die Quanten der Elementarteilchen. Mikroskop und Beschleuniger funktionieren nach demselben Prinzip. In einem gewöhnlichen Tischmikroskop besteht der Strahl aus Lichtpartikeln, Photonen, die von dem Gegenstand gestreut werden, den wir unter dem Mikroskop beobachten wollen. Mit Hilfe von optischen Linsen wird das Licht so gebündelt, daß das Bild aufgelöst und verstärkt wird. Ein gewöhnliches Mikroskop taugt aber nichts, wenn man Gegenstände untersuchen will, die kleiner als die Wellenlänge des sichtbaren Lichts sind. Dazu müssen wir den nächsten Schritt tun und ein Elektronenmikroskop verwenden, das zur Sondierung Elektronen an Stelle der Photonen verwendet, denn die Wellenlänge selbst langsam bewegter Elektronen ist kürzer als die des sichtbaren Lichts. Die Elektronen lassen sich mit magnetischen Linsen fokussieren; diese erzeugen Magnetfelder und lenken damit den Weg der Elektronen ab. Mit dem Elektronenmikroskop und besonderen Untersuchungsmethoden können wir jetzt schon Moleküle sehen. Um den Atomkern betrachten zu können, brauchen wir noch eine andere Technik, müssen die Teilchenstrahlen auf noch höhere Geschwindigkeiten und entsprechend kürzere Wellenlängen beschleunigen. Wie können Physiker den Kern erforschen?

Die Antwort auf diese herausfordernde Frage bildete den bescheidenen Anfang des modernen Hochenergiebeschleunigers. John Cockcroft, ein junger englischer Schüler von Rutherford im Cavendish-Laboratorium in England, regte 1928 an, man könne Protonen in einem elektrostatischen Feld beschleunigen und mit den dabei entstehenden schnellen Protonen den Kern verschiedener Atome beschießen. Theoretische Berechnungen auf der Grundlage der neuen Quantentheorie erwiesen, daß Cockcrofts Protonen die starken abstoßenden elektrischen Felder durchdringen müßten, die wie eine Barriere um den Kern herum wirken. 1932 gelang es Cockcroft in Zusammenarbeit mit E. T. S. Walton, mit seinem Protonenstrahl Kernumwandlungen auszulösen, ein sicheres Anzeichen dafür, daß der Strahl tatsächlich in den Kern eingedrungen war. Die Menschheit hatte den Atomkern berührt.

Anfang der dreißiger Jahre, als Cockcroft seine Versuche in England durchführte, hatte ein energischer junger Amerikaner, Ernest O. Lawrence, zusammen mit seinem Physikerkollegen M. S. Livingston in der kalifornischen Stadt Berkeley mit der Konstruktion eines neuartigen Beschleunigers, des sogenannten Zyklotrons, begonnen. Zyklotrone beschleunigten einen Teilchenstrahl auf einer Kreisbahn und krümmten den Strahlweg mit Magneten; damit war mehr Zeit zur Beschleunigung des Strahls vorhanden. In den ersten Maschinen von Lawrence wurden Protonen von ihrer Quelle aus in einer spiralförmigen Bahn zwischen den Flächen eines großen Elektromagneten nach außen beschleunigt. Wenn die Teilchen die längste Bahn der Spirale erreichten, wiesen sie auch die höchste Energie auf. Zunächst wollte Lawrence nur Teilchen von hoher Geschwindigkeit erzeugen und deren Eigenschaften untersuchen. Als er jedoch von den Arbeiten von Cockcroft und Walton in England hörte, ging ihm auf, daß sein Zyklotron auch einem Zweck diente: Es konnte als Materiemikroskop eingesetzt werden. Lawrence richtete seinen Strahl hochenergetischer Teilchen auf nukleare Targets. Die Arbeiten von Cockcroft, Walton und Lawrence stellen den Beginn der modernen experimentellen Kernphysik dar. Die Energieniveaus der Atomkerne wurden erfaßt.

Die Kreisbeschleuniger von Lawrence hatten einen ungeheuren Erfolg und wurden zum Prototyp aller später gebauten großen Protonenbeschleuniger. Sooft ein Zyklotron mit noch höherer Energie zu bauen war, antwortete der Maschinenbauer Lawrence: »Eine Kleinigkeit.« Die Physiker merkten, daß sie mit dem Zyklotron ein Gerät ähnlich Galileis Fernrohr in der Hand hatten, mit dem sie in einen neuen Bereich der Natur, den subatomaren Mikrokosmos, vordringen konnten. Jenseits des Atoms, jenseits seines Kerns lag unberührtes Land, ungeschautes Territorium. Die Physiker glaubten, daß im Kern der Schlüssel zur Feinstruktur der Materie und zu den Grundgesetzen der Natur lag. Aber sie wußten auch, daß noch höhere Energien erforderlich waren, wenn sie über den Kern und seine Energieniveaus hinausgehen und die Strukturen erkennen wollten, die die Kernkräfte erzeugten. Wiederum mußte die Wellenlänge der als Sonden eingesetzten Teilchen kürzer werden, damit man in die noch kleinere subnukleare Welt vordringen konnte.

Nach dem Zweiten Weltkrieg wandten sich die Physiker erneut der Errichtung immer größerer Teilchenbeschleuniger zu. Viele unter ihnen, die am Manhattan-Projekt, dem Bau der Atombombe, mitgewirkt hatten, waren mit der Durchführung großer Forschungsprojekte unter staatlicher Förderung vertraut geworden. Hochschulprofessoren wurden zu Verwaltungsexperten, und die Symbiose von Staat und wissenschaftlicher Forschung erreichte eine neue Größenordnung. Besonders J. Robert Oppenheimer drängte darauf, die Vereinigten Staaten müßten die wissenschaftliche Forschung auf breiter Basis, nicht nur die Waffenentwicklung, fördern; die Förderung der Grundlagenforschung entspreche den praktischen Notwendigkeiten der nationalen Sicherheit. Das nationale Selbstbewußtsein und der wirtschaftliche Wohlstand in der Nachkriegszeit lieferten die moralische und materielle Unterstützung für die Errichtung neuer und immer größerer Beschleunigerlaboratorien in den Vereinigten Staaten.

1945 und dann wieder 1952 gelangen in der Konstruktion von Beschleunigern wichtige technische Durchbrüche; die Magneten wurden wesentlich kleiner und billiger. Außerdem wußte man, daß man Teilchen theoretisch auf unbegrenzte Energien beschleunigen konnte; man brauchte dazu nur stärkere Magneten. Die erste Beschleunigergeneration, in der diese neuen Konstruktionsprinzipien verwirklicht wurden, waren die sogenannten Synchrozyklotrone und Synchrotrone. Die Gerätebauer, die diese technischen Verfahren entdeckt hatten, waren wie Lawrence von einer Idee besessen; sie wollten Geräte bauen, die die Feinstruktur der Materie entschleiern sollten und nahmen jetzt ihren Platz neben den Experimentalphysikern und den theoretischen Physikern ein. Victor Weisskopf, theoretischer Physiker und eine der großen wissenschaftlichen Autoritäten im MIT, beschrieb die Arbeitsteilung unter den Physikern einmal folgendermaßen:

»Es gibt bekanntlich drei Arten von Physikern, die Gerätebauer, die Experimentalphysiker und die theoretischen Physiker. Vergleichen wir diese drei Gruppen, so sehen wir, daß die Gerätebauer die wichtigsten sind, denn wenn sie nicht wären, könnten wir in diesen Bereich des Kleinen überhaupt nicht vordringen. Wenn wir das mit der Entdeckung Amerikas vergleichen, würde ich sagen, daß die Gerätebauer den Kapitänen und Schiffsbauern entsprechen, die damals die technischen Verfahren entwickelten. Die Experimentalphysiker waren die Burschen auf den Schiffen, die auf die andere Hälfte der Weltkugel gesegelt, auf den neuen Inseln an Land gegangen sind und einfach niedergeschrieben haben, was sie gesehen haben. Die theoretischen Physiker sind die Kollegen, die zu Hause in Madrid geblieben und Kolumbus vorausgesagt haben, daß er in Indien landen wird.«

Als die nächste Beschleunigergeneration, darunter das Cosmotron im Brookhaven National Laboratory auf Long Island, New York, und das Bevatron in Berkeley, Kalifornien, 1952 bzw. 1954 den Betrieb aufnahm, begann die moderne Reise in die Materie. Was diese neuen Materiemikroskope enthüllten, überstieg alle Erwartungen der Physiker bei weitem. Die subnukleare Welt öffnete sich wie ein riesiger, noch auf keiner Karte eingezeichneter Ozean vor den begierigen Experimentalphysikern, die mit ihren Strahlen aus Hochenergieprotonen bis dahin ungesehene Materieformen entdeckten. Diese neue Materie in Form von Hadronen genannten Teilchen war tatsächlich für die Kernkraft verantwortlich. Die Proliferation der Hadronen war allerdings eine unerwartete Entdeckung, denn niemand hatte damit gerechnet, daß es so viele neue Teilchen geben könnte, und niemand wußte so recht, was das alles bedeutete.

Vor der Entdeckung der Hadronen kannten die Physiker nur ein paar Teilchen. Das Elektron und das Proton waren schon seit Anfang des Jahrhunderts bekannt, und 1932 wurde das Neutron als weiterer wichtiger Bestandteil des Kerns entdeckt. Später kam das Pion dazu; es diente als eine Art nuklearer Leim, der Protonen und Neutronen im Kern zusammenhielt. Diese und ein paar weitere Teilchen waren als einzige bekannt, ehe in den fünfziger und sechziger Jahren die Hadronenflut aus den neuen Beschleunigern hervorzudringen begann. Die neuen Hadronen bekamen Namen, beispielsweise Kaon, Rho-Meson und Lambda-Hyperon, und sie wurden mit den Buchstaben des lateinischen und griechischen Alphabets bezeichnet. Aber immer mehr Hadronen wurden entdeckt, und da den Physikern die Buchstaben ausgingen, nahmen sie zu tiefgestellten und hochgestellten Zahlen hinter den Buchstaben Zuflucht, um damit die Hadronen voneinander zu unterscheiden. Es gab so viele Hadronen, daß die theoretischen Physiker schon spekulierten, in Wirklichkeit gebe es eine unendliche Anzahl.

Mit der Proliferation der Hadronen tat sich eine große Schwierigkeit auf: Wie sollte man die Wechselwirkungen zwischen diesen neuen Teilchen genau bestimmen? Beantwortet wurde diese Frage erst 1953 mit der Erfindung der Blasenkammer, einer Einrichtung, die die Identifikation von Elementarteilchen, wie zum Beispiel den Hadronen, sehr erleichterte. Flüssiger Wasserstoff wird in eine Kammer gefüllt und dann durch sehr schnelle Entspannung der Kammer überhitzt. Wenn der flüssige Wasserstoff in diesem Zustand, also knapp über seinem Siedepunkt, von einem durchfliegenden Elementarteilchen gestört wird, bringt die Energie des geladenen Teilchens die Flüssigkeit zum Sieden; die Teilchenbahn ist an einer Linie von Blasen zu erkennen, die das Teilchen hinter sich herzieht, ähnlich den Blasen, die vom Boden eines Bierglases aufsteigen. Dieser Blasenstrom wird photographiert, und aus dem sichtbaren Weg können die Physiker Rückschlüsse auf die Eigenschaften des betreffenden Teilchens ziehen. Das Gerät wirft zwar mitunter große technische Schwierigkeiten auf, aber jetzt konnte man Teilchen direkt identifizieren.

Unter all den Elementarteilchen sind nur das Proton, das Elektron, das Photon und das Neutrino nachweislich stabil. Alle anderen zerfallen schließlich in stabile Teilchen. Einige der neuen Hadronen sind metastabil, d.h. sie leben gerade so lange, daß man ihre Bahnen in der Wasserstoffblasenkammer sehen kann. Die meisten Hadronen sind äußerst instabil und ziehen keine Spuren. Von den wenigen Hadronen, die in der Blasenkammer Bahnspuren hinterlassen, können die Physiker auf die Existenz der höchst instabilen Hadronen schließen. Im folgenden Jahrzehnt wurden mit Hilfe der Blasenkammer viele neue Hadronen entdeckt, die sogenannten Mesonen, Hyperonen, seltsame Teilchen, angeregte Zustände des Neutrons und des Protons, Hyperonresonanzen – ein großer Teil des ganzen Hadronenzoos.

Die Blasenkammer ist ein Beispiel für die neue Technik, die im Bau der Hochenergie-Teilchenbeschleuniger ihren Höhepunkt gefunden hat. Das neue Reich des Mikrokosmos fordert von den Wissenschaftlern die Entwicklung schneller elektronischer Systeme zur Teilchenzählung, neuer Hochvakuumverfahren, Magneten mit superhoher Leistung und vieler anderer ingeniöser Einrichtungen.

Aber was sagen die Hadronen, die vielen tausend neuen Teilchen, die man in den Experimenten beobachtet hat, über die endgültige Struktur der Materie aus? Die neuen Teilchen mußten auf jeden Fall ein neues Materieniveau darstellen. Man hatte erkannt, daß das Proton und das Neutron, die Hauptbestandteile des Kerns, nur zwei Teilchen sind, die sich in ihrer relativen Stabilität von vielen tausenden anderer, weniger stabiler Hadronen unterscheiden. Die Physiker hatten allerdings gehofft, daß man durch den Bau der Materiemikroskope und den Vorstoß bis hin zu den kleinsten Dingen die Materie einfacher, nicht noch komplizierter finden würde. Als immer mehr Hadronen entdeckt wurden, schien sich diese Hoffnung zu zerschlagen. Spielte die Natur den Physikern, die meinten, sie werde ihre Einfachheit offenbaren, wenn man bis zu den kleinsten Abständen vordringe, nur einen Streich?

Schon am Anfang ihrer Reise in die Materie entdeckten die Physiker, daß diese Reise nicht bei den Atomen oder den Atomkernen aufhört, sondern in das riesige Meer der Hadronen führt. Sie stießen auf eine neue Grenze in der Welt der subnuklearen Materie, die ebenso endlos zu sein scheint wie die Grenze des Weltraums. Es ist so, als führen wir über einen riesigen Ozean, dessen Ende in der Dunkelheit verborgen liegt. Können wir mit unserem Schiff schließlich irgendwo anlegen oder sind wir, wie der Fliegende Holländer, dazu verurteilt, ewig weiterzusegeln? Mit der Deutung der Vielzahl von Hadronen und der Schaffung eines sinnvollen Bildes der Natur waren die theoretischen Physiker in den sechziger Jahren beschäftigt. Sie suchten nach der endgültigen Struktur der Materie, nach logischen Möglichkeiten, die mit den Gesetzen der Quantenphysik und den im Experiment gemachten Beobachtungen vereinbar waren. Sie fanden für das Ende der Reise in die Materie nur drei logische Möglichkeiten.

Die erste könnten wir mit dem Begriff »Welten innerhalb von Welten« beschreiben. Sooft wir auf kleinstem Abstand ein neues Materieniveau vorfinden, merken wir, daß die Welt der Materie auch auf diesem Niveau nicht elementar und nicht unteilbar ist. Die Atome galten einst als unteilbar, aber die Physiker haben sie in ihre Teile gespalten. Dann erwies sich, daß diese Teile noch kleinere Teile enthalten, und so ist es in einer endlosen Regression weitergegangen. Die Materieniveaus könnten unerschöpflich sein, und es ist durchaus möglich, daß es gar keine richtigen »Elementar«-Teilchen gibt, sondern alle Teilchen aus noch kleineren Teilchen zusammengesetzt sind.

Es kann aber auch einen »Urgrund« der Materieniveaus geben, also wirkliche Elementarteilchen, die nicht weiter teilbar sind. Alle anderen Teilchen wären dann Zusammensetzungen dieser Elementarteilchen, der letzte physikalische Stoff, ein Halteschild auf der Reise ins noch Kleinere.

Die dritte Möglichkeit nennt man *Bootstrap*-Hypothese nach dem Baron Münchhausen, der sich an den eigenen Stiefeln aus dem Sumpf zog. Nach dieser Hypothese kann es ein Materieniveau geben, das sowohl elementar als auch zusammengesetzt ist; die

Materie »zieht sich vielleicht an den eigenen Stiefeln in eine Existenz«. Dem liegt die Vorstellung zugrunde, daß wir ein Materieniveau erreichen können, für das die Elementarteilchen zusammengesetzt sind. Aber sie bestehen aus Teilchen von derselben Art. Damit wäre der »endlosen« Regression ein Ende gesetzt, denn die Teilchen auf diesem Niveau sind zwar teilbar, aber nicht mehr in neue Teilchenarten. Das ist wie eine Torte: Wenn man sie halbiert, entstehen zwei halbe Torten, die mit der ersten identisch sind. Wie oft man die Torte auch schneidet: Es werden daraus nicht kleinere Teilchen, sondern nur mehr Tortenstücke.

Von diesen drei möglichen Antworten hatten sich die Physiker schon vor unserem Jahrhundert die Theorie der Welten innerhalb von Welten und die Möglichkeit eines Urgrundes überlegt. Die Theorie à la Münchhausen ergab eigentlich erst nach den neuen physikalischen Gesetzen der Quantentheorie und der Relativitätstheorie in diesem Jahrhundert einen Sinn. Diesen Theorien zufolge veränderte sich die Vorstellung vom Teilchen, und damit wurde die *Bootstrap*-Hypothese zu einer physikalischen Möglichkeit – Teilchen konnten sowohl zusammengesetzt als auch elementar sein, eine bis dahin undenkbare Möglichkeit. Daraus lernen wir, daß die Suche nach dem letzten Aufbau der Materie von den Gesetzen der Physik abhängt. Je weiter wir in immer kleinere Bereiche vordringen, um so mehr ändern sich wahrscheinlich die Gesetze der Physik, und neue Szenarien für den Aufbau der Materie werden vorstellbar.

Als Anfang der sechziger Jahre immer neue Hadronen entdeckt wurden, neigten viele Physiker der *Bootstrap*-Hypothese zu, denn sie bedeutete, daß alle diese verwirrenden Hadronen eigentlich aus sich selbst hervorgingen, so daß es nach den Hadronen nichts mehr gab. Wenn man Hadronen zusammenwarf, wie es in den Hochenergiebeschleunigern geschah, dann zeigten sich in den Bruchstücken nur weitere Hadronen, aber niemals etwas, das man als noch elementarere Teilchen hätte bezeichnen können. Wenn man ein Hadron zerschneidet, bekommt man nur weitere Hadronen. Vielleicht war die riesige Anzahl von Hadronen in Wirklichkeit ein Zeichen dafür, daß die Physiker am Ende ihrer Reise in die Materie angelangt waren.

So attraktiv die *Bootstrap*-Hypothese auch ist, hat sie doch heute an Glaubwürdigkeit verloren. Die meisten Physiker halten die Hadronen für zusammengesetzte Objekte, die aus noch fundamentaleren Teilchen, den sogenannten Quarks, bestehen. Woher rührt dieser Wechsel in den Anschauungen?

Anfang der sechziger Jahre entdeckten theoretische Physiker

**Welten innerhalb von Welten**

**Urgrund**

**Bootstrap**

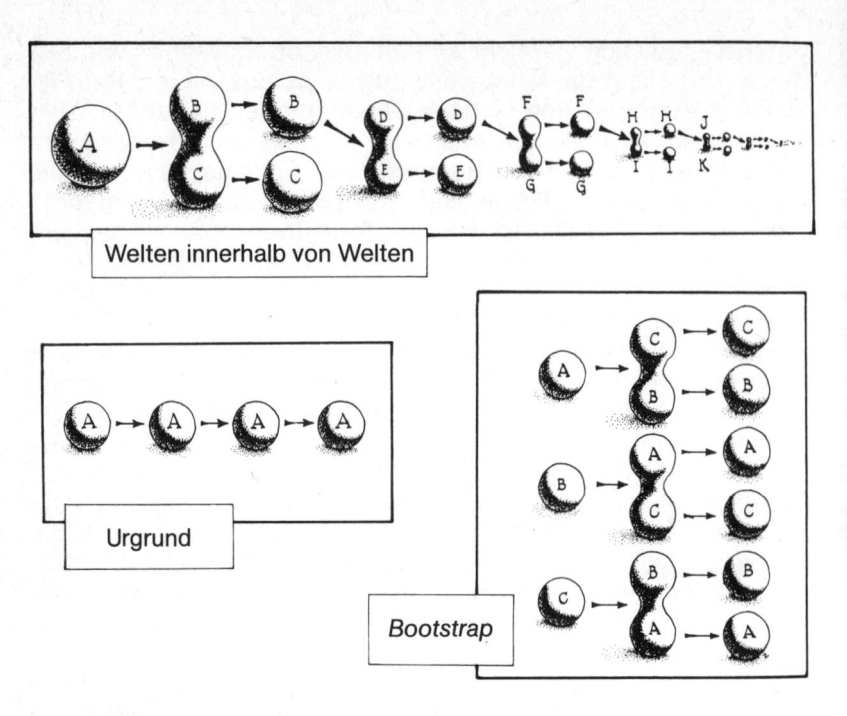

Drei Szenarien für die Reise in die Materie. Welten innerhalb von Welten: Die Teilchen sind unendlich oft in andere, immer kleinere Teilchen aufteilbar. Urgrund: Ein Materieniveau wird erreicht, dessen weitere Unterteilung nicht mehr möglich ist – ein wirkliches Elementarteilchen. *Bootstrap*: Die Teilchen lassen sich weiter unterteilen, aber dabei entstehen nur immer wieder die Teilchen, mit denen man angefangen hatte.

unter der Leitung von Murray Gell-Mann, daß die Hadronen Familien bildeten. Dieses Organisationsprinzip nannte man den achtfachen Weg.* Es beruhte auf einer mathematischen Symmetrie und stellte höchst erfolgreich eine Korrelation zwischen den im Experiment beobachteten Eigenschaften der Hadronen her. Wie der achtfache Weg funktionierte, war leicht zu verstehen, wenn man von der Annahme ausging, daß die Hadronen in Wirklichkeit aus neuen, klei-

---

* Der ursprüngliche »achtfache Weg« stammt aus einem Buddha zugeschriebenen Aphorismus: »Nun ist dies, o Mönche, die edle Wahrheit, die den Schmerz zum Stillstand bringt: dies ist der edle achtfache Weg, nämlich richtige Ansichten, richtige Absicht, richtige Rede, richtiges Handeln, richtiges Leben, richtiges Bemühen, richtiges Nachdenken, richtige Konzentration.«

neren Teilchen, den Quarks, bestanden, von denen nur drei zum Aufbau aller Hadronen erforderlich waren. Jedes Hadron konnte man sich so vorstellen, als bestehe es aus einigen Quarks, die einander in einer bestimmten Anordnung in Bahnen umkreisen. Da die Quarks in einer unendlichen Vielzahl verschiedener Konfigurationen kreisen konnten, gab es eine unendliche Anzahl von Hadronen. Dieses Quarkmodell hatten sich die theoretischen Physiker ausgedacht, um die Kompliziertheit der Hadronen zu vereinfachen, und das ist ihnen auch gelungen. Aber noch niemand hatte je ein Quark gesehen. Damit entstand die zentrale Frage: Wo waren die Quarks, und wie konnte man das Quarkmodell experimentell bestätigen?

Noch bevor sich die theoretischen Physiker die Existenz von Quarks vorgestellt hatten, hatten Experimentalphysiker an der Stanford-Universität Beweise dafür gefunden, daß das Proton, das erste bekannte Hadron, kein punktförmiges Teilchen ohne räumliche Ausdehnung sein konnte, sondern durchaus ein Raumvolumen einnahm; es war wie eine kleine Kugel, nicht wie ein mathematischer Punkt. Sie richteten einen Strahl hochenergetischer Elektronen auf ein Protonentarget und schlossen aus den Folgen dieser Stöße, daß das Proton (und damit auch alle Hadronen) eine definierte Struktur und räumliche Ausdehnung aufwiesen. Mit der Klugheit dessen, der die Verhältnisse rückblickend betrachtet, sehen wir heute in dieser Entdeckung den ersten Fingerzeig darauf, daß die Hadronen keine Elementarteilchen waren.

Auf Grund dieser Ergebnisse wurde Mitte der sechziger Jahre in der Nähe der Stanford-Universität eine noch viel größere Ausführung dieses Elektronenbeschleunigers errichtet. Hier führten Physiker die entscheidenden Experimente durch, die die Vorstellung bestätigten, daß die Hadronen aus neuen, winzigen Teilchen, den Quarks, bestanden. Die neue Maschine ist über drei Kilometer lang und befindet sich im Stanford Linear Accelerator Center (SLAC). Ihre Konstruktion unterscheidet sich grundsätzlich von derjenigen der Synchrotrone, weil die Maschine nicht einmal einen Ring aufweist. Sie besteht statt dessen aus einem über drei Kilometer langen, geraden Vakuumrohr, in dem Elektronen beschleunigt werden. Die Energie wird den Elektronen über eine Reihe von Klystrons zugeführt, Geräten, die Mikrowellenenergie in Form elektromagnetischer Wellen in regelmäßigen Abständen in das Rohr hineinpumpen. Die gebündelten Elektronen sausen auf der so gebildeten elektromagnetischen Welle das drei Kilometer lange Rohr hinunter wie ein Surfer auf einer Ozeanwelle. Am Ende ihrer Reise haben sie eine ungeheure Energie aufgenommen und stoßen dann im Experimentierbereich mit einer Vielzahl von Targets zusammen.

Die Kritiker dieser Konstruktion meinten, die Elektronen, die ja primär elektromagnetische Wechselwirkungen zeigten, könnten nie etwas über den Aufbau von Hadronen aussagen und behaupteten felsenfest, man brauche Protonenstrahlen, um solche starken Wechselwirkungen zu untersuchen. Die Kritiker hatten unrecht. Als der Aufbau der Hadronen bestimmt wurde, konnten die Quarks innerhalb der Hadronen durch die elektromagnetische Wechselwirkung des Elektrons, nicht durch die starke Wechselwirkung des Protons, ganz genau sondiert werden. Wenn es innerhalb der Hadronen keine Quarks gegeben hätte, wäre ironischerweise die Behauptung der Kritiker unterstützt worden. Die SLAC-Experimente bestätigten aber das gewohnte Bild vom Quarkmodell: Die Hadronen bestanden aus Quarks, die durch starke Kräfte gebunden waren.

Ende der sechziger Jahre stand infolge der Elektronenstreuversuche und anderer Experimente mit Neutrinostrahlen fest, daß ein neues Materieniveau entdeckt worden war: die Quarks. Alle Hadronen, der große Zoo der subnuklearen Teilchen, ließen sich offenbar aus nur drei Quarks aufbauen. Eine ungeheure Vereinfachung erwuchs aus dem Hadronenchaos. Aber wie untersucht man Quarks oder entdeckt weitere, vorausgesetzt, es gibt sie überhaupt? Dazu mußte eine neue Beschleunigertechnik entwickelt werden, eine Maschine, in der Elektronen- und Positronenstrahlen zusammenstoßen, ein neues Materiemikroskop, das noch kürzere Abstände untersuchen könnte. Diese Maschinen haben tatsächlich Materie in Form von Elektronen mit Antimaterie in Form von Antielektronen, den sogenannten Positronen, zum Zusammenstoß gebracht. Wenn man Materie mit Antimaterie zusammenbringt, kommt es zu einer spektakulären Vernichtung, zum Zerfall in zahllose verschiedene Hadronenteilchen. Mithin eignet sich dieses neue Verfahren der gegenläufigen Materie- und Antimateriestrahlen mit anschließendem Zusammenstoß hervorragend zur Erschaffung neuer Materieformen.

Die ersten Ergebnisse der neuen Technik kamen aus einer Strahlkollisionsmaschine in Frascati in Italien. Dann wurde eine ähnliche Anlage, allerdings mit viel höherer Energie, im Stanford Linear Accelerator Center errichtet. Im November 1974 verkündeten die Experimentalphysiker an dieser Kollisionsstrahlmaschine und auch im Brookhaven National Laboratory den erstaunten Fachkollegen die Entdeckung eines bemerkenswerten Hadrons, das aus einem neuen, vierten Quark bestand. Im Anschluß daran wurden weitere aus diesem vierten Quark bestehende Hadronen in Stanford entdeckt und in einem deutschen Forschungszentrum bei Hamburg bestätigt – vielleicht der überzeugendste Beweis für die Richtigkeit des Quarkmodells für die Hadronen. Dann wurde 1978 im Fermi National Accelerator Laboratory in der Nähe von Chicago noch ein Hadron nachgewiesen, das zweifelsfrei aus einem neuen, massiveren, fünften Quark bestand. Die genauen Eigenschaften dieser aus dem vierten und dem fünften Quark aufgebauten Hadronen wurden von Physikern mit Hilfe der Strahlkollisionsmaschinen untersucht. Das waren jetzt die neuen Schiffe, mit denen man sich in das Reich der Quarks wagte.

Viele Theoretiker glauben, daß mindestens ein sechstes Quark mit noch höherer Energie existieren muß; aber diese Entdeckung liegt noch in der Zukunft. Neue Hochenergiebeschleuniger sind im Bau. In Brookhaven ist gerade der erste Spatenstich für einen Protonenspeicherring getan worden. Bei CERN in der Nähe von Genf gehen Anfang der achtziger Jahre vielleicht ein riesiger Protonen-Antiprotonen-Kollisionsring und ein großer Elektronen-Positronen-Kollisionsring in Betrieb. Ein Protonensynchrotron wird in Serpuchow in der Sowjetunion geplant, und auch Japan baut an einem neuen Beschleuniger. Die Vereinigten Staaten, die einst die Hochenergiephysik für sich gepachtet zu haben schienen, sind jetzt in der Erforschung der Materie gleichberechtigte Partner der anderen Industrieländer.

Eine grundlegend neue Physik wird aus diesen Maschinen entstehen. Vielleicht werden neue Quarks oder andere exotische Teilchen entdeckt. Die Vielzahl an Quarks hat die Physiker aufgerüttelt. Vor gar nicht langer Zeit brauchte man nur drei Quarks zum Aufbau der Hadronen; jetzt sind es fünf, vielleicht sogar sechs. Manche Physiker glauben, weil es schon so viele Quarks gibt, können sie nicht wirklich elementar sein. Obwohl die, an den unendlichen Hadronenzahlen gemessen, kleine Anzahl von Quarks die Dinge schon stark vereinfacht, sind die meisten Physiker noch nicht zufrieden.

Bestehen die Quarks aus noch grundlegenderen Strukturen? Obwohl es in dieser Richtung manche Theorien gibt, ist man doch noch nicht so recht vorangekommen. Die Quarks scheinen punktförmige Teilchen ohne weitere Struktur zu sein, ein »Urgrund« der Materie. Manche theoretischen Physiker glauben, daß es jenseits unserer gegenwärtigen Energien nur einen leeren Ozean gibt. Aber niemand hat den Schlüssel zur richtigen Theorie, die die beobachteten Quarkmassen erklären könnte; sie ist noch ein völliges Rätsel. Daß diese Rätsel bisher ungelöst geblieben sind, läßt darauf schließen, daß uns noch einige Entdeckungen bevorstehen. Wenn aus den Rätseln der Vergangenheit irgendwelche Rückschlüsse auf die Rätsel der Gegenwart zu ziehen sind, dann müßte der Schlüssel zu ihrer Lösung beim Experimentieren mit noch höheren Energien liegen. Aber was haben wir bisher gelernt?

Wenn wir auf das vergangene Jahrhundert zurückblicken, können wir sehen, wie weit wir auf unserer Reise ins Reich der Materie eingedrungen sind. Fünf verschiedene Materieniveaus sind bisher identifiziert worden: Moleküle, Atome, Kerne, Hadronen und Quarks. Um jedes dieser Niveaus zu verstehen, mußte man jedesmal tiefer eindringen. Der Aufbau der Materie scheint auf den niedrigeren Niveaus einfacher zu werden. Acht Dutzend Atome waren gegenüber den Millionen von Molekülverbindungen schon eine Vereinfachung. Die Kerne von acht Dutzend Atomen waren gebundene Zustände von nur zwei Hadronen, dem Proton und dem Neutron. Mit der Proliferation der Hadronen in den sechziger Jahren schien die Materie wieder komplizierter zu werden. Aber die Quarks, das nächste Niveau, haben Ordnung in das Reich der Hadronen gebracht. Und bis hierher sind wir gekommen.

In Zukunft treten, vielleicht als Folge von neuen physikalischen Gesetzen, noch weitere Niveaus auf. Wir haben keinen Beweis dafür, daß überhaupt noch etwas Neues kommen muß; es macht durchaus den Eindruck, als seien wir mit der Entdeckung der Quarks am Ende unserer Reise angelangt. Aber unter den Physikern herrscht doch das unbestimmte Gefühl vor, daß die Fahrt noch nicht zu Ende ist.

Die Physiker haben innerhalb der Materie einen Kosmos gefunden. Mit Hilfe von Hochenergiebeschleunigern, den Materiemikroskopen, haben sie Kontakt mit dem unsichtbaren Reich jenseits des Atoms aufgenommen und dessen Gesetze entdeckt. Was wir dort erfahren haben, sagt uns etwas über die Ursprünge des Universums, über die Zeit vor Milliarden Jahren, als alles nur ein expandierender Feuerball der kleinsten Bausteine der Materie war. Irgendwann werden wir uns auch das Reich jenseits des Kerns untertan machen, und praktische Erfindungen auf der Grundlage der neuen Physik werden für menschliche Zwecke genutzt werden. Wie sie aussehen, wissen wir noch nicht, aber wenn der bisherige Zusammenhang zwischen Grundlagenforschung und Technik hier einen Hinweis liefern kann, dann stehen uns noch bemerkenswerte Entwicklungen bevor.

Unser Detailwissen über die subnukleare Welt nahm seinen Anfang in den großen Beschleunigerlaboratorien, den Schiffen, auf denen wir uns in das Universum gewagt haben. Diese Laboratorien lassen sich mit den Domen vergleichen, die im Zeitalter des Glaubens in Europa entstanden. Die Dome vereinigten das Können der besten Architekten und Handwerker, die ihre Meisterschaft immer wieder im Erfinden neuer technischer Lösungen beweisen mußten. Diese großen Raumschiffe des Glaubens, die die Seelen der Menschen zu Gott führen sollten, ließen ihre Schöpfer die weitesten Räume überbauen, gewaltige Höhen erreichen, neue Baustoffe erfinden. Dabei war die Erschaffung einer neuen Technik eigentlich gar nicht der Zweck des Dombaus.

Wenn man die Zivilisation voranbringen will, braucht man eine Zielvorstellung. Die Dome in Europa wurden von Menschen errichtet, die einer Glaubensvision lebten. Aber auch der Verstand hat seine Träume. Die großen wissenschaftlichen Laboratorien verwirklichen unseren heutigen Traum, das Rätsel des Kosmos zu lösen. Vielleicht teilen in einer fernen Zeit die Menschen, wenn sie auf unser Zeitalter zurückblicken, unser heutiges Gefühl für die Wahrheit nicht mehr. Aber so wie wir von dem Leitbild bewegt werden, das zur Errichtung der Dome führte, werden sie von unserer Vision angerührt sein, der Vorstellung, daß Wissen letzten Endes das Instrument ist, das den Menschen im Universum überleben läßt.

## 2. Der Anfang der Reise: Moleküle, Atome und Kerne

*Als Rutherford gerade eine seiner Entdeckungen gemacht hatte, meinte sein Kollege Arthur Eve: »Sie sind ein Glückspilz, Rutherford, immer ganz oben auf dem Wellenberg!« Er darauf lachend: »Na ja, schließlich habe ich die Welle ja auch selbst gemacht!«*

Manchmal habe ich das Gefühl, ich lebe in einem dreidimensionalen Film, der vor vielen Milliarden Jahren mit dem Urknall begonnen hat, in dem das Universum entstanden ist und seitdem läuft. Alles im Universum, die Sterne, die Sonne, die Erde, mein und Ihr Körper, gehören zur Szenerie. Wir kommen alle in dem Film vor; es ist der einzige, der in der Stadt läuft. Noch ist nicht klar, wie sich die Handlung entwickelt, ob der Film überhaupt eine Handlung oder einen Regisseur hat. Als Physiker interessieren mich die Bauten für diesen 3-D-Film, woraus sie bestehen und wie die Maschinerie funktioniert. Ich habe mir den Film nicht gewünscht, wollte auch nicht in ihm auftreten, aber jetzt finden wir uns doch alle in diesem kosmischen Streifen.

Die Philosophen des Existentialismus sprechen vom »in die Welt Geworfensein«, aber mir ist die psychiatrische Beschreibung der »Dissoziation« lieber. Der Mensch kann seinen Geist von der Welt trennen und sich Metaphern wie den kosmischen 3-D-Film ausdenken. Metaphern sind frei geschaffene Symbole, die über die Welt hinausgehen und, wenn wir sie alle nutzen, unser gesellschaftliches Erleben neu gestalten. Das ist die große, manchmal gefährliche Macht von Symbolen. Nach diesen Warnungen wollen wir uns aber noch weiter in die Vorstellung vom Universum als einem 3-D-Film vertiefen und fragen: »Was ist das? Wer hat das angeordnet?« Die Physiker stellen diese Fragen jetzt gerade.

Um sie zu beantworten, untersuchen die Theoretiker die Spuren, die sie mit ihren Materiemikroskopen finden und versuchen durch geschicktes Raten, ihre Version vom großen 3-D-Film zu entwickeln. In unserem Jahrhundert haben sie sich durch fünf Materieniveaus wie durch die Schalen einer Zwiebel hindurchgearbeitet: die Moleküle, Atome, den Kern, die Hadronen und die Quarks. Jedes Niveau wurde mit neuen Experimentierverfahren und mit Hilfe von Materiemikroskopen entdeckt, die auf immer kürzere Entfernungen sondieren konnten. Durch genaue Messungen dieser fünf Niveaus der Materie haben die Physiker etwas über die Eigenschaften der Wechselwirkungen erfahren, die diese Niveaus geschaffen haben.

In diesem Kapitel und den nächsten Kapiteln wollen wir die fünf Materieniveaus eingehender erforschen, also die Moleküle, Atome, Kerne, Hadronen bis hinunter zu den Quarks. Sie sind die Besetzung, die Darsteller in unserem kosmischen 3-D-Film. Nach der Besetzung kommt der eigentliche Film, kommen die Wechselwirkungen zwischen unseren Darstellern, die durch andere Quanten, die sogenannten Gluonen, vermittelt werden. Schließlich wollen wir das Spiel der Teilchen analysieren, um festzustellen, was es als Abbildung der materiellen Realität bedeuten könnte. Eines Tages entdecken die Experimentalphysiker vielleicht hinter den Quanten und auf noch kleineren Abständen neue Materiearten. Dann müssen wir unsere Analyse unter Umständen neu überdenken. Aber innerhalb genau bestimmter experimenteller Grenzen ist eigentlich nichts übersehen worden. Das ist die Aussage der Physik in den letzten Jahrzehnten, und das ist die Herausforderung, der wir uns stellen müssen. Wenn nichts mehr verborgen ist, müssen die Physiker über das Rechenschaft ablegen, was da ist. Die Physiker erkennen mit Befriedigung, daß sich nach vielen Umwegen im letzten Jahrzehnt eine Ordnung herausgebildet hat. Wir scheinen vor einer neuen Synthese, einer Vereinheitlichung aller Naturkräfte zu stehen. Diese große Synthese und ihre Bedeutung für den Ursprung des Universums sollen Gegenstand der letzten Kapitel unserer Reise in die Materie sein.

## Moleküle

Unsere Fahrt in die Materie beginnt bei den Molekülen, den Grundsubstanzen, aus denen alles besteht, was wir sehen, hören, riechen, fühlen oder schmecken. Die kleinste Menge aller Substanzen ist das einzelne Molekül, denn wenn man es in die Atome zerlegt, die es bilden, hat es keine chemischen Eigenschaften mehr und wird vermutlich zu einer sehr instabilen Substanz mit ganz anderen Merkmalen. Das Wassermolekül besteht aus zwei Wasserstoffatomen und einem Sauerstoffatom. Bei Zimmertemperatur ist Wasser eine Flüssigkeit, aber Wasserstoff und Sauerstoff sind Gase; wenn man ein Molekül, z.B. Wasser, in seine Atome aufspaltet, verändert es sich.

Die Molekülgröße kann von einigen wenigen Atomen, wie beim Wassermolekül, bis zu komplizierten Anordnungen vieler zigtausender Atome in den großen organischen Molekülen reichen. Wir können uns die Atome als Grundbausteine für die Moleküle darstellen, die dann die Gebäude und Maschinen der Mikrowelt bilden. Die Vorschriften für den Zusammenbau der Atome zu Molekülen kennen wir aus der Quantentheorie, aber die Wechselwirkungen der Moleküle untereinander sind ein höchst kompliziertes, eigenes Untersuchungsgebiet. Manche Molekülstrukturen sind mehrmals wiederholte Anordnungen von Atomen, die zu Kristallen oder Metallen führen, einem starren, festen Rahmen. Andere Moleküle haben ihre Bindungen an die Nachbarn abgebrochen und bewegen sich frei in zufälligen Mustern, die zu einem Gas führen. Moleküle, die ihre Bindungen nur zum Teil aufgegeben haben, rutschen und gleiten übereinander und bilden Flüssigkeiten. Es gibt buchstäblich Milliarden verschiedener Moleküle, die bei den auf der Oberfläche unseres Planeten anzutreffenden Temperaturen existieren können, und diese große Vielfalt spiegelt sich in der Vielzahl der Substanzen, die wir auf unserer Welt finden. Bei höheren oder niedrigeren Temperaturen als auf der Erde verringert sich die Anzahl der verschiedenen Moleküle und ihrer möglichen Wechselwirkungen sehr stark, und entsprechend nimmt auch die Komplexität ab. Wir befinden uns gerade im richtigen Temperaturbereich für die Maximierung der Molekülkomplexität, einer Komplexität, von der das Leben abhängt.

Die Chemiker und Molekularbiologen sind die Architekten und Ingenieure der molekularen Mikrowelt, die die Methoden zur Verbindung von Molekülen ausarbeiten. Dazu haben sich die Computer, die mit großen Datenmengen besser umgehen können als der Mensch, als sehr hilfreich bei der Strukturaufklärung von größeren Molekülen erwiesen. Die Erforschung der Welt der ganz großen Moleküle beginnt erst, und sie wird uns noch so manche Überraschung bescheren.

1959 hielt Richard Feynman, ein Physiker am California Institute of Technology, einen Vortrag über das Thema »Unten ist noch viel Platz«. Seine Ausführungen könnten sich als Prophezeiung herausstellen. Feynman sieht die Welt der Moleküle als potentiellen Bauplatz für alle möglichen neuen Strukturen, auf dem wir kleine Vorrichtungen für bestimmte Zwecke schaffen könnten. Monteure von Molekülgröße könnten im menschlichen Körper freigesetzt und an eine beschädigte Stelle geleitet werden, die sie reparieren müßten. Wir können uns vorstellen, winzige »Städte« mit Industrien zu bauen, die ganz bestimmte Instrumente von Molekülgröße herstellen. Unendlich kleine Computer könnten diese molekulare Welt steuern; es wäre das Äußerste an Miniaturisierung. Molekular-»Gesellschaften« ließen sich für menschliche Zwecke konstruieren. Die Mikrowelt ist ein Reich von der Größe des Weltraums, und die Beherrschung dieser Welt durch den Menschen fängt erst an. Das Überleben unserer Zivilisation könnte sehr wohl davon abhängen, daß wir diese Mikrowelt zu beherrschen lernen.

Die Molekülarchitekten stehen mit ihren Molekülgebäuden erst am Anfang der Naturimitation; Nachahmung ist aber bekanntlich die aufrichtigste Schmeichelei. Wenn wir uns an die Natur als Maß aller Dinge halten, um zu sehen, was möglich ist, stellen wir fest, daß die schönsten und gewiß auch die kompliziertesten Moleküle die in den Lebensprozessen eingesetzten organischen Moleküle sind. Diese natürliche Molekülarchitektur ist das Werk vieler hundert Millionen Jahre molekularer Evolution.

Die meisten Menschen halten die Evolution für unglaublich. Warum steht meine Wirbelsäule senkrecht, ist mein Daumen opponierbar? Können die Evolutionstheoretiker das erklären? Ich habe einmal einen Vortrag des Schriftstellers Isaac Bashevis Singer gehört; einer der vielen Biologen im Publikum fragte Singer, ob er an die Evolution glaube. Singer antwortete mit einer Geschichte. Er sagte, es habe einmal eine Insel gegeben, die nach übereinstimmender Meinung aller Wissenschaftler noch nie ein Mensch betreten gehabt habe. Als Menschen auf der Insel gelandet seien, hätten sie zwischen zwei Steinen eine Uhr gefunden – ein absolutes Geheimnis. Als die Wissenschaftler mit der Uhr als Beweisstück konfrontiert wurden, blieben sie bei ihrer Ansicht, die Insel sei unbewohnt gewesen. Sie erklärten statt dessen, es sei zwar unwahrscheinlich, aber vielleicht habe sich ein bißchen Glas, Metall und Leder im Lauf der Jahrtausende in die Form einer Uhr entwickelt. Singer war anderer Meinung als diese Wissenschaftler; er sagte: »Keine Uhr ohne Uhrmacher.« Diese Geschichte entspricht wohl der Ansicht der meisten Menschen, daß zufallsbestimmte chemische Wechselwirkungen keine Erklärung für die Existenz des Lebens auf der Erde sind. Diese Leute können den Vorgang der Evolution so schwer verstehen, und unsere Gefühle helfen uns da auch nicht weiter, weil sie sich nicht vorzustellen vermögen, welch lange Zeit eine Milliarde Jahre sind.

Nach Ansicht der Wissenschaftler verbinden sich einfache Moleküle in einer geeigneten Umwelt zu komplexeren Molekülen, die sich automatisch selbst wieder genau reproduzieren können. Wie das in den alten Ozeanen geschehen sein soll, ist immer noch Gegenstand wissenschaftlicher Spekulationen, aber es spricht eigentlich nichts gegen diese Annahme. Die alten Moleküle, deren moderne Nachkommen RNS und DNS, das genetische Material sind, waren die erste materielle Grundlage des Lebens. Vor langer, langer Zeit muß es ein einzelnes Molekül auf unserem Planeten gegeben haben, das sich selbst vervielfältigen konnte. Über diese Eigenschaft hatte kein anderes Molekül vorher verfügt. Es muß sich in einem Reproduktionsrausch milliardenfach kopiert haben, wahrscheinlich so lange, bis ein Fehler eintrat, der zu einem anderen, sich auch selbst vervielfältigenden Molekül führte, also seiner Konkurrenz und damit dem Beginn der molekularen Evolution. Mit den Worten des Physikers Gerald Feinberg: Das Leben scheint einfach »eine Krankheit der Materie« zu sein.

Wenn wir nicht so gute Beweise dafür hätten, wäre die Evolution in unserem 3-D-Film eine völlig unglaubwürdige Handlung. Wer hätte sich je vorstellen können, daß aus dem Krieg der Natur, aus Hungersnot und Tod die höchsten, kompliziertesten Lebensformen entstehen? Der Gedanke der Evolution ist so abwegig, daß ihn schlechterdings niemand erfinden konnte. Er mußte durch sorgfältige Beobachtung der natürlichen Welt entdeckt werden.

Man könnte ein ganzes Wissenschaftlerleben mit der Untersuchung der Molekülarchitektur zubringen. Mit Hilfe von Computern und anderen neuen technischen Geräten werden die Wissenschaftler im nächsten Jahrhundert neue Molekülgebäude nach Maß errichten, die sich durch Funktion und Zweckbestimmtheit auszeichnen. Die Mikrowelt der Moleküle ist eine neue Grenze, an deren Erschließung wir jetzt erst herangehen. Obwohl diese Grenze für uns eine große Herausforderung darstellt, müssen wir als Entdecker auf der Reise in die Materie vorläufig davon ablassen und weiter in das Innere der Materie vordringen. Unser nächster Schritt führt uns zum Baustoff der Moleküle, den rund acht Dutzend verschiedenen Atomen, aus denen sie alle bestehen. Und mit dem Atom gelangen wir auch in die Welt der Quanteneigenart.

## Atome

Ernest Rutherford bestimmte 1911 erstmals den Atomaufbau in einem Experiment und tat damit den ersten großen Schritt zum Verständnis des Atoms. Rutherford stellte fest, daß einzelne Atome einen winzigen, positiv geladenen Kern aufweisen, dessen Größe nur ein Zehntausendstel des ganzen Atoms beträgt. Die Größe des Atoms wurde an Hand der im Verhältnis größeren Elektronenwolke bestimmt, die den winzigen Kern umgab. Fast die gesamte Masse des Atoms und damit der gewöhnlichen Materie konzentriert sich in dem winzigen Kern; die Elektronenwolken wiegen fast nichts. Aber die Eigenschaften der Elektronen auf ihren Bahnen um den Kern bestimmen die Wechselwirkungen zwischen den Atomen und damit die Gesetze der chemischen Kombinationen zur Bildung von Molekülen. Die Entdeckung dieser chemischen Gesetze aus einer Atomtheorie dauerte nach Rutherfords Arbeiten noch über zwei Jahrzehnte.

Es bedurfte zweier großer Schritte in der Atomtheorie, bis diese chemischen Gesetze gefunden waren. Den ersten Schritt tat Niels Bohr, der die alten Quantenvorstellungen von Planck und Einstein auf Rutherfords Atommodell übertrug. Bohrs theoretisches Atommodell erklärte das Lichtspektrum des Wasserstoffatoms zufriedenstellend, warf jedoch viele grundsätzliche Fragen über die Anwendung der klassischen Physik in atomaren Systemen auf. Der zweite große Schritt war die Erfindung der neuen Quantentheorie, die die klassische Physik aus den Angeln hob, die mathematische Grundlage für das vollkommene Verständnis der Eigenschaften von Atomen lieferte und eine Umwälzung in unserem Bild von der materiellen Realität auslöste.

Wenn wir diese wissenschaftliche Leistung aus dem Abstand eines halben Jahrhunderts würdigen, können wir sehen, daß hier ein »Geschenk der Natur« den Fortschritt ermöglichte – die Existenz des Wasserstoffatoms. Der Wasserstoff ist das einfachste Atom und besteht aus einem einzelnen Proton als Kern und einem einzelnen Elektron, das ihn umkreist. Weil die Natur den Physikern ein so einfaches System an die Hand gegeben hatte, an dem sie ihre Vorstellungen ausarbeiten und überprüfen konnten, ging es mit der Entdeckung der Gesetze des Atoms auch so rasch vorwärts. Das vom Wasserstoff ausgesandte Lichtspektrum ist regelmäßig, und diese Regelmäßigkeit wurde in Bohrs Modell erklärt. Stellen Sie sich vor, um wieviel mühsamer das alles gewesen wäre, wenn das einfachste Atom der Sauerstoff mit seiner Wolke aus acht Elektronen und einem entsprechend komplizierten Lichtspektrum gewesen wäre. Die Physiker hätten vielleicht ein paar hundert Jahre gebraucht, um die Gesetze der Quantentheorie zu entdecken, die die Bewegung aller dieser Elektronen beschreiben. Statt dessen gewannen sie bei der Ableitung der allgemeinen Quantengesetze, die für das einfache Wasserstoffatom galten, die Überzeugung, dieselben Gesetze müßten auch in den komplizierteren Atomen Gültigkeit haben.

Ein solches »Geschenk der Natur« hat es vor über zwei Jahrhunderten schon einmal gegeben; damals hat es zur Entdeckung der Gravitationsgesetze geführt. Das Naturgeschenk an die Physiker – oder Naturphilosophen, wie sie sich damals nannten – war die Einfachheit des Sonnensystems. Nehmen wir an, daß die Erde keinen Mond hat, wie Venus oder Merkur, und daß wir statt einer Sonne deren zwei oder drei haben. In diesem Fall wäre die Erdbahn sehr kompliziert. So etwas wie das erste Keplersche Gesetz, in dem die Planetenbahn als Ellipse mit der Sonne in einem Brennpunkt beschrieben wurde, wäre nicht ohne weiteres zu formulieren gewesen, und wir suchten vielleicht immer noch nach dem Gravitationsgesetz. Diese Geschenke der Natur zeigen, wie sehr uns die Existenz eines einfachen Systems in unserer Umwelt hilft, das Universum besser zu verstehen. Daß es so einfache Systeme auf anderen Gebieten der Wissenschaft nicht gibt, hat dort den Fortschritt sicherlich behindert.

Nach der Erfindung der Quantentheorie lernten wir die Eigenschaften der Atome schnell immer besser verstehen. Jetzt konnten die Gesetze der Chemie auf einer allgemeinen Grundlage formuliert werden: sie waren die Folge von Quantenwechselwirkungen der Elektronenwolke um den Kern. Die merkwürdige Realität, wie sie aus der Quantentheorie zu folgern war, entsprach den Tatsachen. Dank dieser neuen Vorstellungen wurden die Atome zum Spielzeug der Experimentalphysiker.

Das Atom besteht aus zwei Grundbausteinen: der Elektronenwolke und dem Kern im Mittelpunkt. Während sich manche Physiker für die Elektronen im Atom interessierten, wandten sich andere der Untersuchung des Kerns, des Herzens des Atoms, zu.

## Kerne

Zunächst war der Kern, der zweite wichtige Hauptbestandteil des Atoms, für die Physiker ein völliges Rätsel, ein großes Fragezeichen im Zentrum des Atoms. Sie wußten, daß der winzige Kern den größten Teil der Atommasse in sich vereinigte und auch der Ort ungeheurer Energieumwandlungen war; das zeigte sich in der Radioaktivität, der Emission von Teilchen aus dem Kern. Dann entdeckte 1932 der englische Physiker Chadwick ein weiteres wichtiges Teilchen, das er Neutron nannte und das in seinen Eigenschaften dem Proton ähnlich war, nur daß es keine elektrische Ladung aufwies. Nach dieser Entdeckung war klar, daß der Atomkern aus zwei wichtigen Teilchen bestand, den Protonen und den Neutronen, die in einem winzigen Bereich durch ungeheure Kernkräfte miteinander verbunden waren. Aber erst als die Mikroskope zur Untersuchung der Kernmaterie erfunden waren, besonders das Zyklotron, enthüllte der Kern allmählich seine Geheimnisse.

Beim Untersuchen des Kerns mit energiereichen Teilchenstrahlen stellten die Physiker fest, daß die Protonen und Neutronen im Kern in einer bestimmten Art und Weise, nämlich in Schalen, angeordnet waren. Die Protonen und Neutronen konnten von Schale zu Schale springen, so wie die Elektronen von Bahn zu Bahn springen, und dabei Energie freisetzen. Die Kerne der acht Dutzend verschiedenen Atome hatten jeder eine charakteristische Reihe von Energieniveaus. Wenn die Protonen und Neutronen ihre Lage in einem Kern veränderten, so wie sich ein unruhiger Schläfer herumwälzt, bedeutete das Übergänge von einem Energieniveau auf ein anderes. Die beobachteten Energieniveaus der Kerne waren viele hundert Mal größer als die der Elektronen, die den Kern umgaben. Folglich mußte die Kraft, die die Protonen und Neutronen zu einem festen, kleinen Kern zusammenhielt, viele hundert Mal stärker sein als das elektrische Kraftfeld, das die Elektronen an den Kern band. Was konnte eine solche starke Kernkraft erzeugen?

H. Yukawa, ein japanischer theoretischer Physiker, befaßte sich mit dieser Frage und legte eine auf eine Analogie gegründete Antwort vor. Wenn die elektromagnetische Kraft, die die Elektronen an den Kern band, ein mit ihr assoziiertes Quantenpartikel, nämlich das Photon oder Lichtteilchen, aufwies, mußte nach seiner Überlegung auch die Kernkraft ein mit ihr zusammenhängendes Quantenpartikel aufweisen, das in einer sehr starken Wechselwirkung mit den Protonen und Neutronen stehen mußte, die viele hundert Mal stärker war als die Wechselwirkung des Photons mit den Elektronen. Außerdem durfte die mit diesem neuen Teilchen zusammenhängende Kernkraft nur auf eine sehr kurze Entfernung stark wirken, weil der Kern so klein war. Daraus war zu schließen, daß die Kernkraft auf ein neues massives Teilchen mit starken Proton-Neutron-Wechselwirkungen zurückzuführen war. Das Teilchen wurde Meson genannt; mit diesem Begriff wurde schließlich eine ganze Familie von subnuklearen Teilchen bezeichnet.

1946 wurde Yukawas theoretisch postuliertes Teilchen experimentell in der kosmischen Strahlung nachgewiesen, einer natürlichen Quelle von energiereichen Teilchen. Seine Überlegungen waren damit bestätigt: Die Kernkräfte hatten assoziierte Quantenteilchen. Das neue Teilchen, das mit dem griechischen Symbol π bezeichnet wurde, hieß Pi-Meson oder kurz Pion und hatte genau die Masse und die Wechselwirkungen, die für Yukawas Meson erforderlich waren. Ein paar Jahre später, 1948, als es die neuen Zyklotrone gab, wurden Pionen im Laboratorium künstlich erschaffen; echte Pionen gingen aus den Kernreaktionen hervor, die man durch Strahlen energiereicher Teilchen ausgelöst hatte. Aber die aufregendste Entdeckung aus den neuen Zyklotronen entstand um das Jahr 1952, nämlich die Feststellung, daß sich das Proton und das Neutron energetisch in einen neuen Materiezustand umwandeln ließen, die Nukleonenresonanz.

Was versteht man unter der Nukleonenresonanz? Diesen neuen Materiezustand kann man durch einen Vergleich mit einer Gitarrensaite beschreiben. Ungezupft weist eine solche Saite eine bestimmte Energie auf, ihre niedrigste Energie. In unserer Analogie mit der Kernphysik entspricht dieser Zustand der niedrigsten Energie dem Proton und dem Neutron. Führe ich der Saite durch Zupfen Energie zu, so gerät sie in Resonanz und hat damit eine höhere Energie. Wenn ich einem Proton oder Neutron Energie zuführe, können sie ebenfalls energetisch angeregt und zur Nukleonenresonanz werden. Es können höhere Energiezustände auftreten, die den Obertönen oder harmonischen Schwingungen der Gitarrensaite entsprechen. Diese höherenergetischen Zustände sind auch für Protonen und Neutronen beobachtet worden, also zusätzliche Nukleonenresonanzen. Die Nukleonenresonanz war sehr instabil und zerfiel entweder in ein Proton oder in ein Neutron und ein Pion; aber sie hatte eindeutig vorgelegen.

Diese Entdeckung war von ganz grundlegender Bedeutung, denn sie besagte, daß das Proton, das Neutron und das Pion nicht allein da waren. Die Physiker hatten neue Quantenzustände der Materie mit einem Energieniveau entdeckt, das um viele hundert Mal größer war als alles, was man bis dahin im Kern festgestellt hatte. Die Nukleonenresonanz und das Pion waren einfach nur als erste entdeckt worden. Diese neuen Teilchen nannte man Hadronen, nach dem griechischen Wort für »stark«, weil sie alle starke nukleare Wechselwirkungen aufwiesen.

Als die nächste Generation von Beschleunigern, das Cosmotron im Brookhaven National Laboratory (1952) und das Bevatron in Berkeley (1954), in Betrieb ging, wurden noch viele weitere neue Hadronen entdeckt. Diese Maschinen mit ihren energiereichen Protonenstrahlen konnten neue Materieformen schaffen, wie man sie noch nie gesehen hatte – etwas, das man auch in den kühnsten Träumen des Verstandes nicht hätte voraussehen können. Die Reise in das Meer der Hadronen hatte begonnen.

# 3. Das Rätsel der Hadronen

*Alles, was nicht verboten ist, ist vorgeschrieben.*
Murray Gell-Mann

In den frühen fünfziger Jahren war die Besetzungsliste mit den Grundquanten in dem 3-D-Film, den die Physiker studierten, noch recht kurz. Das sollte sich bald ändern. Die neuen Materiemikroskope, die in den fünfziger und sechziger Jahren gebauten Beschleuniger, arbeiteten mit energiereichen Protonenstrahlen und beschossen damit andere Protonen in einer mit flüssigem Wasserstoff gefüllten Blasenkammer. Nach Einsteins Relativitätstheorie läßt sich Energie in Materie umwandeln, und genau das tat die Energie der Protonen im Strahl, wenn sie mit anderen Protonen im Target zusammenstieß. Die im Strahl enthaltene Energie schuf die neuen Materieformen, die sogenannten Hadronen. Das Proton, das Neutron und das Pion, die ersten Hadronen, waren erst die Spitze des Eisbergs. Heute glauben die Physiker, daß es eine unendliche Vielzahl von Hadronen gibt; die meisten davon sind sehr instabil und zerfallen in weniger als einer Milliarde Milliardstelsekunden in stabilere Hadronen. Als der italienisch-amerikanische Physiker Enrico Fermi die Proliferation der Hadronen miterlebte, meinte er dazu, wenn er gewußt hätte, daß dies das Ergebnis der Kernphysik sein werde, hätte er lieber Zoologie studiert.

Fermi drückte damit die Enttäuschung vieler Physiker darüber aus, daß durch das Vordringen über den Kern hinaus die subnukleare Welt auch nicht einfacher wurde. Auch wenn man einen Strahl aus energiereichen Protonen auf andere Protonen auftreffen ließ, wie es in den Beschleunigerlaboratorien in Berkeley und Brookhaven in den Vereinigten Staaten, bei CERN in der Nähe von Genf und in Dubna und Serpuchow in der Nähe von Moskau geschah, wurde dadurch keine einfachere Struktur zutage gefördert. Statt dessen entstanden alle diese Hadronen. Was konnte die Hadronenvielfalt nur bedeuten? Vor diesem Rätsel standen die theoretischen Hochenergiephysiker in den sechziger Jahren.

Wie stellten sich die theoretischen Physiker die Hadronen vor? Aus Experimenten Anfang der sechziger Jahre wußte man, daß die Hadronen eine definierte Ausdehnung im Raum aufweisen – im Gegensatz zum Elektron, das sich eher wie ein Teilchen zu verhalten scheint, das einem mathematischen Punkt gleicht. Man kann sich die Hadronen, das Proton zum Beispiel, als kleine Kugeln gebundener Energie ohne feststellbare innere Struktur vorstellen. Diese Hadronenkugeln konnten rotieren und wiesen eine elektrische Ladung und magnetische Eigenschaften auf, aber ihr Inneres war unbekannt, eine terra incognita.

Daß sich die Hadronen wie kleine Kreisel drehen konnten, führte zum ersten Prinzip ihrer Klassifizierung. Der Spin, also der Eigendrehimpuls, eines Hadrons war wie der aller Quantenteilchen gequantelt und konnte nur bestimmte Werte annehmen, z.B. 0, 1/2, 1, 3/2, 2 ..., also einen ganzzahligen oder halbzahligen Wert in bestimmten Einheiten. Nach diesem gequantelten Spin ließen sich die Hadronen in zwei große Untergruppen einteilen, die »Mesonen« mit einem ganzzahligen Spin von 0, 1, 2 ... und die »Baryonen« mit einem halbzahligen Spin von 1/2, 2/3 ... Das Proton und das Neutron mit dem Spin 1/2 sind Beispiele für Baryonen. Das Pion mit dem Spin 0 ist ein Meson. Jedes Hadron ist entweder ein Meson oder ein Baryon.

Die Unterscheidung zwischen Mesonen und Baryonen ist sehr wichtig, denn die Teilchen verhalten sich bei Hadronenwechselwirkungen verschieden. Die Anzahl der in einen Stoß hineingehenden Baryonen entspricht der Anzahl der aus ihm hervorgehenden Baryonen; das ist das Gesetz von der Erhaltung der Baryonenzahl. Im Gegensatz dazu gibt es aber kein Gesetz von der Erhaltung der Mesonenzahl. Hadronenstöße können Mesonen in verschwenderischer Anzahl entstehen lassen.

Viele Theoretiker haben die Beobachtung zu erklären versucht, daß die starken Wechselwirkungen der Hadronen bestimmte neue Erhaltungssätze aufwiesen, z.B. die Erhaltung der Baryonenzahl und die absolute Erhaltung der elektrischen Ladung. Die Hadronen hatten nicht nur eine elektrische Ladung, das Proton weist z.B. eine elektrische Ladungseinheit auf, sondern verfügten auch über neuartige diskrete Ladungen, die bei den Wechselwirkungen der Hadronen erhalten blieben. Diese neuen Ladungen bekamen Namen, beispielsweise »Isotopen«- oder *Strangeness*-Ladung. Wenn Hadronen zusammenstießen und in komplizierten Wechselwirkungen noch mehr Hadronen erzeugten, erhielten sie immer genau den Betrag der elektrischen, Isotopen- und *Strangeness*-

Ladung; nach dem Stoß existierte dieselbe Ladung wie vorher. Warum bei Hadronenstößen diese Ladungen erhalten blieben, konnte niemand erklären; es war einfach eine experimentelle Beobachtung.

Die Physiker hatten etwas Ähnliches wie diese Gesetze von der Ladungserhaltung vor langer Zeit schon einmal auf einem anderen Wissenschaftsgebiet miterlebt: in der Chemie. Chemische Reaktionen zwischen Molekülen können so kompliziert sein wie Hadronenreaktionen, aber wie jeder Student im ersten Chemiesemester weiß, muß die Anzahl der atomaren Elemente von einer bestimmten Art, die in eine Reaktion hineingehen, aus dieser Reaktion auch wieder herauskommen. So können sich zwei Atome Wasserstoff und ein Atom Sauerstoff zum Wassermolekül verbinden. Zu Anfang dieser chemischen Wechselwirkung gab es zwei Wasserstoffatome, und am Ende existieren, im Wassermolekül gebunden, immer noch zwei Wasserstoffatome. Die Menge Wasserstoff, Sauerstoff, Kohlenstoff, Eisen usw., die in eine chemische Reaktion hineingeht, muß aus ihr auch wieder herauskommen. Diese Erhaltung der Atome bei Molekülreaktionen ähnelt der Erhaltung der verschiedenen Ladungen, die die Physiker durch die Beobachtung komplizierter Hadronenstöße entdeckten. Diese neuen Gesetze von der Erhaltung der Ladung waren ein Hinweis auf die Struktur der Hadronen – aber das soll erst im nächsten Kapitel erzählt werden.

Fassen wir noch einmal zusammen. Als wichtigste Merkmale eines Hadrons waren den Physikern die Masse, der Spin, der das Teilchen entweder als Baryon oder als Meson klassifizierte, und die Größe einer der verschiedenen Ladungen bekannt, die das Teilchen trug. Diese Kennzeichen waren für die Klassifizierung der verschiedenen Hadronen entscheidend, also für den ersten Schritt zur Einführung einer Ordnung in die chaotische Welt der Hadronenteilchen. Jetzt konnten die Physiker die Hadronen, die sie entdeckt hatten, in Tabellen zusammenfassen und jedes Hadron in irgendeine Spalte stecken. Die Hadronen wurden etwa so klassifiziert, wie die den chemischen Elementen entsprechenden Atome im Periodischen System der Elemente angeordnet sind.

1961 bemerkten Murray Gell-Mann, ein Physiker am Caltech, und unabhängig von ihm Yuval Neeman, ein Physiker gewordener israelischer Nachrichtenoffizier, in den schon klassifizierten Hadronen eine Struktur. Sie gingen bei ihren Untersuchungen von einer mathematischen Symmetrie aus, die die bekannte Erhaltung der verschiedenen Hadronenladungen einschloß. Aber die mathematische Symmetrie, die das von ihnen als achtfacher Weg bezeichnete

Muster ergab, ging weit über die darin eingeschlossenen Erhaltungsgesetze hinaus. Nach dem achtfachen Weg mußte jedes Hadron einer bestimmten Hadronenfamilie angehören. Diese Familien bestanden aus einer bestimmten Anzahl von Familienangehörigen; die kleinsten hatten 1, 8, 10 und 27 Mitglieder. Familien mit nur einem Mitglied (wohl kaum eine Familie!) sind die sogenannten Singletts; andere Familien mit 8 Mitgliedern heißen Oktetts, solche mit 10 Mitgliedern Dekupletts. Alle Hadronen in einer bestimmten Familie haben denselben Spin, aber ihre elektrische Ladung und Isotopen- sowie *Strangeness*-Ladung unterscheiden sich voneinander.

Der achtfache Weg war ein Riesenschritt auf dem Weg zur Lösung des Hadronenrätsels. Jetzt sah man das Proton und das Neutron lediglich als zwei Mitglieder einer größeren Familie an, die aus acht Teilchen bestand und Baryonenoktett genannt wurde. Was waren die anderen sechs Teilchen? Schon vor der Entdeckung des achtfachen Weges waren diese Teilchen in den Beschleunigerlaboratorien nachgewiesen worden. Die Physiker hatten den sechs neuen Hadronen griechische Buchstaben zugeteilt: Sie waren das Λ-(Lambda)-Teilchen, drei Σ- (Sigma)-Teilchen und zwei ☰-(Xi)-Teilchen. Auch das Pion faßte man jetzt als Mitglied einer anderen Familie von acht Teilchen, des sogenannten Mesonenoktetts, auf. Die Einteilung der Hadronen in Familien war das Klassifizierungsprinzip des achtfachen Weges, und es funktionierte hervorragend, so gut wie das Periodische System der atomaren Elemente. Viele Eigenschaften einer bestimmten Teilchenfamilie, so z.B. ihre verschiedenen Massen, konnte man jetzt mit Hilfe der mathematischen Symmetrie zueinander in Beziehung setzen. Die Untersuchung dieser und vieler anderer Konsequenzen des achtfachen Weges hielt die Physiker Mitte der sechziger Jahre beschäftigt.

Einige Kritiker dieser erfolgreichen Symmetrie des achtfachen Weges hielten den Erfolg für einen Zufall. Schließlich, so behaupteten sie, würden damit ja nur die ohnehin aus Experimenten bekannten Eigenschaften der Hadronen erklärt, und vielleicht sei die Theorie nur passend zu diesen Tatsachen geschaffen worden. Aber es gab noch eine neue Vorhersage des achtfachen Weges: die Existenz eines neuen Teilchens mit den Namen Omega minus ($\Omega^-$), die Gell-Mann postulierte. Dieses noch ungesehene Teilchen mußte die Kritiker überzeugen, wenn man es entdeckte. Woher wußte Gell-Mann, daß das $\Omega^-$ existieren mußte? Nach dem achtfachen Weg gab es eine Hadronenfamilie mit zehn Mitgliedern, das sogenannte Dekuplett. Sieben dieser zehn Mitglieder des Dekupletts konnte man mit bekannten Hadronen identifizieren. 1962 fehlten aber immer noch drei Mitglieder, als Gell-Mann an einer Konferenz über Hochenergiephysik bei CERN teilnahm. Eines der Ergebnisse, das die Experimentalphysiker auf der Konferenz verkündeten, war die routinemäßige Entdeckung von zwei neuen Hadronen. Gell-Man sah sofort den Zusammenhang mit dem achtfachen Weg. Diese beiden Hadronen hatten genau die richtigen Eigenschaften für das Dekuplett. Wenn man sie zu den sieben anderen, bereits bekannten hinzufügte, umfaßte die Familie neun der zehn erforderlichen Teilchen. Folglich mußte auch das zehnte Teilchen, das $\Omega^-$, existieren. Die Natur dürfte wohl kaum eine partielle Regelmäßigkeit aufweisen.

Im November 1963 setzte eine große Gruppe von Experimentalphysikern im Brookhaven-Laboratorium alle ihre Mittel zur Suche nach dem $\Omega^-$ ein. Sie machten über 50000 Blasenkammerphotos, und auf einem erschien die $\Omega^-$-Spur. Im Dezember dieses Jahres verschickten die triumphierenden Experimentalphysiker eine Weihnachtskarte, auf der die Blasenkammeraufnahme einer vom $\Omega^-$ hinterlassenen Spur abgebildet war. Als das entdeckte $\Omega^-$ noch dazu mit dem vorhergesagten Massenwert übereinstimmte, waren bis auf die verstocktesten Kritiker alle für den achtfachen Weg gewonnen.

Mitte der sechziger Jahre hatten der achtfache Weg und die durch ihn bedingte mathematische Symmetrie Ordnung in das Reich der Hadronen gebracht. Die unendliche Hadronenmenge, die Baryonen und Mesonen, konnten jetzt klassifiziert, die Struktur ihrer Eigenschaften konnte erklärt werden. Aber wie bei jedem großen Fortschritt in der Physik, so warf auch hier der Erfolg des achtfachen Weges neue und größere Fragen auf.

Die Hauptfrage: Warum funktionierte der achtfache Weg? Diese Frage war in den sechziger Jahren besonders wegen der damaligen Ansicht der Physiker über den Hadronenaufbau ungeklärt – die Hadronen schienen nämlich überhaupt keine bestimmte Struktur aufzuweisen. Wenn ein Hadron aufgespaltet wurde, entstanden dabei durch die zugeführte Spaltungsenergie nur weitere Hadronen. Die beste Erklärung für diese Beobachtung war damals in den sechziger Jahren die *Bootstrap*-Hypothese, der zufolge alle Hadronen aus weiteren Hadronen bestanden. Um uns diese Idee vorzustellen, nehmen wir einmal an, daß es statt einer unendlichen Anzahl von Hadronen nur drei gibt, nämlich A, B und C. Zuerst fragen wir: Woraus besteht A? Wenn wir zwei A-Hadronen aufeinanderprallen lassen, liefern wir Energie, durch die neue Teilchen entstehen können, und in diesem Fall erfahren wir, daß A aus B und C besteht. Jetzt tun wir dasselbe mit B; hier erweist sich, daß B aus A und C besteht. Ebenso besteht C aus A und B. Die drei Teilchen sind ineinander enthalten, sie haben sich »an den eigenen Stiefelriemen« selbst ins Leben gezogen. Viele Physiker in den sechziger Jahren neigten dieser Idee zu und wandten sie jetzt auf unendlich viele, nicht nur drei Hadronen an, weil dadurch offenbar der Tatsache Rechnung getragen wurde, daß bei Hadronenstößen keine neuen Elementarteilchen, sondern nur mehr von denselben alten Hadronen beobachtet wurden. Kein Hadron war elementarer als die anderen; im Mikrokosmos herrschte »nukleare Demokratie«.

Leider lieferte die *Bootstrap*-Hypothese keine Erklärung für den achtfachen Weg, also die beobachteten Symmetrieeigenschaften der Hadronen. Sie schien das Rätsel der Hadronen nicht zu lösen; man mußte sich woanders umsehen.

Das Hadronenrätsel wurde zuerst in der mathematischen Vorstellungskraft der theoretischen Physiker gelöst. Murray Gell-Mann und unabhängig von ihm George Zweig stellten fest, daß man alle Hadronenfamilien sehr schön unter einen Hut brachte, wenn man sich einbildete, daß die Hadronen aus elementaren Teilchen bestanden, die Gell-Mann Quarks nannte. Mit einfachen Vorschriften für die Kombination von Quarks ließen sich die unendliche Hadronenmenge und die beobachteten Familien erklären. Man muß sich das Hadron wie einen kleinen Beutel vorstellen, der mit ein paar elementaren, punktförmigen Quarks gefüllt ist, die sich in ihm bewegen. Die beobachteten neuen Gesetze der Ladungserhaltung waren einfach darauf zurückzuführen, daß verschiedene Quarks in Hadronenreaktionen zahlenmäßig erhalten blieben; sie waren wie Atome in einer chemischen Reaktion. Die Lösung des Rätsels der Hadronen liegt darin, daß die Hadronen Quark-»Moleküle« sind. 1969 bekam Gell-Mann für die Entdeckung der Hadronensymmetrien den Nobelpreis.

Im Rückblick scheinen die Hadronen nur ein Trick zu sein, den der Produzent des 3-D-Films den Physikern gespielt hat. Nachdem wir dahintergekommen waren, lieferte uns der Trick aber nicht nur die Lösung zum Hadronenrätsel, sondern beantwortete auch die Frage der Vereinheitlichung aller Wechselwirkungen in der Natur. Aber hören wir zuerst einmal mehr über die Quarks.

# 4. Quarks

*Three quarks for Muster Mark!*
*Sure he hasn't got much of a bark*
*And sure any he has it's all beside the mark.*
James Joyce, Finnegans Wake

Die Hadronen bestehen aus Quarks. Das ist die Lösung des Rätsels der Hadronen. Aber was sind Quarks? Quarks sind punktförmige Quantenteilchen ähnlich dem Elektron und mit demselben Spin 1/2 wie das Elektron. Aber sie tragen nur einen Bruchteil der elektrischen Ladungseinheit der Elektronen; im Gegensatz zum Elektron hat auch noch niemand bisher ein Quark gesehen. Die Quarks haben nicht als spektakuläre experimentelle Entdeckung ihren Einzug in die moderne Physik gehalten, kein *Eureka* drang aus dem Laboratorium, sondern sie entstammen einem mathematischen Trick der theoretischen Physiker.

Im Jahr 1963 hielt Murray Gell-Mann an der Columbia-Universität einen Vortrag als Gastredner. Die Fragen und Vorschläge von Robert Serber, einem dort tätigen theoretischen Physiker, brachten ihn auf den Gedanken an eine Substruktur der Hadronen, die er nach einer Textzeile in »Finnegans Wake« von Joyce als »Quarks« bezeichnete. (In der deutschen Sprache bedeutet Quark auch eine Käsesorte.) Völlig unabhängig von ihm kam ein anderer amerikanischer Physiker, George Zweig, damals Gastwissenschaftler bei CERN, dem großen internationalen europäischen Kernforschungszentrum in der Nähe von Genf, auf denselben Gedanken, aber er nannte diese Substrukturen *aces,* also Asse. Zweig wollte seinen Artikel in einer amerikanischen Physikzeitschrift veröffentlichen, aber die europäische Leitung von CERN, die unbedingt ihre Unabhängigkeit von der amerikanischen Physik dokumentieren wollte, hatte eine Vorschrift erlassen, wonach alle bei CERN durchgeführten Forschungsarbeiten in europäischen Zeitschriften veröffentlicht werden mußten. Zweigs Artikel ist nie erschienen, und der Begriff »Asse« hat sich nicht durchgesetzt.

Den Quarks liegt die Vorstellung zugrunde, daß alle Hadronen aus drei Quarks aufgebaut werden können, dem *Up*-Quark, dem *Down*-Quark und dem *Strange*-Quark sowie ihren drei Anti-Quark-Partnern (d.h. den Antimaterieversionen der Quarks mit entgegengesetzter elektrischer Ladung). *Up, down* und *strange* sind *Flavors*, also Geschmacksrichtungen, von Quarks – eine merkwürdige Verwendung des Begriffs »Geschmack«. Eine Zeitlang bezeichneten die Physiker die drei Quarks auch übermütig als »Schokolade«, »Vanille« und »Erdbeer« statt *up, down* und *strange*, und daher kommt die Verwendung des Wortes »Geschmack«. Die Speiseeisterminologie hat sich nie so recht durchgesetzt, aber der Begriff »Geschmack« oder das englische Wort *Flavor* sind zur allgemeinen Unterscheidung der drei Quarks mittlerweile eingeführt. Daran wird sich wohl auch nichts mehr ändern.

Für die Physiker ist es immer bequemer, Teilchen mit Buchstaben zu bezeichnen, und die *Up-, Down-* und *Strange*-Quarks heißen u, d bzw. s, die Antiquarks $\bar{u}, \bar{d}$ und $\bar{s}$. Einige Eigenschaften dieser Quarks sind hier in einer Quarktabelle zusammengefaßt. Man kann sich die Quarks als kleine, punktförmige Teilchen vorstellen, die mit starken Kräften aneinander gebunden sind und dadurch die Hadronen bilden – wie ein kleiner Baukasten, dessen Teile man nach bestimmten Vorschriften so kombinieren kann, daß Hadronen entstehen.

Die Vorschriften zum Bau der Hadronen aus den Quarks sind ganz einfach. Die Baryonen, an die wir uns als eine große Untergruppe der Hadronen mit dem Spin 1/2, 3/2 usw. erinnern, sind Kombinationen von drei Quarks,

$$qqq,$$

wobei q u, d oder s bedeuten kann. Die Antibaryonen bestehen aus drei Antiquarks,

$$\bar{q}\bar{q}\bar{q}.$$

Die zweite große Untergruppe der Hadronen, die Mesonen, also Hadronen mit dem Spin 0, 1, 2 usw., sind Kombinationen aus einem Quark und einem Antiquark,

$$\bar{q}q.$$

Nach diesen Vorschriften sind die Hadronen Kombinationen aus Quarks, die ganzzahlige elektrische Ladungen von 0, ± 1, ± 2, also gerade die für Hadronen zulässigen elektrischen Ladungen, aufweisen. Nach der letzten Vorschrift kann man Quarks nur so miteinander verbinden, daß die elektrische Gesamtladung ganzzahlig ist. Das ist alles. Mit den u-, d- und s-Quarks und diesen Vorschriften kann man alle Hadronen, aber nicht mehr, aufbauen.

Nun drängt sich folgende Frage auf: Wie kann man die unendliche Hadronenmenge aus nur drei Quarks herstellen? Für diese Riesenaufgabe scheint es nicht genug Quarks zu geben. Nach dem Quarkmodell können sich die Quarks in vielen verschiedenen Konfigurationen aneinander binden, wenn sie einander in einem Hadron in Bahnen umkreisen. Wie die Elektronen in einem Atom, so haben auch die Quarks in einem Hadron viele Bahnen zur Verfügung. So können z.B. das Quark und das Antiquark in einem Meson mit einem Bahnimpuls von einer Einheit oder zwei oder drei Einheiten usw. um einen gemeinsamen Mittelpunkt umlaufen, und jede dieser Konfigurationen weist eine andere Energie auf und entspricht einem anderen Meson. Aber weil es eine unendliche Vielzahl von Bahnen des Quark-Antiquark-Paars gibt, gibt es auch eine unendlich große Menge verschiedener Mesonen. In der Praxis befassen sich die Physiker nur mit den Bahnkonfigurationen auf der niedrigsten Energiestufe, die den am leichtesten im Labor zu beobachtenden Hadronen entsprechen. Die Bahnen mit höheren Energien entsprechen den Hadronenresonanzen, die schnell in Hadronen von geringer Masse zerfallen.

Die begriffliche Schönheit des Quarkmodells liegt darin, daß es automatisch das schon vorher bekannte Klassifizierungsschema vom achtfachen Weg für die Hadronen erklärt. Durch Anwendung der Vorschriften für die Kombination von Quarks ordnet man die Hadronen in Familien von 1, 8, 10 ... Mitgliedern an, also genau nach dem achtfachen Weg. Das ist so, als ob die Teile unseres Baukastens, die Quarks, nur in ganz bestimmten Kombinationen, den Hadronen, zusammengefügt werden könnten, die dann sehr schön in die einzelnen Familiengruppen zerfielen.

So sind z.B. das Proton (p) und das Neutron (n) – die ersten im Kern entdeckten Hadronen – nach der Formel

$$p \sim uud$$
$$n \sim udd$$

aus u- und d-Quarks aufgebaut. Durch Addition der elektrischen Ladungen der Quarks läßt sich leicht nachprüfen, daß das Proton die Ladung 1 und das Neutron die Ladung 0 aufweist. Nach dem achtfachen Weg sind das Proton und das Neutron nur zwei Mitglie-

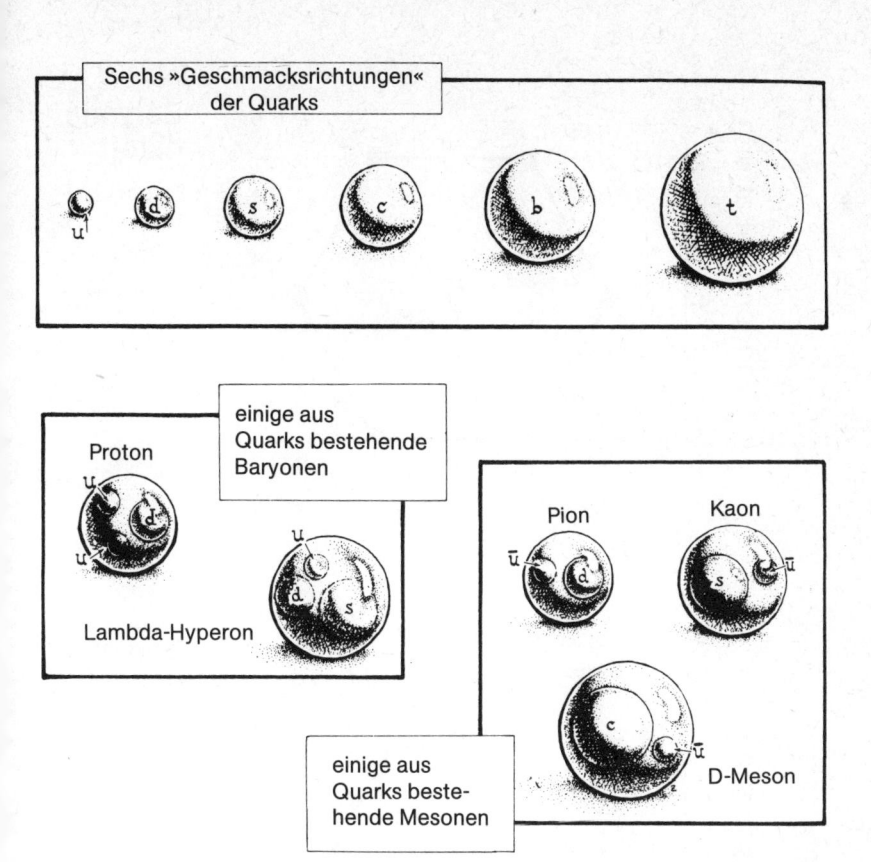

Die sechs verschiedenen »Geschmacksrichtungen« der Quarks, die es nach Meinung der theoretischen Physiker gibt (fünf sind bisher nachgewiesen) sowie einige aus diesen Quarks aufgebaute Baryonen und Mesonen. Die »Geschmacksarten« lauten *up, down, strange, charm, bottom* und *top*. Quarks sind nie als freie Teilchen, sondern nur innerhalb der beobachteten Hadronen gebunden nachgewiesen worden.

der einer Familie von acht Hadronen. Den Rest dieser Oktetts, das die sonderbaren Freunde des Protons und des Neutrons umfaßt, erhält man, indem man eines der u- und d-Quarks im Proton und im Neutron durch das s- oder *Strange*-Quark ersetzt. Die in der so entstehenden Familie aus acht Hadronen befindlichen Quarks sind in der Abbildung dargestellt.

In den Quarkbindungswechselwirkungen besteht der einzige

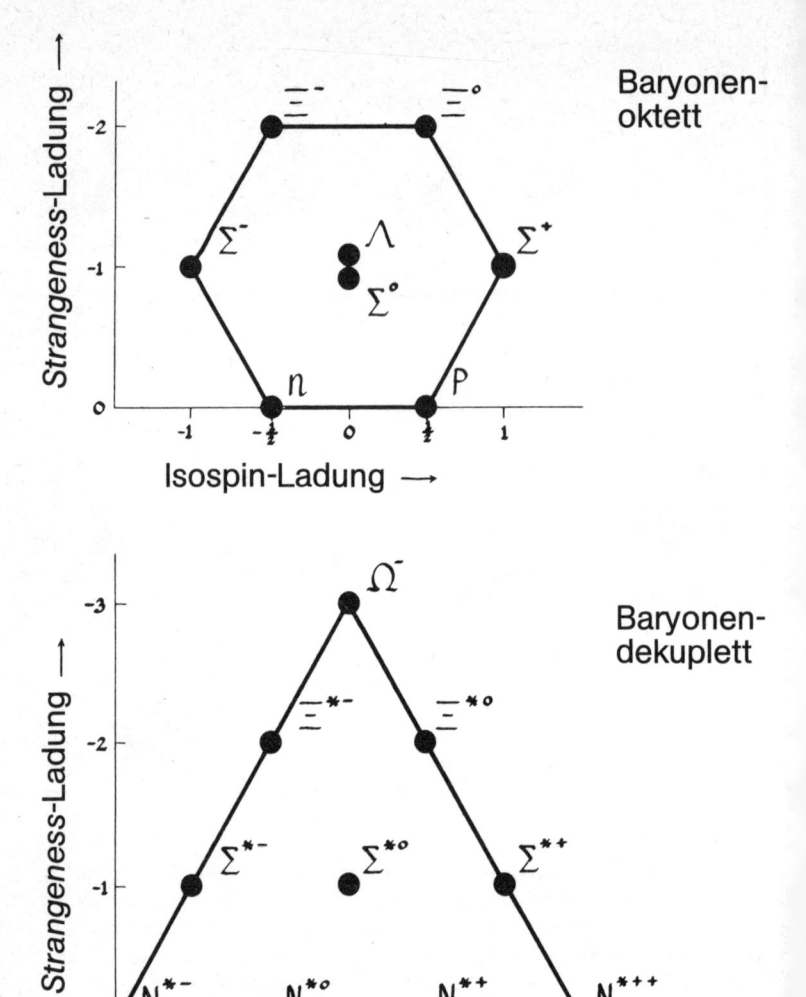

Die Einteilung der Hadronen nach dem achtfachen Weg für ein Baryonen-Oktett und -Dekuplett. Jedes im Laboratorium nachgewiesene Baryon oder Meson paßt in ein solches Muster; dabei wird die *Strangeness*-Ladung auf der senkrechten Achse, die Isospin-Ladung auf der waagrechten Achse aufgetragen. Neben dem Symbol für ein Baryon steht sein Quark-Inhalt. Mit dem Auftauchen der Quarks wurde auch der Sinn dieser Anordnungen klar.

Unterschied zwischen u-, d- und s-Quarks in der Masse: das u- und das d-Quark sind sehr leicht, während das s-Quark etwa fünfzig Mal so massiv ist. Niemand weiß, warum sich die Quarkmassen so voneinander unterscheiden; diese Frage ist noch ungeklärt. Aber daß die Masse des *Strange*-Quark soviel höher ist, erklärt auch, warum *Strange*-Hadronen, die mindestens ein *Strange*-Quark enthalten müssen, schwerer sind als Nicht-*Strange*-Hadronen.

Jetzt können wir erst richtig die große Vereinfachung würdigen, die das Quarkmodell bedeutet: Das Problem einer unendlichen Hadronenmenge verringert sich auf ein Problem der Dynamik und der Wechselwirkungen von nur drei Quarks. Das Modell berücksichtigt außerdem den achtfachen Weg. Ferner lassen sich die bei Hadronenwechselwirkungen beobachteten Erhaltungsgesetze, die zur Entdeckung des achtfachen Weges führten, jetzt auch als die Erhaltung der verschiedenen Quark-*Flavors* verstehen – dieselbe Menge an *Up-, Down-* und *Strange-Flavors,* die in eine Reaktion hineingegangen sind, müssen auch wieder herauskommen. Die bei Hadronenstößen ausgetauschten Quarks sind wie Atome, die durch Moleküle ausgetauscht werden.

Immer noch bestand ein verzwicktes Problem: Man hatte noch nie Quarks gesehen. Quarks scheinen nur zu existieren, wenn sie in Form von Hadronen miteinander verbunden sind. Warum? Vielleicht gibt es freie Quarks, aber sie haben eine ungeheuer große Masse und lassen sich in unseren heutigen Laboratorien nicht erzeugen. Die Physiker haben in Laborexperimenten, in der kosmischen Strahlung oder an anderen Stellen vergeblich nach Quarks gesucht. Wenn die Physiker versuchen, ein Hadron in seine Quarks zu zerlegen, so wie man ein Molekül in Atome aufspaltet, bekommen sie keine Quarks, sondern nur weitere Hadronen. Das Quarkmodell war eine mathematische Fiktion, die irgendwie funktioniert hat. Wie konnten die Physiker diese Fiktion geistig akzeptieren?

Alle Physiker sind ausgeprägte Positivisten, was sich auch darin zeigt, daß sie niemals ein Konzept in die Physik einführen, wenn es sich nicht direkt empirisch verifizieren läßt. Ernst Mach, um die Jahrhundertwende ein einflußreicher Physiker, hat die Atome nie akzeptiert, weil er nie eines gesehen hatte. Schließlich entwickelten die Physiker direkte Untersuchungen, um die Existenz von Atomen nachzuweisen, die bis dahin nur bequeme Fiktionen zur Beschreibung des Verhaltens von Gasen gewesen waren. Aber was hätte Mach von den Quarks gehalten? Die meisten Physiker glauben heute, daß man die Quarks nie sehen wird, daß sie ewig in den Hadronen eingeschlossen bleiben. Obwohl vielleicht viele Physiker

Positivisten sind, sind sie doch in erster Linie schöpferische Pragmatiker. Die besten unter ihnen lassen sich in ihrer Phantasie nie durch vorgefaßte Meinungen beeinflussen – die Phantasie richtet sich nach dem, was funktioniert. Und in diesem Fall funktionierte das Quarkmodell.

Man kann über den existentiellen Zustand der Quarks lange debattieren und endete unter Umständen bei der Entdeckung eines freien Quarks, eines Teilchens mit einem Bruchteil einer elektrischen Ladung; das wäre die Entdeckung des Jahrhunderts. Man könnte dann mit Hilfe der Quarks neue, nie zuvor geschaute Materiearten schaffen. Eine neue Chemie entstünde, in der Quarks an die Stelle von Elektronen träten, und es käme zur Bildung von Industrien auf dieser Grundlage. Aber ich bezweifle, daß freie Quarks je beobachtet werden, denn man sucht schon lange nach ihnen und hat sie nicht gefunden. Auf jeden Fall kam die Diskussion über die reale Existenz der Quarks, soweit die Hadronenstruktur davon betroffen war, um 1968 zu einem Ende. Wie viele Streitfragen in der Physik, so wurde auch diese im Experiment entschieden.

Kurz vor 1968 wurde ein neues Gerät zur Untersuchung der Materiestruktur eingeweiht: der über drei Kilometer lange Elektronen-Linearbeschleuniger (SLAC) in den Bergen hinter der Stanford-Universität. Eine von einer dortigen Gruppe und Gastwissenschaftlern vom MIT in Stanford durchgeführte Versuchsreihe überzeugte die Physiker, daß es Quarks in den Hadronen gab. Ein Elektronenstrahl aus dem Beschleuniger wurde an einem Protonentarget durch den Austausch eines einzelnen, sehr energiereichen Photons gestreut, das die elektrische Ladung innerhalb des Protons erfassen und ihre Verteilung messen konnte. Dabei zeigte sich, daß die elektrische Ladung des Protons in punktförmigen Gebilden konzentriert war. Die Quarks steckten im Proton wie die Rosinen in einem Pudding. Die Physiker hatten praktisch in das Proton hineingeschaut und die Quarks gesehen.

Diese Experimente am SLAC zur Aufklärung des Protonenaufbaus ähnelten dem Versuch, den Rutherford fünfzig Jahre zuvor zur Bestimmung des Atomaufbaus durchgeführt hatte. In beiden Experimenten wurde ein Teilchen an einem anderen gestreut. Rutherford streute Alphateilchen an Goldatomen; im SLAC-Experiment wurden Elektronen an Protonen gestreut. Rutherford führte seinen Versuch auf einer Tischplatte durch, während der Beschleuniger in Stanford über drei Kilometer lang ist; der Größenunterschied der Geräte kennzeichnet den Faktor eine Milliarde in der Energie, die man braucht, um in das Innere des Atoms zu »sehen«, im Vergleich zu dem Energieaufwand, um in das Proton zu »sehen«. Aber im Grunde genommen sind beide Experimente gleich.

Nachdem Rutherford seine Bestimmung des Atomaufbaus veröffentlicht hatte, entwickelten theoretische Physiker, wie Niels Bohr, Modelle, die diese Vorstellungen ausdrücken sollten. Ebenso beschäftigten sich nach dem SLAC-Experiment und bestätigenden Versuchen in anderen Forschungseinrichtungen die theoretischen Physiker mit der Entwicklung von Hadronenmodellen auf der Grundlage der Idee von fest eingeschlossenen Quarks. So wie Bohr bei der Aufstellung seines Modells noch keine grundlegende Theorie hatte – die neue Quantentheorie wurde erst später erfunden –, verfügten auch die theoretischen Physiker, die die Bewegung der Quarks in den Hadronen erfassen wollten, noch über keine theoretische Basis. Aber das hinderte sie nicht daran, theoretische Hadronenmodelle zu entwickeln, die man mit den Experimenten vergleichen und so in ihren Grundannahmen überprüfen konnte.

Eines der erfolgreichsten Modelle der Quarks in den Hadronen war das von Kenneth Johnson und seinen Mitarbeitern im MIT vorgeschlagene »Taschen-Modell«: Man konnte sich die Hadronen als kleine Taschen mit Quarks darin vorstellen. Die Tasche oder das Hadron denke man sich als Luftblase in einer Flüssigkeit, und innerhalb der Blase befinden sich die auf ewig darin eingeschlossenen Quarks. Stellen Sie sich einen Hadronenstoß bei diesem Modell vor, bei dem zwei Hadronen oder Dampfblasen aufeinander zugehen und dann zusammenstoßen. Einen ganz kurzen Augenblick überlappen sich die beiden Blasen und wirken wie eine einzige Blase. In dieser Zeit können die Quark-Passagiere von einer Seite auf die andere springen. Nicht nur können die Blasen Quarks austauschen, sondern innerhalb der sich überlappenden Blasen können durch die Energie des Zusammenpralls auch neue Quark-Antiquark-Paare entstehen. Nach dem Stoß zerbricht die einzelne Blase in zwei oder mehr Blasen, und jede stellt ein Hadron mit seinen Quark-Passagieren dar. Dieses Taschen-Modell bietet die wunderbare Möglichkeit, sehr viele Einzelheiten über die Hadronen, ihre Zusammenstöße und ihren Zerfall zu berechnen. Die Übereinstimmung mit dem Versuch ist bemerkenswert gut und spricht sehr für die Vorstellung von den auf ewig eingeschlossenen Quarks als Arbeitsmodell.

Was passiert nun, wenn wir versuchen, die Quarks innerhalb der Tasche voneinander wegzuziehen? Die Tasche wird immer länger und streckt sich zwischen den Quarks, die wir auseinanderziehen wollen. In diesem Zustand sieht das Hadron weniger wie eine Blase, sondern eher wie eine Schnur aus, auf der die Quarks aufgereiht

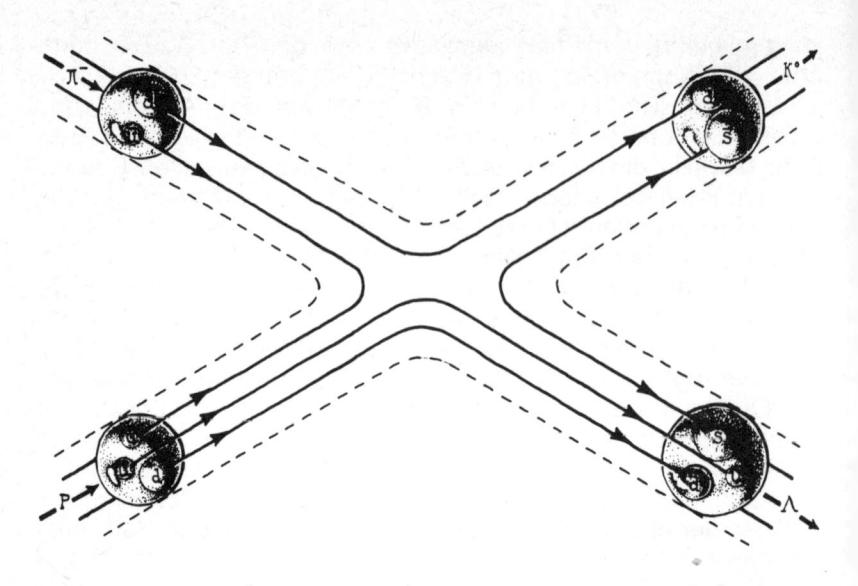

Eine Hadronen-Wechselwirkung im Quarkmodell. Die beiden Hadronen links (ein negativ geladenes Pion und ein positiv geladenes Proton) stoßen zusammen und verwandeln sich in die Hadronen rechts (ein neutrales Kaon und ein Lambda). Die Quarks innerhalb eines Hadrons können die entsprechenden Antiquarks vernichten oder von Hadron zu Hadron springen. Neue Quarks können durch die Energie des Zusammenstoßes entstehen, wie bei diesem Stoß die s- und s-Quarks.

sind. Diese Konfiguration ist das sogenannte »Schnurmodell« der Hadronen: Die Quarks sind durch eine Art Klebstoff miteinander verbunden, der sich zu einer Schnur ausdehnt. Wir können uns die Schnur wie ein Gummiband vorstellen. Während wir daran ziehen, bleibt die Kraft konstant. Es würde eine unendlich hohe Energie erfordern, um zwei Quarks auseinanderzureißen, die durch eine solche Schnur miteinander verbunden sind. Da aber eine unendlich hohe Energie nicht zur Verfügung steht, kann man die Quarks nicht voneinander trennen.

Lange bevor man eine unendlich hohe Energie zuführen kann, passiert allerdings etwas anderes. Die Energie, die man durch das Ziehen an der Schnur zugeführt hat, kann sich in Materie in Form eines Quark-Antiquark-Paars verwandeln, wie im Bild dargestellt. Das Quark-Antiquark-Paar erscheint aus dem Vakuum, weil die Energie zu seiner Schaffung vorhanden ist. Die Schnur zerreißt, und es entstehen daraus zwei Schnüre oder zwei Hadronen. Nie gelingt es, die Quarks zu befreien. Immer wieder entstehen Hadronen, wie schon im Laboratorium zu beobachten war.

Das Taschenmodell und das Schnurmodell der Hadronen können viele beobachtete Hadroneneigenschaften gut erklären. Sie liefern uns ein intuitives Bild vom Hadronenaufbau, sind aber keine grundlegenden Quantentheorien. Eine solche Theorie über die Dynamik der Quarks gibt es heute, die sogenannte Quantenchromodynamik. Wir werden in einem späteren Kapitel darauf zurückkommen. Zur Zeit hoffen die theoretischen Physiker, daß das

Tasche (Hadron)

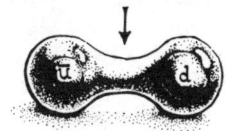

Schnur

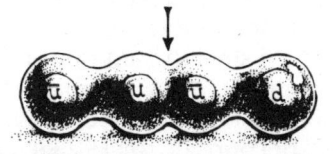

Entstehung eines Quarkpaars aus dem Vakuum

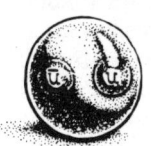

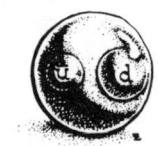

zwei Taschen (zwei Hadronen)

Ein gescheiterter Versuch, die Quarks aus einem Hadron freizusetzen. Wenn man die Tasche ausdehnt, wird sie zur Schnur. Die zur Trennung der Quarks aufgebrachte Energie wird zur Schaffung eines Quark-Antiquarks-Paars eingesetzt. Das Endergebnis sind zwei Hadronen, aber keine freien Quarks.

Taschen- oder das Schnurmodell mit der Eigenschaft des Quarkeinschlusses aus der Quantenchromodynamik abgeleitet werden kann, wie Bohrs Atommodell aus der Quantenmechanik abgeleitet wurde. Bislang haben wir dieses Ziel nicht erreicht, aber alles spricht dafür, daß wir auf der richtigen Spur sind.

Obwohl das Quarkmodell mit nur drei »Geschmacksrichtungen« der Quarks die beobachteten Hadronen erklärte, konnten schon in den sechziger Jahren einige theoretische Physiker der Spekulation nicht widerstehen, daß vielleicht noch mehr Quarks zu entdecken waren. Die meisten Physiker beachteten solche Überlegungen kaum, weil für weitere Quarks eigentlich kein zwingender Grund vorlag. Um 1973 änderte sich die Lage jedoch drastisch. Neue Theorien über die Wechselwirkungen von Quarks auf der Grundlage eleganter mathematischer Symmetrien hatten das Vertrauen der theoretischen Physiker gewonnen. Aber diese schönen Theorien stimmten mit dem Experiment nur dann überein, wenn man die Existenz eines neuen, vierten Quarks postulierte. Trotzdem waren viele Physiker nach wie vor der Meinung, das vierte Quark sei doch ziemlich weit hergeholt. Aber die Befürworter eines vierten Quarks, an ihrer Spitze der Theoretiker Sheldon Glashow und seine Mitarbeiter an der Harvard-Universität, blieben fest. Glashow hatte das hypothetische neue Quark als Quark mit *Charm* bezeichnet und fest behauptet, daß es existiere. Aber wo waren die aus dem neuen *Charm*-Quark aufgebauten Hadronen?

Etwa im Sommer 1974 stellten Sam Ting und seine experimentierenden Kollegen im Brookhaven National Laboratory in einigen Streudaten einen ungewöhnlichen Höcker fest. Von diesem Ergebnis oder der Energie, bei der sich der Höcker gezeigt hatte, wußten nicht viele Kollegen; das Ganze wurde geheimgehalten. Experimentalphysiker sind mit ihren Daten oft sehr geizig, solange sie sie nicht x-mal überprüft haben; sie wollen nichts ankündigen, was sie später vielleicht widerrufen müssen. Ein Physiker am Linearbeschleuniger in Stanford schloß mit Ting über die Existenz dieses Höckers eine Wette ab, um Näheres zu erfahren. Aber Ting wettete trotz seiner Daten gegen die Existenz eines Höckers, vielleicht um den Eindruck zu erwecken, daß er nichts in der Hand hatte. Im November desselben Jahres führte eine Gruppe von Experimentalphysikern in Stanford mit kollidierenden Elektronen-Positronen-Strahlen eine sorgfältige Untersuchung über verschiedene Strahlenergien durch. Bei einer bestimmten Energie entstand durch die sich gegenseitig vernichtenden Elektronen und Positronen eine ungeheure Anzahl von Teilchen, und das äußerte sich in der graphischen Darstellung der

Daten als Höcker. Die Experimentalphysiker in Stanford unter Leitung von Burton Richter verkündeten die Entdeckung eines neuen Teilchens, die aus ihrem Höcker zu folgern sei. Zur selben Zeit veröffentlichte Ting in Brookhaven seine Ergebnisse. Die beiden Experimentierteams hatten unabhängig voneinander ein neues Meson entdeckt, ein Hadron aus einem *Charm*-Quark und einem Antiquark. Bald wurde die Entdeckung von einem deutschen Forschungszentrum bestätigt. Kurz nach der Entdeckung dieses Mesons wurde in Stanford noch ein Meson entdeckt, das aus dem *Charm*-Quark c und einem Antiquark $\bar{c}$ bestand. Die Sammlung dieser Mesonen wird als Charmonium bezeichnet.

Die Physiker nennen diese überraschenden experimentellen Entdeckungen oft die Novemberrevolution von 1974. *Charm* ist nur ein weiterer »Geschmack«, der auf unsere Liste der Begriffe *up*, *down* und *strange* gesetzt werden muß. Soweit sich das hat nachweisen lassen, ist das *Charm*-Quark den drei früheren Quarks ähnlich, nur viel massiver. Deshalb gelang die Entdeckung auch erst mit Beschleunigern, deren Energie zur Erschaffung dieses Teilchens ausreicht.

Wenn die in Brookhaven und Stanford entdeckten neuen Hadronen tatsächlich aus einem neuen *Charm*-Quark und einem Antiquark nach der Formel $\bar{c}c$ bestehen, müßte es noch mehr neue Hadronen geben, die aus einem *Charm*-Quark und einer der alten Quarks, u, d oder s, zusammengesetzt sind. So müßten z.B. neue Mesonen existieren, die aus Quarks nach der Formel $\bar{d}c$, $\bar{u}c$, $\bar{s}c$ aufgebaut sind, wobei ein *Charm*-Quark jeweils mit einem der schon früher bekannten drei Quarks gekoppelt ist. Durch diese Forderung wurde das Quarkmodell erst richtig auf die Probe gestellt; einige dieser Mesonen wurden im Juni 1976 in Stanford auch tatsächlich entdeckt. Eine ganze Reihe neuer Hadronen läßt sich mit dem neuen Baustein, dem Quark mit *Charm,* errichten, wie mittlerweile im Experiment bestätigt worden ist. Man kann sagen, daß es zwischen der Quarkmodelltheorie und dem Experiment keine größeren Unstimmigkeiten mehr gibt. Das *Charm*-Quark scheint, bis auf seine höhere Masse, den anderen Quarks zu entsprechen.

Jetzt haben wir vier Quark-Geschmacksrichtungen: u, d, s und c. Warum nicht mehr? Die große Quarkjagd war in vollem Gang, und sie ist wohl noch längst nicht zu Ende. 1978 entdeckte im Fermi National Laboratory in der Nähe von Chicago eine Gruppe unter der Leitung von Leon Lederman, dem jetzigen Direktor des Laboratoriums, ein weiteres Meson mit hoher Masse, das sie $\Upsilon$ (Upsilon), nannten. Es ist zweifellos ein gebundener Zustand eines noch massiveren Quarks, des *Bottom*-Quarks b (manchmal auch *Beauty,* also Schönheit, genannt), wenn man von der Konstruktionsformel b̄b ausgeht. Sofern dieses neue Quark eine massivere Version der anderen vier Quarks darstellt, müßte es sich mit ihnen ebenfalls zur Bildung neuer Hadronen verbinden. Ein *Bare-Bottom*-Zustand, wahrscheinlich die Kombination ub, wird zur Zeit in mehreren Laboratorien eifrig gesucht.

Die theoretischen Physiker meinen, daß mindestens noch ein weiteres Quark mit *Flavor,* das *Top*-Quark t (manchmal auch *Truth,* d.h. Wahrheit, genannt) mit noch höherer Masse, zu entdecken ist. Man hat schon nach ihm gesucht, es aber noch nicht gefunden; vielleicht besteht es bei höheren Energien, als wir sie heute erreichen können. Wieviele Quark-Geschmacksrichtungen gibt es? Niemand weiß es genau; erst die Zukunft wird es zeigen. Aber soviel ist gewiß: Das Problem der Hadronen hat sich auf das Problem der wechselwirkenden Quarks reduziert.

Heute gibt es mehr Quarks, als es 1950 Hadronen gegeben hat, und die Quarkliste wächst immer noch. Manchen Physikern ist diese Vielzahl von Quarks etwas unheimlich, aber eine Alternative dazu ist bisher nicht in Sicht. Sind die Quarks die Endstation? Oder bestehen die Quarks auch wieder aus noch elementareren Objek-

## Quark-Tabelle

| Name | Symbol | Masse in Einheiten der Elektronmasse (ca.) | Elektrische Ladung in Einheiten der Protonladung |
|---|---|---|---|
| UP | u | 2 | $2/3$ |
| DOWN | d | 6 | $-1/3$ |
| STRANGE | s | 200 | $-1/3$ |
| CHARM | c | 3000 | $2/3$ |
| BOTTOM | b | 9000 | $-1/3$ |
| TOP | t | ? | $2/3$ |

ten? Da die Quarks offenbar auf ewig in den Hadronen eingeschlossen sind, muß man sich fragen, ob es überhaupt sinnvoll ist, von ihren Bestandteilen zu sprechen. Wie Sheldon Glashow sagt: »Wenn diese Interpretation des Quark-Einschlusses zutrifft, ist das eine ingeniöse Art und Weise, die scheinbar unendliche Regression immer feinerer Strukturen in der Materie abzuschließen. Atome lassen sich in Elektronen und Kerne, Kerne in Protonen und Neutronen und Protonen und Neutronen in Quarks zerlegen, aber die Theorie vom Quark-*Confinement* läßt den Schluß zu, daß die Reihe hier aufhört. Es ist schwer vorzustellen, daß ein Teilchen eine innere Struktur aufweist, wenn es nicht einmal gebildet werden kann.« Alle bislang vorliegenden Beweise sprechen für seine Ansicht, daß die Quarks der »Urgrund« der Materie sind. Allerdings würde kein mir bekannter Physiker darauf wetten.

Bis jetzt sind wir tief in den Atomkern, in das Meer der Hadronen, eingedrungen und haben dabei die Quarks entdeckt, aus denen alle diese Teilchen gebildet werden. Wir sehen, daß die Kernphysik die Physik der gefangenen Quarks ist. Aber das Rätsel weist noch ein Teil auf, das wir schon im Atom gesehen haben, das Elektron. Wie paßt das Elektron in diesen Bauplan der Dinge? Es gehört zu einer anderen Teilchenmenge, den sogenannten Leptonen, die auf den ersten Blick mit den Hadronen und den sie bildenden Quarks nichts zu tun haben. Sie sind ein anderer Teil der Besetzung unseres 3-D-Films, und ihnen wollen wir uns als nächstes zuwenden.

# 5. Leptonen

*Wer hat das angeordnet?*
I. I. Rabi

Einer meiner Bekannten, ein theoretischer Physiker norwegischer Herkunft, pflegte die blauweißen Gewässer um Cape Cod mit einem kleinen, schnellen Segelboot unsicher zu machen und damit Erinnerungen an seine Wikinger-Vergangenheit wachzurufen. Er nannte sein Boot »Lepton« nach dem griechischen Wort für »leicht« oder »rasch«. Ich erinnere mich, daß ich einmal mit ihm gesegelt bin und wir beide uns dabei den Kopf über andere Leptonen zerbrochen haben, über die Elementarteilchen, zu denen das Elektron und das Neutrino gehören. Die Physiker kennen die Leptonen und ihre Eigenschaften schon lange, aber niemand wußte, wie man sie in die Handlung des kosmischen 3-D-Films einbauen kann. Sie schienen überflüssig zu sein, Schauspieler, die nicht gebraucht wurden. Erst in den letzten Jahren haben die Physiker festgestellt, wie die Leptonen und die Quarks in einer einheitlichen Theorie der Elementarquanten zusammengehören. Aber ehe wir darauf kommen, wollen wir zunächst einmal überlegen, was die Leptonen eigentlich sind.

Wir erinnern uns, daß wir auf unserer Reise in die Materie das Atom erreicht haben und dann weiter in den Atomkern eingedrungen sind, der aus Protonen und Neutronen besteht. Diese beiden Teilchen entpuppten sich dabei nur als die ersten beiden einer unendlich langen Reihe von Hadronen. Dem Rätsel der Hadronen lagen die Quarks zugrunde, ein paar punktförmige Teilchen, die sich mit starken Kräften zu einer unendlichen Vielzahl von Konfigurationen, den Hadronen, verbinden. Bei den Hadronen hat unsere Reise in den Kern aufgehört. Aber die Atome bestehen aus zwei Hauptbestandteilen: dem Kern und der ihn umgebenden Elektronenwolke. Wie steht es mit dem Elektron? Wohin gehört es? Das Elektron ist, wie die Physiker heute wissen, das erste in einer neuen Klasse von Teilchen mit dem Spin $1/2$, die unter dem Namen Leptonen zusammengefaßt werden. Die anderen Leptonen sind das seltene Neutrino, das Myon und das Tauon; wir werden sie alle in diesem Kapitel beschreiben.

Warum machen sich die Physiker die Mühe, die Leptonen getrennt von anderen Teilchen, z.B. den Hadronen und den Quarks, zu klassifizieren, aus denen sie doch bestehen? Die Hadronen stehen zueinander in sehr starker Wechselwirkung; das weist auf die starken Kräfte hin, die die Quarks in ihnen miteinander verbinden. Im Gegensatz dazu zeigen die Leptonen verhältnismäßig schwache Wechselwirkungen und bilden somit eine kleine Nische in der Welt der Quanten. Die Physiker haben das erkannt und den Leptonen eine eigene Klasse zugewiesen.

Im Gegensatz zu den Quarks, denen sie in mancher Hinsicht ähneln, können die Leptonen tatsächlich frei existieren. Das Elektron ist z.B. durch schwache elektromagnetische Kräfte an den Atomkern gebunden und läßt sich leicht freisetzen. Die Physiker haben Strahlen aus befreiten Elektronen, Neutrinos und Myonen erzeugt. Die Elektronenkanone im Sockel einer Fernsehbildröhre schießt einen modulierten Elektronenstrahl auf den Bildschirm und erzeugt daraus ein Bild. Die Leptonen, z.B. das Elektron, gibt es wirklich auf der Welt. Stellen wir uns vor, wir öffnen das Programmheft des kosmischen 3-D-Films an der Stelle in der Besetzungsliste, wo die Leptonen beschrieben werden.

## Das Elektron

Das am deutlichsten wahrzunehmende und auch das beweglichste Elementarquant ist das Elektron, als Teilchen schon 1897 identifiziert. Es läßt sich leicht aus seinen Bindungen an den Kern befreien und hat auch die geringste Masse unter allen elektrisch geladenen Quanten, ein wahrhaft schnelles Lepton. Die elektronische Technik ist Folge der Herrschaft des Menschen über das Elektron. Die erste Nutzung der Elektrizität, also von Elektronen in Bewegung, war recht grobschlächtig. Dabei verschob man nur Elektronenmengen in Form elektrischer Ströme zum Betrieb von Glühbirnen, Elektromotoren und all den anderen einfachen Elektrogeräten. Ein etwas verfeinerter Einsatz der Elektronenbewegung entstand mit der Entwicklung der Vakuumröhre und später der Transistoren. Die Wissenschaftler haben mittlerweile gelernt, mit immer kleiner Elektronenmengen umzugehen. Die Zähmung des Elektrons ist das beste Beispiel dafür, wie der Kontakt mit der unsichtbaren Quantenwelt unsere Zivilisation verändert hat. Bestimmte Eigenschaften der Elektronen, die niemand gefordert oder konstruiert hat, haben die elektronische Nachrichtenübermittlung und die Massenmedien möglich gemacht. Der Computer und der Mikroprozessor verändern unsere Zivilisation. Die materiellen Gesetze der unsichtbaren Quantenwelt sind zur Grundlage für neue Geräte geworden und haben der Nutzung durch den Menschen eine neue Sphäre erschlossen.

Die moderne Theorie des Elektrons beginnt mit einer Untersuchung von Paul Dirac, einem der Begründer der neuen Quantentheorie. Dirac wußte, daß die beiden voneinander unabhängigen Vorstellungen, die neue Quantentheorie und die Relativitätstheorie, richtig waren. Die Schwierigkeit bestand darin, diese beiden Gedankengebäude miteinander zu verbinden und eine Quantentheorie zu entwickeln, die auch dem Prinzip der Relativität gehorchte. Dirac konzentrierte sich auf das Elektron, ein bekanntes Quantenteilchen, dessen Welleneigenschaften bereits bestätigt worden waren. Er versuchte, für die Welle des Elektrons eine mathematische Beschreibung zu finden, die mit Einsteins Relativitätstheorie vereinbar war. Dirac leitete schließlich mathematisch eine Gleichung, die Dirac-Gleichung, ab, nach der sich die Elektronenwelle verhalten mußte. Diese Gleichung hatte weitreichende Folgen.

Zunächst sagte sie die beobachteten Eigenschaften der Elektronen bei deren Bewegung in elektrischen und magnetischen Feldern voraus, die man bis dahin theoretisch noch nicht genau genug verstanden hatte. Diese Voraussagen überzeugten die Physiker davon, daß Diracs Theorie stimmte. Aber die verblüffendste Hypothese in Diracs Elektronengleichung betraf die Existenz einer neuen, noch nie gesehenen Art von Materie: Antimaterie. Wie kam es zu dieser Entdeckung?

Diracs Gleichung hatte in Wirklichkeit zwei Lösungen; eine Lösung beschrieb das Elektron, die andere ein neues Teilchen mit positiver, also der Ladung des Elektrons entgegengesetzter, elektrischer Ladung. Zuerst hielt Dirac das dieser neuen Lösung entsprechende Teilchen für das Proton, damals das einzige bekannte positiv geladene Teilchen. Später stellte sich jedoch heraus, daß das Diracs Gleichung vorausgesagte neue Teilchen genau dieselbe Masse wie das Elektron aufweisen mußte und deshalb nicht das Proton sein konnte, denn dessen Masse war fast zweitausendmal so groß wie die des Elektrons. Diracs Gleichung sagte in Wirklichkeit eine neue Elektronenart voraus: das Antielektron oder Positron. Bald merkten die Physiker, daß die Gleichung von Dirac durch die darin implizierte Existenz des Antielektrons nur ein bestimmtes Beispiel für die Folgen einer Kombination von Quantentheorie und Relativitätsprinzip darstellte, nämlich die Existenz von Antimaterie.

Antimaterie ist mit gewöhnlicher Materie bis auf eine Ausnahme identisch: Alle Teilchen, die die Antimaterie bilden, tragen elektrische Ladungen mit umgekehrtem Vorzeichen. Für jedes Teilchen, das existiert, kann nach den Gesetzen der Physik auch ein Antiteilchen existieren. Es könnte Antiprotonen geben, und folglich könnten Antiwasserstoffatome aus einem Antiproton und einem Positron bestehen. Ganze Antimateriewelten könnten existieren; vielleicht bestehen ferne Galaxien aus Antimaterie. Große Gebilde aus Antimaterie gibt es auf unserer Welt allerdings nicht, weil sich Materie und Antimaterie, wenn sie zusammenkommen, in einer spektakulären Explosion gegenseitig auslöschen. Die Antimaterie scheint bizarr zu sein wie eine andere Welt hinter dem Spiegel, aber sie war in Diracs Theorie eindeutig vorausgesagt worden, und wenn die Theorie stimmte, mußte sie existeren. Und sie existiert auch. Das Antielektron wurde von Carl Anderson, einem Physiker im Caltech, in kosmischer Strahlung entdeckt, die auf die Erde niedergeht. Später wurden Antimaterieversionen des Protons und anderer Teilchen gefunden. Vor kurzem haben die Physiker sogar ein vollständiges Antideuteron hergestellt, also einen Atomkern aus einem Antiproton und einem Antineutron.

Vor Diracs Vorstellung von der Antimaterie konnten sich die Physiker die Quantenteilchen als unverwandelbar vorstellen; dieselbe Anzahl von Teilchen, die in eine Reaktion hineingegangen war, mußte aus der Reaktion auch wieder herauskommen. Aber mit der Entdeckung der Antimaterie änderte sich das alles von Grund auf, wie Heisenberg schrieb:

> »Ich glaube, die Entdeckung der Teilchen und Antiteilchen durch Dirac hat unser ganzes Bild von der Atomphysik verändert ... Sobald man weiß, daß man Paare bilden kann, muß man sich ein Elementarteilchen als zusammengesetztes System vorstellen, denn es könnte ja praktisch dieses Teilchen plus ein Teilchenpaar plus zwei Paare usw. sein, und ganz plötzlich hat sich so die Vorstellung von den Elementarteilchen verändert. Bis dahin hatte sich, glaube ich, jeder Physiker die Elementarteilchen im Sinne der Philosophie von Demokrit vorgestellt, sie als unveränderliche Einheiten angesehen, die in der Natur gegeben und immer gleich sind, sich nie verändern, nie in etwas anderes umgewandelt werden können. Sie sind keine dynamischen Systeme, sondern be-

stehen nur in sich. Nach Diracs Entdeckung sah alles anders aus, denn jetzt konnte man fragen, warum denn ein Proton nicht manchmal ein Proton plus ein Elektron-Positron-Paar usw. sein konnte ... Damit stellte sich die Frage der Teilung der Materie ganz anders dar.«

Wie aus diesen Bemerkungen hervorgeht, war mit dem Auftauchen der Antimaterie die Vorstellung von der Erhaltung der Teilchenzahl hinfällig geworden, und die *Bootstrap*-Hypothese gewann an Boden. Teilchen wie das Elektron konnten erschaffen und zerstört werden; sie konnten sich ineinander umwandeln.

Das Elektron ist von allen Elementarquanten das am besten verstandene. Es scheint ein absolut stabiles Teilchen zu sein. Der Grund dafür ist recht interessant. Wenn wir davon ausgehen, daß die elektrische Ladung absolut erhalten bleibt, was heute die meisten Physiker annehmen, dann kann das Elektron, da es das leichteste geladene Teilchen ist, in keine leichteren Teilchen zerfallen, weil es keine gibt, die seine elektrische Ladung abtransportieren können. Die elektrische Ladung ist wie ein immer weiter vererbtes Spielzeug, das mit dem letzten Nachkömmling in der Familie das Ende seiner Laufbahn erreicht.

Die moderne Theorie von der Wechselwirkung der Elektronen mit dem Licht heißt Quantenelektrodynamik und ist kurz nach dem zweiten Weltkrieg entstanden. Sie stellt einen der Triumphe der modernen theoretischen Physik dar und enthält Voraussagen über die Wechselwirkungen von Elektronen, die sich in den genauesten je durchgeführten Experimenten bestätigt haben. Die Quantenelektrodynamik schließt auch Diracs Gleichung für das Elektron ein und besagt, daß das Elektron ein wirkliches punktförmiges Teilchen ohne weitere Struktur ist. Im Gegensatz zu den Protonen und Neutronen, die aus Quarks bestehen, scheint das Elektron am Ende seiner Reise angelangt zu sein, soweit es die Physiker heute zu bestimmen vermögen. Das Rätsel des Elektrons wird allerdings dadurch erschwert, daß dieses Teilchen nicht allein ist.

## Das Myon

Das zweite Lepton, das Myon, wurde 1937 entdeckt. Myonen sind der Hauptbestandteil der kosmischen Strahlung an der Erdoberfläche. In jedem Augenblick fliegen zahllose Myonen um uns herum und durch unseren Körper. Wenn wir Spezialbrillen trügen, mit denen wir die Myonen in unserer Umgebung sehen könnten, bildeten ihre Spuren, sofern sie sich eine Minute lang halten könnten, ein dichtes Gestrüpp aus fast senkrechten Linien um uns herum und durch uns. Diese unsichtbare kosmische Strahlung läßt sich in Detektoren, z.B. in der Funkenkammer, sichtbar machen, also in Geräten, die die Bahn eines elektrisch geladenen Teilchens, wie des Myons, durch eine Funkenlinie zwischen Metallplatten darstellen können. Aber was ist ein Myon?

Das Myon ist, soweit dies heute jemand zu sagen vermag, dasselbe wie ein Elektron; seine Masse ist allerdings rund zweihundertmal so groß. Das Myon ist ein dickes Elektron. Es wird in der Gleichung von Dirac ebenfalls beschrieben, trägt eine negative Ladung (das Antimyon ist positiv geladen), und seine Wechselwirkungen werden in der Quantenelektrodynamik mit hoher Genauigkeit vorgegeben. Wie alle Leptonen hat es keine starken Wechselwirkungen.

Nachdem das Myon und einige seiner Eigenschaften entdeckt worden waren, stellte der Physiker I. I. Rabi die Frage: »Wer hat das angeordnet?« Rabi drückte damit das Gefühl aus, daß niemand das Myon brauchte oder erwartet hatte. Niemand kann Rabis Frage beantworten, aber wir müßten sie heute eigentlich soweit verallgemeinern, daß sie alle Quanten umfaßt. Kein Mensch kann sich auch nur im entferntesten vorstellen, warum es im kosmischen 3-D-Film Leptonen und Quarks gibt.

## Die Neutrinos

In den dreißiger Jahren stießen Physiker bei der Untersuchung des radioaktiven Zerfalls von Kernen auf etwas sehr Verwirrendes. In genauen Messungen stellten sie fest, daß es vor dem Zerfall des Kerns mehr Energie gegeben hatte als hinterher – eine Verletzung des geheiligten Satzes von der Erhaltung der Masse und Energie. Der Theoretiker Wolfgang Pauli rettete die Situation mit der Behauptung, ein neues, seltenes Teilchen trage die nicht nachgewiesene Energie davon. Als Pauli diesen Vorschlag machte, sah es aus, als wolle er sich um dieses Energieproblem durch das Postulat eines neuen Teilchens herummogeln, das man so gut wie nicht nachweisen konnte. Aber schließlich wurden die Teilchen doch direkt nachgewiesen, und mittlerweile haben die Physiker schon Strahlen daraus hergestellt. Im Gegensatz zum Elektron und zum Myon weisen diese Teilchen keine elektrische Ladung auf. Fermi nannte sie »kleine Neutrale«, Neutrinos.

Die Neutrinos sind wahrlich schwer zu fassende Leptonen. Sie haben eine geringere Masse als das Elektron (eigentlich ist nicht klar, ob sie überhaupt eine Masse haben) und weisen nur äußerst schwache Wechselwirkungen mit der übrigen Materie auf. Sie entstehen oft in den Zerfallsresten anderer Teilchen. So zerfällt zum Beispiel das Myon in ein Elektron, ein Neutrino und ein Antineutrino. Weil es nur über sehr schwache Wechselwirkungen verfügt, läßt sich ein Neutrino nach der Bildung kaum stoppen. Etwa acht ganze Lichtjahre Blei sind erforderlich, um die Hälfte der in einem typischen Kernzerfall gebildeten Neutrinos abzubremsen. Sie bewegen sich »wie ein geölter Blitz« durch die Materie.

Erstaunlicherweise können die Physiker mittlerweile Neutrinostrahlen erzeugen und lenken, etwa im Fermi National Accelerator Laboratory in der Nähe von Chicago und bei CERN, dem europäischen Beschleuniger in der Nähe von Genf. Diese intensiven, energiereichen Neutrinostrahlen reagieren von Zeit zu Zeit innerhalb riesiger Detektoren. Trotz der geringen Wahrscheinlichkeit solcher Ereignisse sind mit Neutrinostrahlen schon wichtige Experimente durchgeführt worden. Weil Neutrinos ein so hohes Durchdringungsvermögen aufweisen, kann man mit ihnen tief in das Innere der Struktur von Protonen und Neutronen vordringen und hat mit ihrer Hilfe vieles über die Quarks in diesen Teilchen in Erfahrung gebracht. Der unbenutzte Neutrinostrahl, und das ist der größte Teil, fliegt nach seinem Austritt aus dem Detektor einfach durch West-Chicago davon. Man kann tagelang in einem Neutrinostrahl stehen, ohne daß es im Körper zu einem einzigen Ereignis kommt.

Einem eher lustigen Vorschlag zufolge soll man Neutrinostrahlen zu Nachrichtenverbindungen nutzen. Theoretisch könnte man einen Neutrinostrahl geradewegs durch die Erde schießen, er träte auf der anderen Seite wieder aus, und das schwache Signal würde von einem riesigen Detektor aufgefangen. Grundsätzlich könnte das funktionieren, wäre aber im Vergleich zu den üblichen Verfahren sehr aufwendig. Ein anderer, nicht ganz ernst zu nehmender Vorschlag bezieht sich auf eine Neutrinobombe, die Lieblingswaffe des Pazifisten. Eine solche Bombe, die ohne weiteres so teuer werden könnte wie eine herkömmliche Atomwaffe, würde wimmernd explodieren und das Zielgebiet mit einem hohen Neutrinofluß überschwemmen. Nachdem sie jedermann in Angst und Schrecken versetzt hätten, würden die Neutrinos durch alles hindurchfliegen, ohne Schaden anzurichten.

Die Physiker stellten zu ihrer Überraschung fest, daß es zwei

Neutrinos gibt; eines davon hängt mit dem Elektron, das andere mit dem Myon zusammen. Sie heißen Elektron-Neutrino und Myon-Neutrino. Die Geschichte vom Neutrino weist aber noch eine weitere Verwicklung auf: Die Neutrinos sind Linkshänder. Die meisten Elementarquanten existieren zu gleichen Teilchen als rechts- und linkshändige Ausführungen, aber bei den Neutrinos ist das anders.

Gewöhnliche Gebrauchsgegenstände sind manchmal gerichtet, also entweder rechts oder links. Handschuhe und Schuhe sind ein Beispiel dafür; einen Handschuh für die linke Hand kann man auch mit dem größten Aufwand nicht in einen Handschuh für die rechte Hand verwandeln (das Ende des Handschuhs nähen wir dabei zu, so daß man ihn nicht umstülpen kann). Auch chemische Moleküle können gerichtet sein, so z.B. die DNS-Doppelhelix, die sich wie eine Wendeltreppe nach rechts dreht. Obwohl die DNS einen Rechtsdrall aufweist, gibt es kein Grundgesetz in der Physik oder der Chemie, das besagt, das Leben hätte sich nicht ebensogut aus einer DNS mit Linksdrall entwickeln können. Das Leben muß sich einfach für eine der beiden Ausführungen entscheiden, und auf unserem Planeten fiel die Wahl eben auf die DNS mit dem Rechtsdrall.

Wenn die Neutrinos keine Masse aufweisen und sich, wie das Photon, immer mit Lichtgeschwindigkeit bewegen, können sie auch rechts- oder linkshändig sein. Wie kann ein so kleines und schwer zu fassendes Teilchen wie das Neutrino eine Richtung aufweisen wie ein Handschuh oder ein DNS-Molekül? Die Neutrinos haben, wie alle Leptonen, den Spin 1/2; wir können sie uns als kleine, rotierende Kreisel vorstellen, deren Drehachse in ihre Bewegungsrichtung weist. Die Eigendrehung kann entweder im Uhrzeigersinn oder entgegen dem Uhrzeigersinn in Richtung der Vorwärtsbewegung erfolgen, und diese beiden Möglichkeiten entsprechen dem rechts- bzw. dem linkshändigen Neutrino. Wenn sich die Neutrinos immer mit Lichtgeschwindigkeit bewegen, können wir nie eines erreichen und seine relative Bewegungsrichtung und damit auch seinen Drehsinn ändern; ein linkshändiges Neutrino bleibt immer so, und das gilt auch für die rechtshändige Abart.

Jetzt wird uns auch klar, worin die Eigenart der Neutrinos liegt: Es gibt keine rechtshändigen Neutrinos. Nach den Grundgesetzen der Physik scheint ihre Existenz verboten zu sein. Wir könnten sie nicht einmal herstellen, wenn wir es versuchten. Es wäre so, als verböte ein physikalisches Gesetz die Herstellung von rechten Handschuhen.

Die alleinige Existenz von linken Neutrinos verletzt die Paritätserhaltung, also das Gesetz, demzufolge die Existenz eines Teilchens bedeutet, daß es auch das Spiegelbild dieses Teilchens geben kann (bei dem dann rechts mit links und links mit rechts vertauscht ist). Das Spiegelbild eines linken Neutrinos ist ein rechtes Neutrino, und das gibt es einfach nicht. Man kann es auch nicht herstellen. Zwei chinesisch-amerikanische Physiker, Chen Ning Yang und Tsung Dao Lee, entwickelten ausführlich die Überlegung, daß die Paritätserhaltung verletzt ist und schlugen zur Überprüfung ihrer Hypothese ein Experiment vor. Als Pauli von Experimenten hörte, mit denen die Möglichkeit einer Paritätsverletzung überprüft werden sollte, bemerkte er: »Ich glaube nicht, daß Gott ein schwacher Linkshänder ist.« Aber der Versuch von Chien Shiung Wu und ihren Mitarbeitern an der Columbia-Universität erwies, daß Pauli unrecht hatte: Gott ist tatsächlich ein schwacher Linkshänder. Yang und Lee bekamen für ihre richtungweisende Arbeit den Nobelpreis.

Die Physiker sind von den Neutrinos, den leichtesten aller Leptonen, von jeher fasziniert gewesen. In jüngster Zeit sind experimentelle Forschungsarbeiten im wesentlichen auf die Frage konzentriert worden, ob die Neutrinos wirklich eine winzige Masse aufweisen oder masselos sind. Die Spekulationen der theoretischen Physiker scheinen zu besagen, daß sie vielleicht eine kleine Masse haben; wenn das der Fall wäre, hätte es unabsehbare Auswirkungen auf die Kosmologie, die Untersuchung des gesamten Universums. Wenn die Neutrinos Massen von lediglich einem Bruchteil der Elektronenmasse aufwiesen, würden sie den größten Teil der Masse des Universums auf sich vereinigen. Damit wäre das unfaßbare, unsichtbare Neutrino das dominierende Element im Universum!

Wenn Sie jetzt eine Faust ballen, fliegen jeden Augenblick tausende von Neutrinos hindurch, weil das ganze Universum voll Neutrinos steckt. Trotz ihrer riesigen Zahlen tragen die Neutrinos aber zur Gesamtmasse des Universums kaum etwas bei, wenn sie masselos sind. Wenn sie jedoch eine Masse haben, dürften sie schätzungsweise 90% der gesamten Masse des Universums darstellen, eine unsichtbare Masse, denn niemand kann diese »Untergrundstrahlung« der Neutrinos wirklich sehen. Die anderen 10% der Masse des Universums, der kleinere Teil, sind die sichtbare Materie in Form der Sterne und Galaxien. Die Neutrinos könnten somit die »fehlende Masse« des Universums darstellen, gerade die Menge, die erforderlich ist, um die Expansion des Universums aufzuhalten und es schließlich wieder zum Schrumpfen zu bringen. Die Neutrinos könnten der Leim sein, der das Universum zusammenhält. Ob sie wirklich eine kleine Masse aufweisen, läßt sich schwer bestimmen, aber zur Zeit laufen sehr empfindliche Experimente, die diese wichtige Frage klären sollen.

Lange hielten die Physiker das Elektron, das Myon und die beiden damit verbundenen Neutrinos für die einzigen Leptonen. Aber 1977 gab es eine Überraschung.

## Das Tau

Die Entdeckung des Taus geschah langsam und in aller Stille. Schon 1976 bemerkten Physiker an einem Ring aus zusammenstoßenden und gegenläufig rotierenden Elektronen und Positronen bei Stanford eigentümliche Effekte. Der Versuchsleiter der Gruppe, Martin Perl, behauptete vorsichtig, aber beharrlich, diese Effekte könnten vielleicht auf ein neues Lepton zurückzuführen sein; aber auch andere Erklärungen waren nicht ganz auszuschließen. 1977–1978 stellte sich dann dank bestätigender Hinweise aus einem ähnlichen Versuchslaboratorium in Hamburg heraus, daß es sich tatsächlich um ein neues Lepton mit der riesigen Masse vom 3500fachen der Elektronenmasse handelte. Wie das Elektron und das Myon, so ist

## Leptonen-Tabelle

| Name | Symbol | Masse in Einheiten der Elektronenmasse | Elektrische Ladung in Einheiten der Protonladung |
|---|---|---|---|
| Elektron | $e^-$ | 1 | −1 |
| Elektron Neutrino | $v_e$ | unter 0.00012 | 0 |
| Myon | $\mu^-$ | 207 | −1 |
| Myon Neutrino | $v_\mu$ | unter 1.1 | 0 |
| Tauon | $\tau^-$ | 3491 | −1 |
| Tau Neutrino | $v_\tau$ | unter 500 | 0 |

auch das Tau wahrscheinlich mit einem ladungslosen linken Neutrino verbunden; dafür gibt es allerdings noch kaum direkte Beweise. Weil das Tau so massiv ist, kann es in zahllose andere, leichtere Teilchen und sein assoziiertes Neutrino zerfallen. Der einzige Unterschied zwischen dem Elektron, dem Myon und dem Tau scheint in der Masse zu liegen. Wenn das Myon ein dickes Elektron war, dann ist das Tau ein dickes Myon.

Da klingt einem wieder Rabis Frage im Ohr: »Wer hat das angeordnet?« Sie drückt das Rätsel der Leptonen aus. Wer braucht über das Elektron und sein Neutrino hinaus Leptonen? Wir brauchen zum Aufbau der Atome nur das Elektron. Und doch sind das Myon und das Tau genau so elementar wie das Elektron. Bemerkenswert ist an allen Leptonen, daß sie nie irgendeine innere Struktur gezeigt haben. Sie scheinen selbst bei den höchsten Energien noch rein punktförmige Teilchen zu sein. Das läßt darauf schließen, daß sie wahrhaft elementare, keine zusammengesetzten Teilchen sind, der Untergrund aller Materieniveaus; das vergrößert die Rätsel der Leptonen noch weiter.

Die Physiker haben auf Rabis Frage keine Antwort und wissen auch nicht, warum im 3-D-Film alle diese zusätzlichen Rollen besetzt sind. Die theoretischen Physiker können die Leptonen in Theorien einordnen und Voraussagen über ihre Wechselwirkungen treffen; sie wissen aber nicht, warum diese Teilchen existieren, warum sie ihre Massen haben, und sie können auch weiter nichts erklären. Die Entdeckung des Taus scheint vorläufig das letzte Kapitel in der Geschichte der Leptonen zu sein. Aber viele Physiker wetten, daß noch schwerere Leptonen auf ihre Entdeckung warten, sobald die Anlagen existieren, die über die zu ihrer Erschaffung notwendige Energie verfügen.

Von unserer Besetzungsliste des 3-D-Films haben wir bisher die Quarks und die Leptonen gesehen; beide scheinen den »Urgrund« der Materie darzustellen. Die Leptonen existieren als wirkliche Teilchen, während die Quarks in den Hadronen eingeschlossen sind. Aber wie reagieren die Quarks und die Leptonen miteinander? Darüber haben wir noch nichts gesagt. Die Wechselwirkungen zwischen diesen Quarks und den Leptonen in unserem 3-D-Film werden durch eine weitere Gruppe von Elementarteilchen vermittelt: die Gluonen, die letzten Darsteller in unserem 3-D-Film.

# 6. Gluonen

> *Wir nennen diese Quanten Gluonen und sagen,*
> *daß es außer Quarks auch Gluonen geben muß,*
> *die die Quarks zusammenhalten.*
>
> Richard Feynman

Die Quarks und die Leptonen sind die Hauptdarsteller im kosmischen 3-D-Film. Sie reagieren auch aufeinander, ganz wie wirkliche Schauspieler. Die Physiker haben fast dies ganze Jahrhundert gebraucht, bis sie die Eigenschaften dieser Wechselwirkungen erkannt hatten. Heute verstehen sie sie recht gut. Mit Hilfe von Hochenergiebeschleunigern, die in die Materie eindringen, haben die Physiker festgestellt, daß die Komplexität der Welt auf den kleinsten Abständen verschwindet und die Wechselwirkung zwischen Quantenteilchen ganz einfach und symmetrisch wird. Ein einfaches Bild der Wirklichkeit entsteht: Die komplizierten Wechselwirkungen zwischen Quarks und Leptonen werden in Wirklichkeit durch eine ganz bestimmte Anzahl von Quantenteilchen, den sogenannten Gluonen, vermittelt. *Glue* heißt im Englischen Leim, und wie ihr Name sagt, sorgen die Gluonen dafür, daß die Quantenteilchen aneinanderhaften; Gluonen sind also der Leim, der die Welt zusammenhält.

Quarks, Leptonen und Gluonen und ihre Organisation sind alles, was es im Universum gibt, der letzte Werkstoff, das Material, aus dem sich die ganze Komplexität der Existenz herausbildet. Sie sind das fernste Gestade auf unserer Reise in die Materie, an das die Physiker bis jetzt gelangt sind. Falls es noch fernere Orte gibt, haben die Physiker sie bisher noch nicht entdeckt. Aber was sind die Gluonen, und wie haben die Physiker ihre Rolle bei den Quantenwechselwirkungen erkennen können?

Die Physiker suchen immer Muster auf der Welt, die eine für den Menschen verständliche grundlegende Einfachheit ausdrücken. Sie sind wie Detektive, für die Muster Spuren der Wirklichkeit darstellen. Aber welche Muster hinterlassen die komplexen Wechselwirkungen von Materie mit Materie? Einfache Wechselwirkungsmuster sind nicht zu erkennen, wenn wir uns die makroskopische Welt ansehen. Sobald wir jedoch Materie auf der mikroskopischen Quantenebene, also der atomaren und der subatomaren Ebene, betrachten, stellen wir fest, daß es nur vier grundlegende Quantenwechselwirkungen gibt. Mit zunehmender Stärke sind dies die Graviationswechselwirkung, die für die Radioaktivität verantwortliche schwache Wechselwirkung, die elektromagnetische Wechselwirkung und die starke, quarkbindende Wechselwirkung. Jede dieser vier Wechselwirkungen verfügt über ein mit ihr zusammenhängendes Gluon, und die »Haftfähigkeit« des Gluons ist ein Maß für die Stärke der Wechselwirkung.

Bei den erst im letzten Jahrzehnt entdeckten Quantenwechselwirkungen ist erstaunlicherweise die Stärke der Wechselwirkung von der Energie der reagierenden Teilchen abhängig. Quarks und Leptonen machen, wenn sie bei den in heutigen Laboratorien vorhandenen, verhältnismäßig niedrigen Energien miteinander reagieren, die vier oben genannten getrennten Wechselwirkungen durch: die Gravitationswechselwirkung, die schwache, die elektromagnetische und die starke Wechselwirkung. Viel aufregender ist die Entdeckung, daß bei sehr viel höheren Energien die Stärke dieser vier Wechselwirkungen, also die Haftfähigkeit der Gluonen, gleich wird und damit die Unterschiede zwischen ihnen verschwinden. Die vier Wechselwirkungen sind vielleicht die Manifestation einer einzigen universellen Wechselwirkung! Diese Möglichkeit bildet die Grundlage für eine einheitliche Feldtheorie, von der die Physiker schon lange träumen.

Im letzten Jahrzehnt haben die Physiker diesen Traum von der Vereinheitlichung der verschiedenen Wechselwirkungen wahr gemacht. Es gibt heute Theorien, die die elektromagnetische, die schwache und die starke Wechselwirkung zu einer Wechselwirkung zusammenfassen. Diese einheitlichen Feldtheorien sind das Ergebnis jahrelanger Arbeiten, und obgleich die theoretischen Physiker vielleicht in den Einzelheiten noch uneins sind, steht das Prinzip der Vereinheitlichung doch fest. Wir wollen uns diese Arbeiten in den folgenden Kapiteln ansehen und zunächst beschreiben, wie sich die Physiker die vier wichtigsten Wechselwirkungen zwischen den Quanten vorstellen.

Zur Behandlung der Quantenwechselwirkungen fängt man am besten beim einfachsten Atom, dem Wasserstoff, an, in dem ein einziges Elektron durch das elektrische Feld an ein Proton gebunden ist. Das ist ein Beispiel für die elektromagnetische Wechselwirkung. In der altmodischen Vorstellung besteht das Wasserstoffatom aus zwei Teilchen, dem Proton und dem Elektron, die durch ein elektrisches Feld miteinander verbunden sind. Nach der neuen Vorstellung vom Wasserstoffatom auf der Grundlage der Quantentheorie tauschen die beiden Quanten, also das Proton und das Elektron, ein drittes Quant, das Photon, untereinander aus. In Wirklichkeit gibt es hier keine Teilchen und Felder, sondern nur Quanten. Wir können uns das Elektron und das Proton als zwei Tennisspieler vorstellen, die den Ball, das Photon, zwischen sich hin- und herschlagen. Dieser Ballaustausch verbindet die beiden Spieler miteinander; das Photon wirkt als eine Art Leim, der die beiden Komponenten des Wasserstoffatoms zusammenhält. Das Photon ist das erste Beispiel für eine Klasse von Teilchen, die die Physiker Gluonen nennen.

In dieser Darstellung erkennen wir den Schlüsselbegriff der modernen Vorstellung von den Wechselwirkungen: Wechselwirkungen werden durch die Quanten selbst vermittelt. Mit jeder der vier Grundwechselwirkungen hängen Quanten, die sogenannten Gluonen, zusammen. Das mit der elektromagnetischen Wechselwirkung verbundene Gluon ist das Photon. Das Gluon der Gravitationswechselwirkung ist das Graviton. Schwache Gluonen vermitteln schwache Wechselwirkungen, und farbige Gluonen liefern die Kräfte zur Bindung der Quarks. Teilchen wie die Quarks und die Leptonen können durch den Austausch dieser Gluonen miteinander reagieren, so wie zwei Tennisspieler einen Ball austauschen. Und wie ein Tennisball, so können auch Gluonen manchmal ein Eigenleben entwickeln und dann direkt als Quantenteilchen nachgewiesen werden. Sehen wir uns diese vier Wechselwirkungen einmal näher an.

## 1. Die Gravitationswechselwirkung

Die Physiker bezeichnen die Gravitationswechselwirkung als Fernwirkung und meinen damit, daß sie sich über makroskopische Entfernungen erstrecken kann. Der Mond ist über die Gravitationswechselwirkung mit der Erde verbunden. Weil die Gravitation eine Fernwirkung ist, die makroskopische Entfernungen überbrückt, sind ihre Auswirkungen in unserer Umgebung zu verspüren. Aus diesem Grund ist sie auch als erste unter den vier Wechselwirkungen entdeckt worden. Dabei ist sie, vom Standpunkt der Quantenteilchen aus betrachtet, die schwächste der fundamentalen Wechselwirkungen. Die Gravitationsanziehungskraft eines einzelnen

Protons auf ein Elektron ist über eine Milliarde Milliarde Milliarde Milliarden ($10^{36}$) Mal geringer als die elektromagnetische Kraft. Nur wenn Materie hochkonzentriert vorliegt, also in einem Planeten oder einem Stern, addieren sich die Gravitationswirkungen aller Teilchen und werden dann bemerkbar. Die extreme Schwäche der Gravitation wird deutlich, wenn wir uns vorstellen, daß unser Körpergewicht auf die Wechselwirkung mit der ganzen Erdmasse zurückzuführen ist. Für die einzelnen Elementarteilchen können wir die Schwerkraft außer acht lassen, weil sie so gering ist.

Immer wieder ist die Vorstellung interessant, wie die Welt wohl aussähe, wenn wir eine der Hauptwechselwirkungen wegließen. Ich denke mir, daß an irgendeinem fernen Ort ein Dämon an einem riesigen Schaltpult sitzt und unser Universum betreibt. Er kann mit seinen Knöpfen und Hebeln die physikalischen Grundkonstanten verändern, die das Verhalten unseres Universums bestimmen. Man kann sich den Dämon bösartig oder verspielt vorstellen, aber er muß auf jeden Fall die physikalischen Grundkonstanten so einstellen, daß das Universum möglichst interessant und gut bewohnbar wird. Seine Arbeit wird von einem Oberdämon überprüft, und wenn dieser unzufrieden ist, verurteilt er den ersten Dämon dazu, in der eigenen Schöpfung zu leben. Mit dieser Bedingung soll für die Aufgabe des Dämons ein bißchen menschliches Mitgefühl erregt werden.

Einer der wichtigsten Hebel, der dem Dämon zur Verfügung steht, verändert die Stärke der verschiedenen Wechselwirkungen, also die Haftfähigkeit der Gluonen. Natürlich spielt der Dämon zunächst nur an seinen Reglern herum. Wenn er die Schwerkraft abschaltet, fliegen wir alle von der Erde weg, und die Erde und die anderen Planeten entfernen sich aus ihrer Bahn um die Sonne. Die Sonne, die Sterne und die großen Planeten existieren nicht mehr, denn nur die Gravitation hält sie zusammen. Das Universum könnte aus verhältnismäßig kleinen Gesteinsklumpen bestehen, etwa wie die Asteroiden, die durch die chemischen Bindungskräfte an Ort und Stelle gehalten werden, die auch die Steine zusammenhalten. Wenn die Schwerkraft abgeschaltet werden würde, hätte das im makroskopischen Bereich gewaltige, für die mikroskopische Welt der Quanten dagegen kaum Auswirkungen. Durch die Verminderung oder Abschaltung der Gravitation würde das Universum unbewohnbar. Aber nehmen wir einmal an, unser Dämon beschlösse statt dessen, die Gravitation über ihren jetzigen Wert hinaus zu erhöhen. Dann könnten die Sterne und die Planeten unter ihrem eigenen Gewicht zu schwarzen Löchern zusammensacken – auch keine angenehme Aussicht. Wenn unser Dämon sein Geschäft versteht, hält er die Gravitation etwa auf ihrem heutigen Wert.

Nach den Vorstellungen der modernen Quantenfeldtheorie, in denen sich die Ansichten der theoretischen Physiker von der Realität ausdrücken, hat jedes Feld wie das Gravitationsfeld ein mit ihm assoziiertes Quantenteilchen. Für das Gravitationsfeld heißen diese Quanten Gravitonen; sie sind die Gluonen, die so große Massen wie die Sterne zusammenhalten. Statt sich das Gravitationsfeld als eine Art Kraftfeld zwischen Erde und Mond vorzustellen, meinen die modernen Physiker, daß ein solches Gravitationsfeld in zahllose Gravitonen »gequantelt« ist. In Wirklichkeit tauschen die Erde und der Mond Gravitonen aus, und diese Austauschvorgänge stellen das von uns als Gravitationsfeld zwischen diesen Körpern bezeichnete Feld dar. Das ist eine ungewohnte, aber völlig richtige Darstellung der Auswirkungen der Gravitation und anderer Felder.

Obwohl die meisten Physiker die Vorstellung akzeptieren, daß das Gravitationsfeld in Wirklichkeit gequantelt ist, dürfte das Graviton, also das schwere Quant, wohl nie direkt nachgewiesen werden. Um Quantenteilchen wie das Graviton und nicht nur die mit ihnen zusammenhängenden Felder zu beobachten, muß man sich auf die Ebene der Quantenwechselwirkungen begeben, und Gravitonenwechselwirkungen sind einfach so schwach, daß man sie nie wird erblicken können. Wenn ein Graviton mit einem Proton zusammenstößt, müßte eigentlich das Proton zurückgestoßen werden. Aber dieser Rückstoß ist so winzig, daß wir ihn nie nachweisen können. Die Gravitation ist der Schwächling unter den Wechselwirkungen der Quantenteilchen.

## 2. Elektromagnetische Wechselwirkungen

Wie die Gravitation, so ist auch die in Form der elektrischen und magnetischen Felder auftretende elektromagnetische Kraft eine fernwirkende Kraft. Aber damit hört die Ähnlichkeit mit der Gravitation auch schon auf. Die elektromagnetische Wechselwirkung zwischen geladenen Teilchen ist viele Milliarden Mal stärker als die Gravitation. Im Gegensatz zur Gravitation, die von Massen, also immer positiven Größen, herrührt, haben elektrische und magnetische Felder ihren Ursprung in sich bewegenden, elektrisch geladenen Teilchen; diese Teilchen können eine positive oder eine negative Ladung tragen. Damit kann die elektromagnetische Kraft entweder eine Anziehungskraft (zwischen entgegengesetzt geladenen Teilchen) oder eine Abstoßungskraft (zwischen gleich geladenen Teilchen) sein, im Gegensatz zur Gravitation, die immer eine Anziehungskraft ist (eine abstoßende Gravitation oder Antigravitation scheint nach unserer gegenwärtigen Theorie der Gravitation nicht zulässig zu sein). Das sind nur einige Unterschiede zwischen der elektromagnetischen Wechselwirkung und der Gravitation.

Die interessantesten Auswirkungen der elektrischen Eigenschaften der Materie finden wir auf atomarer Ebene. Das liegt daran, daß die meisten großen Materiemengen elektrisch ungeladen sind und folglich keine elektromagnetischen Wechselwirkungen aufweisen. Aber einzelne Teilchen im Atom, beispielsweise die Elektronen, haben elektrische Felder, die sie in ihrer Bahn um den Kern halten und zum Teil die chemischen Wechselwirkungen der Atome herbeiführen. Fast alle Eigenschaften der gewöhnlichen Materie lassen sich mit den Quanteneigenschaften und elektromagnetischen Eigenschaften der Atome erklären. Das gilt für die Atomphysik, Chemie, die Physik der kondensierten Materie, die Plasmaphysik – eigentlich die ganze Physik mit Ausnahme der Kernphysik und der Kosmologie, zu deren Verständnis man auch die starken und schwachen Kräfte sowie die Gravitationskräfte braucht. Weil sie in so vielen Experimenten auftritt, ist die elektromagnetische Wechselwirkung unter den vier bekannten Wechselwirkungen die am besten erforschte.

Was passierte nun, wenn unser Freund, der Dämon, die elektromagnetische Wechselwirkung mit einem Knopfdruck abschaltete, der die elektrische Ladung auf Null verringerte? Die stärkste Auswirkung bestünde wohl darin, daß es keine Atome und damit auch keine Materie in den Formen mehr gäbe, die wir um uns herum sehen. Die Atomkerne könnten jetzt sehr groß werden, weil es keine elektrische Abstoßung zwischen gleich geladenen Protonen gäbe; dieser Faktor hat bisher die Größe der Kerne begrenzt. Es gäbe Protonensterne von der Größe der Neutronensterne, im wesentlichen riesige Kerne. Alle Wechselwirkungen zwischen Materie wären, bis auf die Gravitation, nur noch Nahwirkungen. Das uns bekannte Leben auf der Grundlage der Chemie könnte nicht mehr existieren, und das ist vielleicht für den Dämon Grund genug, die elektromagnetische Wechselwirkung nicht auszuknipsen.

Das mit der elektromagnetischen Wechselwirkung zusammenhängende Gluon ist das Photon, das von Einstein in seinem 1905 verfaßten Artikel über den Photoeffekt postulierte Lichtteilchen.

Als er das Photon theoretisch forderte, glaubten nur wenige Physiker an die Existenz dieses Teilchens. Aber 1923 wurden schließlich Versuche durchgeführt, in denen von Photonen getroffene Rückstoßelektronen nachgewiesen werden konnten, und das überzeugte die meisten Physiker von der Realität des Photons. Das Photon war das erste und bisher auch das einzige Gluon, das direkt im Experiment bestätigt werden konnte.

Die genauesten je geplanten Experimente sind Messungen der elektromagnetischen Wechselwirkungen von Photonen und Elektronen. Die moderne Theorie, die diese Experimente so erfolgreich berücksichtigt, ist die sogenannte Quantenelektrodynamik; sie wurde in den zwanziger Jahren von Werner Heisenberg, Wolfgang Pauli, Pascual Jordan und Paul Dirac erfunden. Das Photon wurde durch das gequantelte elektromagnetische Feld, das Elektron durch das gequantelte Elektronenfeld beschrieben. Nach langen Kämpfen mit den Mathematikern wurde schließlich Ende der vierziger Jahre die endgültige Fassung der Quantenelektrodynamik von Richard Feynman, Julian Schwinger und Sin-itiro Tomonaga abgeschlossen; für diese Leistung bekamen die drei Wissenschaftler den Nobelpreis.

Die Quantenelektrodynamik war das erste praktische Beispiel für das, was die Physiker relativistische Quantenfeldtheorie nennen. Sie war »relativistisch«, weil sie das Prinzip von Einsteins spezieller Relativitätstheorie enthielt; sie war »gequantelt«, weil sie die Gedanken der neuen Quantenmechanik berücksichtigte; und sie war eine »Feldtheorie«, weil die Hauptuntersuchungsgegenstände Felder waren, wie z.B. das elektrische Feld und das Magnetfeld. Die Quantenelektrodynamik schloß das Photon als Gluon des elektromagnetischen Feldes ein. Sie hatte großen Erfolg und wurde zum Paradebeispiel für alle künftigen Versuche, die Quantenwelt mathematisch zu beschreiben. Es steht wohl außer Zweifel, daß der Erfolg des Photonenkonzepts und der Quantenelektrodynamik die Physiker überhaupt erst zu der Ansicht ermutigt hat, daß alle Wechselwirkungen durch Gluonen bedingt sind. Auch diese Theorie wurde bestätigt, als sich die Physiker der Untersuchung der schwachen Wechselwirkung zuwandten.

## 3. Die schwache Wechselwirkung

Die schwache Wechselwirkung ist für den Zerfall vieler im Laboratorium angetroffener Quantenteilchen verantwortlich; sie ist insbesondere die Ursache der Radioaktivität, des Zerfalls der Atomkerne. Es gibt zwar sehr viele Quantenteilchen, aber nur sehr wenige davon haben sich als beständig erwiesen, etwa das Elektron, das Photon, das Proton und das Neutrino, d.h. sie zerfallen nicht, wenn sie sich selbst überlassen bleiben. Andere Teilchen, z.B. die Myonen, Neutronen und anderen Hadronen, zerfallen ziemlich schnell in stabile Teilchen. Diese Zerfallsprozesse bieten wichtige Hinweise auf die Eigenschaften der Teilchen. Die Physiker haben eine ganz besondere schwache Wechselwirkung als Ursache des Zerfalls identifiziert. Im Gegensatz zur elektromagnetischen Wechselwirkung und zur Gravitationswechselwirkung, die Fernwirkungen auslösen können, die wir in unserer Umgebung wahrnehmen, äußert sich die schwache Wechselwirkung nur auf extrem kurze Entfernung; ihre Auswirkungen lassen sich nur durch sorgfältige Untersuchung der Quantenwelt feststellen. Aus diesem Grund haben die Physiker auch lange gebraucht, bis sie die geheimnisvolle schwache Wechselwirkung begriffen hatten.

Die Menschheit ist auf die schwache Wechselwirkung zum ersten Mal in den merkwürdig glimmenden Radiumsalzen gestoßen, die man Ende des 19. Jahrhunderts fand. Als die Physiker diese Erscheinung untersuchten, entdeckten sie, daß das Glimmen keinen chemischen Ursprung haben konnte; dafür wurde viel zu viel Energie freigesetzt. Schließlich stellten sich als Ursache des Glimmens vom Atomkern ausgesandte Teilchen heraus. Physiker entdeckten, daß die Kerne mancher Atome instabil waren und beim Zerfall Teilchen aussandten, die dann als Radioaktivität nachgewiesen wurden. Bei der Untersuchung der schwachen Wechselwirkung drangen die Physiker in den Kern und schließlich auch in die subnukleare Welt der Hadronen vor.

Jahrzehntelang herrschte in den theoretischen und experimentellen Belegen für diese schwachen Wechselwirkungen, durch die Hadronen zerfielen, die größte Verwirrung. Aber nach langen Mühen, Kämpfen und einem siegreichen Abschluß ist schließlich eine Theorie entstanden, in der die im Versuch beobachteten Eigenschaften der schwachen Wechselwirkung erklärt werden. Eckpfeiler dieser Theorie ist die Annahme, daß die schwache Wechselwirkung, so wie die Gravitationswechselwirkung und die elektromagnetische Wechselwirkung, auch durch Gluonen, »schwache

Gluonen«, hervorgerufen wird. Im Gegensatz zum Graviton und zum Photon sind die schwachen Gluonen so massiv, daß kein heutiger Beschleuniger die zu ihrer Erschaffung erforderliche Energie aufbringt. Aber größere Beschleuniger sind schon im Bau, und sie werden über die Energie verfügen, schwache Gluonen zu erzeugen. Die meisten Physiker rechnen damit, daß diese schweren Gluonen Ende der achtziger Jahre nachgewiesen werden und dann eine neue Möglichkeit zur direkten Untersuchung der schwachen Wechselwirkungen liefern. Wenn das schwache Gluon entdeckt wird, ist das ein großer Triumph für unsere heutigen Theorien von der schwachen Wechselwirkung.

Wie können die schwachen Gluonen Teilchen wie die Hadronen zum Zerfall bringen? Die anderen Gluonen, das vorhin beschriebene Photon und das Graviton, können es nicht. Warum sind die schwachen Gluonen so etwas Besonderes? Um zu verstehen, wie ein Hadron zerfallen kann, müssen wir uns erst einmal daran erinnern, woraus es besteht: den Quarks mit ihren verschiedenen Geschmacksrichtungen, nämlich *up, down, strange, charm, bottom* und *top*. Die schwachen Gluonen verändern den *Flavor* der Quarks und können so zum Zerfall der Hadronen führen. Ein *Strange*-Quark in einem Hadron kann z.B. durch Wechselwirkung mit einem schwachen Gluon in ein *Up*- oder *Down*-Quark umgewandelt werden. Das heißt, daß sich die Hadronen, die ein *Strange*-Quark enthalten, in Hadronen verwandeln können, die nur *Up*- oder *Down*-Quarks enthalten – ein Beispiel für den Zerfall von *Strange*-Hadronen. Ebenso können sich *Charm*-Quarks durch die schwache Wechselwirkung in *Up*- und *Down*-Quarks verwandeln. Das ist also die Rolle der schwachen Gluonen: sie lassen die *Strangeness* und den *Charm* vergehen, so daß nur gewöhnliche Hadronen übrigbleiben und als letztes stabiles Hadron das Proton zurückbleibt. Die schwachen Gluonen treten auch mit Leptonen in Wechselwirkung und lassen diese zerfallen.

Wir können uns vorstellen, was unser Freund, der Dämon, zu erwarten hätte, wenn er die schwache Wechselwirkung abschalten wollte. Es gäbe keine Radioaktivität mehr. Aber da die Radioaktivität kaum zu bemerken ist, änderte sich in der Welt nicht gleich etwas. Erst nach einigen Millionen Jahren hörte die Sonne zu scheinen auf, weil bei ihrer Energieerzeugung die schwache Wechselwirkung eine Rolle spielt. Die große Änderung käme daher, daß viele exotische Quanten, wie z.B. die *Strange*- und *Charm*-Hadronen, völlig stabil wären. Weil die schwache Wechselwirkung die *Strangeness* und den *Charm* aus unserer Welt verschwinden ließe, wirkte sie wie ein selektives Sieb, durch das diese exotischen Materieformen liefen, wenn sie je entstünden. Wenn wir diesen Ablauf durch Abschalten der schwachen Wechselwirkung verstopften, wäre unsere Welt voll Teilchen mit *Strangeness* und *Charm,* so wie sie jetzt mit Protonen gefüllt ist (die weder *Charm* noch *Strangeness* aufweisen). Neue Materiearten, eine neue Chemie auf der Grundlage dieser dann stabilen exotischen Teilchen wären möglich. Die Welt sähe sehr merkwürdig und viel komplizierter aus als jetzt. Es könnte verschiedene Arten von Leben auf chemischer Grundlage geben. Man kann sich auch vorstellen, daß der Dämon die schwachen Wechselwirkungen einfach nur deshalb abschaltet, weil er sehen will, was dann passiert.

## 4. Die starke Wechselwirkung

Die stärkste Wechselwirkung auf unserer Liste der vier Wechselwirkungen ist die quarkbindende Wechselwirkung. Die Hadronen bestehen aus Quarks, aber was hält die Quarks zusammen? Warum fliegen sie nicht einfach auseinander, wenn Hadronen zusammenstoßen? Die theoretischen Physiker haben sich darauf als Antwort ausgedacht, daß die Quarks durch eine neue Reihe von Gluonen zusammengehalten werden, die ein so hohes Haftvermögen aufweisen, daß sich die Quarks nie voneinander lösen können. Daß es solche neuen Gluonen geben mußte, resultierte als Forderung aus denselben berühmten Elektronenstreuexperimenten in Stanford, in denen zum ersten Mal die Quarks innerhalb des Protons nachgewiesen wurden. Wie Richard Feynman damals sagte:

»... Wenn wir alle Impulse der Quarks und Antiquarks addieren, die wir in den Elektronen- und Neutrinostreuversuchen erkennen, entspricht die Gesamtsumme nicht dem Impuls des Protons, sondern nur etwa der Hälfte davon. Folglich müssen im Proton noch andere Teile vorkommen, die elektrisch neutral sind und nicht mit Neutrinos reagieren. Und selbst in unserem Modell der drei Quarks mußten wir die Quarks irgendwie zusammenhalten, damit sie zueinander in Wechselwirkung treten und Impulse austauschen konnten. Das geschieht vielleicht über ein Wechselwirkungsfeld (analog zum elektrischen Feld, das die Atome zusammenhält), und dieses Feld trüge dann einen Impuls und hätte auch Quanten (analog zu den Photonen). Wir nennen diese Quanten Gluonen und sagen, daß es neben den Quarks Gluonen geben muß, die die Quarks zusammenhalten. Diese Gluonen liefern die andere Hälfte des Protonenimpulses.«

Natürlich wurde auch die Vorstellung, daß Wechselwirkungen durch Gluonen vermittelt werden, experimentell bestätigt. Die Physiker wandten sich der Aufgabe zu, diese neuen, quarkbindenden Gluonen zu begreifen, und bald war eine neue Theorie geboren: die Quantenchromodynamik. Das war eine relativistische Quantenfeldtheorie, die eine mathematische Beschreibung dieser starken Gluonen lieferte, so wie die Quantenelektrodynamik das Photon beschrieben hatte.

In der Quantenchromodynamik geht es vor allem um die Vorstellung, daß jedes der bisher behandelten Quarks, also das *Up-, Down-, Strange-. Charm-, Top-* und *Bottom*-Quark, in drei »Farben« vorliegt. Natürlich sind in Wirklichkeit die Quarks ebenso wenig gefärbt, wie sie einen Geschmack aufweisen; mit dieser Ausdrucksweise können wir uns nur leichter ein Bild von ihnen machen. Die »Farbe« der Quarks beschreibt eine neue Ladungsmenge, sozusagen Etiketten für die Quarks. Die neuen, starken, quarkbindenden Gluonen haften an den Farbladungen, so wie ein Photon an die elektrische Ladung gekoppelt ist. Nach der Quantenchromodynamik gibt es acht »farbige Gluonen«, die die starken quarkbindenden Kräfte erzeugen.

Diese durch die farbigen Gluonen übermittelten Kräfte sollen so stark sein, daß alle Quanten mit farbiger Ladung (damit die farbigen Gluonen an ihnen haften) unauflöslich aneinander gebunden sind. Infolgedessen sind die Quarks, da sie die farbige Ladung aufweisen, durch die farbigen Gluonen auf ewig aneinander gekoppelt. Selbst die farbigen Gluonen hängen so fest zusammen, daß sie sich nie voneinander lösen, denn auch sie verfügen über die farbige Ladung. Es kann aber auch Kombinationen von farbigen Quarks und Gluonen geben, bei denen die Summe aller farbigen Ladungen Null ist, so wie die Kombination der positiven elektrischen Ladung eines Atomkerns die negative Ladung der Bahnelektronen aufhebt und das Atom insgesamt elektrisch neutral ist. Solche »farbneutralen« Kombinationen von farbigen Quarks entsprechen genau den beobachteten Hadronen. Diese in der Chromodynamiktheorie zusammengefaßten Vorstellungen werden durch zahlreiche experimentelle Beweise untermauert.

Stellen wir uns vor, unser Dämon schaltete die farbigen starken Kräfte ab. Dann flögen die farbigen Gluonen davon, und Quarks würden freigesetzt werden. Es gäbe keine Hadronen, keine Protonen, Neutronen oder Pionen; der ganze Hadronenzoo löste sich in seine Grundbestandteile, die Quarks, auf, und die flögen davon. Es gäbe auch keine Atome, denn der aus Protonen und Neutronen

## Gluonen-Tabelle

| Name und Symbol | gekoppelt mit | Mitwirkung bei Quanten-Wechselwirkungen |
|---|---|---|
| Graviton | Masse | Gravitation; Kosmologie; Bindung der Planeten an die Sonne und der Sterne an die Galaxie |
| Photon, γ | elektr. Ladung | elektromagnetische Wellen; Bindung der Elektronen an den Kern |
| Schwache Gluonen, $W^+, W^-, Z^0$ | schwachen *Flavor-*Ladungen | radioaktive Zerfallsprozesse von Hadronen und Leptonen |
| Farbige Gluonen | »farbigen« Ladungen | starke Kraft, hält Quarks ständig in Hadronen gebunden |

bestehende Kern existierte nicht. Vielleicht könnten die Quarks irgendeine andere Materieform bilden, aber die Welt sähe sicherlich ganz anders aus. Ein weiser Dämon wäre gut beraten, wenn er mit den quarkbindenden Kräften nicht zuviel herumspielte.

Wir sind damit am Ende unserer Betrachtung der vier grundlegenden Wechselwirkungen angekommen. Auf den ersten Blick scheinen die Gravitation, der Elektromagnetismus, die schwache und die starke Kraft nichts miteinander zu tun zu haben. Aber je tiefer die Physiker in den Aufbau der Materie eindrangen, um so deutlicher zeigte sich, daß die Unterscheidung zwischen den Wechselwirkungen keinen Sinn hatte. Das ist die wichtigste Aussage der theoretischen Physik im letzten Jahrzehnt.

Jede Wechselwirkung wird durch Quanten, die Gluonen, vermittelt. Das Gluon der Gravitation ist das Graviton, das des Elektromagnetismus das Photon; bei der schwachen Wechselwirkung sind es die schwachen Gluonen, und bei der starken quarkbindenden Kraft sind es die farbigen Gluonen. Jedes dieser Gluonen wird mathematisch durch eine relativistische Quantenfeldtheorie beschrieben, die einander alle recht ähnlich sind. Vor zehn Jahren hätte man jeden ausgelacht, der gesagt hätte, die Theorie der starken Wechselwirkung ähnele der elektromagnetischen Wechselwirkung. Heute wissen wir, daß sich Quantenchromodynamik und Quantenelektrodynamik nicht sehr voneinander unterscheiden.

## Gluonen-Tabelle

Nach heutiger Ansicht werden alle vier Wechselwirkungen bei ultrahohen Energien in einer universellen Wechselwirkung vereinheitlicht. Wir sehen verschiedene Wechselwirkungen nur deshalb, weil in der uns bekannten Welt die physikalischen Prozesse mit niedriger Energie ablaufen und die Wechselwirkungen von sehr unterschiedlicher Stärke sein können. Die Symmetrie und die Einfachheit der Physik zeigen sich erst bei ultrahohen Energien. Die einheitlichen Feldtheorien, von denen in den letzten Jahren mehrere konstruiert worden sind, schließen diese Merkmale ein.

Nach diesen einheitlichen Theorien sind alle Wechselwirkungen, die wir in der gegenwärtigen Welt wahrnehmen, die asymmetrischen Überbleibsel einer einst völlig symmetrischen Welt. Diese symmetrische Welt enthüllt sich nur bei sehr hohen Energien, die von Menschenhand nie erreicht werden können. Solche Energien gab es nur ein einziges Mal, nämlich in den ersten Nanosekunden des Urknalls, der den Ursprung des Universums darstellt.

Wenn wir zum Anfang der Zeiten, in die ersten Augenblicke der Schöpfung, zurückgehen, dann war damals die Energie des Urfeuerballs so hoch, daß die vier Wechselwirkungen in einer stark symmetrischen Wechselwirkung vereinheitlicht waren. Als sich dieser Feuerball aus wirbelnden Quarks, farbigen Gluonen, Elektronen und Photonen ausdehnte, kühlte das Universum ab, und die perfekte Symmetrie ging allmählich verloren. Zuerst unterschied sich die Gravitation von den anderen Wechselwirkungen, und dann traten die starke, die schwache und die elektromagnetische Wechselwirkung in Erscheinung, als sie aus dem sich abkühlenden Universum ausfroren und damit den Bruch der Symmetrie anzeigten. Exotische Quanten wie die *Charm*-Teilchen zerfielen, und bald waren fast nur noch die Protonen, Neutronen, Elektronen, Photonen und Neutrinos übriggeblieben. Nach weiterer Abkühlung konnten sich Atome bilden und zu Sternen verdichten. Galaxien entstanden, und Planeten tauchten auf. Als die Oberflächentemperatur einiger Planeten sank, entwickelten sich komplizierte Moleküle, die Bausteine des Lebens. Selbst bei der Evolution des Lebens sehen wir diesen Prozeß der Symmetriezerstörung dort am Werk, wo sich die Organismen ganz allgemein von einfachen zu immer komplexeren Gebilden weiter entwickeln. Auch die menschliche Gesellschaft scheint um so komplizierter zu werden, je weiter sie sich entwickelt. Man kann sich das Universum von seinen Uranfängen bis zur Gegenwart als eine Hierarchie nacheinander gebrochener Symmetrien vorstellen, einen Übergang von einer einfachen, vollkommenen Symmetrie am Anfang der Zeit zu den komplizierten Mustern der gebrochenen Symmetrie, wie wir sie heute sehen.

Bei den ungeheuren Energien am Beginn der Zeiten konnte kein Leben existieren. Trotz der vereinheitlichten und vollkommen symmetrischen Wechselwirkungen war es eine sterile Welt. Das Universum mußte erst abkühlen, die perfekten Symmetrien mußten erst zerbrechen, ehe die komplexen Wechselwirkungen auftreten konnten, die das Leben hervorriefen. Unsere Welt stellt eine zerbrochene oder unvollständige Symmetrie dar. Aber aus dieser Unvollkommenheit ist die Möglichkeit für das Leben entstanden.

# 7. Felder, Teilchen und Realität

> *In ihren Hauptpunkten hat sich diese Ansicht bis zum heutigen Tag gehalten und bildet das Kernstück der Quantenfeldtheorie: die essentielle Realität ist eine Menge von Feldern, die den Vorschriften der speziellen Relativität und der Quantenmechanik genügen; alles andere wird als Folge der Quantendynamik dieser Felder abgeleitet.*
>
> Steven Weinberg

In den letzten Kapiteln haben wir die Besetzung des 3-D-Films vorgestellt: die Quarks, die Leptonen und die Gluonen. Diese Quantenobjekte sind der »Urgrund« der materiellen Welt. Alles, was wir kennen, kann aus ihnen hergestellt werden. Wenden wir uns jetzt dem Drehbuch des kosmischen 3-D-Films zu, den Gesetzen, nach denen sich diese Quanten verhalten. Wie beschreiben Physiker solche subatomaren Teilchen wie die Elektronen, Photonen und Protonen? Was ereignet sich auf diesen kleinen Abständen?

Die Entdeckung der Materieniveaus, also der Moleküle, Atome, Kerne, Hadronen und Quarks sowie der Quantenwechselwirkungen, hat grundlegende Fragen zum Materiebegriff aufgeworfen, mit denen sich die theoretischen Physiker auseinandersetzen. Aus welchem »Stoff« bestehen Teilchen wie die Elektronen und Photonen? Zu Anfang dieses Jahrhunderts konnten die Physiker solche Fragen noch nicht beantworten, obwohl ihnen die Elektronen und die Photonen schon bekannt waren. Heute ist das anders. Als Vorstellung von der Quantenwelt entstand ein kohärentes, vereinheitlichtes und experimentell bestätigtes Bild der materiellen Realität. Wie haben sich diese neuen Gedanken entwickelt?

In den ersten drei Jahrzehnten unseres Jahrhunderts sind zwei große physikalische Theorien entstanden, Einsteins spezielle Relativitätstheorie und die neue Quantentheorie. Zusammen bieten sie den begrifflichen Rahmen für nahezu die ganze Physik und die Grundlage unserer Vorstellungen von der materiellen Realität. Als die Physiker Ende der zwanziger Jahre mit diesen beiden Theorien konfrontiert wurden, fragten sie sich, ob man die Relativitätstheorie und die Quantentheorie nicht zu einer einzigen Theorie verschmelzen könnte, die beide Grundsätze umfaßte.

Diese Fusion war weitaus schwieriger herbeizuführen, als die theoretischen Physiker zunächst gedacht hatten. Jahrelange Anstrengungen führten schließlich zur relativistischen Quantenfeldtheorie. Eine Arbeitshypothese war schon Ende der vierziger Jahre fertig, die sogenannte Quantenelektrodynamik. Sie veränderte die Vorstellungen der Physiker von der Materie grundlegend.

Die relativistische Quantenfeldtheorie besagte, um atomare Teilchen zu begreifen, müsse man über die alte Vorstellung von der Materie als etwas »Stofflichem«, mit den Sinnen Faßbarem, hinausgehen und Teilchen im Hinblick auf ihre Umwandlung unter dem Einfluß verschiedener Wechselwirkungen beschreiben. Durch ihre Reaktion auf äußere Einflüsse sagen uns materielle Gegenstände, was sie sind.

Wir können subatomare Teilchen nicht sehen. Nehmen wir für den Augenblick an, daß wir auch keine Tennisbälle, wohl aber ein Tennismatch sehen können, das mit unsichtbaren Bällen ausgetragen wird. Durch die Beobachtung der Aufschläge, der Schwünge und der Bewegungen der Spieler könnten wir allmählich die Masse und die Größe des Objekts schätzen, das da hin- und hergeschlagen wird. Wir könnten sehr viel über den Ball erfahren, obwohl wir ihn nicht sehen. Aus genauen Beobachtungen würden wir schließlich folgern, daß sich der unsichtbare Ball um sich selbst drehen könnte. Die Härte der Aufschläge und die Bewegungen der Spieler würden uns zeigen, daß es sich nicht um einen Golfball oder einen Fußball handelte. Bei den subatomaren Teilchen ist es ebenso, wir können sie auch nicht sehen. Aber wenn wir untersuchen, wie Instrumente auf sie reagieren, können wir ihre Eigenschaften und die Gesetzmäßigkeiten ihrer Bewegung bestimmen. Subatomare Teilchen gehorchen nicht den Bewegungsgesetzen von Tennisbällen, wie sie in der klassischen Newtonschen Physik niedergelegt sind. Sie folgen den merkwürdigen Bewegungsgesetzen nach der Quantentheorie und sind, wie Richard Feynman einmal sagte, »alle auf dieselbe Art verrückt«.

Die Quantentheorie beschreibt die Wechselwirkung subatomarer Teilchen mit dem Feldkonzept. Auf den ersten Blick scheint ein Teilchen mit einem Feld, z.B. einem Magnetfeld, nichts zu tun zu haben, aber wenn wir das Feldkonzept weiter entwickeln, stellt sich bald heraus, daß Teilchen und Feld einander ergänzende Ausprägungen derselben Sache sind.

Bekannte Beispiele für Felder sind das Schwerefeld und das Magnetfeld, beides Felder mit Fernwirkungen, die über große Entfernungen bemerkbar sind. Felder sind unsichtbar, aber wir können ihre Auswirkungen bestimmen. Wir können uns vorstellen, daß die Erdmasse eine Ursache des Schwerefeldes darstellt, das den ganzen Raum durchdringt und materielle Körper zur Erde zieht. Ähnlich kann man sich das Magnetfeld der Erde oder eines Stabmagneten als eine den Raum durchdringende Kraft vorstellen. Die Wirkung des Magnetfeldes ist auf einem Kompaß zu sehen, was schon den vierjährigen Einstein faszinierte.

In der alten Newtonschen Theorie von der Gravitation brauchte ein Schwerefeld gar nicht wirklich zu existieren und wies auch keinerlei materielle Realität auf. Es war nur eine nützliche mathematische Fiktion zur Beschreibung der Auswirkungen der Gravitation auf Materieteilchen. Man hätte die Gravitation ebensogut ohne es darstellen können.

Der Feldbegriff, wonach Felder physikalisch existieren, entstand im 19. Jahrhundert. Der englische Physiker Michael Faraday, der umfangreiche Versuche über die Elektrizität und den Magnetismus durchführte, unterstrich ganz besonders die physikalische Natur des elektrischen und des magnetischen Feldes. Er betrachtete elektrisch geladene Teilchen als Punkte, an denen das Feld unendlich groß wurde. Das Feld, nicht das Teilchen, war nach seiner Überzeugung das wesentliche physikalische Objekt. Faradays intuitive Vorstellungen von der physikalischen Natur des Feldes fanden schließlich in James Maxwells elektromagnetischer Theorie vom Licht ihren Ausdruck, derzufolge das Licht eine Welle von schwingenden elektrischen und magnetischen Feldern ist, die sich im Raum ausbreitet. Das elektrische und das magnetische Feld waren in Maxwells Theorie keine mathematischen Fiktionen, sondern konnten Energie und Impuls transportieren. Felder hatten eine physikalische Realität.

Daß das Licht eine Form von Energie ist, merken wir, wenn wir in der Sonne stehen. Die Wärme, die wir spüren, war einmal Energie in Form von Licht, von elektromagnetischen Feldern, die über den interplanetarischen Raum von der Sonne übertragen wurden. Aber das Licht transportiert auch Impulse und übt einen »Strahlungsdruck« aus, einen kleinen, aber doch merklichen Schub. Wir könnten auf Raumschiffen draußen im Weltraum große Segel setzen, die den »Lichtwind« von der Sonne zum Kreuzen zwischen den Planeten auffangen könnten. Eine solche Regatta mag vielleicht im nächsten Jahrhundert stattfinden.

Trotz aller Fortschritte in der Physik im 19. Jahrhundert mußten doch erst zwei Dualismen überwunden werden, ehe sich das moderne Materiekonzept herausbilden konnte. Da war zunächst der Dualismus von Masse und Energie, die man als getrennte

Einheiten sah. Diesen Dualismus überwand Einsteins Relativitätstheorie durch den Nachweis, daß sich Masse und Energie ineinander umwandeln ließen; Masse war eine Form von gebundener Energie. Der zweite Dualismus betraf das Feld und das Teilchen und wurde oft auch als Welle-Teilchen-Dualismus bezeichnet. Er wurde durch die neue Quantentheorie überwunden, in der Felder und Teilchen nicht mehr als getrennte, sondern einander ergänzende Begriffe gesehen wurden.

Vor dem Aufkommen der Quantentheorie stellten sich die Physiker Teilchen und Felder als deutlich verschiedene Dinge vor. So galten z.B. das Elektron und das Proton, die zusammen den Wasserstoffkern bildeten, als Teilchen, die durch ein elektrisches Feld in gegenseitiger Anziehung miteinander verbunden waren. Die Teilchen wurden als unverwandelbar und ewig angesehen. Felder gingen von Teilchen aus und waren für die zwischen den Teilchen herrschenden Kräfte verantwortlich. Dieses Bild von den Teilchen und den Feldern als verschiedenen Strukturen schien damals auszureichen, aber da war noch das störende Rätsel des Einsteinschen Photons – Licht als Teilchen. Wie konnte das Licht sowohl ein elektromagnetisches Wellenfeld, wie in der Theorie von Maxwell, als auch ein Teilchen sein, wie es Einsteins Erklärung des Photoeffekts erforderte? Entscheidend trug zur Lösung dieser Frage der Vorschlag von de Broglie bei, daß Teilchen, wie z.B. das Elektron, mit ihnen zusammenhängenden Wellenfelder aufwiesen. Teilchen konnten sich wie Wellenfelder verhalten, Wellenfelder wie Teilchen. Was sollte das heißen?

Dem Dualismus von Feldern und Teilchen wurde Ende der zwanziger Jahre ein Ende gemacht. Mit der Entwicklung der Quantentheorie gewannen die Felder eine neue Bedeutung. Steven Weinberg erklärte es einmal so:

»1926 wandten Born, Heisenberg und Jordan ihre Aufmerksamkeit dem elektromagnetischen Feld im leeren Raum zu und ... konnten nachweisen, daß die Energie jeder Schwingungsart eines elektromagnetischen Feldes gequantelt ist ... Damit hatte die Anwendung der Quantenmechanik auf ein elektrisches Feld Einsteins Vorstellung vom Photon endlich auf eine feste mathematische Grundlage gestellt ... Aber die Welt dachte man sich immer noch aus zwei verschiedenen Bestandteilen – Teilchen und Feldern – zusammengesetzt, die zwar beide in Begriffen der Quantenmechanik, aber doch ganz verschieden beschrieben wurden. Materieteilchen, wie die Elektronen und Protonen, sah man als ewig an ... Auf der anderen Seite sollten Photonen lediglich eine Manifestation einer

Grundeinheit, des gequantelten elektromagnetischen Feldes, sein und frei entstehen und zerstört werden können. Ziemlich bald wurde aus diesem abschreckenden Dualismus ein Ausweg zu einem wahrhaft einheitlichen Naturbild gefunden. Die wichtigsten Schritte dazu standen 1928 in einem Aufsatz von Jordan und Eugene Wigner und dann 1929–30 in einer Reihe langer Arbeiten von Heisenberg und Pauli. Sie wiesen nach, daß man sich Materieteilchen als Quanten verschiedener Felder genauso vorstellen konnte, wie das Photon das Quant des elektromagnetischen Feldes ist. Für jede Art Elementarteilchen sollte es ein Feld geben. Die Bewohner des Universums dachte man sich als eine Menge von Feldern – ein Elektronenfeld, ein Protonenfeld, ein elektromagnetisches Feld–, und die Teilchen wurden auf reine Epiphänomene reduziert. Diese Ansicht hat sich im wesentlichen bis heute gehalten und bildet das Kernstück der Quantenfeldtheorie: *die essentielle Realität ist eine Menge von Feldern,* die den Vorschriften der speziellen Relativität und der Quantenmechanik genügen; alles andere wird als Folge der Quantendynamik dieser Felder abgeleitet.«

Diese Vorstellungen bezeichnen den Beginn der relativistischen Quantenfeldtheorie, der Verschmelzung von Relativitäts- und Quantentheorie. Die Mikrowelt, sogar die ganze Welt, konnte man sich als riesige Arena miteinander in Wechselwirkung stehender Felder vorstellen. Früher hatten die Physiker immer geglaubt, die Welt sei in Materie und Energie geteilt, die Materie wohne den Teilchen, die Energie den Feldern inne, die mit den Teilchen reagierten und sie in Bewegung versetzten. Jetzt war eine einheitliche Darstellung geschaffen. Der Dualismus zwischen Energie und Materie, Teilchen und Feld war aufgelöst, und alles ließ sich mit in Wechselwirkung stehenden Quantenfeldern darstellen. Die materielle Wirklichkeit ist nichts als eine Umwandlung und Organisation von Feldquanten. Das war der endgültige Sieg des Feldkonzepts im Bemühen des Menschen, die Realität zu begreifen.

Nach der Quantentheorie wird die Stärke des Feldes an einem Raumpunkt als die statistische Wahrscheinlichkeit interpretiert, die mit ihm zusammenhängenden Quanten, die Teilchen, zu finden. Die »Quantelung eines Feldes« bedeutet die Analyse eines Feldes, wie z.B. einer elektromagnetischen Welle, im Hinblick auf die mit ihm zusammenhängenden Quanten, die Photonen. Die Intensität des elektromagnetischen Feldes an einem Raumpunkt gibt uns die Aussichten an, dort ein Photon zu finden.

Die Vorstellung von der Realität als einer Menge von Feldern, die die Wahrscheinlichkeit einer Entdeckung der mit ihnen zusammenhängenden Quanten angeben, ist die wichtigste moderne Konsequenz der relativistischen Quantenfeldtheorie. Sie ist das Schlüsselkonzept zum Bild von der Realität. Nicht nur ist die Vorstellung von der Materie im Feldkonzept enthalten, sondern das Feld selbst gibt die Wahrscheinlichkeit für die Entdeckung von Quanten an. Gott würfelt bei jeder Quantenwechselwirkung.

Die Welt der miteinander in Wechselwirkung stehenden Quantenfelder ist nicht leicht vorzustellen. Wir können sie in mathematischen Begriffen beschreiben und unsere Vorstellungen präzisieren, doch das ist so, als stelle man sich Objekte in einem unendlich großen Raum vor; die optische Phantasie liefert kein ausreichendes Bild mehr. Wir können aber aus der folgenden Analogie, der unendlichen dreidimensionalen Matratze, ein gewisses Gefühl für die Quantenfeldtheorie entwickeln.

Wir nehmen eine gewöhnliche Stahlfeder und stellen uns vor, sie schwebe im Raum. An die Enden dieser Feder hängen wir dieselbe Art von Federn, an die Enden dieser Federn weitere Federn, bis ein Gitternetz aus Stahlfedern entstanden ist, das den ganzen dreidimensionalen Raum erfüllt. Das ist die 3-D-Matratze. Dieses ganze Gitternetz aus Federn soll in unserer Analogie ein Quantenfeld darstellen. Nehmen wir an, es sei das Elektronenfeld. Wenn an einer einzigen Feder in diesem Gitter gezupft wird, schwingt sie, und diese Schwingung entspricht dem Quant, einem mit dem Feld assoziierten Elektron. Zwei in diesem Gitter weit auseinander liegende Federn könnten auch getrennt gezupft werden; die entstehenden Schwingungen entsprächen dann zwei Quanten, also zwei Elektronen an diesen Stellen.

Wir können uns eine zweite Matratze vorstellen, die aus andersartigen, vielleicht schwereren Federn aufgebaut ist und dem ersten Gitternetz überlagert wird; diese zweite Matratze stellt das Quarkfeld dar. Ihre Schwingungen sollen den Quarkteilchen entsprechen. Es gibt also für jedes Feld eine andere Federmatratze, die den ganzen Raum erfüllt, und die Schwingungen einer bestimmten Feder entsprechen einem Teilchen an dieser Stelle.

Bis hierher sollen sich diese einander überlagerten Federgitter, die alle Felder der Natur darstellen, nicht berühren. Aber jetzt denken wir uns einmal, daß die verschiedenen Federgitter, also die Quarks und Leptonen, durch eine andere Menge von Federn miteinander verbunden werden, die die Gluonen darstellen. Das Elektronengitter wird mit dem Photonengitter, dieses mit dem Quarkgitter usw. verbunden. Dieser Raum aus miteinander verbundenen Federgittern verkörpert jetzt die Theorie vom wechselwirkenden Quantenfeld.

Wenn eine der Federn im Elektronenfeldgitter eine Schwingung aufweist, die einem Elektron an einer Stelle entspricht, kann diese Schwingung auf das Photonenfeldgitter übertragen werden. Dieses fängt jetzt an, entsprechend den Photonen in der Nachbarschaft des Elektrons zu schwingen. Das Photon könnte sich auch an das Quark koppeln usw. Alle Felder – Gitter aus verschiedenartigen Federn, für jedes Teilchen eine – können miteinander über eine dritte Feldart in Wechselwirkung treten.

Um die Analogie noch weiterzutreiben, denken wir uns die Federn unsichtbar. Von den Federgittern bleiben lediglich die Schwingungen übrig. Außerdem sollen die einzelnen Federn so unendlich klein gemacht werden, daß es selbst in einem ganz kleinen Raumabschnitt unendlich viele Federn gibt. Diese Super-3-D-Matratze aus winzigen unsichtbaren Federn kommt dem ziemlich nahe, was die theoretischen Physiker als Quantenfeld bezeichnen. Von diesem Feld bleiben lediglich die potentiellen Schwingungen an jedem Punkt übrig, die Quanten, die sich als verschiedene Teilchen kundtun. Diese Teilchen können sich im Raum bewegen und miteinander in Wechselwirkung treten. Die zugrundeliegende Realität ist die Menge der Felder, aber ihre Manifestation sind die Teilchen. Das Universum ist ein großer Laichplatz und ein Schlachtfeld der Quanten, wenn man es nach der relativistischen Quantenfeldtheorie betrachtet.

Auf dieser Grundlage können wir jetzt die wichtigsten Lehrsätze der relativistischen Quantenfeldtheorie aufschreiben:
1. Die essentielle materielle Realität ist eine Menge von Feldern.
2. Die Felder genügen den Grundsätzen der speziellen Relativität und der Quantentheorie.
3. Die Stärke eines Feldes an einem Punkt liefert die Wahrscheinlichkeit, die mit ihm zusammenhängenden Quanten zu entdecken – die Elementarteilchen, die die Experimentalphysiker beobachten.
4. Die Felder stehen in Wechselwirkung miteinander und stellen Wechselwirkungen der mit ihnen zusammenhängenden Quanten dar. Diese Wechselwirkungen werden durch die Quanten selbst vermittelt.
5. Sonst gibt es nichts.

Diese fünf Punkte stellen den begrifflichen Rahmen der modernen relativistischen Quantenphysik dar. Sie liefern uns das Grundbild der Realität. Innerhalb dieses Rahmens müssen die Physiker die ganze Physik unterzubringen versuchen. Aus diesen Kernsätzen ergeben sich einige grundlegende Fragen.

Erstens: Was sind die Grundfelder? Da mit jedem Feld ein Quantenteilchen assoziiert ist, erkundigen wir uns eigentlich nur wieder nach den grundlegenden Teilchen. Diese Frage ist von den Experimentalphysikern beantwortet worden, die auf ihrer Reise in die Materie die Quarks, Leptonen und Gluonen gefunden haben. Vorläufig scheinen diese Quanten die elementarsten Materieniveaus darzustellen, und deshalb sind auch ihre Felder die grundlegendsten Felder.

Viele theoretische Physiker setzen sich mit der zweiten Frage auseinander: Wenn die grundlegenden Felder identifiziert worden sind, fragt man sich, wie man ein mathematisches Modell, eine relativistische Quantenfeldtheorie, darstellen kann, das ihre Wechselwirkungen beschreibt. Beispiele für solche Feldtheorien der bekannten Quanten sind die Quantenelektrodynamik und die Quantenchromodynamik.

Die Leute wollen immer wissen, ob die Physiker diese Theorien erfinden oder sie entdecken, wie Kolumbus Amerika entdeckt hat. Warten die Theorien irgendwo »draußen« in der Welt, bis ein kühner, schlauer Mensch sie findet? Das glaube ich eigentlich nicht, denn Theorien sind Erfindungen. Ich stelle mir physikalische Theorien immer wie Programme für einen Computer vor, der mit wenig Daten anfängt, alles über die Quantenwechselwirkungen berechnet, was wir mit den Beobachtungen vergleichen können. Der Entwurf eines solches Computerprogramms kann natürlich scheitern. Aber wenn das Programm funktioniert, dann zeigt uns unsere Erfindung etwas über die Realität in der einzig möglichen Weise, auf die wir überhaupt an die Realität herankommen können. Aus den relativistischen Quantenfeldtheorien ist ein neues Bild von der materiellen Wirklichkeit entstanden, nicht nur im Hinblick auf seinen Inhalt, die Fundamentalquanten, sondern auch im eigentlichen Realitätsbegriff, der Bühne, auf der der kosmische 3-D-Film abläuft.

Unser Ziel in den folgenden Kapiteln soll nicht mehr und nicht weniger sein, als den Begriff der materiellen Wirklichkeit darzustellen, wie ihn die Physiker heute verstehen. Dieses Thema leiten wir am besten mit der Vorstellung des Physikers vom Nichts ein – dem Vakuum.

# 8. Das Sein und das Nichts

> *Es gibt keine zentralere Überlegung als die, daß der leere Raum nicht leer ist. Er ist Schauplatz der heftigsten Physik.*
>
> John A. Wheeler

»Die Natur«, so sagt Aristoteles, »verabscheut das Vakuum.« Er beobachtete, daß sich bei jedem Versuch, alle Materie aus einem Bereich des Raums zu entfernen, im allgemeinen sofort wieder Materie hineinergießt und die entstandene Lücke auffüllt. Die Materie ist allgegenwärtig. Unser modernes Konzept besagt genau das Gegenteil: Materie stellt im Universum die Ausnahme dar. Der Raum zwischen den Sternen ist großenteils oder fast leer, und selbst die feste Materie besteht im wesentlichen aus leerem Raum, die gesamte Masse ist nur in den winzigen Atomkernen konzentriert. Fast alles ist Vakuum.

Aber auch die alte Vorstellung von Vakuum als dem leeren Raum, dem Nichts, hat sich geändert. Nach der Erfindung der relativistischen Quantenfeldtheorie in den dreißiger und vierziger Jahren entwickelten die Physiker eine neue Vorstellung vom Vakuum: Das Vakuum ist nicht leer; es ist ein Plenum. Das Vakuum, der leere Raum, besteht in Wirklichkeit aus Teilchen und Antiteilchen, die spontan entstehen und vergehen. Alle Quanten, die die Physiker bisher entdeckt haben oder noch entdecken werden, werden in dem Armageddon geschaffen und zerstört, das das Vakuum darstellt. Wie ist so etwas möglich?

Der Raum erscheint nur deshalb leer, weil das große Werden und Vergehen aller Quanten in so kurzen Zeiten und auf so kurzen Entfernungen stattfindet. Auf große Entfernung wirkt das Vakuum ruhig und glatt – wie der Ozean, der vollkommen glatt aussieht, wenn wir in großer Höhe in einem Düsenflugzeug darüber hinwegfliegen. Aber von einem kleinen Boot direkt auf der Meeresfläche aus betrachtet, kann die See hochgehen und sich in großen Wellen bewegen. Ähnlich schwankt das Vakuum mit der Erschaffung und Zerstörung der Quanten, wenn wir es uns aus der Nähe ansehen.

Selbst auf der Ebene der Atome sind diese Vakuumschwankungen der Quanten zwar extrem klein, aber doch zu beobachten. Aus Messungen von atomaren Energieniveaus wissen die Physiker, daß es Vakuumschwankungen wirklich gibt; wenn sie noch kleinere Abstände erkennen könnten, würden sie das Vakuum als brodelndes Meer aller Quanten sehen. Statt der Ansicht von der Natur, die das Vakuum verabscheut, läßt das Bild der neuen Physik eher darauf schließen, daß das Vakuum die ganze Physik ist. Alles was je existiert hat oder existieren kann, befindet sich potentiell schon dort im Nichts des Raums. Die Physiker sind zu dieser bemerkenswerten Ansicht vom Vakuum durch eine genauere Kenntnis des Heisenbergschen Unschärfeprinzips und durch die Existenz der Antiteilchen gekommen. Das funktioniert so.

Ein rigoroses Gesetz in der modernen Physik ist der Satz von der Erhaltung der Energie. Wir können uns vorstellen, daß es von einem Energiebuchhalter überwacht wird, der die gesamte Energie in einer physikalischen Wechselwirkung genau verfolgt. In seinem Hauptbuch verzeichnet er Energieausgaben und -einnahmen, und die beiden Spalten müssen sich genau ausgleichen. Das ist das Gesetz von der Erhaltung der Energie.

Die Heisenbergsche Unschärferelation wirkt mit, sobald wir dieses Gesetz in der Welt der Quantenwechselwirkungen anwenden. Die Unschärferelation besagt, daß bei einer Messung der Energie eines Quants, wie z.B. des Elektrons, in einer kurzen, jedoch definierten Zeitspanne der Grad der Unschärfe bei der Messung dieser Energie dieser Zeitspanne umgekehrt proportional ist. Für sehr kurze Zeitspannen kann es also in unserer Kenntnis der Energie des Quants eine sehr große Unschärfe geben. Das bedeutet, daß der Energiebuchhalter kurzzeitig in seiner Spalte mit den Energieeinnahmen und -ausgaben Fehler machen muß, obwohl sich diese Fehler langfristig wieder völlig aufheben. Die Unschärferelation zeigte eine Lücke in der Behauptung auf, nach dem Gesetz von der Energieerhaltung könnten Quanten nicht aus dem Nichts entstehen. Sie können kurzzeitig sehr wohl aus Nichts geschaffen werden. Die Fehler in den Energiekonten sind wie die Wellen auf dem Vakuummeer. An manchen Stellen schlagen die Wellen höher, an anderen wieder sind sie niedriger, aber sie mitteln sich zu dem aus, was wir aus großer Höhe sehen: einem glatten Meer. Die Zufallsfehler unseres Energiebuchhalters sind nur eine weitere Darstellung der statistischen Natur der Realität und des würfelnden Gottes. Das Vakuum schwankt zufällig zwischen dem Sein und dem Nichts.

Da die Energie kurzzeitig unscharf ist, könnte grundsätzlich ein Quant im leeren Raum entstehen und schnell wieder verschwinden. Ein solches Quant, das in die Realität eintritt und gleich wieder aus ihr verschwindet, heißt virtuelles Quant. Es könnte nur dann zu einem realen Quant, einem wirklichen Teilchen, werden, wenn es über die dazu erforderliche Energie verfügte. Diese virtuellen Quanten sind wie die Fehler des Energiebuchhalters. Sie haben virtuelle Realität, doch am Ende müssen sie sich aufheben. Wenn wir dem Vakuum die benötigte Energie von außen zuführen könnten, dann könnten die virtuellen Teilchen im Vakuum real werden. Das wäre so, als erklärte man dem Energiebuchhalter, er habe ein reales Guthaben auf dem Konto und einer seiner Fehler auf der Einnahmenseite müsse nicht durch einen Fehler auf der Ausgabenseite ausgeglichen werden. Dieser Prozeß der Erschaffung realer aus virtuellen Quanten ist im Laboratorium tatsächlich beobachtet worden.

Die virtuellen Quanten im Vakuum muß man sich als Teilchenpaare vorstellen, die jeweils aus einem virtuellen Teilchen und einem Antiteilchen bestehen. Eine Vakuumschwankung besteht aus einem Teilchen und dessen Antiteilchen, die an einem Punkt im Raum ihre virtuelle Existenz beginnen und einander dann sofort auslöschen. Je niedriger die Masse solcher Teilchenpaare, um so höher die Wahrscheinlichkeit, daß sie aus dem Vakuum entstehen, weil der dazu erforderliche Energiefehler klein ist. Folglich sind die größten Wellen auf dem Vakuummeer die Elektron-Positron-(Antielektron)-Paare, denn das sind die Teilchen mit der geringsten Masse. Kleinere Wellen entsprechen schwereren Paaren von Teilchen und Antiteilchen. Es gibt auf dem Vakuummeer Wellen, die jedem vorstellbaren Quant entsprechen, auch denen, die wir noch nicht entdeckt haben. Die ganze Physik, alles, was wir zu erfahren hoffen, wartet im Vakuum auf seine Entdeckung.

Man kann sich das Vakuum auch so vorstellen, daß man sich die zuvor beschriebene 3-D-Matratze als Analogon zum Quantenfeld denkt. Die Federn der Matratze erstrecken sich durch den ganzen Raum und sind unendlich klein, und die Schwingung einer Feder entspricht einem Quantenteilchen. Wir können uns das Vakuum als Gitter aus Federn denken, bei dem keine Feder schwingt – also keine realen Teilchen vorliegen. Wegen des Heisenbergschen Unschärfeprinzips können wir aber nie sicher sein, daß eine Feder wirklich gar keine Schwingung aufweist. Die Federn können also unterhalb des Niveaus schwingen, das den realen Teilchen entspricht. Diese Schwingungen entsprechen den virtuellen Quanten, den Wellen auf dem Meer. Wenn wir diesen Schwingungen reale

Energie zuführten, könnten sie so stark ansteigen, bis sie reale Teilchen werden würden. Das Vakuum ist mit den Schwingungen jedes möglichen Quants angefüllt.

Dieses bemerkenswerte Konzept vom Nichts war eine Folge der neuen theoretischen Vorstellungen, die die relativistische Quantenfeldtheorie stützten. Der neue Begriff vom Vakuum war zwar theoretisch begründet, doch die experimentelle Bestätigung dieser phantastischen Idee blieb vorläufig aus. Wie konnten die Physiker den Effekt dieser virtuellen Quanten im Vakuum bestimmen?

Den Raum zwischen einem Atomkern und einem Bahnelektron kann man sich als leer vorstellen; hier haben die Physiker die neuen Vakuumeffekte entdeckt. Die Erschaffung und Zerstörung virtueller Quanten äußert sich bekanntlich in winzigen Verschiebungen in der Energie des Elektrons auf seiner Bahn um den Atomkern. Dabei kann das elektrische Feld, das das Elektron auf seiner Bahn um den Kern hält, manchmal ein Elektron-Positron-Paar aus der brodelnden See der virtuellen Quanten im Vakuum erschaffen. Dieses Paar vergeht sofort wieder. Dieser als Vakuumpolarisation bekannte Effekt verändert die Bahn der Elektronen um den Kern geringfügig. Eine dieser Bahnänderungen des Elektrons im Wasserstoffatom wurde vom Experimentalphysiker Willis Lamb sehr genau gemessen. Er arbeitete mit Präzisionsmikrowellenverfahren, die bei der Entwicklung des Radar im Zweiten Weltkrieg entstanden waren. Interessant war an Lambs Messungen vor allem, daß man sie mit den theoretischen Berechnungen auf der Basis der Quantenfeldtheorie, der sogenannten Quantenelektrodynamik, vergleichen konnte. Wenn dieser exotische Effekt einer Vakuumpolarisation nicht berücksichtigt wird, müßte es zu einer Abweichung von Lambs Beobachtungen kommen. Die berechnete Energie der Elektronbahn entsprach jedoch genau den Messungen von Lamb. Die Schattenwelt der virtuellen Quanten im Vakuum hatte eine reale Auswirkung gezeitigt.

Obwohl auch noch viele andere Versuche mit den von den Theoretikern vorausgesagten Vakuumpolarisationseffekten übereinstimmten, bestätigte sich das neue Konzept vom Vakuum am nachdrücklichsten beim Bau der Beschleuniger mit gegeneinander laufenden Elektronen- und Positronenstrahlen. Diese sogenannten *Colliding-Beam*-Maschinen, die in den siebziger Jahren aufkamen, ließen einen energiereichen Elektronenstrahl (Materie) auf einen entgegengesetzt gerichteten Positronenstrahl (Antimaterie) aufprallen. Der Zusammenstoß von Materie und Antimaterie lieferte die notwendige Energie, um die virtuellen Teilchenpaare aus dem Vakuum in die reale Existenz zu befördern.

Die *Colliding-Beam*-Maschinen können durch Energieeinleitung ins Vakuum die Struktur des Vakuums in Form von Paaren aus virtuellen Teilchen und Antiteilchen tatsächlich sondieren. Aus dem Vakuum können ebenso Quark-Antiquark-Teilchenpaare geschaffen werden. So sind z.B. die neuen Quarks, wie das *Charm*-Quark, entdeckt worden. Das Paar aus *Charm*-Quark und Antiquark war nur eine kleine Welle auf dem Vakuummeer, die in Form eines neuen Hadrons existent gemacht werden konnte, sobald die Physiker genau die richtige Energiemenge zugeführt hatten. Die Physiker rechnen damit, daß noch mehr neue Materieformen mit diesem Verfahren entdeckt werden, die virtuellen Vakuumquanten zur Existenz zu bringen. Das wird das Drehbuch für die Experimentalphysik in den achtziger Jahren sein – die Erschaffung von Materie durch die Einleitung von Stoßstrahlenergie in das Vakuum.

Wenn wir uns die Veränderbarkeit der Materie und die neue Vorstellung vom Vakuum zu eigen gemacht haben, können wir uns auch spekulativ mit dem Ursprung des größten Gebildes befassen, das wir kennen, des Universums. Vielleicht ist auch das Universum selbst plötzlich aus dem Nichts entstanden: eine riesige Vakuumschwankung, die wir heute als Urknall bezeichnen. Bemerkenswerterweise ist diese Möglichkeit nach den Gesetzen der modernen Physik nicht ausgeschlossen. Aristoteles war der Ansicht, daß es das Universum schon immer gegeben habe. Aber sein genauer Leser Thomas von Aquin war anderer Meinung und hielt die Welt vielmehr für eine *creatio ex nihilo,* eine Schöpfung aus dem Nichts. Das ganze Universum könnte eine Verkörperung des Nichts, des Vakuums, sein.

Die Physik hat in diesem Jahrhundert einen wahrhaft seltsamen Weg zurückgelegt. Das 19. und das frühe 20. Jahrhundert waren von einer materialistischen Betrachtungsweise geprägt, die genau zwischen dem unterschied, was auf der Welt wirklich da war und dem, was nicht da war. Diese Unterscheidung gibt es immer noch, aber ihr Sinn hat sich geändert. Was nicht existiert, das Nichts oder das Vakuum, ist eigentlich ein Witz des »ewigen Rätselmachers«. Die theoretischen Physiker und die Experimentalphysiker befassen sich jetzt mit dem Nichts, mit dem Vakuum. Aber dieses Nichts enthält das ganze Sein.

# 9. Identität und Verschiedenheit

*Der Zwiddeldum und der Zwiddeldei,
die rüsteten sich zur Schlacht.*
Lewis Carroll,
Alice hinter den Spiegeln

Die industrielle Welt der Großserienfertigung umgibt uns mit Artefakten, die identisch zu sein scheinen. Im Supermarkt stehe ich vor Reihen derselben Lebensmittelkonserven, Produkten einer Maschinenzivilisation. Automobilteile von identischer Funktion sind gegeneinander austauschbar. Dieses Erleben einer Umwelt von identischen Dingen muß neueren Datums sein, denn in der alten Welt wurden Artefakte von Hand hergestellt und wiesen Unterschiede auf. Selbst antike Münzen, die eigentlich hätten gleich sein sollen, zeigten Unterschiede, die vielleicht nur dem flüchtigen Beobachter entgingen.

Der menschliche Geist sucht immer nach Unterschieden. Identische Dinge verwirren, flößen sogar Angst ein und gefährden in uns das Gefühl unserer Einmaligkeit. Ich finde die Schwarzweißphotos gräßlich, die Diane Arbus von Zwillingen, meist auch noch gleich angezogenen Zwillingen, aufgenommen hat. Die Kinder sehen nie glücklich aus. Das Schlimme daran ist die versteckte Bedrohung unserer Identität. Diese Kinder sind wie Konservendosen im Supermarkt, wie Autoteile.

Wenn sie mit identischen Objekten konfrontiert werden, fühlen sich die meisten Menschen nicht wohl. Vielleicht hat dieses Gefühl eine biologische Grundlage, denn das Überleben des Menschen hat manchmal von seiner Fähigkeit abgehängt, auch feinste Unterschiede zu erkennen. Wenn wir uns »identische« Gegenstände genau ansehen, erkennen wir im allgemeinen kleine Unterschiede, einen Kratzer oder eine Beule. Alle makroskopischen Objekte weisen wahrnehmbare Unterschiede auf, und diese Feststellung ist ganz beruhigend. Mit der Mikrowelt der Moleküle und Atome betreten wir allerdings die Welt der absoluten Identität. Hier hat es keinen Zweck mehr, nach Unterschieden zu suchen, denn zwei Moleküle oder Atome im selben Energiezustand sind absolut identisch. Atome haben keine Kratzer, an denen man sie voneinander unterscheiden kann.

Wenn wir noch einen Schritt weiter, bis zum Niveau von Elementarteilchen wie z.B. den Elektronen, gehen, kann von einem Unterschied gar keine Rede mehr sein. Die Quantenteilchen weisen keine innere Struktur auf, die sie voneinander unterscheidet – zwei Elektronen sind absolut identisch, zwei Photonen ebenfalls. In Wahrheit besteht das ganze materielle Universum mit all seiner Vielfalt aus völlig identischen Quantenteilchen. Die Natur, nicht die Fabrik im 19. Jahrhundert, hat das Prinzip der austauschbaren Teile zum ersten Mal angewandt. Daß ein Elektron mit dem anderen absolut identisch ist, hat wichtige physikalische Folgen, die wir jetzt näher untersuchen wollen.

Unsere Geschichte beginnt bei dem Philosophen Leibniz, der als erster den Satz von der Identität des Ununterscheidbaren formulierte: Wenn zwischen zwei Objekten kein Unterschied festzustellen ist, sind diese beiden Objekte identisch. Das ist eine Definition der Identität, die für die meisten Leute auf der Hand liegt. Unter anderem bedeutet sie, daß eine Vertauschung der Positionen von zwei identischen Objekten den physikalischen Zustand dieser beiden Objekte nicht verändert. Diese »Platzwechselsymmetrie« identischer Objekte ist zwar philosophisch interessant, hatte aber in der alten klassischen Physik keine wahrnehmbaren Folgen. Mit der Erfindung der neuen Quantentheorie 1926 gewann die Identität des Ununterscheidbaren allerdings erhebliche Bedeutung. Die Physiker erkannten, daß die Quantenteilchen, beispielsweise die Elektronen und die Photonen, nicht nur absolut identisch sind, sondern daß diese Identität zur Existenz einer neuen, zwischen ihnen wirkenden Kraft führt. Die Identität des Ununterscheidbaren hat eine Kraft zur Folge! Ohne diese neuen Kräfte, die sogenannten Austauschkräfte, gäbe es die Chemie und die Atome nicht, wie wir sie kennen, und es gäbe auch uns nicht. Mit den Grundbegriffen der Quantentheorie und etwas Elementarmathematik können wir nachweisen, wie die Identität von Teilchen die Existenz dieser neuen Austauschkräfte bedingt.

Stellen wie uns vor, zwei identische Teilchen, beispielsweise zwei Elektronen oder Photonen, befinden sich an zwei Punkten im Raum, $x_1$ und $x_2$. Nach der Quantentheorie werden diese beiden Teilchen durch eine Wahrscheinlichkeitswelle vollständig beschrieben, deren Form von den Punkten $x_1$ und $x_2$ abhängt; mathematisch ist die Form eine Funktion dieser beiden Punkte. Die Form der Wahrscheinlichkeitswelle, die die Teilchen beschreibt, hängt insbesondere von $x = x_1 - x_2$, dem Abstand zwischen den beiden Teilchen, ab; wir bezeichnen diese Wellenform mit $\Psi(x)$.

Obwohl die beiden Teilchen durch die Wahrscheinlichkeitswellenform $\Psi(x)$ vollständig beschrieben werden, dürfen wir nicht vergessen, daß nach der Quantentheorie und Borns statistischer Interpretation die Wahrscheinlichkeit $P(x)$ für die Entdeckung der Teilchen in einem Abstand x voneinander *nicht* gleich der Wellenform $\Psi(x)$, sondern gleich der Intensität der Welle, $P(x) = [\Psi(x)]^2$, ist, die man durch Quadrieren der Wellenform erhält. Da wir die Wahrscheinlichkeit messen und beobachten können, weist in Wirklichkeit das Quadrat oder die Intensität der Wellenform eine physikalische Bedeutung auf.

Auf der Grundlage dieser Vorstellungen über die statistische Interpretation der Wellenform können wir jetzt das Prinzip von der Identität des Ununterscheidbaren anwenden. Es besagt, daß wir beim Vertauschen der beiden identischen Teilchen durch Platzwechsel keinen Unterschied beobachten dürften. Austausch der Teilchen bedeutet den Wechsel ihrer Plätze $x_1$ und $x_2$. Damit wird der Abstand zwischen den Teilchen $x_1 - x_2 = x$ zu $x_2 - x_1 = -x$, also ins Negative verändert.

Die Wellenform $\Psi(x)$ ist ebenso eine Funktion von x wie ihr Quadrat, die Wahrscheinlichkeit $P(x) = [\Psi(x)]^2$. Wenn sich die Wahrscheinlichkeit für den Nachweis der beiden identischen Teilchen nicht ändert, wenn wir die Teilchen gegeneinander austauschen, können wir keinen physikalischen Unterschied beobachten. Das Ununterscheidbarkeitsprinzip bedeutet also, daß sich die Wahrscheinlichkeit $P(x)$ nicht ändern darf, wenn wir die beiden Teilchen vertauschen. Der mathematische Ausdruck dafür lautet

$$P(x) = P(-x).$$

Was bedeutet das für die Wahrscheinlichkeitswellenform $\Psi(x)$? Eine Möglichkeit besteht darin, daß die Wellenform $\Psi(x)$ eine gerade Funktion der Separation x ist; sie verändert sich nicht, wenn $x \to -x$. Mathematisch wird das ausgedrückt durch

$$\Psi(x) = +\Psi(-x) \qquad \text{(gerade)}.$$

$\Psi(x)$

gerade, $\Psi(x) = +\Psi(-x)$

$\Psi(x)$

ungerade, $\Psi(x) = -\Psi(-x)$

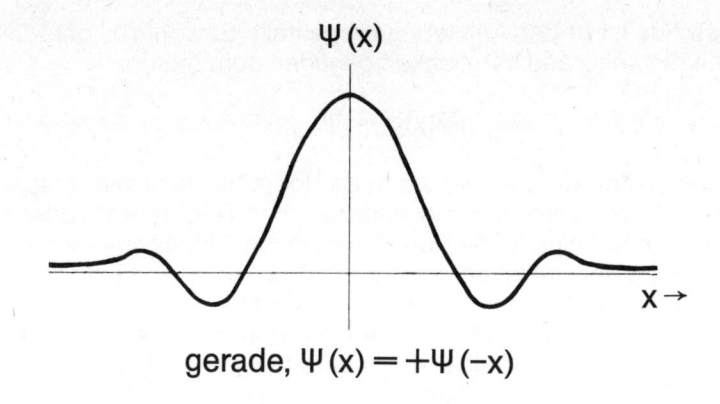

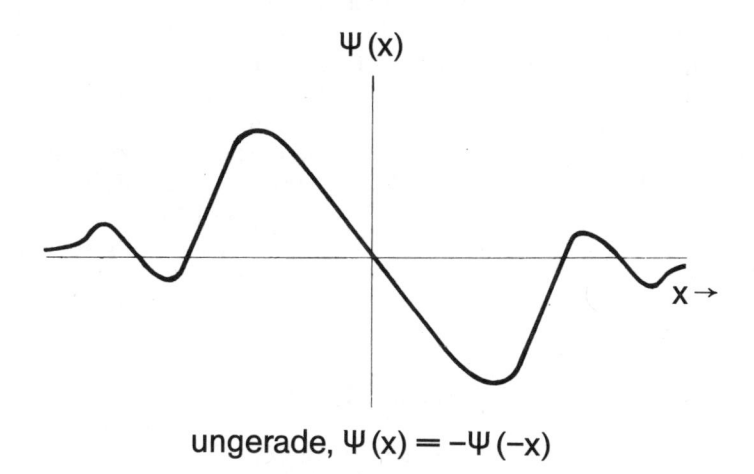

Gerade und ungerade Wellenformen in Abhängigkeit von der Separation identischer Teilchen. Beachten Sie, daß bei der geraden Wellenform die Wahrscheinlichkeit (durch das Quadrat der Wellenform gegeben), zwei Teilchen einander überlagert zu finden (x=0), am höchsten ist, während bei der ungeraden Wellenform die Wahrscheinlichkeit, die Teilchen einander überlagert zu finden, Null ist.

Ein Beispiel einer solchen Wellenform zeigt die Abbildung. Es gibt jedoch auch noch eine andere Möglichkeit. Da $(-1)^2 = +1$, können wir auch eine Lösung für die ungerade Wellenform bekommen – sie ändert ihr Vorzeichen –, wenn x → −x. Mathematisch:

$$\Psi(x) = -\Psi(-x) \qquad \text{(ungerade)}.$$

Auch das ist in der Abbildung dargestellt. Sowohl die gerade als auch die ungerade Möglichkeit genügen dem Ausdruck

$$[\Psi(x)]^2 = [\Psi(-x)]^2.$$

Wir schließen daraus, daß nach der Identität des Ununterscheidbaren die Wellenform von zwei identischen Teilchen entweder eine gerade oder eine ungerade Funktion des Abstandes zwischen diesen beiden Teilchen sein muß. Das sieht vorläufig wie ein Taschenspielerkunststück aus und scheint mit Kräften nichts zu tun zu haben. Aber jetzt sollten wir fragen, welche dieser beiden Möglichkeiten, die gerade oder die ungerade Wellenfunktion, von wirklichen identischen Teilchen erfüllt wird. Es stellt sich heraus, daß beide vorkommen, aber jede in einer anderen Klasse von Quantenteilchen. Um das zu erklären, müssen wir etwas weiter ausholen und den Begriff des Teilchenspins kurz beschreiben.

Alle Quantenteilchen, wie die Photonen, Elektronen, Protonen, Neutronen und sogar die Quarks, haben einen definierten Spin oder Eigendrehimpuls. Man kann sie sich wie kleine rotierende Kreisel vorstellen. Eine bemerkenswerte Folge der speziellen Relativitätstheorie und der Quantentheorie, die wir hier nicht zu beweisen versuchen wollen, besteht darin, daß der Spin dieser Quantenteilchen gequantelt ist. Der Spin kann nicht beliebig sein; er muß diskrete Werte aufweisen. Der Spin dieser Teilchen in bestimmten Spineinheiten nimmt dann die Werte

$$0, 1/2, 1, 3/2, 2, 5/2 \ldots$$

an. Der Spin ist entweder eine ganze Zahl, 0, 1, 2 ..., oder die Hälfte einer ganzen Zahl, 1/2, 3/2, 5/2 ..., eine Unterscheidung von großer Bedeutung in der Quantentheorie. Teilchen mit ganzzahligem Spin, wie das Photon mit dem Spin 1, und solche mit halbzahligem Spin, wie das Elektron mit dem Spin 1/2, verhalten sich ganz verschieden.

Wir sehen also, daß es zwei Teilchenfamilien gibt: die mit dem ganzzahligen Spin 0, 1, 2 und die mit dem halbzahligen Spin 1/2, 3/2, 5/2 ... Bei unserer Erörterung des Platzwechsels von Teilchenpaaren haben wir festgestellt, daß sich aus dem Ununterscheidbarkeitssatz für die Wellenfunktion zwei Möglichkeiten ergeben haben: gerade oder ungerade. In der Quantentheorie gibt es ein berühmtes Theorem, das Spin-Statistik-Theorem, das wir jetzt anführen können: Für Teilchen mit ganzzahligem Spin muß man immer die gerade Wellenfunktion wählen, für Teilchen mit halbzahligem Spin immer die ungerade. Somit sind sowohl die gerade als auch die ungerade Entscheidung physikalisch von Bedeutung, denn jede gilt für eine andere Teilchenfamilie.

Jetzt läßt sich ohne weiteres erkennen, wie die Identität des Ununterscheidbaren zu Kräften zwischen identischen Teilchen führen kann. Stellen wir uns vor, wir haben zwei durch den Abstand x voneinander getrennte identische Photonen. Das Photon hat den Spin 1, also muß die Wellenform $\Psi(x) = +\Psi(-x)$, die die beiden Photonen beschreibt, eine gerade Funktion von x, dem Abstand zwischen den beiden Photonen, sein. Weil sie eine gerade Funktion von x ist, braucht sie bei $x = 0$ nicht zu verschwinden; das entspricht der Anordnung von zwei identischen Photonen genau übereinander. Dies läßt also darauf schließen, daß sich zwei Photonen mit einer bestimmten Wahrscheinlichkeit genau übereinander befinden. Wenn die Wahrscheinlichkeit größer ist, daß sie übereinander liegen, als daß sie getrennt sind, scheint eine »Kraft« vorzuliegen, die sie gegenseitig anzieht. Es gibt jedoch keine »reale« Kraft, sondern nur eine höhere Wahrscheinlichkeit dafür, daß die Photonen näher beisammen, nicht weiter auseinander sind. Wie kann sich eine Wahrscheinlichkeit als Kraft äußern?

Erinnern Sie sich an unsere Diskussion über ein rollendes Paar Würfel? Die Wahrscheinlichkeit war am höchsten für eine Sieben und am niedrigsten für eine Zwei oder eine Zwölf. Nach vielmaligem Würfeln sieht es so aus, als ob die Würfel mehr zur Sieben »hingezogen« werden als zur Zwei und zur Zwölf. Dieses Beispiel gilt ganz allgemein: Wenn ein Ereignis eine hohe Wahrscheinlichkeit aufweist, scheint es durch eine Anziehungs-»Kraft« bedingt zu sein. Umgekehrt sorgt bei einer niedrigen Wahrscheinlichkeit für ein Ereignis offenbar eine abstoßende »Kraft« dafür, daß das Ereignis nicht eintritt. Es sind nur Wahrscheinlichkeiten, aber sie wirken wie »Kräfte«; die Physiker nennen sie Austauschkräfte. In der Quantentheorie gewinnen diese Austauschkräfte physikalische Bedeutung.

Wir hatten gesehen, daß die Identität des Ununterscheidbaren und die Quantentheorie auf eine Anziehungskraft zwischen den Photonen schließen lassen. Wenn wir ein Gas mit sehr vielen identischen Teilchen vor uns haben, die wie das Photon einen ganzzahligen Spin aufweisen, und wenn wir dieses Gas auf eine sehr niedrige Temperatur abkühlen, so daß die Bewegung der Teilchen langsamer wird, gewinnen diese Anziehungskräfte allmählich die Oberhand. Ein Kondensat, das sogenannte Bose-Einstein-Kondensat, dieser Teilchen bildet sich auf Grund der Anziehung; das ist auch im Experiment beobachtet worden. Was zuerst wie ein Taschenspielertrick mit Wahrscheinlichkeiten aussah, ist wirklich.

Die daraus zu ziehenden Folgerungen werden noch erstaunlicher, wenn wir zwei Teilchen mit halbzahligem Spin betrachten, beispielsweise Elektronen. Ihre Wellenform muß bei einem Platzwechsel ungerade sein, $\Psi(x) = -\Psi(-x)$. Wenn wir also zwei Elektronen so übereinander bringen, daß x, der Abstand zwischen ihnen, Null ist, $x = 0$, haben wir $\Psi(0) = -\Psi(0) = 0$. Die Wellenform muß beim Abstand 0 verschwinden, denn die einzige Zahl, die gleich ihrem negativen Wert ist, ist Null. Wir schließen daraus, daß die Wahrscheinlichkeit, zwei Elektronen aufeinander zu finden, gleich Null ist – genau das Gegenteil von dem, was wir für die Photonen gefunden hatten. Wenn man versucht, zwei Elektronen auf denselben Platz zu bringen, erfahren sie eine Art Abstoßungskraft. Die Regel, daß sich zwei Elektronen nicht auf demselben Platz befinden können, ist das Paulische Ausschließungsprinzip.

Das Paulische Ausschließungsprinzip erklärte das Periodische System der chemischen Elemente auf theoretischer Grundlage. Nach diesem Prinzip könnten zwei identische Elektronen nicht dieselbe Stelle einnehmen oder dieselbe Bahn um den Atomkern beschreiben. Als immer mehr Elektronen den Kern umkreisten und damit verschiedene chemische Elemente aufbauten, mußte jedes Elektron in einen neuen Zustand versetzt werden. Als das mit Hilfe des Paulischen Ausschließungsprinzips geschah, zeigte sich, daß das von Mendelejew entdeckte Periodische System der chemischen Elemente genau belegt werden konnte. Die Quantentheorie erläuterte die chemischen Eigenschaften der Elemente. Über ein Jahrhundert, seit der Entdeckung der chemischen Elemente, hatte man nach einer solchen Erklärung gesucht. Jetzt lag sie vor.

Die Quantentheorie ging aber über die theoretische Begründung des Periodischen Systems noch hinaus. Endlich war auch zu verstehen, wie sich Atome zu Molekülen verbinden. Mehrere Atome, die insgesamt ein Molekül ergeben, können Elektronen gemeinsam haben. Bei diesem gemeinsamen Besitz von Elektronen spielt die »ungerade« Eigenschaft der Elektronenwelle wieder eine Rolle, auch die mit ihr zusammenhängende Austauschkraft, und diese Austauschkräfte binden die Atome in bestimmten Molekülanordnungen aneinander. Aus der Kenntnis der für diese Austauschkräfte geltenden Regeln entstand unter anderem Linus Paulings Theorie von der molekularen Bindung. Diese Entdeckung bezeichnet den Beginn der Quantenchemie. Die Chemiker und Physiker konnten jetzt tatsächlich die Winkel und die Abstände zwischen den Atomen in Molekülen berechnen und ihre Berechnungen mit den Ergebnissen von Röntgenstrahlendaten vergleichen, die dieselben Winkel- und Abstandsmessungen darstellten.

Die Quantentheorie und die neue Rolle der Identität des Ununterscheidbaren bildeten die Grundlage für das Verständnis der ganzen Chemie. Natürlich sind manche organischen Moleküle riesig und können sich in sehr komplizierter Weise um sich und in sich drehen. Die Wissenschaftler verstehen alle diese Faltungen der großen Moleküle noch nicht genau. Aber das liegt nur an deren Kompliziertheit, nicht etwa an mangelndem Wissen über die grundlegenden chemischen Kräfte. Das Rätsel des Aufbaus dieser komplizierten Moleküle läßt sich nur mit Hilfe von Computern als unerläßlichem Hilfsmittel lösen. Es ist lediglich eine Frage der Zeit, bis die grundlegende Quantentheorie auch die kompliziertesten Moleküle erklärt hat.

Die Quantentheorie hat unser Verständnis des Ununterscheidbarkeitssatzes und des Problems von Identität und Verschiedenheit unendlich erweitert. Die absolute Identität der Quantenteilchen in der Hand des würfelnden Gottes gewinnt eine neue Bedeutung und liefert neue Kräfte zwischen den Teilchen. Diese Austauschkräfte sind unerläßlich, um Elektronen in ganz bestimmter Weise an die Kerne zu binden, und dadurch entstehen die Gesetze der Chemie. Ohne die abstoßende Kraft der Elektronen, Folge des Taschenspielertricks der Quantenwahrscheinlichkeiten, brächen die Atome zusammen, und es gäbe uns nicht. Das ist einer der subtileren Tricks des würfelnden Gottes.

Mich hat immer die Analogie zwischen der Sprache und der Welt der Quantenteilchen fasziniert. Die deutsche Schriftsprache baut sich auf das Alphabet, eine Menge von 26 verschiedenen Buchstaben mit einigen Interpunktionszeichen, auf. Durch entsprechende Anordnung dieser verschiedenen Buchstaben kann man Worte und Sätze bilden. Obwohl ein Buchstabe a mit einem anderen Buchstaben a identisch ist, können die Worte und die Sätze verschieden sein; es eröffnen sich die vielfältigsten Möglichkeiten. Auch in unserem Universum gibt es nur wenige Grundbausteine: Quarks, Leptonen und Gluonen. Sie sind die Buchstaben im Alphabet der Natur. Mit diesem recht kleinen Alphabet werden Worte gebildet, die Atome. Die Worte werden nach einer ganz eigenen Grammatik, den Gesetzen der Quantentheorie, aneinandergereiht und bilden Sätze, die Moleküle. Bald haben wir Bücher und ganze Bibliotheken aus molekularen »Sätzen«. Das Universum ist wie eine Bibliothek, in der die Worte Atome sind. Stellen Sie sich nur vor, was mit diesen hundert Worten schon alles geschrieben worden ist! Unser Körper ist ein Buch in dieser Bibliothek, gekennzeichnet durch die Anordnung von Molekülen. Das Universum als Literatur ist natürlich nur eine Metapher; das Universum wie auch die Literatur sind Organisationsformen identischer, untereinander austauschbarer Objekte; es sind Informationssysteme.

Wir sehen jetzt, daß die Bedeutung der absoluten Identität, wie sie in der Quantentheorie enthüllt wurde, darin besteht, daß sie die Kräfte zu erklären vermag, die die Welt zusammenhalten. Aus der Identität entwickelte sich die Verschiedenheit, die Verschiedenheit aller Dinge auf unserer Welt.

# 10. Die Revolution der Eichfeldtheorie

> *Die Natur scheint die einfachen mathematischen Darstellungen der Symmetriegesetze zu nutzen. Sooft man sich die Eleganz und die wunderbare Vollendung der dabei mitwirkenden mathematischen Schlüsse vergegenwärtigt und sie mit den komplizierten, weitreichenden physikalischen Folgen vergleicht, bekommt man ein großes Gefühl der Hochachtung vor der Macht der Symmetriegesetze.*
>
> C. N. Yang, Nobelvortrag

Jeder, der auch nur ganz oberflächlich mit der Physik in Berührung kommt, ist von der Einfachheit und Schönheit der Naturgesetze beeindruckt. Wieso können die Gesetze der Physik einfach sein, wenn die Welt doch so kompliziert ist? Die Antwort auf diese Frage ist eine der großen Entdeckungen Newtons. Er erkannte, daß alle Komplikationen der Welt in der Vorgabe der Ausgangsbedingungen liegen, der Orte und Geschwindigkeiten aller Teilchen zu einem bestimmten Zeitpunkt. Die Gesetze der Physik, die beschreiben, wie sich die Welt aus solchen Anfangsbedingungen heraus verändert, können sehr einfach sein und sind es auch. Diese Ansicht, die Trennung der komplizierten Ausgangsbedingungen von den einfachen Gesetzen der Physik, hat sich bis auf den heutigen Tag erhalten.

Das erklärt aber immer noch nicht, warum die Gesetze der Physik im Grunde einfach sind. Nur unsere in Jahrhunderten gewonnenen Erfahrungen unterstützen unsere Überzeugung von der Einfachheit der physikalischen Gesetze. Diese Überzeugung ist in jüngster Zeit durch den Erfolg der relativistischen Quantenfeldtheorien über die Grundquanten wieder auf das schönste bestätigt worden.

Die aus der relativistischen Quantenfeldtheorie entstandenen neuen Ideen – Antimaterie, die neue Physik des Vakuums, identische Teilchen und Austauschkräfte – haben die Vorstellung der Physiker von der Realität verwandelt. Die theoretischen Physiker erkannten, daß in der Vorstellung von der materiellen Realität als einer Menge von Feldern der Schlüssel zum Verständnis der grundlegenden Wechselwirkungen zwischen den Quanten steckte – der Gravitationswechselwirkung, der schwachen, der elektromagnetischen und der starken Wechselwirkung. Sie hofften, daß ihnen die Mathematik der Feldtheorie eine genaue Beschreibung der

Quantenteilchen ebenso lieferte, wie Newton Jahrhunderte zuvor festgestellt hatte, daß die Mathematik der Differentialgleichungen die gewöhnlichen, klassischen Teilchen beschrieb. Mit der Entwicklung der Quantenfeldtheorie stießen die Physiker in neue Zweige der Mathematik vor, zum Beispiel in die unendlich dimensionierten Hilbertschen Räume, die Operatortheorie und die Matrizenalgebra. Damit bestätigten sie erneut die erstaunliche Vorstellung, daß die Grundgesetze der Natur in schöner Mathematik ausgedrückt sind.

Am stärksten sind die theoretischen Physiker jedoch von der beherrschenden Rolle der Symmetrie beeindruckt, wie sie die Mathematik der Gruppentheorie zur Erklärung der Gesetze von den Quantenwechselwirkungen beschreibt. Als die Physiker nach und nach die mathematischen Symmetrien der Feldtheorie begriffen, entdeckten sie auch, daß diese Symmetrien genau die Wechselwirkungen erforderten, die sie bei den Feldern und den mit ihnen zusammenhängenden Quanten beobachtet hatten. Die Feststellung, daß die Symmetrie selbst die Existenz der Gluonen bedingt, die die Wechselwirkungen zwischen Quarks und Leptonen herstellen, ist das Thema dieses Kapitels. Sie ist ein Beispiel für einfache und schöne Symmetrievorstellungen als Grundlage der komplexen Quantenwechselwirkungen. Weil diese Vorstellungen einfach und schön waren, konnte sie der Verstand erfassen und würdigen.

Nach der Erfindung der relativistischen Quantenfeldtheorie in den frühen dreißiger Jahren konzentrierten sich einige mathematische Physiker darauf, sie als eigene, neue mathematische Disziplin zu entwickeln, während andere die Feldtheorie in der Realität anwandten, im 3-D-Film der Quarks, Leptonen und Gluonen. Diese Physiker suchten nach bestimmten Theorien zur Beschreibung der Quantenteilchen, mit denen sie auch Berechnungen durchführen konnten, die sich dann mit experimentellen Beobachtungen vergleichen ließen. Auf der Grundlage von Versuchen, die vorwiegend in den großen Beschleunigerlaboratorien durchgeführt wurden, entdeckten diese theoretischen Physiker schließlich die Feldtheorien, wie z.B. die Quantenelektrodynamik, die die Wechselwirkung zwischen Photonen und Elektronen bzw. die Quantenchromodynamik, die die quarkbindende starke Wechselwirkung beschrieben. An der Konstruktion dieser Feldtheorien hat man bisher fünf Jahrzehnte gearbeitet. Heute sind sich die Physiker darin einig, daß die Feldtheorie ein großer Triumph in dem Bemühen ist, die materielle Welt zu erfassen. Die Physiker können jetzt in der Sprache der Mathematik die Wechselwirkungen von Quarks, Leptonen und

Gluonen genau beschreiben. Mit Hilfe mathematischer Überlegungen kann der menschliche Geist auf der Reise in die Materie nun auch das fernste Ufer erkennen. Wie ist dieser erstaunliche Triumph der Physik zustande gekommen? Welche entscheidenden Gedanken haben der Feldtheorie zum Durchbruch verholfen?

Die moderne Feldtheorie verdankt ihre Entstehung dem Versuch, die Quantenmechanik und die Relativität in einer einzigen Theorie zusammenzufassen. Die theoretischen Physiker wandten sich damals in den dreißiger Jahren diesem Problem zuerst bei der Untersuchung der Photonen und Elektronen zu. Wie ein Berg stand vor ihnen die Aufgabe, eine mathematisch konsistente und experimentell richtige relativistische Quantenfeldtheorie zu entwickeln, die die Wechselwirkung dieser beiden Quanten beschrieb.

Beim ersten Versuch, die Wechselwirkung zwischen Photonen und Elektronen zu berechnen, merkten die Physiker, daß die errechneten Zahlen unendlich waren, also keinen Sinn ergaben. Wo lag der Fehler? Der Grund für diese unendlichen Zahlen läßt sich aus unserem Bild vom Quantenfeld als einer Art dreidimensionaler Federmatratze ableiten. Wir erinnern uns, daß die Federn unendlich klein sein und den Raum ganz ausfüllen sollten. Gleichgültig, wie klein ein Raumbereich ist, den wir untersuchen: es gibt dort immer eine unendliche Anzahl von schwingungsfähigen Federn. Ihre Schwingungen entsprechen den virtuellen Quanten; die Existenz aller dieser Quanten auch auf den kleinsten Abständen bedeutet, daß wir bei der Berechnung des Einflusses solcher virtuellen Quanten auf die Elektronenmasse eine unendliche Antwort für die Masse herausbekommen, und das ist völliger Unsinn.

Manche Physiker hielten die Quantenfeldtheorie wegen dieses Problems mit den unendlichen Größen für sinnlos. Aber andere blieben fest bei ihrer Ansicht, mit den Grundgedanken der Feldtheorie sei etwas anzufangen. Schließlich konnten sie diese unendlichen Werte in einem mathematischen Kraftakt bändigen, den man Renormierungsverfahren nennt. Das funktioniert so.

Stellen wir uns vor, ein Mensch wiegt auf seiner Badezimmerwaage 150 Pfund. Dann ißt er gut und nimmt ein paar lästige Pfund zu. Er mogelt aber, indem er die Badezimmerwaage so verstellt, daß sie weiterhin nur 150 Pfund anzeigt. Dieses Mogeln – oder Reskalieren – ist das Renormierungsverfahren. Wenn jemand tatsächlich ein unendlich hohes Gewicht erreichen und dann die Waage um ein unendliches Maß zurückstellen könnte, so daß wieder ein endliches Gewicht angezeigt werden würde, vermittelt uns das eine Vorstellung davon, um wieviel bei den Berechnungsverfahren der Quantenfeldtheorien gemogelt oder renormiert werden muß. Für einige Feldtheorien kann sogar auf mathematisch schlüssige Weise gemogelt werden. Das sind dann die sogenannten »renormierungsfähigen« Quantenfeldtheorien.

Das Renormierungsverfahren zeigte den theoretischen Physikern, daß bestimmte relativistische Quantenfeldtheorien einen Sinn ergaben, weil sie auf die Struktur der Materie bei den kleinsten Abständen nicht reagierten. Wie wir in unserem Kapitel über die Materiemikroskope erfahren haben, sondiert man immer kleinere Abstände mit Quantenteilchen von immer höherer Energie und immer höherem Impuls, so daß die allerkleinsten Abstände, die einem sehr hohen Impuls entsprechen, von keinem Experiment mehr erreicht werden. Julian Schwinger, einer der Erfinder des Renormierungsverfahrens, hat einmal gesagt: »Irgendwie sind durch den Prozeß der Renormierung die uneinheitlichen Hinweise auf sehr hohe Impulse verschwunden, die bei den nicht-renormierten Gleichungen auftreten. Die renormierten Gleichungen nutzen nur der Physik, die verhältnismäßig gut begründet ist.« Schwingers Bemerkungen zeigen, daß die Bedeutung des Renormierungsverfahrens darin lag, die Wechselwirkung von Photonen mit Elektronen bei niedrigen Impulsen und Energien, wie sie die Physiker im Experiment untersuchen konnten, jetzt auch der mathematischen Beschreibung zugänglich zu machen, ohne daß man im einzelnen zu wissen brauchte, was bei sehr hohen Energien passierte. Aus noch unbekannten Gründen hat die Natur zur Beschreibung der Quantenwechselwirkungen renormierungsfähige Theorien gewählt. Die Übereinstimmung zwischen der Mathematik, die wir lösen können und der wirklichen Welt kommt uns wie ein Glückszufall entgegen.

Ende der vierziger Jahre verfügten die theoretischen Physiker zum ersten Mal über eine Feldtheorie, die sowohl den Grundsätzen der Quantentheorie als auch der Relativitätstheorie genügte. Sie wurde Quantenelektrodynamik genannt und stellte eine Leistung ersten Ranges dar. Mit Hilfe des Renormierungsverfahrens konnten die Physiker jetzt die Wechselwirkungen zwischen virtuellen Photonen und Elektronen mit Zuversicht berechnen und die Ergebnisse mit Experimenten vergleichen. Die Übereinstimmung war erstaunlich gut. Während die Experimentalphysiker ihre Messungen der elektromagnetischen Eigenschaften des Elektrons immer weiter verfeinerten, berechneten die theoretischen Physiker dieselben Eigenschaften und bekamen Zahl für Zahl dieselben Werte heraus. In mancher Hinsicht war dieser Triumph der Quantenelektrodynamik dem Triumph der klassischen Newtonschen Physik und ihrer Anwendung bei den Planetenbewegungen ähnlich; unglaublich genaue astronomische Beobachtungen waren damals durch mathematische Berechnungen auf Grund einer Theorie belegt worden. Und ebenso wie der experimentelle Erfolg der Newtonschen Theorie die Physiker von der Richtigkeit der klassischen Physik überzeugte, so gewann sie der experimentelle Erfolg der Quantenelektrodynamik für die Richtigkeit der auf Photonen und Elektronen angewandten Feldtheorie. Alle diese exotischen virtuellen Quanten und die neue Physik des Vakuums waren keine Artefakte eines mathematischen Formalismus, Produkte unserer Phantasie, sondern zum rationalen Verständnis der Eigenschaften der Materie tatsächlich vonnöten. Unter allen modernen Quantenfeldtheorien ist die Quantenelektrodynamik das Musterbeispiel für einen Erfolg.

Von diesem Triumph der Feldtheorie angespornt, wandten sich die theoretischen Physiker als nächstes der Aufgabe zu, eine ähnliche Theorie für die stark wechselwirkenden Quanten, die Hadronen, zu finden. In jenen fünfziger und sechziger Jahren wußten die Physiker noch nicht, daß die Hadronen aus Quarks bestehen. Sie nahmen einfach an, daß zu jedem Hadron ein Fundamentalfeld gehörte. Aber als sie die Feldtheorie auf die starken Wechselwirkungen der Hadronen anwandten, erlitten sie eine Schlappe. Wieso?

Zum einen gab es sehr viele Hadronen, und sie alle standen auf komplizierte Weise miteinander in Wechselwirkung. Die Wechselwirkungen waren so verwickelt, daß man niemals den einfachen Fall von lediglich zwei miteinander wechselwirkenden Hadronen behandeln konnte; immer waren gleich alle beteiligt. Eine zweite Schwierigkeit lag darin, daß die Wechselwirkung zwischen Hadronen etwa hundertmal so stark war wie die Wechselwirkung zwischen Elektronen und Photonen; man konnte sie mathematisch schwer erfassen.

Wegen dieser Schwierigkeiten waren viele theoretische Physiker, vielleicht sogar die meisten, gelegentlich geneigt, die Feldtheorie aufzugeben und an ihre Stelle einen ganz anderen Ansatz, die sogenannte S-Matrix-Theorie, zu setzen (S bedeutet dabei »Streuung«). Nach Meinung der Verfechter der S-Matrix-Theorie krankte die Feldtheorie daran, daß sie Objekte in die Physik einführte, die Fundamentalfelder, die Experimenten nicht zugänglich waren. Im Gegensatz dazu wurde die S-Matrix-Theorie erfunden, um nur experimentell beobachtbare Größen zu verwenden; sie versuchte, eine Reihe von Messungen über Hadronenwechselwirkungen zu anderen, ähnlichen Meßreihen in Beziehung zu setzen. Die Theoretiker der S-Matrix hofften, in ihre Theorie niemals einen Begriff einführen zu müssen, der nicht mit einer experimentell zu beobachtenden Größe zusammenhing. Den Feldtheoretikern machte es nichts aus, derartige Begriffe einzuführen; solange sie beobachtete Größen berechnen konnten, waren sie es zufrieden.

In mancher Hinsicht war die S-Matrix-Theorie von Ernst Machs Physikphilosophie beeinflußt, derzufolge die Physik eine Wissenschaft meßbarer Objekte und Ereignisse ist, aus der die Physiker alle theoretischen Begriffe herauslassen sollten, die nicht beobachtbaren Größen entsprechen. Die S-Matrix-Theorie war im Geist Machs abgefaßt, die Feldtheorie nicht. In diesem Zusammenhang ist es interessant, an Einsteins Brief an seinen Freund, den Philosophen Solovine, zu erinnern, in dem er beschreibt, wie er die allgemeine Relativität erfunden hatte. Einstein, zunächst von Mach beeinflußt, wandte sich später gegen Machs strenge Ansicht mit der Behauptung, »das reine Sammeln von aufgezeichneten Phänomenen reicht nie aus; es muß immer eine freie Setzung des menschlichen Geistes dazukommen ...« Er führte dann weiter aus, daß der theoretische Physiker bereit sein muß, einen intuitiven Sprung von seinen Versuchsdaten zu einem absoluten Postulat zu machen, das sich selbst nicht unmittelbar nachprüfen läßt, aber von dem man logisch prüffähige Konsequenzen ableiten kann. Das Feldpostulat stellte im Gegensatz zur S-Matrix-Theorie einen solchen intuitiven Sprung über die Welt der direkten Erfahrung hinaus dar, aber eben auch einen Sprung, dem manche Physiker nicht trauten.

Rückblickend sehen wir heute, daß die Feldtheorie in den fünfziger und sechziger Jahren nicht deshalb außerstande war, die starke Wechselwirkung ausreichend zu beschreiben, weil sie nicht stimmte, sondern weil sie falsch angewandt wurde. Die Fundamentalfelder der starken Wechselwirkungen entsprachen nicht den Hadronenquanten, sondern vielmehr den Quarks und den Gluonen, die diese miteinander verbinden. Mitte der siebziger Jahre erfanden die theoretischen Physiker schließlich eine erfolgreiche Feldtheorie der starken Wechselwirkung, die Quantenchromodynamik, die auf einer Wechselwirkung von Quarks und Gluonen aufbaute. Dazu war nicht nur die experimentelle Bestätigung erforderlich, daß Hadronen aus Quarks bestehen, sondern es gehörte dazu auch die Entwicklung profunder mathematischer Konzepte, die abstrakte Symmetrien zur Vorstellung vom wechselwirkenden Feld in Beziehung setzten. Wie konnten die theoretischen Physiker die Theorie der starken Kraft entwickeln?

Durch direktes Angehen des Problems war das nicht zu schaffen. Manchmal entsteht der Fortschritt im Verständnis physikalischer Fragestellungen nicht bei dem direkten Versuch, Experimente zu erklären, sondern bei der Erprobung neuer mathematischer Konzepte, die mit dem Experiment nur indirekt zusammenhängen. Solche mathematischen Vorstöße werden mitunter von theoretischen Physikern unternommen, denn wie schon Paul Dirac sagte, »benutzte Gott herrliche Mathematik zur Erschaffung der Welt«. In den siebziger Jahren ließen sich die theoretischen Physiker in den Details vom Experiment leiten, verließen sich jedoch in der Symmetrie und der Beziehung zur Feldtheorie auf die »herrliche Mathematik«, um einen konzeptionellen Überblick zu bekommen und entdeckten so die Feldtheorien der schwachen und starken Wechselwirkung. Das stellt eine beachtliche Erfüllung des Wunschtraums dar, daß der menschliche Geist die Realität erkennen und sein Wissen an der Erfahrung prüfen kann.

Um diese jüngsten Errungenschaften der theoretischen Physik zu verstehen, müssen wir zunächst das Symmetriekonzept näher betrachten. Die Symmetrie zeigt an, wie Gegenstände unverändert bleiben, wenn wir sie umwandeln. Wenn wir z.B. eine perfekte Kugel nehmen und um eine Achse drehen, verändert sie sich dabei nicht; sie weist um jede Achse eine Rotationssymmetrie auf. Drehen wir eine Kugel in einem bestimmten Winkel um eine Achse und dann in einem anderen Winkel um eine andere Achse, so entsprechen diese beiden Drehungen zusammen einer einzigen Drehung um eine Achse: Zwei beliebige Drehungen entsprechen einer Drehung. Die Mathematiker können diese Drehungen in algebraischen Gleichungen ausdrücken, so daß die ursprüngliche Symmetrie der Kugel jetzt algebraisch festgelegt wird; das ist die sogenannte Liesche Algebra, die ihren Namen dem Mathematiker Sophus Lie verdankt.

Diese Symmetrievorstellungen führten zu einem der schönsten Zweige der Mathematik, der sogenannten Lieschen Gruppentheorie. Alle möglichen Symmetrien, wie z.B. eine sich in verschiedenen Räumen mit beliebig festgelegten Anzahlen von Dimensionen drehende Kugel, waren vom französischen Mathematiker Elie Cartan vollständig klassifiziert worden. Diese eleganten mathematischen Symmetrien finden übrigens in den Feldtheorien der Quantenwelt umfassend Anwendung.

Chen Ning Yang, ein chinesisch-amerikanischer Physiker, und Robert Mills, ein Amerikaner, taten 1954 den ersten entscheidenden Schritt, der zur revolutionären Eichfeldtheorie führte. Sie untersuchten die von den Mathematikern schon entwickelten geometrischen Symmetrien, die Liesche Algebra, und fanden dabei heraus, daß die Existenz eines neuen Feldes automatisch erforderlich war, wenn man jedem Raumpunkt eine solche Symmetrie auferlegte. Das war erstaunlich: Die Auferlegung einer Symmetrie erforderte ein neues Feld, das man Yang-Mills-Feld oder Eichfeld nannte. »Eichen« bezeichnet einen Meßstandard, und die Yang-Mills-Symmetrie bedeutete, daß man an jedem Raumpunkt einen anderen Eichstandard wählen konnte.

Wie kann eine Symmetrie, wie z.B. die Rotationssymmetrie einer Scheibe um ihre Achse, die Existenz eines Feldes erfordern? Um das ohne Mathematik zu verstehen, stellen wir uns ein unendlich großes zweidimensionales Blatt Papier vor, das wir in verschiedenen Grautönen von Weiß bis Schwarz bemalen wollen. Um festzulegen, welchen Grauton wir benutzen wollen, haben wir eine Scheibe, die sich frei um eine Achse drehen kann und auf ihrem Umfang die Zahlen 1 bis 12 trägt wie eine Uhr; daran können wir feststellen, um wieviel wir die Scheibe gedreht haben (die eine Markierung wie einen Stundenzeiger trägt). Wenn die Scheibe auf 12 gestellt wird, heißt das, daß wir das Blatt weiß malen; 3 entspricht einem Grauton; 6 ist Schwarz; 9 ist wieder ein Grauton, und wenn wir, erneut bei 12 angelangt sind, haben wir wieder Weiß. Während wir die Scheibe drehen, durchlaufen wir stetig alle Grauschattierungen.

Nehmen wir an, wir stellen die Scheibe auf 4 und malen das Blatt dunkelgrau. Weil das Blatt von einer gleichförmigen Farbtönung ist, können wir, wenn wir nur einen bestimmten örtlichen Bereich des Blattes ansehen, nicht sagen, wo wir uns auf dem Blatt befinden. Mathematisch würden wir sagen, daß das Blatt Papier eine globale Invarianz aufweist: Wenn man es global bewegt, verändert sich sein Aussehen nicht. Diese Invarianz reagiert natürlich nicht auf den tatsächlichen Grauton; wir hätten die Scheibe genauso gut auf 2 wie auf 4 stellen können.

Im Zusammenhang mit dieser Illustration ist die Vorstellung von einer Eichsymmetrie einfach zu verstehen. Nehmen wir an, wir könnten uns über das Blatt bewegen und dabei die Scheibe tragen. Während wir uns bewegen, drehen wir die Scheibe ständig beliebig, und ihre Stellung über jedem Punkt auf dem Blatt zeigt uns, in welchem Grauton wir diesen Punkt malen müssen. Wenn wir fertig sind, betrachten wir das Ergebnis: Das Blatt weist keinen gleichmäßigen Farbton mehr auf, sondern zeigt jetzt an verschiedenen Stellen alle möglichen Schattierungen von Weiß bis Schwarz, ist also nicht mehr global invariant.

Aber diese verlorengegangene Invarianz läßt sich wiederherstellen, wenn wir auf das in vielen Tönen bemalte Blatt Papier ein weiteres Blatt aus durchsichtigem Kunststoff legen, das genau die Komplementärtöne trägt, die diejenigen des Papiers aufheben: Wo das Papier am dunkelsten ist, ist der Kunststoff am hellsten und umgekehrt. Die entstehende Kombination ist jetzt wieder gleichmäßig, die globale Symmetrie ist wiederhergestellt.

In diesem Beispiel entspricht das Blatt Papier einem Quantenfeld. Erinnern wir uns daran, daß wir ein Quantenfeld als dreidimensionales Gitter aus kleinen Sprungfedern beschrieben haben; jetzt müssen wir uns vorstellen, wir malten die Federn in drei Dimensionen statt nur auf dem zweidimensionalen Blatt. Wenn man eine Stellung der Scheibe auswählt, entspricht das der Wahl eines Eichmaßes, und wenn wir die Scheibe bei unserer Bewegung von Punkt zu Punkt drehen, entspricht das dem, was die Physiker »örtliche Eichtransformation« nennen. Statt der einfachen Symmetrie einer Scheibe kann man sich auch kompliziertere Symmetrien vorstellen. Durch Drehung einer Kugel um ihre drei verschiedenen Achsen werden z.B. verschiedene Farben für das dreidimensionale Gitter aus Spiralfedern gewählt. Das Kunststoffblatt, das die Invarianz wiederherstellt, ist das Yang-Mills-Feld. Es gleicht die willkürliche Freiheit in der Drehung der Scheibe oder Kugel an jedem Raumpunkt genau aus.

Selbst an unserem einfachen Beispiel können wir den Hauptgedanken verstehen: Das Yang-Mills- oder Eichfeld dient dazu, die Invarianz wiederherzustellen, wenn wir uns die Freiheit nehmen, an jedem Raumpunkt eine Eichdrehung durchzuführen. Für jeden Freiheitsgrad der Eichdrehung – einen für die Drehungen einer Scheibe, drei für eine Kugel – gibt es ein entsprechendes Eichfeld; das Eichfeld kann also Mehrfachkomponenten aufweisen. Die Vorstellung vom Yang-Mills-Eichfeld hat somit den Symmetriebegriff dem Feldbegriff sogar noch vorangestellt; die Eichfelder waren eine Folge der Symmetrie. Was haben andere Physiker mit dieser Entwicklung angefangen? Die meisten theoretischen Physiker bewunderten die geometrische Schönheit des Eichfeldkonzepts, konnten sich aber beim besten Willen nicht vorstellen, was man damit in der Welt der Quantenteilchen beginnen sollte, die sie zu verstehen versuchten. Ihnen kam die Idee schön, aber nutzlos vor.

In gewisser Hinsicht ähnelte die Yang-Mills-Feldtheorie dem geometrischen Verfahren, das der Mathematiker Bernhard Riemann im 19. Jahrhundert entwickelt hatte und mit dem er die Vorstellung vom flachen Raum auf den gekrümmten Raum übertrug.

Die Physiker wußten nicht, was sie mit der Riemannschen Geometrie in der Physik anfangen sollten, bis Einstein sie in seiner allgemeinen Relativitätstheorie der Gravitation benutzte.

Den Physikern zuliebe sollte die Natur das Konzept vom Eichfeld anwenden, weil es sich, wie die Riemannsche Geometrie, auf einen so schönen Gedankengang stützte und die Natur immer schöne Mathematik benutzen sollte. Aber dieser Anwendung der Eichtheorie in der Physik standen zwei große Hindernisse im Weg. Erstens mußten der Eichfeldsymmetrie zufolge die Eichfelder fernwirken und sich über makroskopische Entfernungen erstrecken. Die einzigen Felder, die das taten, waren das elektrische Feld, das Magnetfeld und das Gravitationsfeld, und sie waren durch die bekannten Feldtheorien bereits erklärt. Wo kamen also die Eichfelder in der Natur vor? Das zweite Hindernis lag darin, daß niemand wußte, wie man aus dem Eichfeld eine mathematisch konsistente Quantentheorie entwickeln und das Renormierungsverfahren anwenden sollte, das in der Quantenelektrodynamik funktionierte. Neue, von der alten Renormierungsprozedur nicht erfaßte Unendlichkeiten entstanden, als die theoretischen Physiker das Eichfeld zu quanteln versuchten.

Die theoretische Physik brauchte zwanzig Jahre, bis sie diese beiden Hindernisse überwunden hatte. Aber als es dann in den frühen siebziger Jahren endlich so weit war, setzte eine neue Revolution in der Physik ein, die Revolution der Eichfeldtheorie. Heute sind die Physiker überzeugt davon, daß alle vier grundlegenden Wechselwirkungen, also die Gravitationswechselwirkung, die schwache, die elektromagnetische und die starke Wechselwirkung, auf Eichfeldern beruhen. Die Gluonen dieser Wechselwirkungen sind die mit den Eichfeldern zusammenhängenden Quanten.

Als erstes stellte sich die Frage, warum Eichfelder nicht zu beobachten waren, wenn die Yang-Mills-Symmetrie in der Physik wirklich eine Rolle spielte. Die Physiker fanden zwei Auswege aus dieser Klemme. Zuerst entdeckten sie, daß die Symmetrie gebrochen werden konnte, so daß sich die verschiedenen Bestandteile des Eichfeldes auch verschieden darstellen konnten. Diese Vorstellung von einer »spontan gebrochenen Eichsymmetrie« wurde mit Erfolg bei der Aufstellung einer Eichfeldtheorie der schwachen Gluonen eingesetzt. Als zweite Lösung dieses Problems stellten die Physiker fest, daß in den Fällen, in denen die Eichsymmetrie exakt blieb, die damit zusammenhängenden Felder vollständig verborgen oder in anderen Quanten eingeschlossen waren. Man stellte sich diese eingeschlossenen Eichfelder als die »farbigen« quarkbindenden Gluonen der starken Wechselwirkung vor. Eichfeldsymmetrien sind in der Natur also deshalb nicht direkt zu beobachten, weil sie entweder gebrochene Symmetrien oder, wenn sie exakt sind, verborgene Symmetrien sind.

Die Vorstellung von den gebrochenen Symmetrien wurde um die Mitte der sechziger Jahre weiterentwickelt; der Grundgedanke war eigentlich ganz einfach. Die Gleichungen, die die Wechselwirkung von Eichfeldern mit anderen Feldern beschrieben, mußten die Yang-Mills-Symmetrie aufweisen, ihre Lösungen jedoch nicht. Da aber die Lösungen der Gleichungen die wirkliche Welt beschreiben, brauchte sich die Eichsymmetrie auch nicht direkt zu zeigen. Die Physiker bezeichnen solche asymmetrischen Lösungen symmetrischer Gleichungen als »spontan gebrochene Symmetrie«; das ist so wie die Symmetrie einer Akrobatenpyramide: symmetrisch, aber nicht stabil. Die natürliche Tendenz, und das macht die Nummer so aufregend, geht dahin, daß die Symmetrie wieder zerstört wird.

Der Gedanke einer spontan gebrochenen Symmetrie diente Steven Weinberg und Abdus Salam 1967 zur Entwicklung ihrer Eichfeldtheorie der einheitlichen elektromagnetischen und schwachen Wechselwirkungen – einer Theorie, die das Musterbeispiel aller künftigen einheitlichen Feldtheorien wurde. Viele Vorstellungen, aus denen diese vereinheitlichte Feldtheorie aufgebaut wurde, waren schon vorher bekannt gewesen. Wie Weinberg sagte: »Hier stößt man sofort auf eine alte Art von Symmetrie, die in ferner Vergangenheit einmal von Schwinger und Glashow und später von Salam und Ward vorgeschlagen und zu diesem Zweck von mir in der Arbeit von 1967 wieder aufgegriffen wurde.« Weinberg und Salam zeigten zum ersten Mal, wie diese Vorstellungen von einer gebrochenen Eichsymmetrie in einer realistischen Feldtheorie mit den richtigen experimentellen Folgen zusammengefaßt werden konnten. 1979 teilten sich Glashow, Weinberg und Salam für ihre Arbeiten einen Nobelpreis.

Dieser bemerkenswerten Feldtheorie liegt der Gedanke zugrunde, daß eine spontan brechende Symmetrie den Unterschied zwischen der schwachen und der elektromagnetischen Wechselwirkung bedingt. Im symmetrischen Zustand gibt es vier gleichermaßen masselose Gluonen. Aber nach einem spontanen Bruch der Symmetrie bleibt nur eines dieser Gluonen ohne Masse, und dieses Teilchen wird als Photon der elektromagnetischen Wechselwirkung identifiziert. Die anderen drei Gluonen gewinnen eine riesige Masse vom Hundertfachen der Protonenmasse. Das sind die schwach wechselwirkenden Gluonen, normalerweise $W^+$ und $W^-$ genannt, zwei Teilchen mit gleicher Masse, die eine positive und eine negative elektrische Ladungseinheit tragen, und das $Z^0$, ein elektrisch neutrales schwaches Gluon. Die verschiedenen Massen der vier ursprünglich masselosen Gluonen zeigen die gebrochene Symmetrie. Steven Weinberg hat diesen Gedanken folgendermaßen zusammengefaßt:

»Selbst wenn in einer Theorie ein hohes Maß an Symmetrie postuliert wird, müssen die ... Zustände der Teilchen diese Symmetrie keinesfalls zeigen ... In der Physik scheint mir nichts so aussichtsreich zu sein wie die Vorstellung, daß eine Theorie ein hohes Maß an Symmetrie aufweisen kann, die uns im alltäglichen Leben verborgen bleibt.«

Wie kann eine Symmetrie spontan gebrochen werden? Abdus Salam nennt uns dazu folgendes Beispiel. Nehmen wir an, mehrere Personen werden zum Essen an einem runden Tisch eingeladen. Neben jedem Gedeck steht zwischen den Eßtellern ein Salatteller. Wenn man die Regel nicht kennt, könnte man annehmen, daß sich der eigene Salatteller entweder links oder rechts vom Gedeck befindet; er ist symmetrisch. Wenn aber ein Gast den Salatteller an seiner rechten Seite nimmt, müssen sich alle anderen danach richten. Die Rechts-Links-Symmetrie wird »spontan gebrochen«. Die Symmetrie des Weinberg-Salam-Modells ist komplizierter, aber der Grundgedanke ist ähnlich: Die Lösung der symmetrischen Gleichungen ist asymmetrisch. Die Asymmetrie ist für die verschiedenen Gluonenmassen und die Unterschiede in der Stärke der schwachen und der elektromagnetischen Wechselwirkung verantwortlich.

Die Gluonen allein hätten die Symmetrie nicht spontan brechen und sich selbst verschiedene Massen zuteilen können. Das Weinberg-Salam-Modell führte noch ein weiteres Quant ein, das sogenannte Higgs-Teilchen nach dem theoretischen Physiker Peter Higgs, der als einer der ersten die Bedeutung dieses Teilchens beim spontanen Brechen der Symmetrie erkannte. Das Higgs-Teilchen ist wie der Mensch, der die symmetrische Akrobatenpyramide anstößt oder als erster seinen Salatteller nimmt – seine Rolle besteht darin, die perfekte Symmetrie zu brechen. Neben den schwachen Gluonen, $W^+$, $W^-$ und $Z^0$, muß es also auch Higgs-Teilchen geben, und die meisten theoretischen Physiker sind überzeugt davon, daß alle diese hypothetischen Teilchen entdeckt werden, sobald es Beschleuniger gibt, die die zu ihrer Erschaffung erforderlichen Energien erzeugen können. Das wird Teil der Experimentalphysik in den achtziger Jahren werden.

Die Theorie von Weinberg und Salam hat den Physikern gezeigt, wie man mit Hilfe der geometrischen Vorstellungen von der Eichsymmetrie eine wichtige Aufgabenstellung in der realen Physik lösen konnte, nämlich die Vereinheitlichung der schwachen und der elektromagnetischen Wechselwirkung. Aber als die Arbeit erschien, nahm sie kaum jemand zur Kenntnis. Sie wurde nicht deshalb ignoriert, weil Weinberg und Salam unbekannte Physiker waren; beide Autoren hatten sich mit anderen Arbeiten schon einen Namen gemacht. Sie fand nur deshalb keinen Widerhall, weil das zweite große Hindernis für das Funktionieren der Eichsymmetrien, nämlich die Entwicklung eines Renormierungsverfahrens, noch nicht überwunden war. Viele Physiker meinten, wenn man mit diesem Modell Quantenprozesse zu berechnen anfinge, bekäme man allerlei unendliche Größen heraus, und die Theorie müßte sich als unsinnig herausstellen. Diese unerfreuliche Situation sollte sich allerdings bald ändern.

Der erste große Durchbruch erfolgte 1969 mit den Arbeiten der mathematischen Physiker Ludwig Faddejew und V. N. Popow in der Sowjetunion. Sie entwickelten ein neues, leistungsfähiges Verfahren zur mathematischen Beschreibung des Quantenproblems der Eichfeldtheorien. In einer Erweiterung ihrer Arbeiten wies ein junger holländischer Physiker, Gerhard 't Hooft, 1971 durch direkte Berechnung nach, wie man die Feldtheoriemodelle vom Typ Weinberg-Salam renormieren konnte, und das erregte Aufmerksamkeit. Der formale Beweis für die Renormierbarkeit der Yang-Mills-Feldtheorie wurde 1972 durch den koreanisch-amerikanischen Physiker Benjamin W. Lee in Zusammenarbeit mit dem französischen Physiker Jean Zinn-Justin erbracht. Diese mathematischen Verfahren führten die Renormierungsprozedur für die Yang-Mills-Eichfeldtheorien auf die Höhe der elektromagnetischen Theorie. Damit war die letzte Hürde für die Aufstellung realistischer Eichfeldtheorien genommen, und die Revolution der Eichfeldtheorie kam in Gang.

Nachdem das Konzept vom Eichfeld als einheitliche Theorie der elektromagnetischen und der schwachen Wechselwirkung fest etabliert worden war, versuchten die theoretischen Physiker jetzt, es bei einer anderen der vier Wechselwirkungen, nämlich der starken Wechselwirkung, anzuwenden. Die Experimentalphysiker hatten schon bestätigt, daß die Hadronen, die Teilchen mit starker Wechselwirkung, aus Quarks aufgebaut waren. Aber was hielt die Quarks in den Hadronen zusammen? Hier kam den theoretischen Physikern die Vorstellung von den Eichfeldern zu Hilfe. Warum konnte man die Quarks nicht mit einer neuen Reihe von

Gluonen binden, deren Existenz von einer Eichsymmetrie gefordert wurde? Auf der Basis dieser Vorstellung entstand die Eichfeldtheorie der starken Wechselwirkungen, die sogenannte Quantenchromodynamik.

Der Grundgedanke in der Quantenchromodynamik besagt, daß jedes Quark eine neue Ladungsart trägt, eine »Farb«-Ladung. Die Quarks haben natürlich in Wirklichkeit keine Farbe; das war nur ein Bild für die drei neuen Ladungen, die die Physiker den Quarks zuerkannt hatten. Statt nur eines einzigen *Up*-Quarks gab es jetzt ein rotes *Up*-, ein blaues *Up*- und ein gelbes *Up*-Quark – die drei Grundfarben. Mit der Einführung dieser drei zusätzlichen Farbladungen konnten die Physiker eine neue Symmetrie unter den Quarks postulieren, eine Farbsymmetrie. Diese Symmetrie war der Rotationssymmetrie einer Kugel in einem dreidimensionalen Raum ähnlich. Jede der drei Raumrichtungen entsprach jetzt einer der drei Grundfarben Rot, Blau und Gelb. Wenn die Kugel gedreht wurde, vermischten sich die verschiedenen Farben, und perfekte Farbsymmetrie bedeutete, daß die drei Grundfarben gleich gemischt sein mußten. Ein Gemisch der drei Grundfarben zu gleichen Teilen erzeugt Weiß, also überhaupt keine Farbe. Die Forderung einer solchen Farbinvarianz bedeutete, daß nur Kombinationen derjenigen farbigen Quarks erlaubt waren, deren Mischung zu gar keiner Farbe führte. Diese farblosen Kombinationen farbiger Quarks (Antiquarks sollen dabei die Komplementärfarben der Grundfarben aufweisen) entsprechen genau den beobachteten Hadronen. Die exakte Farbinvarianz reproduzierte nur wiederum die Regeln für den Aufbau von Hadronen aus Quarks!

Jetzt war klar, wie man die Yang-Mills-Eichsymmetrie auf die starke Wechselwirkung übertragen konnte. Die Farbsymmetrie der Quarks wurde als exakte Eichsymmetrie postuliert, und das bedeutete die Existenz von acht farbigen Gluonen ähnlich dem Photon, die sich an die farbigen Ladungen der Quarks koppeln. Aber im Gegensatz zum Photon, das sich wegen der fehlenden elektrischen Ladung nicht an sich selbst koppeln kann, reagieren die acht farbigen Gluonen durchaus miteinander. Die farbigen Gluonen haften nicht nur an Quarks, sondern auch aneinander! Die farbigen Gluonen sind der eigentliche Ursprung der starken Wechselwirkung.

Nach der Quantenchromodynamik stellen die Farbänderungen der Quarks, die sich an die acht farbigen Gluonen koppeln, die ganze Physik der starken Wechselwirkungen dar. Die gesamte Komplexität der Hadronen soll in diesem einzigen Gedanken einer

Eichsymmetrie zum Ausdruck kommen. Die farbigen Gluonen liefern die Bindung, die die Quarks in den Hadronen gefangen hält, so daß die Farbänderungen auch auf ewig eingeschlossen bleiben sollen. Die Quarks sind gefangen, weil sie farbig sind. Die acht Gluonen sind ebenfalls gefangen, weil sie auch farbig sind. Nur die Hadronen, die farblosen Kombinationen der farbigen Quarks und Gluonen, können als freie Teilchen existieren, und genau das sehen wir in der wirklichen Welt. Wenn diese Vorstellung zutrifft, und immer mehr Beweise sprechen dafür, dann ist die Physik der starken Wechselwirkungen in ihrer Gesamtheit auf vollständig verborgene Kräfte zurückzuführen. Der 3-D-Film von den Hadronen ist ein Schwarzweißfilm, aber wenn man sich die Quarks innerhalb der Hadronen ansieht, läuft er in Farbe.

Wir sehen also, daß die Natur tatsächlich die herrlichste Mathematik der Eichfeldsymmetrie in zweierlei Weise angewandt hat. In der Eichfeldtheorie der elektromagnetischen und der schwachen Wechselwirkung, im Weinberg-Salam-Modell, hat die Natur die exakte Eichsymmetrie elegant gebrochen. In diesem Fall können die Eichfeldquanten, also das Photon und die schwachen Gluonen, direkt beobachtet werden. Die Natur hat die Eichfeldtheorie zum anderen aber in der starken quarkbindenden Kraft benutzt, wo die Farbeichsymmetrie exakt ist, jedoch vollständig verborgen bleibt. Alle farbigen Objekte, die Quarks und die Gluonen, binden sich in den farblosen Hadronen permanent aneinander. Die Erfindung dieser Feldtheorien und ihre Anwendung waren der erste Triumph der Eichfeldrevolution.

Diese Revolution ist im übrigen ein ausgezeichnetes Beispiel für die positiven Wechselwirkungen zwischen der reinen Mathematik und der Physik. Die abstrakten Symmetriegrundsätze wurden von Mathematikern erfunden; ihre Anwendung bei den elementarsten Problemstellungen der Physik konnten sie kaum voraussehen. Noch andere Beispiele lassen sich für diese Wechselwirkung anführen. Newton erfand, um physikalische Probleme zu lösen, die Differential- und Integralrechnung, die die Mathematiker dann weiter entwickelten. Aber warum besteht eine Beziehung zwischen Mathematik und Physik? Die Mathematik ist eine menschliche Erfindung, ausgelöst durch unsere Fähigkeit, mit abstrakten Gedanken genau umzugehen, während die Physik von der materiellen Welt handelt, also von etwas, das keineswegs von uns stammt. Der Zusammenhang zwischen unserer inneren Logik und der Logik der materiellen Schöpfung scheint naturgegeben zu sein.

Durch die Anwendung eleganter mathematischer Symmetrien

haben die Physiker etwas Neues über die natürliche Welt erfahren: Symmetrien bedeuten Wechselwirkungen. Erstaunlicherweise sind diese Wechselwirkungen genau diejenigen, die auch in den Laboratorien für Hochenergiephysik beobachtet werden. Die Revolution der Eichfeldtheorie hat den Physikern einen deutlichen Hinweis auf den Aufbau der materiellen Realität gegeben: Alle Gluonen, die die Wechselwirkungen vermitteln, sind Folgen der Eichsymmetrie. Eines dieser Gluonen, das Photon, also das Licht selbst, ist ebenfalls eine Folge der Symmetrie. Wenn wir zum Anfang aller Zeiten zurückgehen könnten, bis hin zum Urfeuerball der Quarks, Leptonen und Gluonen, als die Eichsymmetrien noch ungebrochen waren, hörten wir vielleicht statt »*fiat lux*«, »es werde Licht«, den Satz »es werde Symmetrie«.

# 11. Protonenzerfall

> ... Wir sollten uns daran erinnern, ... daß die Grundprinzipien der theoretischen Physik nicht a priori hingenommen werden können, auch wenn sie noch so überzeugend klingen, sondern auf der Grundlage entsprechender Experimente bewiesen werden müssen.
>
> Gerald Feinberg und Maurice Goldhaber (1959)

Die meisten Physiker sind ausgesprochene Naturfreunde. Sie sammeln Pilze, beobachten Vögel, wandern oder klettern zum Wochenendvergnügen im Hochgebirge. Einige Sommerschulen und Forschungszentren für Physik liegen im Gebirge oder zumindest in Gebirgsnähe. Mir sind in anderen Berufen solche einheitlichen Freizeitbeschäftigungen eigentlich noch nicht aufgefallen; aus dieser Beobachtung schließe ich sofort auf einen Zusammenhang zwischen der Art der physikalischen Untersuchung und dem Bergsteigen.

Nicht immer haben die Menschen die Berge schön gefunden. Noch vor ein paar hundert Jahren galt das Hochgebirge als unwirtliche, angsterregende Gegend, die die Menschen in Schrecken versetzte. Gebirgsbewohner sah man als teuflische Dämonen, als Untermenschen an. Aber diese Haltung kehrte sich, besonders durch den Einfluß der romantischen Schriftsteller und Maler im 19. Jahrhundert, bald ins Gegenteil um. So wie die Romantiker sie sahen, wurden die Hochgebirge zu Stätten unvorstellbarer Schönheit, an denen das Licht und die schweigende Majestät und Größe der Berggipfel jedem das Herz aufgehen ließen. Der Bergsteiger wurde zum Ebenbild der selbstbewußten Intelligenz im Kampf mit der ewigen Unbeugsamkeit der Naturkräfte. Gegenüber diesen Gewalten sind wir nichts als der Wille, der unsere Glieder bewegt. Nur dieser Wille ist wirklich unser.

Das Bergsteigen läßt sich durchaus mit der Forschung in der theoretischen Physik vergleichen. Wenn man an einer physikalischen Aufgabe arbeitet, kann man einer Lösung nie sicher sein, denn es gibt viele Sackgassen und Irrwege. Auch beim Klettern weiß man nicht genau, ob man den Gipfel erreicht; oft ist der Weg unbekannt, manchmal erklimmt man auch den falschen Gipfel. Aber eines ist wichtig: Wenn man am Gipfel ankommt, genießt man einen weiten Ausblick. Was man knapp unterhalb des Gipfels sieht, ist mit der Aussicht vom Gipfel überhaupt nicht zu vergleichen. Ähnlich ist es mit der endgültigen Lösung eines wichtigen Problems in der Physik: der erreichte Überblick ist unbeschreiblich.

Im letzten Jahrzehnt ist eine große Aufgabe in der theoretischen Physik gelöst worden: die Quantelung der Eichfeldtheorien und die Anwendung dieser Theorien auf die Dynamik der Quarks und Leptonen. Das war die Revolution der Eichtheorie. Dank dieser Lösung haben die Physiker jetzt einen weiten Ausblick auf die Grundgesetze der Materie gewonnen. Von diesem Gipfel aus können wir die Vereinheitlichung aller Wechselwirkungen in der Natur erkennen. Ob es vielleicht nur ein falscher Gipfel ist, wird sich noch herausstellen; zunächst genießen wir alle jedenfalls erst einmal den Ausblick.

Diesen Entdeckungen zufolge sind die Grundeinwohner des Universums die Quarks und die Leptonen. Die Wechselwirkung zwischen ihnen wird durch Gluonen vermittelt, also durch Quanten, die mit einem Feld verbunden sind, das von einer Yang-Mills-Eichsymmetrie abgeleitet werden kann. Vier Gluonen, das Photon und das $W^+$, $W^-$ und $Z^0$, sind für die elektromagnetische und die schwache Wechselwirkung unter den Quarks und Leptonen verantwortlich. Acht farbige Gluonen bewirken die starke Kraft, die die Quarks fest in Hadronen einschließt.

Die theoretischen Physiker hatten zwei Theorien zur Verfügung, mit denen sie die Wechselwirkungen der Quarks, Leptonen und Gluonen beschreiben konnten: die Theorie von Weinberg und Salam über die einheitliche elektromagnetische und schwache Wechselwirkung sowie die Quantenchromodynamik, die Theorie der farbigen Quarks und Gluonen. Beide Theorien gingen vom Prinzip der Eichsymmetrie aus. Das veranlaßte die Physiker, eine einzige Eichsymmetrie zu suchen, die sowohl die Theorie von Weinberg und Salam als auch die Quantenchromodynamik in sich vereinigte, eine große, einheitliche Theorie der elektromagnetischen, schwachen und starken Wechselwirkung. Sie hatten sie bald gefunden. Die einfachste Theorie, die diese Wechselwirkungen vereinheitlichte, wurde 1977 von zwei Physikern aus Harvard vorgeschlagen, Howard Georgi und Sheldon Glashow, und sie stützt sich auf eine einzige Eichsymmetrie vom Yang-Mills-Typ. Der entscheidende Gedanke in dieser Theorie, der auch schon vor ihrer Arbeit bekannt gewesen war, bestand in der Gleichbehandlung der Quarks und Leptonen, ehe die einzige Symmetrie spontan gebrochen wurde. Die einzige Yang-Mills-Symmetrie, die sie postulierten, führte zu

24 Gluonen, die mit allen Quarks und Leptonen symmetrisch in Wechselwirkung standen. Diese Symmetrie wurde dann stufenweise gebrochen. In der ersten Stufe gewannen 12 der 24 Gluonen eine sehr große Masse. Das sind die »überschweren Gluonen«; sie sind viele Milliarden Milliarden Male schwerer als das Proton, und kein Beschleuniger kann sie je erzeugen. Die zwölf übrigen Gluonen entsprechen den bekannten vier Gluonen im Modell von Weinberg und Salam und den acht farbigen Gluonen in der Quantenchromodynamik. Das zweite Stadium des Zusammenbruchs der Symmetrie verläuft nach dem Muster des Weinberg-Salam-Modells. Dabei bekommen drei der vier Gluonen, die schwachen Gluonen, eine Masse von etwa hundert Protonenmassen, während das Photon zusammen mit den acht farbigen Gluonen masselos bleibt. Das Endergebnis dieser großen einheitlichen Theorie der Quarks und Leptonen entspricht also der Welt, wie wir sie sehen.

Auf den ersten Blick macht diese Vereinheitlichung der verschiedenen Wechselwirkungen unter dem Einfluß einer einzigen, spontan gebrochenen Symmetrie eher den Eindruck einer Denksportaufgabe. Die wichtigste Folge der Vereinheitlichung dieser Wechselwirkungen scheint die Existenz von zwölf neuen überschweren Gluonen zu sein, die nie entdeckt werden. Wen interessiert das schon? Aber eine Konsequenz dieser Vereinheitlichung der Wechselwirkungen, sogar eine wichtige, läßt sich doch beobachten, und sie hat die Physiker in große Aufregung versetzt. Die überschweren Gluonen weisen Wechselwirkungen auf, die das Proton, den wichtigsten Baustein des Atomkerns, destabilisieren.

Lange hielten die Physiker das Proton für absolut stabil und unfähig, in leichtere Teilchen zu zerfallen. Manche sahen in der Protonenstabilität sogar ein Grundprinzip der theoretischen Physik, das a priori gegeben war. Der Grund für diesen Glauben an die Protonenstabilität wird aus der Überlegung klar, daß das Proton das leichteste Baryon aus drei Quarks ist und stabil sein muß, weil die Quarks in nichts Leichteres zerfallen können. Das Proton ist der letzte Überrest anderer Baryonenzerfälle; selbst das Neutron zerfällt ja schließlich in ein Proton.

Aber mit den überschweren Gluonen änderte sich diese Meinung, denn sie konnten etwas, was keines der anderen Gluonen vermochte: Quarks in Leptonen umwandeln. Das hieß, daß sich eines der Quarks im Proton in ein Lepton umwandeln und das Proton jetzt zerfallen konnte. Bei der erwarteten Zerfallsart zerfällt das Proton (p) in ein neutrales Pion ($\pi^0$) und ein Positron ($e^+$) nach der Formel $p \to \pi^0 + e^+$. Weil die neuen, überschweren Gluonen so unglaublich schwer sind, ist die Wahrscheinlichkeit eines solchen Zerfalls extrem niedrig, aber nicht Null. Die Lebensdauer des Protons haben die theoretischen Physiker auf der Grundlage der großen Vereinheitlichung berechnet und dabei festgestellt, daß sie um rund den Faktor 1000 höher ist als die von Experimentalphysikern bei der vergeblichen Suche nach dem Protonenzerfall gesetzte Grenze von zehn Milliarden Milliarden Milliarden ($10^{28}$) Jahren. Die Voraussage der theoretischen Physiker, daß das Proton tatsächlich zerfällt, hat nun die Kollegen von der Experimentalphysik angeregt, ihre Experimente zu verbessern und noch intensiver nach zerfallenden Protonen zu suchen. Neue Versuche sind im Gang, die noch genauer ablaufen und mit denen man den Protonenzerfall selbst dann noch feststellen kann, wenn seine Lebensdauer um den Faktor 1000 über der früheren Experimentiergrenze liegt. Wenn die großen einheitlichen Eichtheorien zutreffen, müßte in diesen neuen Experimenten der Protonenzerfall zu beobachten sein.

Nehmen wir an, die Vorstellungen der vereinheitlichten Feldtheorie stimmen, und die Experimentalphysiker beobachten den Protonenzerfall. Was bedeutet das? Die nachhaltigsten Auswirkungen werden in der Kosmologie zu verzeichnen sein: Der Protonenzerfall ist die Totenglocke des Universums. Der größte Teil der sichtbaren Materie im Universum, also die Sterne, Galaxien und Gaswolken, bestehen aus Wasserstoff, und der Kern des Wasserstoffatoms ist ein einziges Proton. Wenn die Protonen zerfallen, verfällt die Substanz des Universums ganz allmählich, wie bei einem Krebs. Dieser Verfall der Materie wird nach den einheitlichen Theorien sehr lange, etwa 1000 Milliarden Milliarden ($10^{21}$) mal so lange wie das gegenwärtige Alter des Universums, dauern. Wir haben also noch viel Zeit, um das Universum zu untersuchen, ehe es verschwindet.

Mit der Instabilität des Protons läßt sich auch ein Merkmal des Universums erklären: Es besteht im wesentlichen aus Materie und nicht aus einem Gemisch von Materie und Antimaterie zu gleichen Teilen. Eigentlich entspräche es unserem Symmetriegefühl, wenn Materie und Antimaterie im Universum gleich verteilt vorkämen. Aber das scheint nicht der Fall zu sein. Woher wissen wir, daß es weit jenseits der sichtbaren Galaxien nicht Galaxien aus Antimaterie gibt? Dieser Annahme gleicher Materie- und Antimaterieanteile in unserem Universum steht die Überlegung entgegen, daß die Antimateriegalaxien zwar jetzt von unserer Galaxie sehr weit entfernt sind, aber nach der Urknalltheorie von der Entstehung des Universums schon längst auf uns gestürzt wären, als sich die Galaxien erstmals aus der Urexplosion heraus verdichteten. Materie- und

Antimateriegalaxien hätten sich gegenseitig ausgelöscht, und es wären überhaupt keine Galaxien übriggeblieben. So scheint das Universum also wirklich vorwiegend aus Materie, nicht aus einem gleichen Gemisch von Materie und Antimaterie zu bestehen.

Wenn das Proton instabil ist, könnte bei der Entstehung des Universums Symmetrie zwischen Materie und Antimaterie geherrscht haben. Damit wäre unser Symmetriegefühl wiederhergestellt. Dieses Argument hat der sowjetische Physiker Andrei Sacharow schon betont, ehe die großen einheitlichen Eichtheorien die Protoneninstabilität erklären konnten. Wenn das Proton instabil ist, kann es nicht nur zerfallen, sondern auch aus anderen Quanten aufgebaut werden. Unter bestimmten Bedingungen könnten im Feuerball des Urknalls sogar mehr Protonen entstanden sein als Antiprotonen, und das erklärte auch, warum das Universum heute vorwiegend aus Protonen und nicht aus einem Gemisch aus Protonen und Antiprotonen zu gleichen Teilen besteht.

Die Entdeckung der einheitlichen Eichtheorien über elektromagnetische, schwache und starke Wechselwirkungen hat sich auf die Kosmologie, besonders die Darstellung der ersten Minuten in der Entstehung des Universums, nachhaltig ausgewirkt. Man kann sich die Vereinheitlichung der drei Wechselwirkungen am besten vorstellen, wenn man bis zum Anfang der Zeit und zum Urknall zurückgeht. Der Urfeuerball war ein Gemisch aus allen Quarks, Leptonen und Gluonen mit ungeheuren Temperaturen, die einer ultrahohen Energie entsprachen. Bei sehr hoher Energie besteht kein Unterschied zwischen der schwachen, der elektromagnetischen und der starken Wechselwirkung; sie sind vereinheitlicht und haben alle dieselbe Stärke. Zum Zeitpunkt der Schöpfung waren alle Wechselwirkungen symmetrisch und gleich. Aber als sich der Feuerball ausdehnte, sank die Temperatur, und die exakte Symmetrie der Wechselwirkungen wurde spontan gebrochen. Mit diesem Bruch der Symmetrie traten auch die verschiedenen Wechselwirkungen zutage; zuerst unterschieden sich die überschweren Gluonen von den normalen, schwachen Gluonen, diese dann von den masselosen Photonen und den farbigen Gluonen. Nur die masselosen Gluonen, wie etwa das Photon, erinnern noch an jene Welt der perfekten Symmetrie. Man kann sich diesen Bruch der Symmetrie als ein Ausfrieren der verschiedenen Wechselwirkungen vorstellen, während sich die Explosion des Urknalls abkühlte. Unser heutiges Universum ist das gefrorene Fossil dieses bemerkenswerten Ereignisses.

Obwohl uns diese Vereinheitlichung der Wechselwirkungen

einen Blick weit zurück zum Ursprung des Universums ermöglicht hat, wirft sie doch auch neue Fragen auf. Das sind die Probleme, mit denen sich die theoretischen Physiker Anfang der achtziger Jahre abmühen.

Die Physiker können sich nicht vorstellen, warum es Quarks und Leptonen gibt. Die Gluonen dagegen könnte man aus einer grundlegenden Symmetrie, der Yang-Mills-Eichsymmetrie, ableiten. Eine solche Symmetrie gibt es für die Quarks und die Leptonen nicht; wir wissen nicht, warum die Natur sie erschaffen hat. Damit sind wir wieder bei Rabis Frage angelangt: »Wer hat das angeordnet?« Man hat versucht, die Quarks und die Leptonen durch das Postulat einer sehr großen Symmetrie zu vereinheitlichen, aber diese Symmetriegruppen sind so unhandlich, daß sie vielen Physikern nicht zusagen. Wie es ein Theoretiker einmal ausgedrückt hat: »Wenn Gott wirklich eine dieser großen Symmetriegruppen gewählt hat, dann ist er nicht subtil, sondern bösartig.« Es gibt einfach zuviele Quarks und Leptonen, als daß sie alle elementar sein könnten. Vielleicht sind die Quarks und Leptonen doch noch nicht der »Urgrund«. Jetzt wird die Vorstellung untersucht, daß es sich bei ihnen um zusammengesetzte Objekte handeln könnte; ein Erfolg ist allerdings bisher nicht zu verzeichnen gewesen.

Im selben Zusammenhang stellt sich auch die Frage nach dem Ursprung der Quark- und Leptonenmasse. Quarks und Leptonen weisen verschiedene Massen auf; man kann sie aus Experimenten ableiten; niemand kann sich jedoch nur im geringsten vorstellen, warum es gerade diese Massen sind. So ist z.B. das *Down*-Quark etwas schwerer als das *Up*-Quark. Niemand weiß warum.

Wir haben Feldtheorien beschrieben, die drei Wechselwirkungen vereinheitlichen: die elektromagnetische, die schwache und die starke Wechselwirkung. Es gibt aber vier grundlegende Wechselwirkungen. Wie steht es mit der Gravitation? Die Gravitation ist die große Unbekannte unter den vier Wechselwirkungen. Obwohl das Graviton, das Gravitationsquant, auch eine Folge der Eichsymmetrie ist, haben die Physiker bisher keine realistische einheitliche Feldtheorie zu schaffen vermocht, die auch die Gravitation einschließt. Einstein wollte in den dreißiger Jahren ausgerechnet die Gravitation mit der elektromagnetischen Wechselwirkung vereinheitlichen. Es gelang ihm nicht, und das Problem ist bis heute ungelöst. In jüngster Zeit hat es allerdings Fortschritte gegeben. Die Physiker haben an Einsteins ursprünglicher Theorie von der Gravitation, der allgemeinen Relativitätstheorie, weitergearbeitet und daraus eine neue Theorie, die sogenannte Supergravitation, entwickelt, die nicht nur das Graviton, sondern auch ein neues Graviationsquant aufweist, das sogenannte Gravitino. Zur Zeit befassen sich die theoretischen Physiker mit Supergravitationstheorien und wollen damit das letzte (und erste) Problem der Vereinheitlichung der vier Wechselwirkungen lösen, die Gravitation. Vielleicht bedarf es neuer grundlegender Erkenntnisse, bis diese Aufgabe bewältigt ist.

Die großen einheitlichen Feldtheorien sind nach wie vor Spekulationen und bedürfen noch der Überprüfung, besonders durch den Protonenzerfall. Aber wenn sie zutreffen, bringen sie uns in dem Versuch, das Universum zu begreifen, ein gutes Stück voran. Der Blick, der sich den Physikern vom Gipfel dieser einheitlichen Feldtheorien bietet, reicht bis in die Anfänge des Universums und des Urknalls zurück. Den Ursprung des Universum zu verstehen, ist die größte geistige Herausforderung in der Physik. Wenn wir den Funken erfassen können, aus dem alles entstanden ist, sind wir bis an die Grenzen der Physik vorgedrungen und schaffen uns damit vermutlich ein neues Bild von der Realität.

# 12. Quant und Kosmos

> Der Drang, das Universum zu verstehen, ist eine der ganz wenigen Gegebenheiten, die das Menschenleben über das Niveau einer Farce hinausheben und ihm etwas von der Tragödie verleihen.
>
> Steven Weinberg

Herkunft und Bestimmung sind Fragen, die den Menschen zutiefst beschäftigen. Jedes Kind fragt seine Eltern nach seiner Geburt und nach dem Tod. Aber schon bei dem Versuch, solche Fragen zu beantworten, merken wir, daß unsere Antworten von der Geschichte der Menschheit und schließlich auch von der Naturgeschichte unseres Planeten beeinflußt sind. Woher kommen Erde und Sonne, und wie enden sie? Auf unserer Suche nach Anfang und Ende können wir die Frage an die Sterne, die Galaxie, das Universum stellen: »Wer hat das angeordnet? Woher kommt das alles? Wie wird es enden?«

Alle Zivilisationen haben sich mit diesen Fragen beschäftigt und versucht, sie im Rahmen ihrer Erfahrung zu beantworten. Bei den Antworten handelt es sich oft um Mythen, religiöse Inhalte, wie sie in den Geschichten aller menschlichen Gemeinschaften verehrt werden. Aber wir leben in einer Zivilisation, die die Sammlung und Nutzung von Erkenntnis an sich schätzt. Bei der Suche nach Antworten auf diese Fragen wenden wir uns deshalb an die Wissenschaft. Hier erfahren wir, daß die Aussagen der Experimentalwissenschaft zu unseren Fragen über das Universum durch den jeweiligen Stand der Technik bedingt sind. Wir können nur erfahren, was uns unsere Instrumente zeigen.

Seit dem Zweiten Weltkrieg haben sich mindestens zwei große technische Entwicklungen abgespielt, die für unsere Fragen von Belang sind. Die erste ist der Einsatz von Radioteleskopen und ihren elektronischen Hilfsanlagen, mit denen bislang unsichtbare Bestandteile des elektromagnetischen Wellenspektrums untersucht werden können. Die zweite ist die Entstehung der Kernphysik und der Elementarteilchenphysik als Experimentalwissenschaften. Diese Fortschritte in Technik und Wissenschaft haben uns der heutigen Ansicht vom Ursprung des Universums ein gutes Stück nähergebracht. Noch vor zehn Jahren hätte die Geschichte vom Urknall, wie wir sie heute verstehen, so nicht erzählt werden können. Wir haben im letzten Jahrzehnt tatsächlich mehr über den Ursprung des Universums erfahren als in allen vorausgehenden Jahrhunderten.

Wie die Wissenschaftler an die Frage vom Ursprung des Universums herangehen, können wir uns am besten am Vergleich mit einer Gerichtsverhandlung klarmachen. Eine Verhandlung ist in diesem Wissenschaftszweig notwendig, weil es nur ein Universum gibt und seine Erschaffung einmalig ist. Die Wissenschaftler können nicht losziehen und ihre Theorien vor Ort überprüfen, denn das Ereignis ist schon vorüber. Die Entstehung des Universums ist wie ein Verbrechen, das in der Vergangenheit geschehen ist; es passiert nicht mehr, und die Wissenschaftler können nur noch Beweise sammeln, die auf das Ereignis hinweisen und daraus die besten Schlüsse ziehen. Der Richter ist vielleicht ein älterer Wissenschaftler, der am Ausgang des Verfahrens persönlich nicht mehr interessiert ist. Der Jury gehören Vertreter der verschiedenen wissenschaftlichen Berufe an. Verhandlungsgegenstand sind die unterschiedlichen Meinungen und Theorien über den Ursprung des Universums. Die Anwälte, meist theoretische Physiker und Astrophysiker, verteidigen in ihren Plädoyers ein bestimmtes Bild von der Schöpfung und rufen dazu als Zeugen Experimentalphysiker auf, die Daten vortragen.

Manche Leute behaupten, eine Verhandlung sei gar nicht nötig; das Universum sei nie entstanden, sondern habe von jeher etwa so existiert, wie es sich uns heute darstellt. Diese einst sehr verbreitete Ansicht ist das stationäre Modell vom Universum: Es gibt keinen Anfang und kein Ende; das Universum befindet sich im ewigen Gleichgewicht. Das stationäre Modell konnte noch vor einem Jahrzehnt bestehen, weil nur sehr wenige Beweise für die Entstehung des Universums vorlagen. Aber heute hat sich die Situation von Grund auf verändert.

Nach dem gegenwärtigen Bild von der Schöpfung, dem sogenannten »Standardmodell vom Urknall«, ist das ganze Universum in einer riesigen Explosion entstanden. Alle Materie, die Sterne und die Galaxien, waren einst in einer heißen, dichten Ursuppe konzentriert. Diese Materiesuppe expandierte schnell und explodierte. Dabei kühlte sie ab, und so konnten Kerne, dann Atome und schließlich viel später auch Galaxien, Sterne und Planeten aus ihr auskondensieren. Diese Explosion ist immer noch im Gang, nur ist das Universum mittlerweile bei seiner Expansion schon viel kälter geworden. Im Gegensatz zu unserem Eindruck vom unveränderlichen Himmel war und ist das Universum ein Ort heftigster Veränderungen.

Die Kosmologie vom Urknall stützt ihren Fall auf zwei Beweise.

Der erste Beweis ist die Entdeckung der Expansion des Universums durch Edwin Hubble 1929–1931. Er beobachtete, daß die Rotverschiebung des Lichts von entfernten Galaxien deren Abstand von uns proportional ist. Seine Schlußfolgerung bezog sich darauf, daß in einem Atom, das sich von uns mit hoher Geschwindigkeit weg bewegt, z.B. in einer fernen Galaxie, die Spektrallinien in Abhängigkeit von seiner Geschwindigkeit nach Rot verschoben sind. Das ist eine Dopplerverschiebung wie die Verschiebung in der Schallfrequenz einer Eisenbahnpfeife, wenn der Zug von uns weg fährt. Da die Rotverschiebung proportional der Geschwindigkeit ist, müssen auch die Geschwindigkeit einer fernen Galaxie und ihr Abstand von uns proportional sein. Die gleichmäßige Expansion des Universums ist sicherlich die einfachste Schlußfolgerung, die wir aus Hubbles Daten ziehen können. Zu allen anderen Interpretationen wäre ein neuer, exotischer Effekt notwendig, für den es bis heute keine Beweise gibt.

Die zweite wichtige experimentelle Feststellung ist die Mikrowellenuntergrundstrahlung, die Arno A. Penzias und Robert W. Wilson 1964 entdeckt haben. Diese in den Bell Laboratories tätigen Wissenschaftler stellten fest, daß der schwarze leere Raum des Universums nicht absolut kalt ist, sondern eine geringe Temperatur von $3°$ Kelvin* über dem absoluten Nullpunkt aufweist. Diese Temperatur ist auf ein Strahlungsbad aus Photonen zurückzuführen, die den ganzen Raum durchdringen. Die Verteilung der Frequenzen oder Farben dieser Photonen ist gemessen worden; sie entspricht genau der Planckschen Schwarzkörperstrahlungskurve für einen schwarzen Körper mit einer Temperatur von $3°$ Kelvin. In diesem Fall ist der schwarze Körper das ganze Universum.

Dieses Strahlungsbad soll vom Urknall übriggebliebene Wärme sein, so wie man aus der Wärme von Steinen um ein Lagerfeuer schließt, daß dort vor nicht allzu langer Zeit ein Feuer gebrannt haben muß. Das Universum war einmal eine hoch konzentrierte Suppe aus Materie mit Temperaturen von vielen Milliarden Grad.

---

* Die Temperaturskala nach Kelvin beginnt im Gegensatz zur bekannten Skala nach Celsius beim absoluten Nullpunkt, der niedrigsten Temperatur, so daß $0°$ Kelvin der Temperatur von $-273°C$ entspricht.

Dann explodierte es, und heute hat es sich infolge dieser Expansion bis auf ein paar Grad abgekühlt. Seine Temperatur sinkt weiter, aber jetzt sehr langsam. Der Beweis dieser Mikrowellenuntergrundstrahlung überzeugte die meisten Wissenschaftler in der Jury von der Richtigkeit des Urknallmodells. Das Universum ist in einer Explosion entstanden und hat nicht schon immer existiert.

Die Astrophysiker und Kosmologen haben ein theoretisches Modell vom Entstehen des Universums geschaffen. Ihre Uhren fangen etwa in der ersten Hundertstelsekunde nach der Entstehung des Universums an, weil vor der ersten Hundertstelsekunde die Temperaturen so hoch und die Energien so groß waren, daß man dazu über die heutigen Theorien der Hochenergiephysik hinaus extrapolieren müßte; das ist alles höchst spekulativ. Nach der ersten Hundertstelsekunde, so glauben die Physiker, verstehen sie die Physik, die die Expansion beschreibt, so gut, daß sie mit einiger Gewißheit sagen können, wie es damals aussah.

In der ersten Hundertstelsekunde betrug die Temperatur der Ursuppe 100 Milliarden Grad Kelvin. Die Suppe war also sehr heiß. Sie bestand vorwiegend aus Elektronen, Positronen, Photonen, Neutrinos und Antineutrinos. Diese Teilchen wurden ständig gebildet und bei ihren Wechselwirkungen gleich wieder zerstört. Dichte und Temperatur der Suppe waren so hoch, daß sich ein Elektron und ein Positron mit derselben Wahrscheinlichkeit gegenseitig vernichteten und dabei ein Photon bildeten, wie Photonen zusammenstießen und ein Elektron-Positron-Paar erzeugten. Außer diesen Elektronen, Neutrinos und Photonen gab es in der Ursuppe auch eine geringe Kontamination durch Protonen und Neutronen von etwa einem Milliardstel der Photonenzahl. Diesen kleinen Zusatz in der Suppe müssen wir uns merken, denn aus ihm entstehen später alle Galaxien und Sterne und schließlich auch die Erde.

Nach Ablauf der ersten Zehntelsekunde kühlte sich das Universum auf rund zehn Milliarden Grad Kelvin ab. Nach 14 Sekunden war es auf etwa eine Milliarde Grad Kelvin abgekühlt. Das reichte aus, um das Gleichgewicht zwischen Elektronen und Positronen einerseits und Photonen und Neutrinos andererseits zu verschieben. Wenn jetzt Positronen vernichtet wurden, entstanden sie nicht mehr neu; es blieben nur Elektronen, Neutrinos und Photonen übrig. Nach drei Minuten war die Temperatur des Universums so weit gesunken, waren die Teilchen nicht mehr in so heftiger Bewegung, daß sich die kleinen Verunreinigungen aus Protonen und Neutronen zu Kernen verbinden konnten. Als erstes entstanden die leichtesten Kerne, Deuterium und Helium. Nach den Gesetzen der Kernphysik können die Physiker berechnen, wieviel Helium und andere leichte Elemente so entstanden sind. Sie haben dabei festgestellt, daß das im Urknall gebildete Helium rund 27% zur gesamten Materie des Universums beiträgt; das stimmt mit den beobachteten Beweisen gut überein. Diese Berechnungen und die Übereinstimmung mit Beobachtungen lassen das Modell vom Urknall sehr glaubwürdig erscheinen.

Erst nach rund 100 000 Jahren, das Universum wurde schon ziemlich kalt, sank die Temperatur soweit ab, daß sich Elektronen mit Kernen zu Atomen verbinden konnten. Große Wolken aus atomarer Materie stiegen aus der Explosion auf und verdichteten sich zu Galaxien und Sternen. Innerhalb der Sterne wurden die schwereren Elemente, wie z.B. Kohlenstoff und Eisen, aus Wasserstoff und Helium durch einen als Kernsynthese bezeichneten Prozeß gebildet. Nach ein paar Milliarden Jahren sah das Universum bald so aus wie noch heute. Heute ist es zehn bis zwanzig Milliarden Jahre alt. Die Erde ist allerdings erst vier bis fünf Milliarden, das Leben auf der Erde zwischen zwei Milliarden und einer halben Milliarde Jahre alt.

Alles, was wir um uns herum sehen, sind Fossilien. Das Tiefengestein sind Fossilien aus der Zeit der Entstehung unseres Planeten, die Kerne und Atome Fossilien des Urknalls. Irgendwann sind sie entstanden; es hat sie nicht schon immer gegeben. Wir sind eine Welt der Fossilien, die bei sehr niedrigen Temperaturen (gemessen an der Temperatur der Ursuppe, in der alles entstanden ist) eingefroren ist.

Dieses Bild vom Universum ist auf manche ernstzunehmende Kritik gestoßen, allerdings vorwiegend in den Einzelheiten, nicht im Grundgedanken. Wie Kopernikus' heliozentrisches Modell vom Sonnensystem vor vielen Jahrhunderten, so scheint auch das Modell vom Urknall im wesentlichen richtig zu sein. Sobald die kommenden neuen technischen Versuchsgeräte, die sehr große Radioantennenanordnung in New Mexico und das Raumteleskop, einsatzbereit sind, läßt sich das »Standardmodell vom Urknall« sicherlich noch weiter überprüfen. Vielleicht stehen uns Überraschungen bevor, aber es wäre erstaunlich, wenn sich diese Schöpfungsgeschichte dadurch in wichtigen Einzelheiten änderte.

Trotz der befriedigenden qualitativen und quantitativen Beschreibung, die das Urknallmodell vom heutigen Universum liefert, sind die Physiker doch immer wieder versucht, über die erste Hundertstelsekunde hinauszublicken. Hier müssen sie auf der Grundlage ihrer Kenntnisse aus der Hochenergiephysik und der Vorstellungen von den einheitlichen Eichfeldtheorien Spekulationen anstellen.

Es scheint gesichert zu sein, daß es in der ersten Hundertstelsekunde in der Ursuppe eine winzige Verunreinigung durch Protonen und Neutronen gegeben hat. In der ersten Millionstelsekunde war sie noch nicht da. Die Protonen und die Neutronen sind selbst auch wieder Fossilien, ausgefrorene Mischungen von farbigen Quarks und Gluonen. Einige Physiker meinen, daß die Ursuppe in der ersten Millionstelsekunde aus den heute bekannten Elementarteilchen bestanden hat, den Leptonen, Quarks und Gluonen, die alle miteinander in Wechselwirkungen getreten sind. Bei noch höheren Temperaturen und zu einem noch früheren Zeitpunkt haben sich die Quarks und die Leptonen vielleicht ineinander umgewandelt, und diese Wechselwirkungen könnten in jenem heißen Zustand die Materie-Antimaterie-Asymmetrie des Universums zur Folge gehabt haben, die sich heute als Protoneninstabilität zeigt. Bei den höchsten Temperaturen und zum frühesten Zeitpunkt verschwinden alle Unterschiede zwischen den Wechselwirkungen; es existiert ein Universum der perfekten Symmetrie.

Wie ist der Urknall zustandegekommen? Woher stammt die Ursuppe aus Quarks, Leptonen und Gluonen? Das ist sicher keine Frage, die die Physiker mit Zuversicht auf der Grundlage von Experimenten und Theorien beantworten können. Aber wir können spekulieren. Ich neige zu einer Antwort, die sich auf die heute bekannten Regeln der Physik stützt. Auf die Frage: »Woher stammt das Universum?« läßt sich antworten, daß es aus dem Vakuum kam. Das ganze Universum ist ein erneuter Ausdruck des reinen Nichts. Wie kann das Universum gleichbedeutend mit dem Nichts sein? Sehen wir uns doch nur alle diese Sterne und Galaxien an! Aber wenn wir diese Möglichkeiten genauer ins Auge fassen, erkennen wir, daß das Universum auch in seiner gegenwärtigen Form gleichbedeutend mit dem Nichts sein könnte.

Das heutige Universum ist durch die bemerkenswerte Eigenschaft gekennzeichnet, daß man bei der Addition aller in ihm vorhandenen Energien fast auf Null kommt. Da ist als erstes die potentielle Energie der durch die Schwerkraft bedingten gegenseitigen Anziehung der verschiedenen Galaxien. Sie ist der Masse der Galaxien proportional. Da man Energie zuführen muß, um die Galaxien auseinanderzudrängen, wird dies in unserer Energiebuchhaltung als sehr große negative Energie vermerkt. Auf der Habenseite des Hauptbuchs steht die Masseenergie aller Teilchen im Universum. Sie addiert sich zu einer weiteren, sehr großen Zahl, die etwa um den Faktor 10 kleiner als die negative Energie ist. Wenn die beiden Zahlen genau gleich wären, wäre die gesamte Energie im

Universum Null, und zur Erschaffung des Universums wäre überhaupt keine Energie erforderlich.

Die Astronomen suchen nach der »fehlenden Masse«, die die Gesamtenergie gleich Null machen würde. Die fehlende Masse könnte sich an den verschiedensten Orten verstecken. In den Galaxien verbirgt sich die meiste Masse in großen, unsichtbaren Halos. Vielleicht gibt es im Kern der Galaxien riesige, unsichtbare schwarze Löcher. Neuerdings vermutet man die fehlende Masse in der kleinen Neutrinomasse. Das Universum könnte mit massiven Neutrinos angefüllt sein, und dort könnte sich sehr wohl der größte Teil der Masse befinden. Es ist schwer zu sagen, aber durchaus vorstellbar, daß irgendeine große Masseenergie übersehen worden ist, die die Gesamtenergie des Universums Null werden lassen könnte.

Bis vor kurzem wurde die Vorstellung von der Entstehung des Universums aus dem Vakuum dadurch erschwert, daß man erklären mußte, woher die Protonen im Universum stammten. Mit der theoretischen Möglichkeit, daß das Proton instabil ist, ist dieser Einwand jetzt ausgeräumt. Die heutige Materie-Antimaterie-Asymmetrie des Universums spiegelt nicht den Urzustand des ursprünglichen Feuerballs, der vielleicht eine perfekte Symmetrie aufgewiesen hat. Es könnte also sein, daß alle Einwände gegen die Vorstellung vom Universum als einer Verkörperung des Vakuums gegenstandslos sind. Aber wie kann sich das Vakuum spontan in einen Feuerball aus Quarks, Leptonen und Gluonen, den Urknall, verwandeln?

Ein Vakuum scheint stabil zu sein. Es hat auch einmal so ausgesehen, als seien Atome stabil, und doch wissen wir heute, daß sie es nicht sind: Die Atomkerne können spontan in einer spektakulären Reaktion zerfallen, die sich als Radioaktivität äußert. Nach den Gesetzen der Quantentheorie besteht eine Wahrscheinlichkeit dafür, daß sonst stabile Kerne zerfallen. Ich halte es für möglich, daß ein Vakuum ähnlich instabil ist; mit einer winzigen Quantenwahrscheinlichkeit kann sich ein Vakuum von selbst in eine Urknallexplosion verwandeln. Für einen bestimmten Kernzerfall gibt es keine Erklärung; dafür kann nur eine Wahrscheinlichkeit angegeben werden. Ähnlich brauchte man auch keine Erklärung für das spezifische Ereignis des Urknalls, wenn diese Vorstellung zutrifft. Da niemand auf dieses Ereignis wartet, auch wenn es eine unendlich kleine, jedoch endliche Wahrscheinlichkeit aufweist, muß es irgendwann einmal eintreten. Unser Universum ist eine Schöpfung des würfelnden Gottes.

Die Wissenschaftler diskutieren zwar noch über die Einzelheiten der Anfangszeit des Universums, sind sich aber über die Grundzüge einig. Wenn wir uns dem Ende des Universums zuwenden, finden wir diese Übereinstimmung nicht mehr. Auch in unserem Wissenschaftlergericht herrschte keine einheitliche Meinung. Die Geburt des Universums hat viele verstreute Spuren hinterlassen, aus denen sich diese fernen Ereignisse rekonstruieren lassen, aber es gibt bisher keine festen Spuren, die uns zeigen, wie es weitergeht. Die Diskussion über das Ende des Universums ist wie eine Spekulation über ein Verbrechen, das erst begangen wird. Man findet vielleicht Spuren, die darauf hindeuten, daß ein Verbrechen geschehen wird, aber auch noch so viele Spuren bedeuten nicht, daß der Fall wirklich eintritt. Die Wissenschaftler können allenfalls Beweise für ein künftiges Ereignis sammeln und sich dann Szenarien ausdenken, die zu diesen Daten passen.

Nach Meinung der Physiker kann das Universum grundsätzlich auf zweierlei Art enden: durch Feuer oder durch Eis. Wir werden entweder gebraten oder gefroren. Diese beiden Szenarien gehen auf Alexander Friedmanns Lösungen der Einsteinschen Gleichungen zurück, in denen er nachgewiesen hatte, daß das Universum entweder geschlossen oder offen ist. In einem offenen Universum expandiert das sich jetzt schon ausdehnende Univer-sum unendlich weiter. Das geschlossene Universum dehnt sich bis an eine bestimmte Grenze aus und schrumpft dann wieder.

Ob wir in einem offenen oder in einem geschlossenen Universum leben, ist eine experimentelle Frage, die sich beantworten läßt, sobald Daten vorliegen. Die beobachteten Rotverschiebungen ferner Galaxien verhalten sich bis hin zu den fernsten Galaxien nach dem Hubbleschen Gesetz, wonach die Rotverschiebung proportional der Entfernung ist. Das bedeutet, daß sich das Universum gleichmäßig ausdehnt, also nicht langsamer oder schneller wird. Durch genaues Messen der Abweichung von einer gleichmäßigen Expansion kann man feststellen, ob das Universum offen oder geschlossen ist.

Man kommt an die Antwort auf die Frage, ob das Universum offen oder geschlossen ist, auch noch auf einem anderen Weg heran: durch genaue Bestimmung der gesamten Massendichte des Universums. Bislang scheint es zu einer Verlangsamung der Expansion nicht genug Masse zu geben, und wir schließen daraus, daß wir uns in einem offenen Universum befinden. Vielleicht gibt es aber irgendwo »fehlende Masse«, unsichtbare Materie, die diese Schlußfolgerung zunichte macht.

Im Szenarium mit dem geschlossenen Universum dehnt sich das

Universum vielleicht noch einige zig Milliarden Jahre weiter aus. Dann kommt die Expansion zum Stillstand, und die Kontraktion beginnt. Die fernen Galaxien zeigen dann in ihrem Licht keine Rotverschiebung mehr, sondern eine Blauverschiebung. Nach Milliarden Jahren wird der Himmel immer heißer. Der 3-D-Film vom Urknall läuft jetzt rückwärts, und schließlich sinkt alles wieder in die Ursuppe vom Anfang der Schöpfung zurück. Ob das Universum an dieser Stelle »zurückprallt« und wieder expandiert, hängt von der Physik ab, und die kennt man noch nicht genau. Aber es ist unwahrscheinlich, daß die Menschheit, oder was aus ihr wird, den Zusammenbruch oder Rückprall überlebt. Wenn das Universum geschlossen ist, finden wir unser Ende im Feuer. Manche Menschen halten die Wirtschaftswissenschaften für düster; ich meine, der Begriff trifft eher auf die Kosmologie zu.

Im Szenarium mit dem offenen Universum dehnt sich das Universum unendlich weiter aus, und die Galaxien rücken immer weiter auseinander. Zunächst scheint dies eine vergleichsweise milde Alternative zum Feuertod zu sein. Aber ein offenes Universum kann natürlich auch nicht so bleiben, wie wir es heute kennen. Es gibt bekannte oder vermutete physikalische Abläufe, aus denen eine Zerstörung des Universums abzuleiten ist, wenn es langsam altern kann. Wir haben schon einmal darauf hingewiesen, daß zur Zeit Experimente im Gang sind, mit denen untersucht werden soll, ob das Proton instabil ist. Wenn dabei ein Protonenzerfall beobachtet wird, bedeutet dies das Ende des uns bekannten Universums etwa in der Lebenszeit eines Protons. Das Universum zerfällt unter dem Angriff eines kosmischen Krebses.

Auch wenn das Proton viel stabiler ist, als unsere heutigen Theorien vermuten lassen, können noch andere Katastrophen eintreten. Das Universum ist ein gefährlicher Ort. Sterne mit niedriger Masse kühlen in rund 100000 Milliarden ($10^{14}$) Jahren ab, Planeten lösen sich durch Zusammenstöße mit anderen Gestirnen in rund einer Million Milliarden ($10^{15}$) Jahren von anderen Sternen. Die Lebensdauer der Galaxien ist begrenzt, und ihre schnellen Sterne fliegen in etwa zehn Milliarden Milliarden ($10^{19}$) Jahren davon. Der Rest wird wahrscheinlich von großen schwarzen Löchern im galaktischen Kern verschlungen.

Schwarze Löcher spielen beim Ende des Universums wohl eine wichtige Rolle, denn der größte Teil der Materie, die wir heute sehen, findet unter Umständen in schwarzen Löchern sein Ende. Aber die von dem britischen Physiker Steven Hawking erfundene moderne Theorie der schwarzen Löcher besagt, daß auch schwarze Löcher instabil sind und Energie ausstrahlen. In einem Szenarium besteht das Ende des Universums aus weit voneinander entfernten schwarzen Löchern und langwelligen elektromagnetischen Wellen und Gravitationswellen, Energieformen, aus denen nichts Interessantes mehr entstehen kann. Das wäre die letzte Energiekrise, eine kalte, grausame Welt, die »nicht mit einem Knall, sondern mit einem Wimmern«, einem lauten Wimmern, zu Ende geht.

In beiden Szenarien, Feuer wie Eis, hat die Menschheit, wenn sie sich nicht vorher selbst auslöscht, noch lange Zeit zum Nachdenken. Noch vor einem Jahrzehnt mußten sich die Physiker und Astrophysiker dafür entschuldigen, daß sie über Anfang und Ende des Universums nachdachten, denn mangels harter experimenteller Tatsachen waren es zwangsläufig spekulative Überlegungen. Heute hat sich die Situation geändert; es gibt Daten, und wir werden bald sogar noch mehr darüber wissen. Die Entdeckung der Gesetze der Quarks, Leptonen und Gluonen und die Fortschritte in der Entwicklung von astronomischen Geräten geben uns leistungsfähige Instrumente an die Hand, mit denen wir das Rätsel des Universums knacken können.

Es ist überflüssig, das Ende des Universums optimistisch oder pessimistisch zu betrachten. Ich weiß, wie schwer es ist, nicht die eigenen Wünsche auf das Universum zu übertragen; selbst die intelligentesten Menschen tun das. Aber der Optimismus, der Glaube an unsere Überlebensfähigkeit, ist uns durch einen erst eine Milliarde Jahre alten Evolutionsprozeß einprogrammiert und durch die irdische Umwelt konditioniert. Das reicht vielleicht für die Äonen nicht aus, vor denen unsere Art noch steht. Diese endlosen Zeiträume werden das Leben auf eine heute noch unbekannte Weise prägen.

Die Physiker wissen noch nicht, ob es wirklich endgültige Gesetze gibt, die alle Bedingungen jeglicher Existenz ausdrücken. Vielleicht gibt es kein absolutes Gesetz, das das Universum und das Leben darin regelt.

Solange das letzte Kapitel der Physik nicht geschrieben ist, stehen uns wohl noch viele Überraschungen bevor. Unter Umständen verändert das Leben die Gesetze der Physik, die heute seine Auslöschung und den Untergang des Universums vorzuschreiben scheinen. In diesem Fall hat das Leben in der Kosmologie vielleicht eine wichtigere Rolle zu spielen, als wir es uns heute vorstellen. Das ist eine bedenkenswerte Frage, vielleicht überhaupt die einzige.

# Teil III

# Der kosmische Code

*Der Himmel ruft euch, der euch rings umkreist,
und weist euch hin auf seine ewigen Lichter!
Und doch blickt nur zu Boden euer Geist!*
                                                            Dante

# 1. Die Entdeckung der Gesetze

> Es ist nicht deine Aufgabe, die Arbeit zu beenden, doch steht dir auch nicht frei, sie niederzulegen.
>
> Rabbi Tarfon, Pirke Avoth

Vor vielen Jahren hatte ich auf einer Bergtour mein Zelt an der Baumgrenze in den High Sierras in Kalifornien aufgeschlagen und konnte abends sehen, wie die Sterne über dem Gebirge aufgingen. Kurz vor dem Einschlafen fiel mir ein Nebelfleck am Nachthimmel auf: Andromeda, die herrliche Spirale aus wirbelnden Sonnen. Es war nur ein undeutlicher Klecks, die einzige Galaxie unter den vielen Millionen, die man mit dem unbewaffneten Auge erkennen kann. Ich blickte durch den intergalaktischen Raum. Als ich ein paar Stunden später wach wurde, waren Andromeda und die anderen bekannten Sternbilder am Abendhimmel weiter gewandert. Jede Nacht sah ich die periodische Bewegung der Gestirne.

Die Himmelsbewegungen laufen im Gegensatz zu den Unberechenbarkeiten im menschlichen Leben und dem Wechsel gesellschaftlicher Modeströmungen in gelassener Gewißheit ab. Nicht umsonst schauten die alten Priester in die Sterne, wenn sie eine irdische Ordnung suchten, Aus der regelmäßigen Bewegung der Gestirne schöpften sie die Gewißheit, daß gesicherte Kenntnisse über das Universum gewonnen werden können. Die Beobachtung der Planeten, der Sonne und des Mondes Jahr um Jahr zeigte ihnen, daß deren Bewegungen nicht zufällig waren, sondern Gesetzmäßigkeiten folgten, daß am Himmel Ordnung herrschte. An Hand dieser himmlischen Ordnung kann man die Jahreszeiten und die jährliche Hochwasserperiode von Flüssen wie zum Beispiel dem Nil bestimmen; aus solchen Feststellungen ist die Idee von den physikalischen Gesetzen entstanden. Jenseits der Welt unberechenbarer Erscheinungen lag eine andere Welt, die wir mit dem Verstand ordnen konnten.

Die Suche nach den Naturgesetzen ist ein kreatives Spiel der Physiker mit der Natur. Die Schikanen dabei sind die Grenzen der experimentellen Möglichkeiten und unser Unwissen; das Ziel ist die Entdeckung der physikalischen Gesetze, der inneren Logik, der das ganze Universum folgt. Wenn die Wissenschaftler nach den Naturgesetzen forschen, erfüllt sie das uralte Jagdfieber. Sie jagen Großwild, die Seele des Universums.

Was sind die physikalischen Gesetze? Woher wissen wir, wonach wir überhaupt suchen? Eine letzte Antwort auf diese Frage kennen wir nicht; sie ist immer noch das Ziel, nach dem wir suchen. Aber die Grundgesetze, nach denen der größte Teil unserer gewohnten Welt abläuft, sind bekannt. Wenn wir die Erforschung der Realität mit der Entdeckung der Erde vergleichen, können wir sagen, daß die Physiker die üppigen grünen Täler und Weidegründe schon erforscht haben. Heute untersuchen sie die Wüsten der Realität, also Bereiche, die der direkten menschlichen Erfahrung sehr fernliegen: Anfang und Ende des Universums und die Welt der subatomaren Teilchen. Sie wissen nicht, ob sie ihrem Endziel, den letzten Naturgesetzen, nahe sind. Das hängt davon ab, was sie entdecken.

Obwohl die Physiker die letzten Gesetze der Natur weder kennen, noch überhaupt wissen, welche Form sie annehmen, haben sie im Lauf der Jahrhunderte doch gewisse Merkmale, beinahe Definitionen, physikalischer Gesetze entdeckt. Diese sind für uns von Interesse, weil sie uns Hinweise auf das geben, wonach wir suchen, natürlich nicht im Detail, aber doch in großen Umrissen. Diese Merkmale der physikalischen Gesetze sind nicht willkürlich, sondern drücken die Beziehung zwischen unserem Verstand und der Welt aus, die er zu erfassen sucht. Ich möchte ein paar Eigenschaften von physikalischen Gesetzen beschreiben, z.B. ihre

    1. Invarianz
    2. Allgemeingültigkeit und Einfachheit
    3. Vollkommenheit
    4. Zusammenhänge mit Beobachtungen und Versuchen
    5. Zusammenhänge mit der Mathematik.

Sehen wir sie uns im einzelnen an.

## 1. Ihre Invarianz

Ein physikalisches Gesetz ist eine Aussage, daß etwas immer gleich bleibt, eine Invarianz. *Actio* ist immer gleich *reactio*; die Lichtgeschwindigkeit im leeren Raum ist immer eine unveränderliche Konstante; die Energie bleibt insgesamt immer erhalten. Die physikalischen Gesetze sind also anders als gesellschaftliche »Gesetze«, in denen Invarianzen vorgegeben werden. Der Unterschied zwischen einem gesellschaftlichen Gesetz und einem physikalischen Gesetz liegt in dem Unterschied zwischen »du sollst nicht« und »du kannst nicht«. Niemand kommt ins Gefängnis, weil er das Gesetz von der Erhaltung der Energie übertreten hat. Dabei ist es keineswegs selbstverständlich, daß es in der natürlichen Welt physikalische Gesetze, wirkliche Invarianzen, gibt. In der Welt sehen wir nichts als Wechsel, oftmals chaotischen Wechsel. Woraus darf man dann schließen, daß alle diese Veränderungen Gesetzmäßigkeiten folgen?

Beim Nachdenken darüber hatte Newton den entscheidenden Einfall, den Istzustand der Welt, der äußerst kompliziert sein kann, gedanklich von den unter Umständen einfachen Gesetzen zu trennen, die beschreiben, wie sich ein solcher Zustand verändert. Das komplizierte Bild von der Welt ist für das Verständnis der Invarianzen, also der physikalischen Gesetze unwichtig, die im einzelnen beschreiben, wie sich die Welt ändern kann.

Die Vorstellung, daß es jenseits der sich verändernden Welt eine unveränderliche Welt gibt, ist großartig. Denken wir an eine Scheibe, die sich um ihre Achse dreht. Während sie sich bewegt, bleibt ihr Aussehen gleich, weil eine Scheibe symmetrisch ist. Beim Drehen um ihre Achse verändert sie sich nicht. Das entspricht der modernen Vorstellung von der Invarianz oder einem physikalischen Gesetz; sie sind Folgen der Symmetrie. Wenn ein Objekt symmetrisch ist wie die Scheibe, können wir es bewegen, ohne es zu verändern. Symmetrie bedeutet Invarianz. Deshalb suchen die Physiker immer nach Symmetrien. Sie wissen, daß hinter jeder gefundenen Symmetrie eine neue Invarianz steckt, etwas das sich nicht verändern kann.

Man versteht die Symmetrie am leichtesten am Beispiel eines symmetrischen Objekts. Aber der Symmetriebegriff kann auch für den gewöhnlichen Raum gelten. Wenn ich etwas aufnehme und im leeren Raum bewege, vermag ich keinen Unterschied festzustellen. Diese Translation eines Objekts ist wie die Drehung der Scheibe, eine Verwandlung, die den physikalischen Zustand unverändert läßt. Die Translationsinvarianz ist eine Symmetrie des gewöhnlichen Raums; sie bedeutet, daß die Gesetze der Physik für Ereignisse unabhängig von deren Lage im Raum gelten. Wer lange Strecken auf den amerikanischen Autobahnen gefahren ist, die die Bundesstaaten miteinander verbinden, kennt die Translationsinvarianz aus eigener Erfahrung. Man verbringt die Nacht in einem Motel, fährt wieder 500 Meilen und schläft die nächste Nacht in einem gleichen Motelzimmer.

Eine andere Symmetrie oder Invarianz der physikalischen Gesetze ist die Zeitumkehrinvarianz. Die Ergebnisse der Messung von Größen wie z.B. der Ladung auf einem Elektron oder der Schwerkraft dürften nicht davon abhängen, ob die Messung an einem Montag oder einem Mittwoch durchgeführt wird. Aber welche Bedeutung haben diese Symmetrien von Raum und Zeit? Sie sehen einfach aus und haben doch grundlegende Folgen.

Die Mathematikerin Emmy Noether hat die vollständigen Konsequenzen der Symmetrie in der Physik erst in diesem Jahrhundert entdeckt. Sie hat nachgewiesen, daß es für jede Symmetrie in der Physik, wie z.B. die Translationssymmetrien von Raum und Zeit, ein Erhaltungsgesetz gibt. Ein Beispiel dafür ist die Erhaltung der Energie. Wenn wir die gesamte Energie in einem geschlossenen physikalischen System messen, also die Summe aller Bewegungsenergien, Potentialenergie, Wärmeenergie, chemischen Energie usw., bleibt die Gesamtenergie unverändert, auch wenn sich vielleicht eine Energieform, etwa die Bewegungsenergie, in eine andere, beispielsweise die Wärmeenergie, umwandelt. Die Erhaltung der Gesamtenergie ist eine genau bestätigte Tatsache. Bemerkenswert (und darauf zielten die Arbeiten von Emmy Noether ab) ist dabei, daß die Erhaltung der Energie eine logische Folge der zeitlichen Translationssymmetrie ist.

Wie ist das möglich? Was hat die Invarianz der physikalischen Gesetze von Montag auf Mittwoch mit der Energieerhaltung zu tun? Um die Antwort zu begreifen, will ich jetzt annehmen, daß sich die Gesetze der Physik sehr wohl mit der Zeit ändern können, besonders das Graviationsgesetz. Wenn wir das Unmögliche annehmen, verstehen wir das Mögliche. An Hand dieses sich ändernden Graviationsgesetzes werde ich nachweisen, wie man ein Perpetuum mobile bauen kann, also ein Gerät, das Energie aus nichts erzeugt und damit das Gesetz von der Energieerhaltung verletzt. Die Schlußfolgerung: Da das unmöglich ist, muß meine Prämisse, daß die Gesetze der Physik nicht zeitumkehrinvariant sind, falsch sein. Die Unveränderlichkeit der physikalischen Gesetze mit der Zeit verlangt logisch die Erhaltung der Energie.

Stellen wir uns ein Wasserrad vor, das Wasser von einem hochgelegenen in einen darunter liegenden Speicher und dann vom unteren wieder in den oberen Speicher befördert. Das Wasserrad ist sowohl mit einem Elektromotor als auch mit einem Generator verbunden, der seinerseits mit einer Batterie zusammengeschaltet ist, die Elektrizität speichert. Wir nehmen an, daß sich das Graviationsgesetz mit der Zeit ändert: Montags sei die Schwerkraft stärker

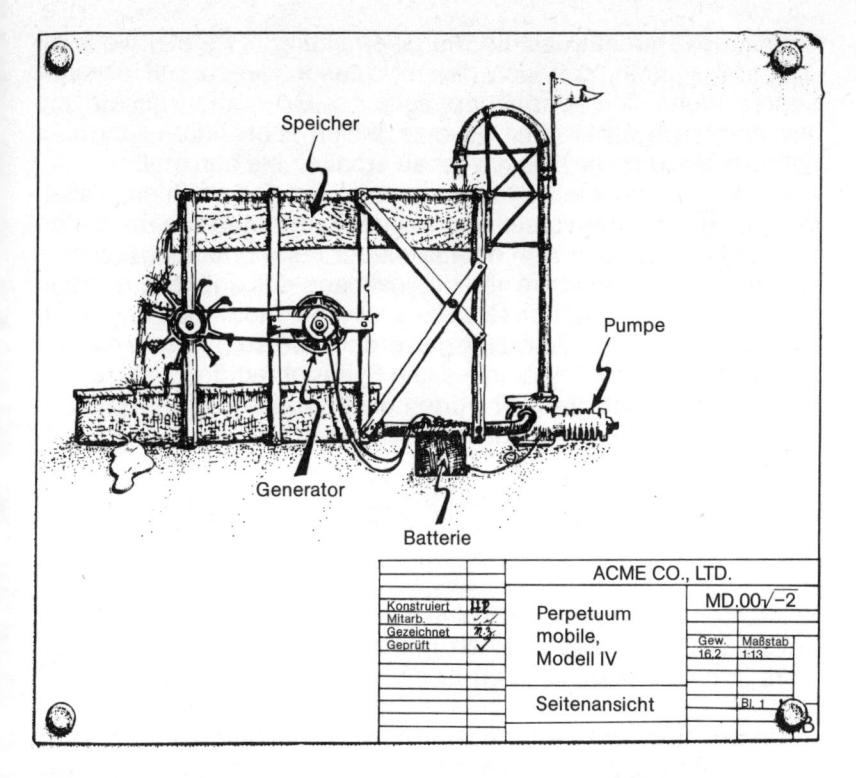

Die Ausführung eines Perpetuum mobile, eine Lösung aller Weltenergieprobleme. Eine solche Maschine funktionierte tatsächlich, wenn die Gesetze der Physik nicht zeitumkehrinvariant wären und man die Grundgesetze von Tag zu Tag ändern könnte. Das ist ein Beispiel für das Theorem von Noether: Eine Invarianz der physikalischen Gesetze, z.B. eine Zeitumkehr, schließt ein Erhaltungsgesetz ein, beispielsweise die Energieerhaltung.

als mittwochs, und gegen Ende der Woche nehme sie wieder zu. An Tagen mit hoher Schwerkraft lassen wir das Wasser vom oberen Speicher herabfließen, treiben damit den Generator an und speichern elektrischen Strom. An Tagen, an denen die Schwerkraft schwach ist, wiegt das Wasser weniger, und wir können den Motor mit Hilfe der in der Batterie gespeicherten Elektrizität dazu einsetzen, das Wasser wieder in den oberen Speicher zurückzupumpen. Da das Wasser weniger wiegt, müssen wir zum Hochpumpen weniger Arbeit aufwenden, als wir beim Herabfließen gewonnen haben, bleibt uns also Energie übrig. Damit haben wir ein Perpetuum mobile gebaut, und die Energieerhaltung ist verletzt, wenn wir davon ausgehen, daß sich das Gravitationsgesetz mit der Zeit ändert. Wenn sich aber andererseits das Gravitationsgesetz und alle übrigen physikalischen Gesetze zeitlich nicht ändern, kann man nachweisen, daß die Energie genau erhalten bleiben muß.

Heute suchen die Physiker nach neuen Symmetrien, Verallgemeinerungen der Vorstellung von der Symmetrie von Raum und Zeit und wissen, daß sich daraus wieder neue Erhaltungsgesetze ableiten. Dieser Gedanke von der Invarianz, das antike Musterbeispiel eines physikalischen Gesetzes, ist in der modernen Physik zur Vorstellung von der Symmetrie geworden, und Aufgabe der modernen theoretischen Physik ist es, die Symmetrien der Welt zu entdecken. Die Geschichte der modernen Physik handelt zum größten Teil von der Entdeckung neuer Symmetrien.

## 2. Allgemeingültigkeit und Einfachheit physikalischer Gesetze

Vor Jahren habe ich den in China geborenen Nobelpreisträger der Physik T. D. Lee nach seinen Bildungseindrücken aus der Zeit gefragt, bevor er als Student zu dem Physiker Enrico Fermi nach Chicago ging. Was hatte ihn als Studenten in China besonders beeindruckt, als er zum erstenmal mit der Physik in Berührung kam? Wie aus der Pistole geschossen, kam Lees Antwort, sein stärkster Eindruck sei die Vorstellung von der Allgemeingültigkeit der physikalischen Gesetze gewesen, der Gedanke, daß die für bestimmte Phänomene auf der Erde oder im eigenen Wohnzimmer geltenden physikalischen Gesetze in gleicher Weise auf dem Mars Anwendung finden. Diese Überlegung sei für ihn neu und bezwingend gewesen.

Ein Beispiel dafür ist das Newtonsche Gesetz von der universellen Gravitation, das nicht nur in bestimmten Augenblicken gilt, sondern zeitlich indifferent ist. Außerdem vereinheitlichte Newtons Gesetz die Graviation auf der Erde und die Gravitation im Himmel; es ist auch indifferent im Hinblick auf den Ort. Newton begriff, daß die Regeln, nach denen der Mond seine Bahn um die Erde zieht, ebenso für den Apfel gelten, der im Garten seiner Mutter vom Baum fällt. Ich stelle mir oft vor, daß Newton im Garten seiner Mutter sitzt, morgens den Mond erblickt und sich dabei denkt, daß der Mond ebenso auf die Erde zu fällt wie der Apfel. Nur die zentripetale Kraft, die aus der Bewegung des Mondes auf seiner Umlaufbahn entsteht, verhindert, daß er auf die Erde stürzt; wenn man den Mond anhalten könnte, fiele er wie ein Apfel herunter. Es hat Jahrtausende gedauert, bis der Verstand auf diese Erkenntnis vorbereitet war. Wir wissen heute, daß das Newtonsche Gesetz mit großer Genauigkeit auch die Bewegungen von Galaxien von mehreren Lichtjahren Durchmesser regelt. Das Gravitationsgesetz ist allgemeingültig.

Diese Allgemeingültigkeit der physikalischen Gesetze ist vielleicht ihr hervorstechendstes Merkmal: Alle, nicht nur manche Ereignisse folgen derselben Universalgrammatik der materiellen Schöpfung. Das ist eigentlich überraschend, denn angesichts der Vielfalt der Natur ist nichts weniger zu erwarten als die Existenz allgemeingültiger Gesetze. Erst mit der Entwicklung der Experimentierverfahren und ihrer Interpretation mit dem Verstand konnte die erstaunliche Vorstellung bestätigt werden, daß die Vielfalt der Natur die Folge allgemeingültiger Gesetze ist.

Das Wort »Theorie« kommt vom griechischen Wort für »sehen«. Der theoretische Physiker ist damit beschäftigt, die innere Logik der Natur wahrzunehmen. Seine Interpretationen der Natur heißen Theorien; es sind Bilder der materiellen Welt, die diese verständlich machen sollen; dazu müssen sie einfach sein. Die Vorstellung von der Einfachheit der physikalischen Gesetze ist für den Außenstehenden nicht ohne weiteres verständlich, denn die Physik scheint doch recht kompliziert zu sein. Aber sie ist eben dadurch gekennzeichnet, daß sich alle Komplikationen logisch aus einigen wenigen elementaren, dabei aber umfassenden Konzepten ergeben, wie ein Baum aus einem einzigen Samenkorn hervorgeht. Ein Student braucht vielleicht viele Jahre, bis er den einfachen Kern der Grundgesetze erfaßt hat. Auch für den forschenden Physiker gehört die Erkenntnis, daß sich nach allem Bemühen Einfachheit einstellt, zu den Grundüberzeugungen. Wie Einstein einmal gesagt hat: »Das Ziel der Wissenschaft ist erstens das begriffliche Verstehen und die möglichst *vollständige* Verknüpfung der Sinneserfahrungen in ihrer ganzen Vielfalt und zweitens die Erreichung dieses Ziels *mit Hilfe möglichst weniger Primärbegriffe und Relationen* (wobei man die größtmögliche logische Einheit im Weltbild zu erreichen versucht; d.h. die logische Einfachheit seiner Grundlagen).«

## 3. Vollkommenheit

In der Kabbala, einer Sammlung jüdischer mystischer Schriften, ist der *yetzer harah,* der »böse Impuls«, der sündige Wunsch nach Vollkommenheit. Nur Gott kennt Vollkommenheit. Der Versuch des

Menschen, es Gott gleichzutun und in allem nach Vollkommenheit zu streben, ist sündhaft. Und doch suchen die Physiker die Vollkommenheit, denn sie wissen, daß eine große Theorie kein Teilbild der Natur liefern kann, sondern die vollständigen Gesetze einer ganzen Klasse von Ereignissen wiedergeben muß. So beschreibt zum Beispiel die allgemeine Relativitätstheorie, die moderne Gravitationstheorie, alle Wirkungen der Schwerkraft, nicht nur die der schwachen Gravitationsfelder. Das Endziel des Physikers ist die einheitliche Theorie der ganzen Physik.

In der geschichtlichen Entwicklung sind die verschiedenen Zweige der Physik, von denen jeder einen bestimmten Aspekt der Natur behandelt, zusammengewachsen. Die Elektrizität und der Magnetismus, einst als unabhängige physikalische Kräfte betrachtet, wurden in der Maxwellschen elektromagnetischen Theorie zusammengefaßt. Raum und Zeit sind in Einsteins Relativitätstheorie vereinheitlicht. Heute haben die an der Quantenfeldtheorie arbeitenden theoretischen Physiker »große einheitliche Feldtheorien« entwickelt, die die starke Kernkraft und die elektromagnetische ebenso wie die schwache Kraft vereinheitlichen, und zur Zeit sind sie bestrebt, die Gravitationskraft in diese Vereinheitlichung einzubeziehen. Wenn sie dieses Ziel erreichten, wäre das die Vervollständigung der uns heute bekannten Physik. Dieser alte Denkertraum scheint zum Greifen nahe gerückt zu sein.

Obwohl es heute möglich erscheint, daß die Physik diesen Traum wahrmacht und so ihren Abschluß findet, habe ich doch meine Zweifel. Die Physiker werden in absehbarer Zeit wohl kaum über eine vollständige Theorie der *ganzen* Natur verfügen, auch wenn wir vielleicht das meiste in unserer unmittelbaren Erfahrung belegen können. Mit jeder Vereinheitlichung bei physikalischen Theorien klettert man eine Stufe höher, und aus dieser Höhe sieht man ein neues Bild von der Natur. Die Enge des jeweils vorausgegangenen Standorts wird deutlich, und neue Fragen können gestellt werden; solange es aber noch profunde Fragen gibt, ist unsere Arbeit nicht getan.

## 4. Zusammenhänge mit Beobachtungen und Versuchen

Seit der Zeit von Francis Bacon zu Anfang des 17. Jahrhunderts versteht man unter »Wissenschaft« immer die Experimentalwissenschaft. Bacon hat die Vorstellung populär gemacht, daß die Natur wissenschaftlich nur an Hand von Experimenten untersucht werden kann. Ein Experiment ist eine kontrollierte Erfahrung, wobei die Bedingungen dieser Erfahrung systematisch verändert werden. Das liegt eine Stufe über der einfachen Beobachtung, die ja rein passiv ist und in der nicht versucht wird, die Bedingungen dieser Erfahrung zu ändern. Die passive, genaue Beobachtung ist der erste Schritt, das aktive Experiment der zweite.

Schon ehe die Bedeutung des genauen Beobachtens recht erkannt war, wußten die europäischen Physiologen im Mittelalter, die sich für die Klassifizierung der Säugetiere interessierten, von der Existenz des Elefanten. Aber sie hatten noch nie einen gesehen. Die Größe dieser Geschöpfe warf die Frage auf, wie sich Elefanten paarten. Phantasievolle Autoren schlugen die verschiedensten Möglichkeiten vor: Die Elefanten kehrten einander den Rücken zu oder gingen gar unter Wasser, wo das Gewicht keine so große Rolle mehr spielte. Ein Schriftsteller meinte sogar, daß der Elefantenbulle für das Weibchen ein großes Loch grabe. Der antike griechische Geograph Strabo schreibt, das in seiner Brunst kopulierende Elefantenmännchen begatte das Weibchen, indem es »eine Art Fettsubstanz durch die Atemröhre abgibt, die es neben seinen Schläfen hat.« Keiner dieser Autoren hatte Gelegenheit, die Tiere zu beobachten; in Wirklichkeit vollziehen sie diesen Akt mit weitaus weniger Verrenkungen. Seiner Phantasie freien Lauf zu lassen, trägt seinen Lohn in sich, ist aber keine wissenschaftliche Beobachtung.

Die physikalische Theorie ist ohne das Experiment leer. Das Experiment ist ohne die Theorie blind. Die Experimentalphysiker sorgen dafür, daß die Theoretiker ehrlich bleiben. Sie wissen, daß rücksichtslose Ehrlichkeit, feste Beharrlichkeit, Geduld, Offenheit, Genauigkeit und Glück zur Entdeckung neuer Naturphänomene führen können. Die Experimentalphysiker haben die Radioaktivität (den Zerfall des Atomkerns in andere Teilchen), den Photoeffekt (die Aussendung von Elektronen, wenn Licht auf eine Metallplatte trifft), die Atomlinienspektren (die genau voneinander getrennten Farben des von strahlenden Atomen ausgesandten Lichts) und die Teilchenstreuexperimente entdeckt, die die Theoretiker auf die Erfindung der Quantentheorie gebracht haben. Diese Entdeckungen waren mit der älteren Newtonschen Physik nicht zu erklären, und zwischen 1900 und 1926 zeigte sich, daß eine neue physikalische Theorie gebraucht wurde. Die Erfindung der Quantentheorie beweist, daß Änderungen in der Denkweise nicht von allein kommen, sondern von empirischen Bedingungen ausgelöst werden. Mich beeindruckt immer wieder, wie oft sich unser Verstand vor neuen Gedanken sperrt, sich aber sehr schnell anpassen kann, wenn er will oder muß.

Welche Beziehung besteht zwischen Theorie und Experiment? Es geht nicht nur darum, daß der Theoretiker eine Hypothese aufstellt und der Experimentalphysiker sie bestätigt oder widerlegt, obwohl es manchmal so ist. Weitaus häufiger entdeckt der Experimentalphysiker eine ganz neue Realität. Beispiele hierfür sind die Entdeckungen, die uns die atomare Welt erschlossen haben, die Radioaktivität, der Photoeffekt und die Atomlinienspektren. Der Theoretiker muß dann in seiner Phantasie einen Sprung tun und neue Daten mit neuen theoretischen Gedanken verbinden. Die neue Theorie kann ihrerseits wieder Experimente anregen, die die Hypothese auf die entscheidende Probe stellen. Die Beziehung zwischen Theorie und Experiment ist wie ein Tanz, in dem mal der eine, mal der andere Partner führt.

In der Astrophysik sind die Theoretiker den Experimentatoren zwangsläufig voraus. Sie konstruieren theoretische Modelle vom Innern der Sterne, den Kernen der Galaxien, Sternsystemen mit schwarzen Löchern und den ersten Sekunden des Urknalls. Diese Teile des Universums sind mit der heutigen Technik nicht ohne weiteres zugänglich, und beobachtete Beweise lassen sich schwer herbeischaffen. Mit der künftigen Entwicklung sehr großer Radioantennen und mit dem Raumteleskop werden aber neue Befunde über den Aufbau dieser astrophysikalischen Objekte entstehen. Bis dahin müssen die Theoretiker in der Astrophysik weiter auf experimentelle Daten warten.

In der Hochenergiephysik haben im Gegensatz dazu die Experimentalphysiker oft einen Vorsprung vor den Theoretikern. Es gibt ungeheure Mengen an Versuchsdaten über die Streuung von Protonen und Elektronen, bei der neue Materieformen entstehen, Daten also, die man vorerst nur zum Teil versteht. Wir Theoretiker glauben, daß wir eine Grundtheorie haben, die alles oder fast alles erklären kann. Hier liegt die Schwierigkeit nicht im Theoriedefizit oder Datenmangel, sondern an der mathematischen Kompliziertheit der Gleichungen, die so groß ist, daß bisher niemand eine Verknüpfung von Theorie und Experiment erreicht hat – ein paar Stellen ausgenommen, an denen Theorie und Experiment übereinstimmen. Vielleicht versetzen die leistungsfähigen Elektronenrechner der achtziger Jahre die Physiker in die Lage, die neueste Theorie der Elementarteilchen eingehend mit dem Experiment zu vergleichen.

Zwischen Theorie und Experiment besteht eine Symbiose. Die Theorie liefert den Bezugsrahmen, der das Experiment verständlich macht. Das Experiment versetzt die Theoretiker in ein neues Reich der Natur, das manchmal die Revision des eigentlichen Naturbegriffs erfordert.

## 5. Zusammenhänge mit der Mathematik

Seit je fasziniert mich die Mehrdeutigkeit. In unserem Gefühlsleben dient uns die Mehrdeutigkeit dazu, persönliche Konfrontationen mindestens kurzzeitig zu vermeiden. Bei Gefühlsäußerungen kann Mehrdeutigkeit lästig sein; in der Wissenschaft ist sie eine Katastrophe. Deshalb sind auch physikalische Gesetze in der präzisen Sprache der quantitativen Mathematik abgefaßt. Die Mathematik macht die Aussagen des Theoretikers eindeutig und damit auch der Widerlegung im Experiment zugänglich.

Ein wichtiges Kennzeichen der modernen Theorie ist nicht die Beweisbarkeit, sondern die Widerlegbarkeit von Schlußfolgerungen. Eine Theorie kann auf sehr allgemeinen Gesetzmäßigkeiten aufgebaut sein, aber aus diesen müssen wir ganz spezielle Eigenschaften der Welt ableiten können, etwa die Bewegung eines Elektrons in einem Magnetfeld. Nur spezielle, eindeutige Voraussagen lassen sich überprüfen. Eine Theorie kann nur im Allgemeinen richtig sein, wenn sie auch im Besonderen falsch sein kann. Diese epistemische Verwundbarkeit ist der Experimentalwissenschaft angeboren; das Wesentliche an der wissenschaftlichen Methode ist es ja, seine eigenen Gedanken jederzeit auf die Probe zu stellen.

Um widerlegbar zu sein, muß eine Theorie logisch präzis und eindeutig sein. Sonst kann sie nicht einmal falsch sein! Diese Eindeutigkeit verdankt die Physik der genauen Sprache der Mathematik. Wie Heisenberg einmal gesagt hat: »Die Wissenschaft liefert ein wichtiges Beispiel dafür, daß eine außergewöhnliche Erweiterung der abstraktesten Grundlagen unseres Denkens möglich ist, ohne daß wir dabei Mängel an Klarheit oder Genauigkeit in Kauf zu nehmen brauchen.«

Wieso kann man die Naturgesetze in mathematischen Gleichungen ausdrücken? Eugene Wigner, ein theoretischer Physiker an der Princeton-Universität, beschreibt in einem Aufsatz unter dem Titel »Die unverständliche Wirksamkeit der Mathematik in den Naturwissenschaften« die besondere Beziehung zwischen der Mathematik und der Physik etwas eingehender. Die physikalische Welt ist quantifizierbar; wir können sie also messen und mit Zahlen belegen. Ein Beispiel ist das vor drei Jahrhunderten entdeckte Boylesche Gesetz. Wir können das eingeschlossene Volumen V, den Druck P und die Temperatur T eines Gases messen. Aber warum muß es eine algebraische Beziehung von der Art des Boyleschen Gesetzes geben, also $P \cdot V = T$, die besagt, daß das Produkt aus Druck mal Volumen gleich der Temperatur ist? Solche Formeln zeigen, wie gut die Mathematik physikalische Phänomene beschreiben kann. Aber die Gründe für diesen Erfolg sind nicht klar. »Man kommt nicht um das Gefühl herum«, schrieb Heinrich Hertz, der deutsche Physiker im 19. Jahrhundert, »daß diese mathematischen Formeln ein Eigenleben führen und eine eigene Intelligenz haben, daß sie klüger sind als wir, klüger selbst als ihre Entdecker, daß wir mehr aus ihnen herausholen, als ursprünglich in sie hineingesteckt worden ist.« Formeln als Ausdruck der Naturgesetze tun der natürlichen Welt, vielleicht sogar Gott, Zwang an. Einstein hat einmal gesagt, er beschäftigte sich auch deshalb mit Physik, weil er feststellen wolle, ob Gott bei seiner Erschaffung des Universums überhaupt eine andere Wahl gehabt habe.

Die Physiker glaubten früher, sie könnten in ihrem Netz der Mathematik die ganze Natur einfangen. Alles, was passiert war, ließ sich bis ins kleinste Detail bestimmen. Aber die moderne Quantentheorie hat mit der Vorstellung von der mathematischen Beschreibung der ganzen Natur Schluß gemacht. Einzelne Quantenereignisse, beispielsweise der radioaktive Zerfall eines Kerns, folgen keinem mathematisch-physikalischen Gesetz mehr; nur die Verteilung dieser Ereignisse, die Mittelwerte über viele Vorfälle, unterliegen den Gesetzen der Quantentheorie. Die Gesetze der Physik sind nicht deterministisch, sondern statistisch, und diese Entdeckung bedeutet das Ende einer mathematischen Beschreibung der ganzen Natur.

Die Physik macht den Kosmos wunderbar verständlich. Wie können wir ein Universum verstehen, das wir nicht erfunden haben? Der Philosoph Kant glaubte, die innere Logik der Natur entspreche der inneren Logik des menschlichen Geistes, und deshalb sei die Natur verständlich. Wenn es eine Übereinstimmung zwischen der Natur und dem Geist gibt, so ist das wahrscheinlich kein Zufall der biologischen Evolution. Das menschliche Gehirn ist bei all seiner Großartigkeit dennoch ein Produkt der Evolution; es ist Teil der Natur und unterliegt physikalischen Gesetzen.

Wo stößt das Verstehen der Naturgesetze an Grenzen? Wir können uns vorstellen, wir bauen eine künstliche Intelligenz, einen Großrechner, der die Naturgesetze entdecken soll. Aber die Operationen des Rechners selbst sind durch die Naturgesetze beschränkt. Weil die Lichtgeschwindigkeit endlich ist, dauert es beispielsweise eine endliche Zeit, Informationen von einer auf die andere Seite des Rechners zu übertragen. Diese Beschränkung in einem wirklichen Computer kann auch seine Funktionen grundlegend einschränken, so daß er außerstande ist, die physikalischen

Gesetze der Natur aufzufinden, die auch seinen eigenen Betrieb bestimmen. Wird dadurch wirklich seine logische Operationsweise eingeengt? Wenn das der Fall ist, stoßen wir hier vielleicht auch auf eine Grenze unseres Wissens über die Naturgesetze. Ich glaube, die Physik wird sich in Zukunft auch damit beschäftigen, festzustellen, wie der materielle Aufbau aller realen Intelligenzen der Erkenntnisgewinnung Grenzen setzt.

Beim Nachdenken über die Beziehungen zwischen physikalischen Gesetzen, Theorien und der natürlichen Welt hat mir folgende Analogie geholfen: Nehmen wir an, ein Raumschiff, Produkt einer hochentwickelten außerirdischen Zivilisation, landet auf der Erde. Wissenschaftler untersuchen das Raumschiff und stellen fest, daß es ein riesiger Rechner ist. Zuerst sehen sie sich die Hardware, die Rechnerteile an, um herauszufinden, wie alles zusammenhängt. Bald erkennen sie eine Logik in der Konstruktion und erfinden Theorien über den Rechner, Bilder von der Art Softwareprogramme, die darin verarbeitet werden können, und diese Theorien spiegeln dann die großen Auslegungsinvarianzen oder Gesetze des Rechners wider.

Denken wir uns als nächstes das Universum als einen riesigen Rechner; was wir sehen, sei die »Hardware«. Den Aufbau dieses Rechners entdecken die Physiker gerade; es sind ihre Theorien, die uns sagen, welche Programme auf dem Rechner laufen und durch Versuche überprüft werden können. Die physikalischen Gesetze sind die Invarianzen, die unveränderlichen Elemente, in jedem möglichen Programm.

Die Analogie zwischen Rechner und Universum kann man allerdings auch übertreiben. Als ich einmal in einem Forschungszentrum in der Nähe von Moskau zu Besuch war, erklärte ich einem sowjetischen Kollegen die Analogie zwischen Rechner und Universum und machte die nicht ganz ernst gemeinte Anregung, daß vielleicht das, was wir als »Hardware« des Universums betrachten, in Wirklichkeit von einem anderen Standpunkt aus »Software« ist. Mein Kollege dachte kurz darüber nach und erwiderte dann zuversichtlich: »Keine Software ohne Hardware.« Ich stimmte ihm zu; Form ohne Inhalt ist sinnlos.

Ich habe hier ein paar Eigenschaften der physikalischen Gesetze beschrieben, z.B. ihre Allgemeingültigkeit, Vollkommenheit und ihre Beziehung zur Mathematik. Aber das Suchen nach physikalischen Gesetzen ist eine menschliche Tätigkeit, und subjektive, psychologische Elemente wirken dabei mit. Wie wissenschaftliche Untersuchungen angestellt werden, geht nicht aus Zeitschriften oder

Vorträgen hervor, wohl aber aus den Diskussionen in verhältnismäßig kleinen Wissenschaftlerteams über die jeweils aktuellen Themen. Diese Gespräche zwischen Wissenschaftlern und die einsamen Zeiten des Nachdenkens und schwerer Arbeit für den einzelnen sind die kreativen Augenblicke, in denen für die Wissenschaft entscheidende Erkenntnisse entstehen.

Ein beherrschendes Merkmal wissenschaftlicher Forschung ist die geistige Angriffslust, die sich in dem Wunsch äußert, mit dem eigenen Verstand das Rätsel des Universums zu lösen. Noch nie ist große Wissenschaft im Geist der Demut entstanden. Ein gesundes Selbstbewußtsein und geistige Intoleranz sind für den Forscher unerläßlich. Ein Kollege beklagte sich einmal bei mir über die Arroganz eines anderen theoretischen Physikers, der gerade eine hervorragende Arbeit abgeschlossen hatte. Ich antwortete: »Es ist genau umgekehrt. Er hat alles, was man zum Messias braucht; er ist brillant, hat Selbstvertrauen und ist aggressiv, stiehlt anderen Leuten die Ideen und hält sie dann für seine eigenen. Bei ihm ist das Verhältnis von Ehrgeiz zu Können 1:1.« Daß solche Männer die Wahrheitssuche voranbringen und dabei gleichzeitig ihren Ehrgeiz stillen, ist für einen Wissenschaftler nichts Neues. Wir sollten uns vor der Demut nicht deshalb hüten, weil sie eine Last ist, sondern weil sie bei einem kreativen Wissenschaftler oft nur Mache, nur eine Maske für Aggression ist. Jemand wies Einstein auf einen sehr bescheidenen jungen Physiker hin; Einstein reagierte darauf mit der Bemerkung: »Wie kann er bescheiden sein? Er hat ja noch nichts geleistet.«

Physiker nehmen ihre Arbeit ernst. Wenn sie es nicht täten, täte es wahrscheinlich niemand, denn sie geht weit über das unmittelbare menschliche Erleben hinaus. Aber zu diesem Ernst und diesem Arbeitseifer gehört auch ein ausgeprägter Spieltrieb. Sie sehen das Universum als Witz oder als Puzzle, mit dem sie spielen können. Ohne Lachen und ohne kreativen Spaß wäre alle Forschung unerträglich. Der Humor öffnet den Geist. Er lockert die Anspannungen der Konzentration und zeigt auch die Einseitigkeit eines nur geistigen Erfassens. Die Physiker machen über ihre Arbeit und deren Folgen gern Witze. Manchmal haben sie den Verdacht, daß »der ewige Rätselmacher« ihnen gelegentlich einen Schabernack spielt.

Ich habe einmal eine Geschichte gehört, daß die Physiker nach dem Tod in eine himmlische Akademie einziehen und dort die Naturgesetze formulieren müssen. Sie müssen dabei nur eine Vorschrift befolgen: Jedes neue Gesetz, das sie machen, darf nicht in Widerspruch zu den von ihren Kollegen unten auf der Erde schon entdeckten und verifizierten Gesetzen stehen. Die Legende sagt, daß Pauli, einer der schärfsten Kritiker in der Physik, dort jetzt geistige Fallen stellt und sich physikalische Tricks ausdenkt, um uns aufs Kreuz zu legen.

Ein theoretischer Physiker muß in Mathematik ausgebildet sein und einen guten physikalischen Riecher haben. Man sollte die Rolle der Intuition und der Phantasie in den Naturwissenschaften nicht unterschätzen. Studenten, die in Prüfungen gut abschneiden, werden nicht unbedingt auch die kreativsten Wissenschaftler. In der Prüfung wird einem eine bestimmte Aufgabe gestellt; in der wirklichen Welt der theoretischen Forschung besteht die Aufgabe aber oft darin, erst einmal eine Aufgabe zu finden. Dann kann man sie so genau formulieren, daß man sich mit seinen mathematischen Hilfsmitteln daran machen kann. Um die richtigen Fragen zu stellen, braucht man aber Phantasie.

Die theoretischen Physiker schwimmen in einem Meer von Ideen. An welcher soll man arbeiten? Wie Einstein einmal gesagt hat: »Wenn der Forscher ohne vorgefaßte Meinung an seine Arbeit ginge, könnte er unmöglich all die Tatsachen aus der unendlichen Vielfalt der kompliziertesten Erfahrungen auswählen, die so einfach sind, daß man daraus berechtigte Zusammenhänge ableiten kann.« Diese »vorgefaßte Meinung« ist ein entscheidender Bestandteil jeder wissenschaftlichen Untersuchung, ist genau die Voreingenommenheit, die die Phantasie zu den relevanten Tatsachen hinführt. Richard Feynman, einer der Erfinder der Quantenelektrodynamik, erklärte mir einmal in seinem schönsten New Yorker Dialekt: »Wennste Physik treiben willst, mußte Geschmack haben.« Und Geschmack, den Instinkt für die richtigen Aufgaben, kann man nicht lehren.

Die zur Lösung großer Problemstellungen in der Physik nötige Phantasie enthält auch ein Quentchen »Verrücktheit«, eine solide Unverschämtheit oder Spinnerei. In der speziellen Relativitätstheorie und in der Quantentheorie findet sich diese Verrücktheit. Pauli kam einmal ins Pupin-Laboratorium an der Columbia-Universität, um einen Vortrag über Heisenbergs neue nichtlineare Theorie der Elementarteilchen zu halten. Unter den Zuhörern war auch Niels Bohr; nach dem Vortrag meinte er, die neue Theorie könne wohl nicht stimmen, sie sei nicht verrückt genug. Bald standen Bohr und Pauli einander an einem Tisch gegenüber, Bohr sagte: »Sie ist nicht verrückt genug«, und Pauli erwiderte: »Sie ist doch verrückt genug.« Ein Außenstehender hätte kaum verstanden, worum es diesen beiden großen Physikern ging und hätte sie vielleicht selbst für verrückt gehalten. Aber Bohr und Pauli wußten, daß sich die Verrücktheit der Quantentheorie als richtig erweist.

Alle großen menschlichen Schöpfungen sind schön; die physikalischen Theorien machen da keine Ausnahme. Eine häßliche Theorie enthält eine Art begrifflicher Holprigkeit, die man nicht lange ertragen kann. Darauf beruht auch der Appell an die Ästhetik bei der Konstruktion physikalischer Theorien. Wenn die Physiker die innere Logik des Kosmos erst verstehen, erweist sie sich sicherlich als schön; daß wir vom Schönen, Zusammenhängenden und Einfachen angezogen werden, macht es uns Menschen erst möglich, die materielle Welt mit dem Verstand zu begreifen.

Auch wenn die endgültige Fassung einer tiefschürfenden physikalischen Theorie schön ist, sollte man sich nicht nur von dem Wunsch leiten lassen, schöne Theorien zu konstruieren. Neue Gedanken sind zunächst oft bizarr und seltsam; wenn sie sich als richtig erweisen, erkennt man später auch ihre Schönheit. Als jemand Einstein gegenüber bemerkte, die allgemeine Relativitätstheorie sei aber sehr elegant, erwiderte Einstein mit einem Zitat von Ludwig Boltzmann, einem Physiker aus einer früheren Generation: »Eleganz ist etwas für Schneider.«

Die Schönheit liegt bekanntlich im Auge des Betrachters. Die optische Ästhetik der Geometrie spricht manchen von uns an; für andere liegt die Schönheit in der abstrakten Welt der Symbole. In die moderne Quantenphysik ist das Gefühl für Ästhetik mit eingegangen; früher spielte im Gegensatz dazu die Fähigkeit des Physikers, sich die natürliche Welt vorzustellen, eine wichtige Rolle. Statt Bilder haben wir mathematisch beschriebene Symmetrien. Die Quantenwelt der Elementarteilchen ist nach komplizierten, schönen Symmetriegrundsätzen aufgebaut.

Der Physiker sucht die Symmetrie. Aber wenn er sie gefunden hat, erkennt er in einer perfekten Symmetrie auch gleich den Fehler. Nur selten sind Symmetrien in der Natur perfekt. Oft sind sie gebrochen, mitunter symmetrisch gebrochen. Dieser Symmetriefehler beschäftigt uns wie der absichtliche Fehler in einem persischen Teppich und liefert uns neue Hinweise auf die Dynamik der Welt. In der modernen Physik kann man die ganze Welt als Äußerung einer gebrochenen Symmetrie sehen. Wenn die Symmetrien in der Welt wirklich perfekt wären, gäbe es uns nicht.

Von Zeit zu Zeit taucht in der Wissenschaft ein wahres Genie auf. Ich meine damit kein Genie im technischen Können; das kann außergewöhnlich sein, ist oft jedoch nur oberflächlich. Ein Genie ist jemand, der, wie die alten Propheten, eine direkte Leitung zur Gottheit hat. Es ist eine Art von Verrücktheit, aber es stimmt.

Der Mathematiker Mark Kac unterscheidet zwei Arten von Genies; die einen nennt er gewöhnliche Genies, die anderen ungewöhnliche oder ausgefallene Genies. Ein gewöhnliches Genie ist jemand wie Sie und ich, bei dem nur die genialen Gaben Konzentration, Gedächtnis und Kreativität viel ausgeprägter sind als bei uns. Das schöpferische Denken dieser Genies läßt sich vermitteln. Außergewöhnliche Genies sind ganz anders. Bei ihnen weiß man überhaupt nicht, wie sie denken. Sie scheinen nach Regeln ihrer eigenen Erfindung vorzugehen und gelangen doch zu großartigen Schlüssen. Sie können einem nicht sagen, wie sie dazu gekommen sind; sie scheinen auf Umwegen zu denken. Das gewöhnliche Genie kann viele Schüler haben, das ungewöhnliche Genie hat ganz selten welche, denn es kann seine Lösungsmethoden nicht weitergeben.

Die meisten Wissenschaftler sind nicht einmal entfernt Genies, aber das braucht ihrer Kreativität und ihrem Nutzen keinen Abbruch zu tun. Regeln für Kreativität in der Wissenschaft sind niemals niedergeschrieben worden und lassen sich auch aus keinem Buch erlernen. Wie wissenschaftlich geforscht wird, gibt eine Wissenschaftlergeneration in einer Art charismatischer Kette an die nächste weiter; gelehrt wird am Beispiel, nicht nach dem Buch. Diese stillschweigend übernommenen Kenntnisse lassen sich, da unausgesprochen, von späteren Generationen leicht verändern – ein wichtiger, wenn auch unsichtbarer Aspekt der wissenschaftlichen Forschung.

In der Physik die Gesetze nachzuvollziehen, ist eine frustrierende Angelegenheit, die ein Gefühl der intellektuellen Ehrfurcht auslöst, die Erkenntnis, daß man es mit einem großen Problem zu tun hat. Für meine Begriffe hat Albrecht Dürer in seinem Stich »Melancholie« das Wesen geistiger Forschung erfaßt. Das Bild zeigt einen denkenden Engel umgeben von den Geräten der Wissenschaft, darunter einem magischen Quadrat an der Wand. Es ist das Abbild eines Bewußtseins, dessen Einsamkeit derjenigen der Sterne nahekommt.

# 2. Der kosmische Code

*Grau, teurer Freund, ist alle Theorie*
*Und grün des Lebens goldner Baum.*
Goethe, Faust

Was ist das Universum? Ist es ein großer 3-D-Film, in dem wir alle unfreiwillig mitspielen? Ist es ein kosmischer Witz, ein riesiger Rechner, ein Kunstwerk eines höheren Wesens oder nur ein Experiment? Das Universum ist für uns so schwer zu verstehen, weil wir es mit nichts vergleichen können.

Ich weiß nicht, was das Universum ist oder ob es einen Zweck hat, aber wie die meisten Physiker, muß auch ich irgendwie darüber nachdenken können. Einstein hielt es für falsch, unsere menschlichen Bedürfnisse auf das Universum zu übertragen, weil das Universum nach seiner Meinung gegenüber diesen Bedürfnissen gleichgültig ist. Steven Weinberg war derselben Meinung: »... je mehr wir über das Universum wissen, um so deutlicher zeigt sich, daß es sinn- und zwecklos ist.« Wie die Rose bei Gertrude Stein ist das Universum, was es ist, was es ist. Aber was »ist« es? Die Frage bleibt bestehen.

Ich glaube, das Universum ist eine in einem Code, einem kosmischen Code, abgefaßte Nachricht, und der Wissenschaftler hat die Aufgabe, diesen Code zu entschlüsseln. Die Vorstellung vom Universum als einer Nachricht ist schon sehr alt. Sie geht auf das antike Griechenland zurück; ihre moderne Fassung stammt von dem englischen Empiriker Francis Bacon, der einmal geschrieben hat, daß es zwei Offenbarungen gibt. Die erste ist uns in der Schrift und durch die Überlieferung gegeben und hat unser Denken jahrhundertelang geleitet. Die zweite Offenbarung steckt im Universum, und dieses Buch fangen wir gerade erst an. Die Sätze darin sind die physikalischen Gesetze, die postulierten und bestätigten Invarianzen unserer Erfahrung. Wenn manche von einem Bekehrungserlebnis nach dem Lesen der Bibel berichten, so würde ich sagen, daß auch das Buch der Natur seine Bekehrten hat. Sie sind vielleicht weniger bibelgläubig als religiöse Konvertiten, aber sie teilen die innere Überzeugung, daß es eine Ordnung des Universums gibt und daß man sie erkennen kann.

Viele Wissenschaftler haben über ihren ersten Kontakt mit dem kosmischen Code geschrieben, dem Begriff von einer Ordnung jenseits des unmittelbaren Erlebens. Oft liegt dieses Erlebnis in den Jugendjahren eines Menschen, wenn sich Gefühl und Erkenntnis zusammenfinden. Einstein berichtet, daß seine Bekehrung, die ihn in diesem Alter von einem religiösen zu einem wissenschaftlichen Bild des Universums führte, sein Leben verändert hat. Newton, der sein Leben lang an unorthodoxen Glaubensansichten festhielt, hatte auch eine Vision vom kosmischen Code: Für ihn war das Universum ein großes Rätsel, das es zu lösen galt. Der Atomphysiker I. I. Rabi hat mir einmal erzählt, er habe sich zum erstenmal für naturwissenschaftliche Fragen interessiert, als er aus einer Bibliothek ein paar Bücher über die Planetenbewegungen entliehen habe. Es sei für ihn eine Quelle des Staunens gewesen, daß der Geist solche unfaßbaren Dinge begreifen könne, die er nicht erfunden habe. Ich selbst kann mich noch daran erinnern, wie ich als Halbwüchsiger Einsteins Biographie, »Eins, zwei, drei ... Unendlichkeit« von George Gamow und »Exploring the Atom« von Selig Hecht gelesen und danach beschlossen habe, Physiker zu werden. Ich konnte mir nichts Befriedigenderes vorstellen, als meinen Verstand und meine Energie zur Lösung der Rätsel des Kosmos einzusetzen. Für mich hat die Physik, die Anfang und Ende von Zeit, Raum und Materie erforscht, diese Hoffnungen erfüllt.

Wenn wir uns das Universum als ein von Wissenschaftlern gelesenes Buch vorstellen, müssen wir auch untersuchen, wie die Lektüre des Buches die Zivilisation beeinflußt. Die Wissenschaftler haben eine neue, vielleicht die stärkste Kraft auf unsere gesellschaftliche, politische und wirtschaftliche Entwicklung losgelassen. Indem sie den Aufbau des Universums erkennen, erfinden Wissenschaftler und Techniker neue technische Geräte, die unsere Welt von Grund auf ändern. Dieses neue Wissen ist deshalb anders, weil sein Ursprung außerhalb menschlicher Einrichtungen liegt; es kommt direkt aus dem materiellen Universum. Im Gegensatz dazu sind Literatur, Kunst, Recht, Politik und selbst die Methoden der Wissenschaft von uns erfunden worden. Wir haben jedoch das Universum, die Chemie unseres Körpers, die Atome oder die elektromagnetischen Wellen nicht entdeckt; alle diese Entdeckungen beeinflussen aber unser Leben und unsere Geschichte von Grund auf. Könnte der kosmische Code, wie er sich in der Architektur des

Universums darstellt, in Wirklichkeit das Programm für den geschichtlichen Wandel sein?

Arnold Toynbee hat einmal gesagt, jede Zivilisation sei die Reaktion auf eine Herausforderung. Die Römer mußten ihre Herrschaft über ein riesiges Weltreich aufrechterhalten; sie reagierten mit der Erfindung des modernen Staates. Ebenso stellten sich die Ägypter der Herausforderung ihrer Umwelt im Niltal, indem sie ein aufwendiges Bewässerungssystem und eine politische Struktur zu seiner Regulierung errichteten. Unsere Zivilisation muß lernen, den entdeckten Inhalt des kosmischen Codes zu meistern. Die Kräfte, die die Wissenschaft im Universum gefunden hat, können uns zerstören. Sie können aber auch die Grundlage einer neuen, erfüllteren menschlichen Existenz bilden. Niemand weiß, wie wir auf diese Herausforderung reagieren, aber wir sind jetzt an den Stellen im kosmischen Code angelangt, die unsere Existenz beenden oder aber die Geburt der Menschheit in das Universum bewirken könnten.

Zu einem indischen Freund habe ich einmal gesagt, die Armut, Unwissenheit und Aussichtslosigkeit auf dem Subkontinent seien leider Folgen der indischen religiösen und philosophischen Überzeugungen (oder war es umgekehrt?). Mein Freund erwiderte mir, nach Ansicht einiger indischer Intellektueller seien die großen Kriege des Westens, die Millionen von Menschenleben gekostet hätten, eine Folge der westlichen Philosophie, Naturwissenschaft und Technik. Der Herausforderung unserer Zivilisation, erwachsen aus unserer Kenntnis der kosmischen Energien, die die Sterne erhalten, die Bewegung von Licht und Elektronen durch Materie und die komplizierte molekulare Ordnung, die biologische Grundlage des Lebens, bewirken, müssen wir mit der Schaffung einer sittlichen und politischen Ordnung begegnen, die diese Kräfte in sich aufnehmen kann; sonst gehen wir zugrunde. Dazu werden wir unsere äußersten Reserven an Vernunft und Mitgefühl mobilisieren müssen.

Unsere jüngsten Erkenntnisse bieten aber auch reiche, komplexe, oft verwirrende Möglichkeiten. Wir haben vielleicht das Gefühl, frei zu entscheiden, was wir tun wollen, während in Wirklichkeit auch unsere Wahl denselben Grenzen unterliegt, die uns die moderne Wissenschaft so klar zeigt. Den Zustand des Universums, der Welt und des menschlichen Lebens halten viele für das Produkt, nicht für eine Entdeckung der Wissenschaft. Diese Betrachtungsweise schafft eine Entfremdung von der technischen Welt.

1965 ging ich mit Bekannten in Boston Common spazieren und

traf eine ältere Dame mit leuchtenden, lebhaften Augen. Sie trug ein handgewebtes Kleid. Sie war Dichterin und gehörte einer kleinen Gemeinschaft an, die die Verwendung von Maschinen ablehnte. (Sie schrieben mit dem Federkiel.) Die Dame erzählte mir, daß ihre kleine Gruppe weiter an den menschlichen Geist glaube, aber meine, daß er durch das moderne Leben und die Technik verdorben worden sei. Sie erklärte, vor rund dreihundert Jahren sei ein böser Geist auf die Erde gekommen, der der Menschheit feindlich gesonnen gewesen sei und sie habe zerstören wollen. Das Übel habe angefangen, als ihm die klügsten Köpfe unter den Philosophen, Naturwissenschaftlern und gesellschaftlichen und politischen Führern verfallen seien. Bald habe man die Ungeheuer der Wissenschaft, Technik und Industrialisierung auf das Land losgelassen. Mir fiel dabei William Blake ein, ein anderer Dichter, der über Newtons Verblendung geklagt hatte. Die Eroberung sei fast abgeschlossen, sagte die Dame; nur einige wenige hielten dem endgültigen Fall noch stand.

Sie fragte mich nach meiner Beschäftigung; als ich ihr erklärte, ich sei Physiker, traf mich ein entsetzter Blick. Ich war einer von »denen«, den Feinden. Ich merkte, wie sich eine Kluft zwischen uns auftat. Ein Jahr später stand die Gegenkultur in Amerika in voller Blüte. Eine neue Revolte gegen die Wissenschaft war im Gang.

Ein paar Jahre danach unterhielt ich mich mit einem geistesgestörten jungen Mann. Ganz aufgeregt beschrieb er mir, wie fremde Wesen aus dem Weltraum die Erde überfallen hätten. Sie bestünden aus geistiger Substanz, lebten im menschlichen Geist und steuerten die Menschen durch die Schöpfungen von Wissenschaft und Technik. Eines Tages würden sie sich eine eigene Existenz in Form von riesigen Computern aufbauen und die Menschen nicht mehr brauchen; das wäre der Sieg der Fremden und das Ende der Menschheit. Er kam bald danach in eine Anstalt, weil er seine Schreckensvision nicht mehr los wurde.

Die alte Dichterin und der junge Mann haben mit ihrer Wahrnehmung recht, daß Wissenschaft und Technik ihren Ursprung »außerhalb« des menschlichen Erlebens haben. Beide spürten dies mit einer Empfindlichkeit, die die meisten von uns unterdrücken. Was sich außerhalb von uns befindet, ist das Universum als materielle Offenbarung, die Botschaft, die ich den kosmischen Code nenne und die jetzt die gesellschaftliche und wirtschaftliche Entwicklung des Menschen programmiert. Als bedrohlich in diesem fremden Zusammenhang kann man vielleicht die Tatsache betrachten, daß die Wissenschaftler beim Lesen des kosmischen

Codes in die unsichtbaren Strukturen des Universums eingedrungen sind. Wir leben im Ausklang einer Revolution in der Physik, die mit der Zerstörung der anthropozentrischen Welt durch Kopernikus vergleichbar ist – einer Revolution, die mit der Erfindung der Relativitätstheorie und der Quantenmechanik in den ersten Jahrzehnten dieses Jahrhunderts begonnen und die meisten Gebildeten längst hinter sich gelassen hat. Ihre Untersuchungsgegenstände haben die Naturwissenschaft zu einer immer abstrakteren Wissenschaft gemacht. Der kosmische Code ist unsichtbar geworden. Das Ungeschaute beeinflußt das Geschaute.

Die nicht rückgängig zu machende Umwandlung der menschlichen Lebensweise durch die Wissenschaft ist eine zutiefst beunruhigende Erfahrung, die die meisten Menschen nur nicht wahrnehmen, weil ihnen dazu der nötige Abstand fehlt. Die meisten von uns wohnen in riesigen Städten mit vielen Millionen Einwohnern, die es vor ein paar Jahrhunderten noch nicht hätte geben können, weil die Probleme der Nahrungsmittelversorgung und der Bekämpfung von Krankheiten damals unlösbar gewesen wären. Wir akzeptieren die Technik als Teil unserer Lebensstruktur, weil unser Überleben von ihr abhängt. Die Fachleute und die Wissenschaftler versichern uns, daß es mit der Technik schon gut gehen wird, weil sie von der Herrschaft der Vernunft getragen wird. Aber andere, wie die Dichterin, sehen die Vernunft als Werkzeug des Bösen, als Instrument zur Zerstörung des Lebens und des einfachen Glaubens. Für sie ist der Wissenschaftler jemand, der den freien menschlichen Geist vernichtet; der Wissenschaftler sieht die Verbündeten der Dichterin als Menschen, die gegenüber den materiellen Notwendigkeiten für das Überleben der Menschheit blind sind. Was uns trennt, ist der Unterschied zwischen denen, die ihren Intuitionen und Gefühlen folgen und denen, die Erkenntnis und Vernunft Vorrang geben. Beides sind Ressourcen des menschlichen Lebens. Jeder von uns verfügt über beide Impulse, aber manchmal klappt die fruchtbare Koexistenz nicht, und der Mensch wird einseitig.

Im 13. Jahrhundert hat die Scholastik versucht, den Glauben mit dem Verstand zu versöhnen. Sie ist damit gescheitert, aber aus diesem Scheitern ist eine neue Zivilisation entstanden, die moderne Welt, in der die Dialektik zwischen Glauben und Vernunft uns weiterhin beschäftigt. Diese Dialektik kann nicht aufgelöst werden; man sollte sie als Gegenkraft betrachten, die das Leben umwandelt. Unsere Fähigkeit zur Erfüllung kann nur aus dem Glauben und dem Gefühl kommen. Aber unsere Überlebensfähigkeit muß aus dem Verstand und der Erkenntnis erwachsen.

Ist die moderne Wissenschaft menschheitsfeindlich? Max Born, einer der Entwickler der Quantentheorie, hat sich einmal besorgt über die Dauerhaftigkeit der wissenschaftlichen Taten aus den letzten drei Jahrhunderten geäußert. Die zeitgenössische Wissenschaft, so meinte er, hat in der Konstellation des menschlichen Lebens keinen so festen und unverrückbaren Platz wie die Politik, die Religion oder der Handel. Er überlegte, ob die Menschheit nicht eines Tages die Wissenschaft überhaupt aufgeben könnte. Wenn das passierte, würden damit unsere immer noch zerbrechlichen Verbindungen zum kosmischen Code zerstört werden, und dieser Fehler könnte uns unsere Existenz kosten. Ich glaube, künftige Historiker werden die gegenwärtige Zivilisation als Reaktion auf die Entdeckung der Welten der Moleküle, Atome und der endlosen Bereiche von Raum und Zeit sehen. Die Herausforderung besteht darin, diese unsichtbaren Gebiete dem Menschen ins Bewußtsein zu bringen und die unvorstellbaren Kräfte, die wir dort finden, zu humanisieren.

Wissenschaft ist nur eine andere Bezeichnung für Wissen, und wir sind bisher noch nicht an die Grenze des Wissens gestoßen, obwohl wir schon viele andere Grenzen entdeckt haben. Aber Wissen ist nicht genug. Es muß mit Gerechtigkeit, einem Sinn für sittliches Leben und unserer Liebes- und Mitteilungsfähigkeit Hand in Hand gehen. Die Wissenschaft verhilft uns zu einer Neubewertung der Lage der Menschheit, zur Erkenntnis der Grenzen unserer Existenz im Universum. Durch die Erweiterung unserer Wahrnehmungsfähigkeit in der Wissenschaft erfahren wir immer wieder nicht nur weitere Fortschritte unserer materiellen Möglichkeiten, sondern auch ihre absoluten Grenzen.

In der Schöpfungsgeschichte lesen wir über unsere Urahnen, die im Paradiesgarten erschaffen und vom Herrn zu dessen Aufsehern eingesetzt wurden. Da gab es zwei Bäume, den Baum der Erkenntnis und den Baum des Lebens, und der Herr verbat ihnen, von der Frucht vom Baum der Erkenntnis zu essen. Unsere Urahnen kosteten aber von der Erkenntnis und kannten von da an Gut und Böse. Jetzt konnten sie, wie der Herr, potentiell unendliche Erkenntnisse sammeln. Der Herr verstieß sie aus dem Garten, ehe sie vom Baum des Lebens essen und auch im Leben unendlich werden konnten. Die Menschheit lebt vor der Vision unendlicher Erkenntnisse, aber aus einem Zustand endlichen Seins.

Die Wissenschaft ist kein Feind der Menschheit, sondern einer der stärksten Ausdrücke des menschlichen Wunsches, die Vision von der unendlichen Erkenntnis zu verwirklichen. Die Wissenschaft zeigt uns, daß die sichtbare Welt weder Materie noch Geist ist; die sichtbare Welt ist die unsichtbare Organisation von Energie. Ich weiß nicht, was in künftigen Sätzen des kosmischen Codes steht. Aber es scheint sicher zu sein, daß die jüngsten menschlichen Kontakte mit der unsichtbaren Welt der Quanten und der Unendlichkeit des Kosmos das Geschick unserer Art oder dessen, was vielleicht daraus wird, bestimmen.

Ich bin früher gern bei Schnee und Eis im Hochgebirge geklettert und habe oft in großen Felswänden gehängt. Als ich eines meiner Abenteuer einem älteren Bekannten erzählte, fragte er mich schließlich: »Warum willst du dich eigentlich umbringen?« Ich protestierte. Ich erklärte ihm, als Belohnung suche ich die Aussicht, das Vergnügen, die Aufregung, meinen Körper und mein Können mit der Natur zu messen. Mein Bekannter antwortete: »Wenn du erst so alt bist wie ich, dann wirst du einsehen, daß du dich damit nur umbringst.«

Im Traum falle ich oft. Solche Träume finden sich häufig bei ehrgeizigen Menschen oder bei Bergsteigern. Neulich habe ich geträumt, daß ich mich an einem Felsen festhalten wollte, aber der Stein gab nach. Eine Steinlawine ging los, ich wollte mich an einem Busch anklammern, riß ihn heraus, und starr vor Angst stürzte ich in den Abgrund. Plötzlich merkte ich, daß mein Fall relativ war; es gab keinen Grund und kein Ende. Ein angenehmes Gefühl durchströmte mich. Mir wurde klar, daß alles, was ich verkörpere, das Prinzip Leben, unzerstörbar ist. Es ist im kosmischen Code, in der Ordnung des Universums, verewigt. Während ich weiter in die finstere Leere fiel, eingehüllt von den Räumen des Unendlichen, besang ich die Schönheit der Sterne und machte meinen Frieden mit der Dunkelheit.

> Denn das Wesen und der Sinn
> seiner Mühen ist Schönheit, denn Gut und Böse sind zwei Seiten
> und doch verschieden, aber das Leben wie der Tod und das Licht
> und die Dunkelheit sind eins, eine Schönheit, der Rhythmus jenes Rades,
> und wer sie schaut, ist glücklich und preist sie den Menschen.*

---

* Robinson Jeffers, Point Pinos and Point Lobos.

# Bibliographie

Der an dem hier dargestellten Stoff interessierte Leser wird zur weiterführenden Lektüre auf folgende Werke verwiesen. Die Bibliographie enthält nur einen kleinen Teil der Literatur über die moderne Physik und ist auch nicht vollständig, sondern nur als Einführung gedacht. Fast alle angeführten Bücher und Artikel stammen von Physikern; ich habe mich bei der Auswahl von diesem Kriterium leiten lassen. In einigen kommt zwar auch Mathematik vor, aber alle sind für den nicht fachlich vorgebildeten Leser verständlich und interessant.

Amaldi, Ugo. »Particle Accelerators and Scientific Culture.« CERN-Reprint 79-06, Genf 1979.
Asimov, Isaac. *Science, Numbers and I.* Garden City: New York, 1968.
Bernstein, Jeremy. *Einstein.* New York: Viking Press, 1973.
Bohr, Niels. *Atomic Physics and Human Knowledge.* New York: John Wiley and Sons 1958.
Born, Max. *Albert Einstein – Max Born, Briefwechsel 1916–1955.* Reinbek, 1972.
Childs, H. *An American Genius: The Life of Ernest Orlando Lawrence.* New York: Dutton, 1968.
Clark, Ronald W. *Einstein, The Life and Times.* New York: World Publishing, 1971.
Cline, Barbara L. *The Questioners: Physicists and the Quantum Theory.* New York: Thomas Y. Crowell, 1973.
Davies, P. C. W. *The Forces of Nature.* New York: Cambridge University Press, 1979.
———. *The Physics of Time Asymmetry.* Berkeley, California: University of California Press, 1974.
Dirac, P. A. M. »The Evolution of the Physicist's Picture of Nature.« *Scientific American, 208,* Mai 1963.
Drell, S. D. »When is a Particle.« *American Journal of Physics, 46,* Juni 1978, S. 597.
Einstein, Albert. *Mein Weltbild.* Zürich, 1953.
——— und Leopold Infeld. *Die Evolution der Physik.* Reinbek, 1956.
Feinberg, Gerald. *What is the World Made Of? Atoms, Leptons, Quarks and other Tantalizing Particles.* New York: Doubleday, 1977.
Feynman, R. P.; Leighton, Robert B.; Sands, Matthew. *The Feynman Lectures on Physics.* Bd. I, II, III, New York: Addison-Wesley Publishing Co., 1963.
———. »Structure of the Proton.« *Science, 183* (1975).
Frank, Philipp. *Einstein. Sein Leben und seine Zeit.* München–Leipzig–Freiburg, 1949.

Gamow, George. *Eins, zwei, drei, ...Unendlichkeit.* 1956.
Gell-Mann, M., und Rosenbaum, E. P. »Elementary Particles.« *Scientific American, 197,* Juli 1957.
Glashow, Sheldon. »Quarks with Color and Flavor.« *Scientific American, 233,* Nr. 4 (1974), S. 38.
Heisenberg, Werner. *Der Teil und das Ganze.* München, 1973.
Hoffmann, Banesh. *Albert Einstein. Schöpfer und Rebell.* Unter Mitarbeit von Helen Dukas. Dietikon-Zürich, 1976.
_____. *Albert Einstein: The Human Side.* With Helen Dukas. Princeton: Princeton University Press, 1979.
Holton, Gerald. »Constructing a Theory: Einstein's Model.« *The American Scholar,* Band 48, Nr. 3 (1979).
_____. *Thematic Origins of Scientific Thought: Kepler to Einstein.* Cambridge: Harvard University Press, 1973.
_____. *The Scientific Imagination: Case Studies.* New York: Cambridge University Press, 1978.
Klein, Martin J. *Paul Ehrenfest.* Amsterdam: North-Holland; New York: American-Elsevier, 1970.
McMillan, E. »Early Accelerators and Their Builders.« *IEEE Trans. Nuclear Science, 20,* Juni 1973.
Miller, Arthur I. *Albert Einstein's Special Theory of Relativity; Emergence (1905) and Early Interpretation (1905–1911).* Reading, Massachusetts: Addison-Wesley Publishing Company, 1981.
Pais, Abraham. *Subtle is the Land.* New York: Oxford University Press, 1982.
*Particles and Fields:* Readings from *Scientific American.* With an introduction by William J. Kaufmann III. San Francisco: W. H. Freeman and Co., 1980.
Polkinghorne, J. C. *The Particle Play: An Account of the Ultimate Constituents of Matter.* San Francisco: W. H. Freeman and Co., 1979.
Rosen, Joe. *Symmetry Discovered.* New York: Cambridge University Press, 1975.
Schwitters, Roy F. »Fundamental Particles with Charm.« *Scientific American, 237,* Nr. 4 (1977).
Schilpp, Paul A., Hrsg. *Albert Einstein als Philosoph und Naturforscher.* Stuttgart, 1979.
Segre, Emilio. *From X-Rays to Quarks, Modern Physicists and Their Discoveries.* San Francisco: W. H. Freeman and Co., 1980.
Trefil, James S. *From Atoms to Quarks: An Introduction to the Strange World of Particle Physics.* New York: Charles Scribner's Sons, 1980.
Teller, Edward. *The Pursuit of Simplicity.* Malibu, California: Pepperdine University Press, 1980.
Weinberg, Steven. *Die ersten drei Minuten.* München, 1980.
_____. »Unified Theories of Elementary Particle Interaction.« *Scientific American, 231,* Nr. 1 (1974), S. 50.

———. »The Search for Unity: Notes for a History of Quantum Field Theory.« *Daedalus, 106* (1977).
———. »The Forces of Nature.« *American Scientist, 65* (1977).
Weisskopf, Victor W. *Knowledge and Wonder.* Cambridge, Massachusetts: MIT Press, 1979.
———. »Three Steps in the Structure of Matter.« *Physics Today, 23,* August 1969.
———. »The Development of the Concept of an Elementary Particle.« *Proceedings of the Symposium on the Foundations of Modern Physics,* Loma-Koli (Finnland), 1977, (Hrsg. V. Karimäki) B 1, Nr. 14 (Universität Joensuu, 1977).
Wilson, R. »From the Compton Effect to Quarks and Asymptotic Freedom.« *American Journal of Physics, 45* (1977).
Woolf, Harry, Hrsg. *Some Strangeness in the Proportion.* Reading, Massachusetts: Addison-Wesley Publishing Company, 1981.

# Stichwortverzeichnis

Adams, Henry  187
Äquivalenzprinzip  39–42, 46, 56
Akademie der Wissenschaften,
  Preußische  24, 27, 38
allgemeine Relativitätstheorie, siehe Relativitäts-
  theorie, allgemeine
Alphateilchen, Definition  66, 67
Altern  50, 124
Anderson, Carl  235
*Antigone* (Sophokles), komplementäre Begriffe
  in ~  90
Antimaterie  279–80
  Antiquarks als ~  219–20, 226, 229
  Definition  235
  Entdeckung durch Dirac  234
  siehe auch Positronen
  Symmetrie von Materie und ~  299
  Zusammenstöße zwischen Materie und ~
  198–99, 235
Aquin, Thomas von  269
Aristoteles  265, 269
Atome  203, 207–11
  Anzahl  200, 206
  bei der Entstehung des Universums  306
  Bestandteile, siehe
  Elektronen, Atomkerne
  Comptons Forschung über ~  70
  Definition  25, 204
  Diskussion über die Existenz von ~  22, 25–26,
  223
  Einsteins Beweis für die Existenz von ~
  25–26, 38
  elektromagnetische Eigenschaften  248
  griechische Ansicht  73
  Größe  25, 67–68, 207
  Machs Skepsis  23, 26, 223
  materiell-reduktionalistische Ansicht  127, 131
  Quantenmodell, Bohrsches  68–70, 75, 76,
  207, 225, 228
  Rolle in der Newtonschen Physik  62, 67,
  69–70
  Rutherfords Forschung über ~  66–67, 70, 207
  Spektrallinien  66, 68, 72, 75, 207–8, 323–24
Atomisten  73
Austauschkräfte  271–78, 279
*Autobiographische Notizen* (Einstein)  18, 19

Bacon, Francis  322, 332
Baryonen  213, 215
  Definition  213, 219
  Quarkmodell  219
  Vergleich mit Mesonen  213, 214
  siehe auch Neutronen; Protonen
Becquerel, Henri  66

Bell, John  159–61
Bells Ungleichung  155, 159–71, 177–79, 184
  falsche Interpretationen  168, 177
  Grundannahmen  160, 165–67, 168–71
  in klassischen Experimenten  160–65, 166, 169
  in Quantenexperimenten  161, 165–67
  mathematische Formel  164
Beobachtung
  Analyse der ~  147–48
  physikalische Gesetze und ~  316, 322–24
Besso, Michele  60
Bevatron  192, 211
Bewegung  22
  Newtonsche Theorie der ~  16, 69, 117, 118,
  120, 123, 124–27, 258
Bewegung, gleichförmige
  Definition  38
  Relativität der ~  30–31, 39
Bewegung, ungleichförmige
  Definition  39
  allgemeine Relativitätstheorie und ~  32,
  39–42, 45–46
  Schwerkraft als Äquivalent der ~  39–42,
  46, 56
  siehe auch Bewegung, gleichförmige;
Bewußtsein
  Kollektivbewußtsein  115
  neovitalistische Ansicht vom ~  96
  siehe auch Realität, vom Beobachter
  geschaffene
Blake, William  335
Blasenkammer  193, 212, 216
Bohr, Niels  69, 71–72, 138, 329
  Atommodell  69–70, 75, 77, 207, 225, 228
  Einflüsse auf Heisenberg  71–72
  Einsteins Diskussion mit ~  58, 92–93, 156–59
  Komplementaritätsprinzip  82–84, 88–93, 99
  Quantenweltbild  63, 87–88, 88–91
Bohr, Niels, Institut  72
Boltzmann, Ludwig  25, 117, 330
*Bootstrap*-Hypothese  194–96, 216–17, 236
Born, Max  72, 89, 91, 337
  Ansicht über Unbestimmtheit  78–80, 82–83,
  87, 132, 144
  »Maschinengewehr«  132–33, 136
  Matrizenmechanik und ~  73–75, 76
  Wahrscheinlichkeitswellentheorie  77–80, 82,
  83, 132–41, 144, 271
Bose-Einstein-Kondensat  275
*Boylesches Gesetz*  325
British Royal Society
  Überprüfung der allgemeinen Relativitäts-
  theorie in der ~  47–48

342

Brookhaven National Laboratory 192, 198, 211, 212, 216, 228–29
Brown, Robert 26

Carroll, Lewis 143, 270
Carswell, Robert 49
Cartan, Elie 285
Cavendish-Laboratorium 74, 189
CERN (Europäische Organisation für Kernforschung) 35, 160, 187, 199, 212, 216, 218, 238
Chadwick, Sir James 209
Chance, siehe Wahrscheinlichkeit; Wahrscheinlichkeitsverteilungen; Zufälligkeit
Chaos 101, 105, 111, 131
  Verabscheuung durch den Menschen 99, 111
  siehe auch Zufälligkeit
Chemie 22
  Quantentheorie in der ~ 58, 94, 144, 208, 224, 248, 276–77
Cockcroft, John 189–90
Code, kosmischer 315–38
  als Programm für historische Veränderungen 334–38
  Anwendung des Begriffs 12, 20, 59, 94
  Einsteins Vorstellung 20, 59, 72, 334
  Heisenbergs Vorstellung 72
  Zukunft im ~ 338
  siehe auch Gesetze, physikalische
Codebrechen, Kreuzkorrelation beim ~ 105
Coleman, Sidney 187
Compton, Arthur H. 28, 70
Computer 94, 205, 234, 327
  Bestimmung des Molekülaufbaus durch ~ 204, 206
  Erzeugung von Zufallszahlen im ~ 104–5
  weiche und harte Fehler 143–44
Cosmotron 192
Curie, Marie und Pierre 66

Dawkins, Richard 128
de Broglie, Louis 76–77, 82, 132
de Broglie-Schrödinger-Wellenfunktion, siehe Wellenmechanik
Debye, Peter J. 28
Demokrit 235
Determinismus 20, 35, 62, 178
  als Einsteins Weltbild 18, 20, 35, 54, 59, 60, 63, 92
  Borns Unbestimmtheit und ~ 78–80, 82–83, 87, 132, 144
  Definition 16, 82
  in der allgemeinen Relativitätstheorie 54
  Kollektiv ~ 111–12
  unerklärte Phänomene im ~ 17, 22, 24, 70
  Zufälligkeit und ~ 18, 20, 59, 62, 83, 96–97, 100, 112
  Zukunft des ~ 59, 83
Dirac, Paul 64, 74, 76, 94, 249, 285
  Entdeckung der Antimaterie 234–35
  Umwandlungstheorie 80–81

Dirac-Gleichung 234–36
DNS, Molekülaufbau 95, 100, 128, 130, 144, 206, 239
Dürer, Albrecht 331

Eddington, Arthur 47, 57
Ehrenfest, Paul 30, 59, 92, 121–23
Ehrenfest, Tatjana 121–23
Eichfeldtheorie 285–301
  als Folge der Symmetrie 285–87
  bei elektromagnetischen und schwachen Wechselwirkungen 289–90, 291, 293, 296–97
  der starken Wechselwirkung, siehe Quantenchromodynamik
  gebrochene Symmetrien in der ~ 289–90, 293, 296
  Hindernisse bei der Anwendung der ~ 287-90
  Weinberg-Salam- ~ 289–93, 296–97
  Yang-Mills- ~ 285–88, 291, 292
Einstein, Albert 15–60, 72, 76, 326, 329, 332
  als Rebell 16, 20, 35, 57
  als Übergangsgestalt 17–18
  Ansehen in der Öffentlichkeit 56–57
  Ansichten über Lichtgeschwindigkeit 21–22, 29–31, 32, 35
  Ansichten über Ziele der Wissenschaft 321
  Bohrs Diskussion mit ~ 58, 92–93, 156–59
  deterministisches Weltbild 18, 20, 35, 54, 58–60, 62, 91
  Einsamkeit 20, 35, 59–60
  Herkunft und Bildungsweg 18–21
  Kreativität 35–36, 39–40, 58–59
  Kritik an der Quantentheorie 11, 18, 20, 59–60, 63, 80, 92–93, 155–59, 168, 176, 178
  Machs Einfluß auf ~ 23, 54–55, 284
  »Methode der Axiome« 55–56
  Quantentheorie als Interessengebiet 25, 27–30, 65, 69–70, 154, 207
  »religiöser« Umschwung 19–20, 333
  Tod 60
  Veröffentlichungen (1905) 25–36, 38, 60, 65, 70, 76, 248
  siehe auch Relativitätstheorie, allgemeine; Relativitätstheorie, spezielle
Elektrizität 58, 95, 233, 259
Elektronen 62, 208, 213, 231, 233–36, 246
  absolute Identität 271–77
  Antielektronen, siehe Positronen
  bei der Entstehung des Universums 305–6
  beim Zwei-Löcher-Experiment 136–40, 145–46, 148, 149, 152, 153, 169
  Beschleunigung 34, 197
  Definition 232
  Entdeckung 66, 192
  gemeinsamer Besitz von ~ 276
  im Bohrschen Atom 68–69
  im Rutherfordschen Atom 67–68
  in der Newtonschen Physik 62, 67
  in SLAC-Experimenten 197, 225

Kernbindungen mit ~ 209, 233, 248
Ort und Impuls 64, 84, 85, 86, 89, 91
Photonen in Wechselwirkungen mit,
siehe Quantenelektrodynamik
Polarisation im Vakuum 268–69
Spin 218, 274–75, 276
Stabilität 193, 236, 250
»unscharfe« ~ 86, 91
Unschärfeprinzip 85, 86
Vergleich mit Quarks 218, 220, 233
Wellenlänge 76–77, 89
Elektronenmikroskope 34, 189
Elektronensignale, Quantentunneleffekt und ~ 141–42
Elektronneutrinos 239
Elektron-Positron-Kollisionsstrahlmaschinen 199, 228–29, 241, 269
Energie
 Erhaltungsgesetz 33, 237, 318–20
 in der allgemeinen Relativitätstheorie 45, 52, 54, 212, 260
 in der Quantentheorie 65, 68, 78, 84, 93, 95, 209, 244, 255
 insgesamt im Universum 307–8
 Masse und ~ 33, 45, 260
 Unschärfeprinzip und ~ 84, 85
Entropie
 Definition 118–19
 Gesetz von der Zunahme der ~, siehe Thermodynamik, zweiter Hauptsatz
»entweder ... oder« in der Booleschen Logik im Vergleich zur Quantenlogik 153, 174
EPR-Experiment 155–60
 Annahmen im ~ 155–56, 159
 Kopenhagener Interpretation 159
Erhaltungsgesetze
 bei atomaren Prozessen 70
 bei Atomen in chemischen Reaktionen 214
 für Energie 33, 237
 für Hadronenladungen 213–14, 217, 223
 für Masse 33, 237
 für Quantenteilchen 236
 Parität 240
 Symmetrien 318
Erikson, Erik 18
Erinnerung, Entropie und ~ 148
Euklid 20
Europäische Organisation für Kernforschung (CERN) 35, 160, 187, 199, 212, 216, 218, 238
Evolution, biologische
 Rolle des Fehlers in der ~ 129–30
 Selektion der Fähigkeit zur Mittelung 128
 Symmetriebrüche in der ~ 255
 Unwahrscheinlichkeit 205
 Wahrscheinlichkeitsverteilungen und ~ 110–11, 128
Experimente
 Betonung durch Positivisten 23, 54–55
 Gedanken-, Definition 131
 Subjektivität und Objektivität 21, 62–63, 88–89, 90, 91, 92

Vergleich mit physikalischen Gesetzen 316, 322–23
siehe auch bestimmte Experimente

Faddejew, Ludwig 291
Faraday, Michael 259
Farbenlehre, Newton und Goethe 96
Feinberg, Gerald 206, 295
Feldbegriff 259
 siehe auch Quantenfeldtheorie
Feldtheorien, einheitliche 12
 Einsteins Arbeiten über ~ 15, 58
 Quantenwechselwirkungen und ~ 244, 254–56
 Vollständigkeit der physikalischen Gesetze und ~ 322
 siehe auch Eichfeldtheorie; Quantenfeldtheorie, relativistische
 Relativitätstheorie, allgemeine;
 Relativitätstheorie, spezielle
 Wellentheorie, elektromagnetische, des Lichts;
Fermi, Enrico 212, 237, 320
Fermi National Accelerator Laboratory 199, 229, 238
Fernsehgeräte, Elektronenkanonen in ~ 233
Fernwirkung, lokale Kausalität oder ~ 157–59, 168–71, 176–78
Festkörper, Quantentheorie der 58, 94, 95, 155
Feynman, Richard 25, 131, 204–5, 243, 249, 252, 258, 329
 siehe auch Zwei-Löcher-Experiment
*Finnegans Wake* (Joyce) 218
Fock, V. 57
Freiheit
 Stabilität der Wahrscheinlichkeitsverteilungen und ~ 111–12
 Unvollkommenheit und Fehler als Grundlage von ~ 130
Friedmann, Alexander 53–54, 309

Galilei 17
Gandhi, Mohandas K. 56
Gas 204, 223
 Definition 116
 in Galaxien 53
 Wahrscheinlichkeitsverteilung für ~ 115–19, 120–24
Gas, ideales, Gesetz 116
Gedankenexperimente, Definition 131
Gehirn, menschliches
 kreuzkorrelierte Informationen 114
 Verwendung von Logik im ~ 153
Gell-Mann, Murray 196, 212, 214–15, 217, 218
Gene, Genetik 94
 Eigennützigkeit der ~ 128–29
 Mutationen 130
 siehe auch DNS, RNS
Genies, Wissenschaftler als 330–31

Geometrie
  euklidische ~   42, 44, 100, 153, 175
  operationeller Ansatz in der ~   103
  Riemannsche ~   42, 43, 45, 287
Geometrie, euklidische   100, 153
  flacher Raum und ~   42, 44, 175
Georgi, Howard   296
Gesetze, physikalische   314-31
  Allgemeingültigkeit und Einfachheit   316, 320-21
  Beziehungen zu Beobachtung und Experiment   316, 322-24
  Beziehungen zur Mathematik   316, 325-26
  Erforschung der ~   311-31
  Invarianz der ~   316-20
  Verständnisgrenzen   327-28
  Vollständigkeit der ~   316, 321-22
Geschichte
  kosmischer Code als Programm der ~   334-38
  Makroweltdarstellung der ~   127
  materiell-reduktionalistisches Bild der ~   127
  Rolle der Quantentheorie in ~   94
Geschlecht, als komplementäres Konzept   183
Gestaltpsychologie, Komplementarität in der ~   183
Gibbs, J. Willard   25, 117
Glashow, Sheldon   228, 231, 289, 296
Gleichgewichtsverteilungen   111-12, 120
Gluonen   209-10, 241-56
  Definition   243
  der elektromagnetischen Wechselwirkung, siehe Photonen
  farbige ~   245, 252, 253, 287, 292-93, 296, 307
  Gravitonen   245, 247, 250, 251
  Haftfähigkeit   244, 246
  schwache ~   245, 250-51, 254, 287
  überschwere ~   297-98
Goethe, Johann Wolfgang von   96, 332
Goldhaber, Maurice   295
gravitationsoptischer Effekt   49
Gravitationswechselwirkung   244, 245-47, 250, 254, 279, 300
Gravitinos   301
Gravitonen   245, 247, 250, 251, 254
Griechen, alte
  Atombild   73
  Vorstellung vom Dampfrad   99
Größen, versteckte
  Bells Tests   160-71
  Definition   160
  lokal und nicht-lokal   160-61
  Subquantentheorie   160

Hadronen   192-94, 196-201, 210-17
  achtfacher Weg   196, 215-16, 220-22
  als freie Teilchen   293
  als Quark-»Moleküle«   217
  Benennung   192, 193, 215
  Bestandteile, siehe Quarks
  Bootstrap-Hypothese und ~   195, 217
  Entdeckung   192-93, 195, 210-11, 214-15
  Erhaltungsgesetze   213-14, 215, 217, 223
  Etymologie   211
  Familien von ~   215, 216, 217, 221
  Klassen, siehe Baryonen; Mesonen
  Ladungen   213-14, 215, 218-19
  metastabile ~   192-93, 210
  Omega⁻ als ~   215-16
  Probleme in der Anwendung der Feldtheorie bei ~   283-84
  Resonanzen als ~   193-94, 210-11, 220
  Spin   213, 214, 215, 219
  *Strange-* ~   193, 223
  Struktur   197, 214, 216-17
  Vergleich mit Leptonen   233
Zerfall   251
siehe auch Neutronen; Protonen
Hawking, Steven   310-11
Heisenberg, Werner   65, 71-74, 81, 92, 95-96, 115, 249, 260-61, 325
  Antimaterie, Ansicht über   235-36
  Erfindung der Matrizenmechanik   71, 73-74, 80, 84
  Mathematik der Quantentheorie, Ansicht über   64, 75, 88
  Unschärfeprinzip, siehe dort
Helium
  bei der Entstehung des Universums   306
  Rolle in der Quantenlogik   152-53
Heron von Alexandria   99
Hertz, Heinrich   326
Herzanfälle, Wahrscheinlichkeitsverteilungen   113
Higgs, Peter   290
Higgs-Teilchen   290
Hubble, Edwin   54, 304, 309

Identität des Ununterscheidbaren, Prinzip der Austauschkräfte infolge der ~   271-75
  Definition   271
  Quantenchemie und ~   276-77
Identität und Verschiedenheit   270-78
Intuition   329-30
  in »Einsteins Methode der Axiome«   55-56
Invarianten, Definition   81

Johnson, Kenneth   225
Jordan, Pascual   73, 74, 76
Joyce, James   218
Julesz, Bella   114

Kac, Mark   103, 331
Kaiser-Wilhelm-Institut   38
Kant, Immanuel   326
Kapitza, Peter   74
Katze im Kasten, Experiment, siehe Schrödingers Katze
Kausalität, in der Quantentheorie   78-79, 83, 110, 112, 154, 157-71, 176-80

Kausalität, lokale 157–59, 176–84
  Bells Ungleichung und ~ 160–61, 164, 165–66, 167–70
  Definition 157
  Quantentheorie als Verletzung der ~ 157, 158–59, 167–71
Keplersches Gesetz, erstes 208
Kerne, Atom- 11, 200, 209–11, 233, 248, 250
  bei der Entstehung des Universums 305, 308, 309
  Bestandteile, siehe Hadronen in Rutherfords Atommodell 67–68, 207
  Spontanzerfall, siehe Radioaktivität
  Untersuchungstechnik 188–89, 209
Kernphysik 142, 189–91, 249, 303
  Quantentheorie beim Entstehen der ~ 58, 95, 155
Kernsynthese 306
Kinder, Begriffsbildung bei ~ 63
klassische Logik, siehe Boolesche Logik
klassische Meßtheorie 151–54
klassische Physik, siehe Newtonsche klassische Physik
Klystron 34, 197
Kochen, Simon 151–54
Kollektivbewußtsein, Wahrscheinlichkeitsverteilungen und ~ 115
Kolmogorow, Andrej 102
Komplementaritätskonzepte, Definition 90
Komplementaritätsprinzip 83–84, 87–92, 99, 183
  außerphysikalische Anwendungen 90, 183
Kopenhagener Interpretation der Quantenmechanik 83–93
  Bohrs Darstellung der ~ (1927) 92–93, 156
  Einsteins Gedankenexperimente und die ~ 92–93, 156–59
  EPR-Experiment und ~ 159–60
  Komplementaritätsprinzip in der ~ 83–84, 87–92, 99, 183
  Objektivität und vom Beobachter geschaffene Wirklichkeit 132, 142, 144, 146–47, 156–57, 159–60
  Schrödingers Kritik der ~ 142, 145–49
  Superrealismus der ~ 87–88, 132, 138
  Zusammenfassung 91–92
  Zwei-Löcher-Experiment und die ~ 137–38, 144, 149
  siehe auch Unschärfeprinzip
Kramers, Hendrik 69
Krankheit, deterministische und akausalistische Ansicht 112
Kreativität 27, 223–24, 331
  Entdeckung und ~ 206
  bei Einstein 35–36, 39–40, 58–59
  Wahrscheinlichkeitsverteilungen und ~ 112
  Rolle der Intuition in der ~ 55–56, 329

Lamb, Willis 268
Langevin, Paul 76
Laplace, Pierre Simon, Marquis de 98, 100, 107, 108

Laser 38, 43, 45, 94
Lawrence, Ernest O. 190–91
Lebenserwartung, Wahrscheinlichkeitsverteilung der ~ 112–13
Lederman, Leon 229
Lee, Benjamin W. 291
Lee, Tsung Dao 240, 320
Leibniz, Gottfried Wilhelm von 271
Lenin, Wladimir Iljitsch 57
Leptonen 231–42
  bei der Entstehung des Universums 307
  Definition 232
  freier Zustand der ~ 233
  Myonen als ~ 35, 233, 236–37, 250
  Spin 233, 239
  Tau, Tauon als ~ 233, 241–42
  Typen 233
  siehe auch Elektronen; Neutrinos
Le Verrier, Jean Joseph 49

Licht
  als Teilchen, siehe Photonen
  Beugung 45, 46–50
  elektromagnetische Wellentheorie 17, 21–22, 27, 28, 65, 76, 117, 259, 322
  Farbspektrum 22, 66, 69, 75–76, 207–08, 323–24
  Weg, Definition der geraden Linie 43–45
  Wellenlänge 189
Lichtemission, angeregte 38
Lichtgeschwindigkeit
  Einsteins Ansichten über ~ 21, 29–30, 32, 35
  Endlichkeit 29, 32
  in der speziellen Relativitätstheorie 21, 29, 30, 32, 33, 34–35
  Konstanz 29, 30, 32
Lichtwellentheorie, elektromagnetische 17, 21–22, 27, 28, 65, 76, 117, 259, 322
Lie, Sophus 285
Livingston, M. S. 190
Löcher, schwarze 51, 52, 246, 308, 310
Logik 88
  Boolesche ~ 151–53, 174–75
  Quanten- 153, 174–75

Mach, Ernst 23, 26, 54–55, 223, 284
Märchen, quantenmechanisches 150–154
Magnete, in Teilchenbeschleunigern 189, 190–91, 193
Magnetisierung, Quantentheorie der 58, 95
Manhattan-Projekt 191
Marsden (Assistent von Rutherford) 66–67
Masse
  der schwachen Gluonen 250–51
  der überschweren Gluonen 297
  Energie und ~ 33–34, 45, 260
  Erhaltung der ~ 33, 237
  »fehlende« ~ 308, 309
  gekrümmter Raum und ~ 45, 49
  in der allgemeinen Relativitätstheorie 45–46, 49, 260
Leptonen ~ 232, 233, 237, 238, 240–41, 308

Protonen ~ 234
Quark ~ 223, 230
Materiemikroskope, siehe
  Teilchenbeschleuniger
Materiewellen 77–78, 132
Mathematik
  der allgemeinen Relativitätstheorie 42, 45, 53
  der Newtonschen Physik 280, 293
  der speziellen Relativitätstheorie 30, 32
  im Vergleich zur Sprache 81, 90
  physikalische Gesetze und ~ 316, 325–26
  Problem der Zufälligkeit in ~ 101
  Querverbindungen zur Physik 293
Mathematik der Quantentheorie 61–62, 63, 64, 95
  Austauschkräfte und ~ 271–76
  Matrizenmechanik und ~ 71, 73–75, 80–81, 84–85
  siehe auch Wahrscheinlichkeit;
  Wahrscheinlichkeitsverteilungen
Matrize, Definition 73, 84
Matrizenanalogie, in der Quantenfeldtheorie 262–63, 281
Matrizenmechanik 73–75
  Heisenbergs Erfindung der ~ 71, 73–74, 80, 84
  Unschärfeprinzip und ~ 84–85
  Wellenmechanik als Äquivalent zur ~ 80–81
Maxwell, James Clerk 25, 117
  elektromagnetische Wellentheorie 17, 21–22, 117, 259, 322
Mechanik, statistische 116–130
  Definition 25
  Ehrenfest-Modell der ~ 121–23
  Einsteins Interesse an der ~ 25–27
  Grundhypothese 117
  Widersprüche 124
Meinungsumfragen, Stichproben bei 104
Mendelejew, Dmitri I. 276
Mensch
  Fähigkeit zur Mittelung 127–28, 148
  Mikrowelt und Erfahrung 117, 119–20, 124, 127, 128–29, 131
  Mustererkennung 100, 125–27, 129
  Vollkommenheit oder Unvollkommenheit 130
  Wissenschaft oder unmittelbares Erleben 11, 95–96
  siehe auch Gehirn, menschliches; Bewußtsein
Mensch, schrumpfender,
  Phantasievorstellung 87
Mesonen 192–93, 214–15, 229, 230
  Definition 213, 219
  Pionen als ~ 192, 210, 211, 213, 215
  Quarkmodell der ~ 219, 220
  Vergleich mit Baryonen 213, 214
  Yukawas Theorie der ~ 209–10
Millikan, Robert A. 28
Mills, Robert 285
Mises, Richard von 107
Moleküle 189, 200, 203–06
  Bausteine der, siehe Atome

Definition 203–204
Gas 115–20, 121–23, 204
Händigkeit 239
Komplementaritätsprinzip bei ~ 90
materiell-reduktionalistische Ansicht 127
Monod, Jacques 111
Monte-Carlo-Methode 104
Münzenwerfen, Wahrscheinlichkeit beim 108
Mustererkennung, menschliche Fähigkeit zur 100, 125–27, 133
Myon-Neutrinos 239
Myonen 35, 232, 233, 236–37, 238, 250

Nebelkammer, Wilsonsche, in der Atomforschung 70, 77
Neeman, Yuval 214
Neonlicht, Spektrum 66
Neutrinos 232, 233, 237–41
  Arten 237–39
  bei der Entstehung des Universums 304, 305
  experimentelle Verwendungen 197–99
  Linkshändigkeit 239–40
  Masse 240–41, 308
  Stabilität 193, 250
  Strahlen 237
Neutronen 213, 215
  Antineutronen 235
  bei der Entstehung des Universums 305
  bei der Umwandlung zur Nukleonenresonanz 210
  Entdeckung der ~ als Mitglieder des Baryonenoktetts 215
  Quarkmodell der ~ 220
  Schalenanordnung der ~ 209
  Stabilität der ~ 193, 250
Newton, Isaac 16, 17, 96, 317, 333
Newtonsche klassische Physik
  Atombild in der ~ 62, 67, 69–70
  Bewegung in der ~ 16, 69, 117–18, 120, 123, 124–127, 258
  physikalische Variablen in der ~ 73
  Schwerkraft in der ~ 16, 39, 45, 50, 52, 259, 320–21
  Vergleich mit der allgemeinen Relativitätstheorie 39, 45, 50, 51, 54
  Vergleich mit der Quantentheorie 11, 62–64, 69–70, 73–74, 79, 82–83, 87–88, 91, 130, 154, 182, 271, 283
  Versuch einer Verbindung zur Quantentheorie 17, 23, 65, 68–69
Nobelpreis 28, 217, 240, 249, 289
Noether, Emmy 318
November-Revolution (1974) 229
Nukleonenresonanzen 210–11

Objektivität
  als Annahme in Bells Ungleichung 165, 166–67, 169
  Definition 131, 144, 152
  im EPR-Experiment 156–57, 159
  im Newtonschen Weltbild 16, 62, 176

in der klassischen Meßtheorie 152
in der mikroskopischen bzw. makroskopischen Welt 144-49, 180, 182
lokale Kausalität und ~ 180-84
Nichtlokalität als Folge der ~ 168, 169-70
Quantentheorie als Widerlegung der ~ 62, 63, 64, 91, 132
vom Beobachter geschaffene Realität und ~ 132, 139-41, 142, 144, 146-47, 180-81
von Wahrscheinlichkeitsverteilungen 110, 115, 129
Omega-Entdeckung 215-16
Oppenheimer, J. Robert 191
Ostwald, Wilhelm Friedrich 26

Pauli, Wolfgang 75, 83-84, 92, 237, 240, 249, 329
Paulisches Ausschließungsprinzip 276
Pauling, Linus 276
Penzias, Arno A. 304
Periheldrehung 49
Perl, Martin 241
Perrin, Jean Baptiste 26
Phantasie, siehe Kreativität
Photoeffekt 27-28, 65, 248, 260, 323-24
Definition 27
Photonen 35, 38, 65, 76, 78, 254
absolute Identität der ~ 271-75
bei der Entstehung des Universums 304-05
bei Quantenwechselwirkungen, siehe Wechselwirkung, elektromagnetische;
Quantenelektrodynamik bei SLAC-Experimenten 224
Bestätigung der Existenz der ~ 27-28, 69-70, 248-49
Definition 26-27
Einsteins Theorie der ~ 26-28, 65-66, 69-70, 248, 260-61
im Streuungsexperiment von Compton und Simon 70
in Bells Versuch 165-70, 178, 183
in der elektromagnetischen Wechselwirkung 245, 248-49
in Mikroskopen 189
Polarisierung von ~ 165-70
Stabilität der ~ 192-93, 250
Physik, Physiker
Arbeitsteilung in der ~ 192
Bohr über Aufgaben der ~ 88
Forschungsförderung der ~ 187-88
Gigantomanie in der ~ 188
Konservatismus der ~ 65
staatliche Förderung der ~ 191
Symmetrie und Einfachheit der ~ 255-56, 279
Theorie und Experiment in der ~ 187-88
Piaget, Jean 63
Pionen (Pi-Mesonen) 210, 213, 215
Entdeckung 192, 210
Planck, Max 27, 28, 38, 55, 80
diskretes Weltbild, Vorschlag 23-24, 65
Quantentheorie 23-24, 27, 35, 64-65, 66, 68, 72

Plancksche Konstante (h) 24, 65, 74
Unschärfeprinzip und ~ 85, 86
Plato 73
Poincaré, Jules Henri 32, 120
Poissonsche Verteilung 102
Popow, V. N. 291
Positivisten 23, 26, 54-55, 56, 223-34
Positroniumatom, Beschreibung 165
Positronen (Antielektronen) 234-35
bei der Entstehung des Universums 305-06
bei der Vakuumpolarisation 268
technische Nutzung 198, 228-29, 241, 268
Proton-Antiproton-Stoßringe 199
Protonen 213, 215, 247, 252
Anti- 235
Aufbau und räumliche Ausdehnung 197, 213
bei der Entstehung des Universums 305-06, 307
bei der Umwandlung zur Nukleonenresonanz 210
Beschleunigung von ~ 34, 187, 190-91, 192, 212
Entdeckung 193
im Baryonenoktett 215
in SLAC-Experimenten 197, 224-25
Instabilität 297-99, 307, 310
Masse 234
Quarkmodell der ~ 220-21
Schalenanordnung der ~ 209
Stabilität 193, 250, 297
»Pseudo-Zufalls«-Zahlen 104-05
Definition 104
Pulsare, binäre 51-52

Quantenchromodynamik 255, 264, 296
Definition 253, 280
Erfindung der ~ 253, 284, 292
Farbsymmetrie in der ~ 292-93, 294
Taschen- und Schnurmodell, Ableitung von der ~ 227
Quanteneigenart 155-71, 206, 208, 329-30
Definition 61-63, 155
in der mikroskopischen und makroskopischen Welt 143-49
Interferenz von Wahrscheinlichkeitswellen als Grundlage für ~ 134-41
Objektivität ist keine ~ 62, 63, 64
Tunnelphänomen als Beispiel für ~ 141-42
Unbestimmtheit als ~ 63, 78-81, 82-83, 98-99, 100, 130, 132, 142
Ursprünge der ~ 64
vom Beobachter geschaffene Realität, siehe Realität, vom Beobachter geschaffene
zwei Ansätze zur ~ 64
Quantenelektrodynamik 237, 255, 258, 264, 268
Definition 236, 253, 280
Erfindung der ~ 236, 249, 282
experimenteller Erfolg der ~ 282
Quantenfeldtheorie, relativistische 255-56, 257-301
Austauschkräfte in der ~ 271-78

Definition 12, 249, 258
Diracs Forschung über ~ 235–36
Identität bzw. Verschiedenheit in der ~ 270–71
Vakuumdarstellung in der ~ 264–69
Zusammenfassung 263
siehe auch Eichfeldtheorie;
Quantenchromodynamik;
Quantenelektrodynamik
Quantenfeldtheorien 155, 244, 247, 254–301
Alternative zu ~ 284
renormierbare 281, 282, 291
unendlich große Werte als Problem der ~ 281
siehe auch Eichfeldtheorie;
relativistische Quantenfeldtheorie;
Symmetrie
Quantenlogik 153, 174–75
Quantenmechanik
als Informationstheorie 182–83
angebliche Unvollständigkeit der ~ 92–93, 156–57, 176
Anwendungen 58, 92–93, 94–95, 155
Anwendung der klassischen Logik oder klassischen Meßtheorie in der ~ 151–54
Einsteins Interesse an der ~ 24, 27–28, 65–66, 69, 154, 207
Einsteins Kritik der ~ 11, 18, 20, 58, 59, 63, 80–81, 92–93, 156–59, 168, 176, 178
Entdeckung 17, 23–24, 61–81, 207–08, 322–24
erste Fassung der ~ 17, 23–24, 64–65
Kausalität in der ~ 79, 83, 110, 112, 154, 157–171, 176
Kombination mit der speziellen Relativitätstheorie, siehe Quantenfeldtheorie, relativistische
Konsistenz der ~ 76–77, 84, 87, 93, 156
Kopenhagener Interpretation, siehe Kopenhagener Interpretation der Quantenmechanik
logische Unmöglichkeit der ~ 150–54, 174–75
Meinung öffentliche, über die ~ 95
Plancks Beiträge zur ~ 23–24, 27, 35, 64–65, 66, 68, 72, 207
Rationalität der ~ 11, 61–62, 140
Überarbeitung der ~ 59, 82–83, 176
Unterstützung der *Bootstrap*-Hypothese 195
Vergleich mit der Newtonschen Physik 11, 62–63, 69–70, 73–74, 80, 82–83, 87–89, 91, 130, 154, 182, 271, 283
Versuch einer Verbindung mit der Newtonschen Physik 17, 24, 65–66, 69–70
Viele-Welten-Interpretation der ~ 173–74
Vorhersagekraft, siehe Wahrscheinlichkeit, Wahrscheinlichkeitsverteilungen
*Quantum Mechanics* (Schiff)
Quantenrealität 91, 98–184
minimalistischer Ansatz 182
Nachweis mit Geräten 11, 93, 95, 132, 302–03
nicht vorstellbar 11, 61–62, 76, 86–87, 139, 141–42, 182, 262

statistische Beschaffenheit der ~ 77–78, 82–83, 87–88, 91, 114–15
(siehe auch Wahrscheinlichkeit; Wahrscheinlichkeitsverteilungen)
vom Beobachter geschaffene, siehe Wirklichkeit, vom Beobachter geschaffene
Zufälligkeit in der ~ 11, 17, 20, 25, 62, 82–83, 97–130
Quantenwechselwirkungen 244–56
bei der Entstehung des Universums 255–56, 307
elektromagnetische ~ 244–45, 247–49, 250, 255, 280, 289–91, 293, 296–97
fernwirkende ~ 245, 247, 250
Gluonen als Vermittler von ~ 245
gravitationsbedingte ~ 244, 245–48, 250, 255, 280, 301
Messung der Stärke von ~ 244
nahwirkende ~ 250
starke ~ 244, 252–56, 279, 282–83
schwache ~ 244, 250–52, 256, 279, 289–91, 293, 296–97
Quarks 12, 197, 218–31
Anti- 219, 220, 226, 229
Anzahl der ~ 199, 219, 228–30
Bahnen der ~ 197
bei der Entstehung des Universums 307
bei Quantenwechselwirkungen, siehe Quantenchromodynamik;
starke Wechselwirkung;
Benennung der ~ 218
Beweis der Existenz von ~ 197
Definition 218
Einschluß der ~ 223–24, 230, 233
Entdeckung der ~ 199, 217, 218, 228–29, 269
Farben der ~ 253, 292–93, 296–97, 307
*Flavors* 219, 223, 228, 251
freie ~ 224
Hadronen als »Moleküle« von ~ 217
Ladungen der ~ 218, 219, 220, 224
mit *Charm* 228–29, 251–52, 269
mit *Strangeness* 219, 223, 251–52
Vergleich mit Leptonen 218, 220, 233
Quasare, gravitationsoptischer Effekt und ~ 49

Rabi, I. I. 232, 237, 242, 300, 333
Radar, Überprüfung der allgemeinen Relativitätstheorie durch ~ 48, 49
Radioaktivität 66–67, 69, 95, 112, 142, 143, 308
Definition 22, 209, 250, 308, 323
Entdeckung 66, 323–24
schwache Wechselwirkung für ~ 244, 250–51, 252
Radioteleskope 302–03, 306
Überprüfung der allgemeinen Relativitätstheorie durch ~ 46, 51–52
Raum
als Substanz 28
Anwendung der Symmetrie im ~ 317
dreidimensionaler ~ 15–16, 42–43, 51, 52
Einsteins Definition 28, 55

349

euklidischer ~ 42–43, 45
 in der allgemeinen Relativitätstheorie 38,
  40–49, 51–52, 54
 in der speziellen Relativitätstheorie 28–30,
  32–33, 38, 61
 Krümmung des ~ 15–16, 42–49, 51–52
 zweidimensionaler ~ 15, 42–43, 45, 46
Realität, vom Beobachter geschaffene 132–42
 anthropologische Analogie zur ~ 89
 Definition 62–63
 Einfluß auf Experimente 62–63, 88–89, 90, 91
 Mustererkennung und ~ 125–28
 Objektivität und ~ 131, 138–40, 141–42, 144,
  146–47, 180–81
Reduktionalismus, materieller
 Definition 127, 131
 Grenzen des ~ 127–29, 131
Relativismus, kultureller und die
  Relativitätstheorie 57
Relativitätstheorie, allgemeine 31, 36, 38–59,
  212, 284, 329–30
 Äquivalenzprinzip in der ~ 38–39, 46, 56
 experimentelle Überprüfung der ~ 46–51,
  55–56
 »kosmologisches Glied«, Zusatz zur ~ 54
 Raumkrümmung in der ~ 15–16, 39–49,
  51–52, 288
 Vergleich mit der Newtonschen Physik 40, 46,
  49, 52, 54
 Vorstellung vom Universum in der ~ 53–54
Relativitätstheorie, spezielle 28–35, 61, 257–58
 als nicht-intuitiv
 Annahmen in der ~ 30
 Einsteins Aufsätze von 1905 über die ~ 25,
  28–35, 38
 Grenzen der ~ 32, 39
 Lichtgeschwindigkeit in der ~ 21, 29, 30–31,
  32, 33, 34
 persönliche Erfahrung der ~ 32–33
 Richtigkeit der ~ 34
 Verbindung mit der Quantentheorie,
  siehe Quantenfeldtheorie, relativistische
 Zwillingsparadoxon in der ~ 31–32
Renormierungsverfahren 282, 283, 291
Revolution, biologische, Rolle der
  Quantentheorie 94–95
Richter, Burton 229
Riemann, Bernhard 288
Riemannsche Geometrie, siehe
  Geometrie, Riemannsche
RNS, Molekülstruktur der 95, 128, 206, 239
Röntgen, Wilhelm Conrad 66
Ruskin, John 150
Rutherford, Ernest 61, 66–68, 70, 189, 207,
  224–25

Sacharow, Andrei 299
Salam, Abdus, siehe Weinberg-Salam-Theorie
Satellitentechnik, Überprüfung der allgemeinen
  Relativitätstheorie 48
Schiff, Leonard 61
Schnurmodell der Hadronen 226–27
Scholastik 336
Schrödinger, Erwin 94
 Theorie der Wellenmechanik,
  siehe Wellenmechanik
Schrödinger-Gleichung 77
Schrödingers Katze 143–49, 155–56, 180
 Kopenhagener Interpretation 145–46, 147
Schwarzkörperstrahlung 23–24, 27, 38, 64–65,
  304
Schwerkraft 58, 208
 als überflüssiger Begriff 45
 in der allgemeinen Relativitätstheorie 39–42,
  45–52
 Newtonsche Theorie der ~ 16, 39–40, 46, 49,
  52, 259, 320
 ungleichförmige Bewegung als Äquivalent
  der ~ 39–42, 46, 55
Schwerkraftwellen 51
Schwinger, Julian 249, 282, 289
Selfish Gene, The (Dawkins) 128
Serber, Robert 218
Shapiro, Irwin 48
Simon, A. W. 70
Singer, Isaac Bashevis 205
Slater, John 69
S-Matrix-Theorie 283
Snow, C. P. 116
Soddy, Frederick 66
Solovine, Maurice 55, 284
Solvay-Konferenzen 92–93
Sommerfeld, Arnold 71, 72, 75
Sophokles 90
Specker, Ernst 151–152
spezielle Relativitätstheorie,
  siehe Relativitätstheorie,
  spezielle
Sprache:
 Analogie zwischen Quantenteilchen
  und ~ 277–78
 Logik in der Grammatik der ~ 88, 151
 Mathematik und ~ 81, 90
 Mustererkennung als Grundlage der ~ 129
 zur Beschreibung atomarer Ereignisse 73, 88
Stanford Linear Accelerator Center (SLAC) 34,
  197–98, 224
Steinbaukasten, Vergleich mit Quarks 219, 220
Stereogramme, Zufalls- 114, 170–71
Strahlung 17
 Schwarzkörper- 23–24, 27, 38, 64–65, 304
 Unterstützung der Urknalltheorie durch ~
  304–05
Superschwerkraft 301
Symmetrie 12
 Definition 284–85
 Erhaltungsgesetze der ~ 318–20
 Farbe 292–93, 294
 gebrochene ~ 255, 289
 nach der ~ erforderliche Existenz eines
  Feldes 285–86
 von der ~ implizierte Invarianz 287, 316–20

Yang-Mills-Eichfeld und ~ 285–287, 292, 296, 297, 300
Synchronismus, Definition 129
Synchrotrone 191, 197, 199
Synchrozyklotrone 191

Taschenmodell der Hadronen 225–27
Tau, Tauon 232, 241–42
Teilchenbeschleuniger 187–201, 238, 243
 Entwicklung 190–91, 194, 197, 209, 210, 211, 224
 Größe 35, 187–88, 190, 197, 224
 Zweck 35, 187, 188–89
 Zyklotrone 189–90, 209, 210
Telepathie 154, 159, 168, 176–77, 178
Theorie
 als Erfindung 264
 Etymologie 321
 Schönheit oder Häßlichkeit der ~ 330
 Vergleich mit Experiment 324–25
Thermodynamik 17, 22, 116–18
 Entdeckung der Hauptsätze der ~ 116–18
Thermodynamik, zweiter Hauptsatz der ~ 119–28, 147–48, 149
 Ableitung 117, 120, 123–27
 Illustration 119
 statistische Natur 120–24
Thomson, J. J. 66, 68
t'Hooft, Gerard 291
Ting, Sam 236–37
Tomonaga, Sin-itiro 249
Toynbee, Arnold 334
Transistoren 94, 142, 155, 233

Überlagerungsprinzip 133–35, 145–46
»Uhr in der Schachtel«, Experiment 92–93
Uhren
 Atomuhren 50
 Auswirkungen des Gravitationsfeldes auf ~ 46, 49–50
 deterministisches Modell des Universums als Vergleich mit ~ 11, 16–17, 54, 62, 99
 in Bewegung und in Ruhe 31, 34–35
 Myonen als ~ 35
Umwandlungstheorie 81
Universum
 als Nachricht, siehe Code,
 kosmischer; Gesetze, physikalische
 als offenes bzw. geschlossenes System 15–16, 45, 53–54, 120, 309–10
 Alter 306
 deterministisches Bild, siehe Determinismus
 »fehlende Masse« im ~ 240, 308, 310
 Gesamtenergieinhalt 307–08
 Hierarchie gebrochener Symmetrien im ~ 255–56, 308
 Jerusalem als Mittelpunkt 98–99
 Materie und Antimaterie im ~ 298–99
 Theorien über das Ende 120, 298–99, 309
 Theorien über die Entstehung 12, 34, 202, 255, 269, 299, 302–09

Viele-Welten-Bild 173–74
Unschärfeprinzip 84–88, 89–90, 113
 EPR-Experiment und ~ 157–58
 Illustration 86
 im ~ implizierte Unbestimmtheit 87
 Vakuum und ~ 266–67
 Versuch mit der Uhr in der Schachtel 92–93
Unvollkommenheit
 als Lebensmöglichkeit 130
 menschliche Ansicht der ~ 255–56
Urgrundhypothese 194, 199, 231, 242
Urknall, Theorie vom 12, 34, 202, 255, 269, 303–307
 Beweise für ~ 304–05, 306–07
 Eichfeldtheorie, einheitliche und ~ 298–300
 Modell 305–06
 Rolle des Vakuums 307–09
 Zusammenfassung 303–04

Vakuum 265–69, 279–80
 als Ursprung des Universums 307–08
 Quantentheorie des ~ 265–69
 Stabilität 308
Vakuumpolarisation 267–68
Variablen, makroskopische
 Beispiele 116, 118, 127
 Definition 116
 thermodynamische Gesetze für ~ 116–28
Veränderung, Fehler als Grundlage der ~ 129–30
Viele-Welten-Ansicht 173–74
Vitaltheorie 96
Volta, Alessandro 92
von Neumann, John 160–61

Wahrscheinlichkeit 62, 107–18
 des Urknalls 308
 Entdeckung der ~ 100
 fehlende genaue Definition 101
 in der Feldtheorie 261–62, 264
 operationelle Definition 103, 107
 siehe auch Wellenmechanik
Wahrscheinlichkeitsverteilungen 107–18
 Auswirkungen von Nicht-Zufallselementen auf ~ 110, 111, 113
 bei Bewegungen von Gasmolekülen 115–18, 120–23
 Bestimmtheit und ~ 108, 113
 Definition 108
 in der Newtonschen Physik 133, 134
 linear additive Eigenschaft der ~ 133
 mathematische Kombinatorik und ~ 109–10
 nichtlineare ~ 133, 134
 Objektivität von ~ 110, 115, 129
 realer Ereignisse 110, 111–14, 129
 Stabilität von ~ 111–12, 120
 statistische Mechanik und ~ 118, 120–23
 Unsichtbarkeit der ~ 110, 112, 113, 115, 118
Wahrscheinlichkeitswellen, siehe Wellenmechanik
Walsh, Dennis 49

Walton, E. T. S. 190
*What is Life?* (Schrödinger) 94
Wasserstoff
 als »Geschenk der Natur« 207–08
 elektromagnetische Wechselwirkung beim ~ 244–45, 260
 in Blasenkammern 193, 212
 Lambs Energieniveaumessungen im ~ 268
 Matrizenmechanik und ~ 75
 und Bohrsches Atommodell 69, 75, 76, 77, 207
 Wellenmechanik und ~ 76–77
Wechselwirkung, elektromagnetische 244–45, 247–49, 250, 255, 279
 Feldtheorie der ~ 289–91, 293–94, 296–97
Wechselwirkung, schwache 244, 250–52, 254, 279
 Feldtheorie der ~ 289–91, 293, 296–97
Wechselwirkung, starke 244, 252–54, 279
 keine Beschreibung in der Feldtheorie 283–84
 Feldtheorie der ~, siehe Quantenchromodynamik
Weinberg, Steven 257, 260–61, 289–91, 302, 332
Weinberg-Salam-Theorie 296–97
 gebrochene Symmetrie in der ~ 289–91, 293, 297
 renormierbar 291
Weisskopf, Victor 191
Welle-Teilchen-Dualismus
 Auflösung des ~ 244–45, 260–61
 de Broglies Theorie vom ~ 76, 82, 132, 260–61
 Diskussion über ~ 83–84
 Einsteins Ansichten über ~ 65–66, 76, 260
 Komplementaritätsprinzip und ~ 89–90
Wellenmechanik 76–81, 188–89
 Borns Wahrscheinlichkeitstheorie der ~ 77–80, 82, 83, 132–41, 144, 272
 Experiment mit der Katze im Kasten und ~ 145–46, 148–49
 Identität des Ununterscheidbaren und ~ 272–74
 Interferenz von Wahrscheinlichkeitswellen und ~ 134–42
 Materiewelleninterpretation in der ~ 77–78, 132–33
 Matrizenmechanik als Äquivalent der ~ 80–81
 Überlagerungsprinzip und ~ 133–34
Weltbild, kontinuierliches und diskretes 23–24, 35
Welt innerhalb von Welten, Hypothese der ~ 194
Weymann, Ray J. 49
Wheeler, John 91, 173–74, 265
Wigner, Eugene 261, 325
Wilde, Oscar 172
Wilson, Robert W. 304
Wissenschaft
 als Erkenntnis 337

Einstein über die Ziele der ~ 321
 konzeptionelle und sensorische Erkenntnis in der ~ 11, 96
 menschliche Entfremdung von der ~ 334–338
 wissenschaftliche Forschung,
 Vorbedingungen für die Durchführung von ~ 327–31
 wissenschaftliche Umwälzungen 72, 94–95
 Vorbedingungen 52
 Widerstand 65
Würfeln, Wahrscheinlichkeit beim 108–10, 111, 112, 113, 275
Wu, Chien Shiung 240

Yang, Chen Ning 240, 279, 285
Yang-Mills-Theorie 285–88
 renormierbar 291
 Symmetrie in ~ 285–88, 292, 296, 297, 299–300
Yukawa, H. 209–10

Zeit
 absolut 30–31, 32–33
 Anwendung der Symmetrie in der ~ 318–19
 Einsteins Definition 29, 50–51, 55
 in der allgemeinen Relativitätstheorie 38, 46, 50–51, 54
 in der Mikrowelt bzw. Makrowelt 124–27
 in der Newtonschen Physik 16, 82–83, 124
 in der speziellen Relativitätstheorie 28–53, 39, 61
 Unschärfeprinzip und ~ 85, 92–93
 Verstreichen der ~ 28–29
 zweiter Hauptsatz der Thermodynamik und ~ 124–25, 148
Zufälligkeit 97–130, 181
 in der Newtonschen Physik 16, 17
 mathematisches bzw. physikalisches Problem 100
 Mustererkennung in der ~ 100, 129
 nach der Quantentheorie 11, 18, 20, 26, 62, 82–83, 97–130
 operationelle Definition 103, 107–08
Zufallsfolgen von Zahlen 101–07, 178–79
 Erzeugung 104–05, 108
 Kreuzkorrelation von ~ 105, 114, 170, 178–79
 mangelnde mathematische Definition 101–03, 106, 107, 178–79
 Tests von ~ 101–03, 104–05, 107
Zoom-Optik-Aufnahme 124–27, 148–49
Zustand, stationärer, Theorie 303
Zweig, George 217, 218
Zwei-Löcher-Experiment 134–40, 141, 155–56
 Vergleich mit Bells Experiment 169
 Vergleich mit Experiment mit der Katze im Kasten 145–46, 148, 149
 Kopenhagener Interpretation 137–39, 144, 149
Zwillingsparadoxon 31–32
Zyklotrone 190–91, 209, 210